澜沧江德钦段地质灾害精细调查方法研究

魏云杰　王　猛　王俊豪等　著

科学出版社

北京

内 容 简 介

　　本书是中国地质调查局地质调查项目和云南省地质灾害防治专项的主要成果之一。澜沧江德钦段地处"三江并流"腹地，山高谷深，活动断裂密集，岩体结构破碎，地质条件复杂而脆弱，地质灾害易发、频发。本书采用高精度遥感、无人机航测和地面调勘查等技术方法，开展地质灾害精细调查、成灾机理及风险防控研究，解决高山峡谷区地质灾害调查评价问题，为城镇规划建设及防灾减灾提供技术方法支撑。

　　本书可供从事地质灾害防治、地震地质、工程地质、岩土工程、城乡规划、城镇建设等领域的科研和工程技术人员参考，也可供有关院校教师和研究生参考使用。

审图号：GS（2022）1937 号

图书在版编目（CIP）数据

澜沧江德钦段地质灾害精细调查方法研究/魏云杰等著.—北京：科学出版社，2022.10
ISBN 978-7-03-073291-0

Ⅰ.①澜…　Ⅱ.①魏…　Ⅲ.①澜沧江−区域地质−地质灾害−调查研究−德钦县　Ⅳ.①P562.744

中国版本图书馆 CIP 数据核字（2022）第 179073 号

责任编辑：韦　沁　李　静/责任校对：何艳萍
责任印制：吴兆东/封面设计：北京图阅盛世

科 学 出 版 社 出版
北京东黄城根北街 16 号
邮政编码：100717
http://www.sciencep.com
北京中科印刷有限公司 印刷
科学出版社发行　各地新华书店经销

*

2022 年 10 月第 一 版　开本：787×1092　1/16
2022 年 10 月第一次印刷　印张：27 1/2
字数：652 000
定价：388.00 元
（如有印装质量问题，我社负责调换）

作 者 名 单

魏云杰　王　猛　王俊豪　朱赛楠　谭维佳　余天彬
张　楠　王晓刚　胡爱国　刘艺璇　苟安田　王洪磊

主要参研人员 (按姓氏笔画排序)

王　军　王　猛　王俊豪　王洪磊　王晓刚　吕文韬
朱　武　朱赛楠　刘　文　刘艺璇　刘明学　闫茂华
江　煜　孙渝江　李　鹏　李　慧　杨龙伟　余天彬
邱　勇　汪友明　宋　班　张　明　张　楠　张丽华
陈　革　陈　钱　陈　娱　苟安田　胡爱国　姚　鑫
倪天翔　高敬轩　黄细超　常利博　梁宏锟　焦伟之
谭维佳　魏云杰　魏昌利

序

近年来，乡镇风险区内的滑坡、崩塌、泥石流等地质灾害仍处于高发态势，严重危害人民群众生命财产安全和社会经济可持续发展，亟需针对乡镇风险区，尤其是城镇、村组、居民区等人口聚集区和公共基础设施区开展精细调查及重点隐患初步勘查。

澜沧江流域纵贯横断山脉，高山峡谷相间，是地质灾害高易发区。德钦县地处澜沧江流域腹地，三面环山，地势陡峻，长期受滑坡、崩塌、泥石流等地质灾害危害。特别是对县城周边高海拔地区的地质灾害隐患调查评价深度不够，周边发育的直溪河、水磨坊河、一中河、巨水沟等四条特大型高位泥石流对城区安全构成巨大威胁。多处高位泥石流的物源分布，以及高位滑坡的地质结构与变形特征尚未完全掌握。

该专著以澜沧江德钦段为例，针对高山峡谷区城镇地质灾害的孕灾条件与分布发育规律、精细调查技术与方法、稳定性动态评价与风险评估、城镇工程建设适宜性评价与应用等四方面开展全面系统的研究工作。在前期地质灾害风险调查成果的基础上，采用"星-空-地"一体化综合遥感、现场调查、工程地质勘查、物理模型试验、数值模拟分析等高新技术方法，以云南省德钦县城、叶枝场镇（场镇是城镇体系中最基础、最末端的部分，是城乡之间以商业贸易活动为主的地方）为重点研究区开展滑坡、崩塌、泥石流灾害精细调查，查明地质灾害易发区，掌握地质灾害易滑结构特征与变形发展趋势，同时结合社会经济发展和国土空间安全需求，开展大比例尺的风险评估和防灾减灾区划。最后，以云南省维西县叶枝场镇和漾濞县地震灾区为例，开展适宜性评价应用，并对用地规划建设提出建议，为规划区防灾、减灾提出防治对策。

相信该书的出版将为山区城镇建设实现科学决策，有效控制、合理规避地质灾害提供科学依据，对高山峡谷地区城镇场址地质安全评价具有重要的理论和现实意义。

2022 年 3 月 1 日

目　　录

绪　论

0.1　研究背景

澜沧江流域纵贯横断山脉，高山峡谷相间，是地质灾害高易发区。德钦县地处澜沧江流域腹地，长期受滑坡、崩塌、泥石流等地质灾害危害，特别是县城周边发育的直溪河、水磨房河、一中河、巨水沟等四条特大型高位泥石流对城区的整体安全构成重大威胁。据记载，德钦县在历史上曾多次受到大规模滑坡、泥石流冲毁、淤埋，造成严重的经济损失和人员伤亡。直溪河曾于 1966 年、1974 年和 1986 年分别暴发过 3 次大规模泥石流，冲毁大量民房和良田，造成 1 人死亡；水磨房河曾于 1957 年、1968 年、1977 年和 1988 年暴发过 4 次大规模泥石流，冲毁大量民房、桥梁等基础设施；一中河几乎年年都要暴发规模大小不等的泥石流，分别在 1966 年、1986 年、1997 年和 2002 年暴发了大规模的泥石流，冲毁学校、农田、道路等。目前，对于德钦县城周边 4000m 以上的地质灾害隐患调查评价深度不够，多处高位泥石流的物源分布，以及高位滑坡的地质结构与变形特征尚未完全掌握。同时，德钦县三面环山、地势陡峻、平地面积狭小，地质环境容量有限，已满足不了人口数量和城市建设规模都逐渐扩大的城市高水平发展需求。经过多次论证研究，德钦县明确了县城实施"整体搬迁，重点治理"的原则，做好搬迁选址技术论证、国土空间规划编制、地质灾害防治相关技术和应急保障等工作。

根据高山峡谷区城镇高质量发展与地质灾害综合防治的需求，亟需研究出一套系统翔实、大比例尺、精细化的地质灾害调查技术方法。2018 年以来，中国地质调查局启动"澜沧江德钦—兰坪段灾害地质调查"项目，由作者牵头负责，针对山区城镇地质灾害精细调查方法、分布发育规律、风险评估等方面开展研究工作。同时结合云南省自然资源厅重点项目"基于星–空–地一体化技术的德钦县城地质灾害风险评估"与"基于星–空–地一体化技术的叶枝场镇（场镇是城镇体系中最基础、最末端的部分，是城乡之间以商业贸易活动为主的地方）地质环境适宜性评价"的研究成果，在此基础上提炼撰写成本书。

0.2　主要研究内容

本书以澜沧江德钦段为重点研究区，以支撑服务高山峡谷区城镇国土空间规划和地质灾害防治为目标，开展了如下四个方面的研究。

（1）地质灾害精细调查与风险评估；

（2）典型地质灾害形成机制与成灾模式研究；

（3）山区城镇规划建设地质灾害适宜性评价；

（4）地质灾害防治方案设计。

0.3　研究思路与技术路线

在充分收集、分析已有地质灾害监测、防治工程资料的基础上，针对研究区特殊的自然条件，采用高精度遥感影像解译、无人机倾斜摄影、InSAR 多期观测、机载激光雷达等技术手段，结合地面调查、工程地质测绘、工程地质勘查与试验、钻（槽、坑）探等技术方法，对城（乡）镇场址展开地质灾害调查评价，对危害场址的重大滑坡、泥石流进行调查和风险评价分区，并对典型地质灾害进行防治设计（图0.1）。

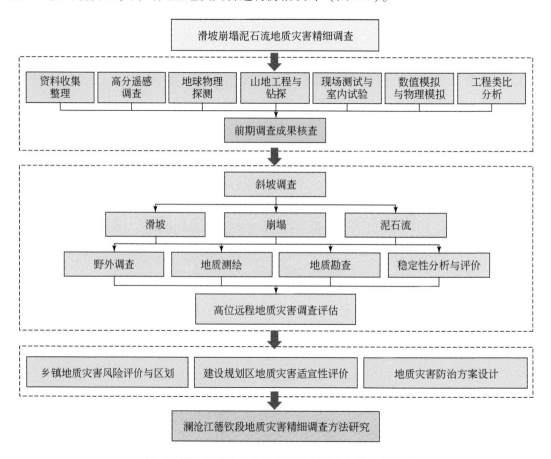

图 0.1　澜沧江德钦段地质灾害精细调查方法技术路线

0.4　主要研究人员与分工

本书共分 12 章，包括澜沧江德钦段地质灾害精细调查与风险评估、典型地质灾害形成机制与成灾模式研究、山区城镇规划建设地质灾害适宜性评价和地质灾害防治方案设计等内容。

绪论由魏云杰、朱赛楠撰写。

第1章由魏云杰、王猛等撰写。回顾地质灾害调查历程，介绍地质灾害调查方法与风险评估的研究进展，分析山区城镇地质环境适宜性评价方法及存在问题。

第2章由余天彬、刘艺璇等撰写。介绍澜沧江德钦段的自然地理、地层岩性与工程地质岩组、地质构造与新构造活动与水文地质条件等孕灾背景。

第3章由王猛、余天彬等撰写。研究基于星-空-地一体化的地质灾害高精度遥感精细调查方法，分析地质灾害灾变趋势与成灾模式，并进行不同尺度的风险评估，为城镇规划建设和社会发展提供基础资料。

第4章由余天彬、王猛等撰写。对比分析德钦县城、叶枝场镇和营盘镇地质灾害发育的孕灾条件。

第5章由朱赛楠、胡爱国等撰写。开展德钦县城、叶枝场镇和营盘镇的地质灾害精细调查，查明地质灾害分布规律。针对危害德钦县城、叶枝场镇与营盘镇三处典型城镇的地质灾害开展精细调查。

第6章由王晓刚、谭维佳等撰写。开展基于InSAR、机载LiDAR技术的地质灾害稳定性动态评价。

第7章由魏云杰、王俊豪等撰写。分析澜沧江拉金神谷滑坡、水磨房河泥石流与叶枝场镇迪马河泥石流等典型地质灾害的成灾机理。

第8章由谭维佳、魏云杰等撰写。采用滑槽物理模型试验方法，分析滑体运动速度、堆积形态范围和远程运动模式，探讨坡度、块体粒径和滑坡质量等对滑坡运动堆积的影响。

第9章由魏云杰、余天彬等撰写。介绍地质灾害的风险评估方法，开展德钦县城、叶枝场镇和营盘镇的地质灾害风险评估。

第10章由张楠、苟安田、王洪磊等撰写。研究设计德钦县城、叶枝场镇滑坡、崩塌和泥石流等典型地质灾害的防治方案，开展直溪河泥石流的监测预警曲线分析。

第11章由魏云杰、朱赛楠等撰写。以云南省维西县叶枝场镇为例，介绍城镇工程建设适宜性评价研究方法。

第12章由王俊豪、魏云杰等撰写。对比分析云南漾濞县"5·21"地震灾区地质灾害的孕灾条件、发育分布规律、InSAR形变监测，评估地震灾区地质灾害风险，并开展重建区地质环境适宜性评价。

本书初稿分章节完成后，由魏云杰、朱赛楠进行统稿。

在调查研究工作和专著的撰写过程中，自始至终得到自然资源部地质灾害防治方向首席科学家殷跃平研究员、首席执行人韩子夜教授级高级工程师、四川省地质调查院成余粮教授级高级工程师等专家的技术指导和帮助，专家们提出了诸多指导性建议，极大地提高了本次研究成果的技术水平。借此机会，特向对本书研究提供帮助、支持和指导的所有领导、专家和同行表示衷心的感谢！

由于作者水平有限，书中还有许多内容有待进一步深化研究，书中难免存在不妥之处，敬请同行专家和读者批评指正。

第1章 地质灾害调查方法研究进展

国内外地质灾害调查评价工作历史悠久，欧美等国家也经历了从找矿满足工业经济发展需求到成矿模型建立，从地球表层地形地貌变化到地球深部探测，从区域、部分到全局地球的研究等（金玺等，2015；杨宗喜等，2016；杨添天等，2018）。例如，1835~1965年，英国地质调查研究工作以单一的野外填图为主要任务，为工业化经济建设提供矿产资源信息。1965~1985年，英国地质调查工作开始加大对环境地质、水文地质工作投入，科研能力和城镇化的能力大幅度提升。1985年至今，英国地质调查工作定性为开展战略性地质工作研究，以及对相关资料的收集、处理和解译。20世纪60年代以后，英国地质调查工作开展了多项改革，提出"走廊式填图技术"替代1:5万图的填图做法，并服务于灾害防治与城乡建设工作中（杨宗喜等，2016）。美国、加拿大等欧美国家的地质调查工作也大致经历了这几个过程。

1.1 地质灾害调查历程

自20世纪90年代，在自然资源部（原国土资源部）统一部署下，中央和地方国土部门分阶段、分层次、分目标开展了地质灾害调查工作：第一阶段是1:10万县（市）地质灾害调查与区划；第二阶段是1:5万县（市）地质灾害调查与区划；第三阶段是1:5万地质灾害风险调查与区划。2016年以来，自然资源部中国地质调查局开展了1:5万地质灾害风险调查示范。

1.1.1 1:10万县（市）地质灾害调查与区划

1999~2008年，通过群众报灾、地勘队伍核查、填写记录卡片等方式开展了以县（市）为单元的1:10万地质灾害概略性调查评价，累计完成2020个县（市）的地质灾害易发程度分区和防治区划；2005年以来，完成了1885个以县（市）为单元的地质灾害易发程度分区和防治区划，其中151个县（市）完成了地质灾害危险性评价，并针对城镇密集的地质灾害高易发区，开展了1:1万地质灾害易发、危险和风险区划。

1.1.2 1:5万县（市）地质灾害调查与区划

2005年以来，为进一步掌握中-高地质灾害易发区地质灾害隐患特征，开展了以地面调查为主、辅以少量钻探和物探工作的1:5万较详细调查评价，截至2020年底，全国共计完成1885个县（市）调查和41060处隐患点勘查，开展了全国地质灾害易发程度区划，编制完成了全国地质灾害易发程度分区图，并编制技术规范，启动了以省为单元1:5万地质灾害隐患分布和易发程度区划工作。

1.1.3　1 : 5 万地质灾害风险调查与区划

2016 年以来，自然资源部中国地质调查局开展了以查明孕灾背景、易滑地层、主控因素、成灾模式、识别标志与预警判据为核心的 1 : 5 万地质灾害风险调查示范，完成 1 : 5 万调查面积近 5 万 km²，完成重点区 1 : 1 万调查面积近 1 万 km²，形成县（市）级和乡镇级地质灾害风险区划与源头管控示范性成果。截至 2020 年底，全国层面部署了 597 个县（市）1 : 5 万地质灾害风险调查。在国家层面上部署实施上述工作的同时，各级地方政府按照职责分工在辖区内开展汛前排查、汛中巡查、汛后核查的地质灾害"三查"工作。2008 年以来，结合汶川、玉树、芦山、鲁甸等地震地质灾害效应，各地组织开展地震影响区的隐患排查工作。2019 年以来，利用综合遥感识别技术开展全国地质灾害高易发区 9 省（自治区、直辖市）221 个县（市、区）共 55 万 km² 的地质灾害隐患综合遥感调查识别，初步构建基于"星-空-地"一体化的地质灾害调查技术方法体系，同时为支撑川藏铁路地质安全评价、中印边境地质灾害调查等重大任务提供地质灾害隐患综合遥感识别成果服务。目前，全国崩塌、滑坡、泥石流地质灾害易发区按照易发等级可划分为高、中、低三级，面积分别为 121 万 km²、273 万 km²、318.2 万 km²，中-高易发区主要分布在川东渝南鄂西湘西山地、青藏高原东缘、云贵高原、秦巴山地、黄土高原、汾渭盆地周缘、东南丘陵山地、新疆伊犁、燕山等地区。通过上述工作，累计发现全国地质灾害隐患约 33.22 万处，并建立了全国地质灾害数据库。

编制印发了《地质灾害风险调查评价技术要求（试行）》《地质灾害风险调查评价编图技术要求（试行）》《地质灾害风险调查评价成果信息化技术要求（试行）》《地质灾害风险普查成果汇交和入库管理办法（试行）》等支撑地质灾害风险普查工作的配套技术标准；编制地质灾害风险普查教材，并提交国务院普查办，完善了技术标准体系。印发《自然资源部办公厅关于切实做好地质灾害风险普查工作的通知》（自然资办〔2021〕242号），全面启动地质灾害风险普查工作。目前，全国已陆续启动近 1000 个县（市、区）地质灾害风险普查。完成《自然灾害综合风险普查实施方案和试点方案》中地质灾害防治工作目标、任务、要求等内容编写，组织开展北京房山、山东岚山等全国 110 个县地质灾害风险普查试点工作。部署开展地质灾害隐患综合遥感识别，完成全国高易发区 11 个省 321个典型县（市、区）121 万 km² 的隐患综合识别任务，获取了 9675 处疑似隐患的位置、范围及其风险程度，按照县域开展图件和简表的编制工作后移交地方核查。

1.2　高精度遥感调查方法

遥感技术是一门新兴的高新技术手段，具有时效性好、宏观性强、信息量丰富等特点，能快速提供可靠的地形地貌、地质构造和地物判别的信息；利用遥感技术开展地质灾害研究是非常重要的信息技术手段，遥感技术在地质灾害分析、预警、评估等方面正发挥着越来越重要的作用。随着遥感技术理论的逐步完善和遥感图像空间分辨率、时间分辨率与波谱分辨率的不断提高，遥感技术已成为地质灾害及其孕灾环境调查、滑坡动态监测与预警、灾情实时调查与损失评估等工作不可缺少的手段之一（朱静和唐川，2012）。中国首次应用遥感技术开展滑坡研究始于1980年，在西南地区的二滩大型水电开发前期论证研究中，采用航空遥感进行坝址及库区的滑坡分布、规模及其发育环境调查，在此基础上评估坝址及库岸稳定性，为二滩水电工程建设提供基础资料（王治华，2005）。王治华（2005）在多年滑坡遥感调查及滑坡研究实践的基础上，首次提出"数字滑坡"概念，采用遥感（remote sensing，RS）+全球定位系统（global positioning system，GPS）+地理信息系统（geographic information system，GIS）技术获取滑坡基本信息。数字滑坡技术是以遥感和全球定位系统方法为主获取滑坡基本信息，经数字处理转换成与地理坐标配准的、基于滑坡地学原理的三维、多元滑坡专题数字信息模型及管理、应用这些信息与模型的GIS技术（石菊松等，2008）。21世纪以来，我国滑坡遥感技术取得长足进步，主要是获得遥感技术（多种分辨率，特别是高分辨率遥感数据源）、数字摄影测量技术、图像处理技术、GIS技术的有力支持，使滑坡遥感研究和应用有可能定位、定性、定量地获取滑坡及其发育环境的信息；而与GIS技术的集成使得多种空间分析得以实现，从而使滑坡遥感解译成果应用的准确性、精度及时效性均大大提高，在三峡工程、青藏交通线等大型工程中均有显著表现（朱静和唐川，2012）。

遥感技术作为一种空间数据快速获取手段，近年来被广泛应用于滑坡编录、滑坡危险性评价和区划、滑坡敏感性评价、地震次生灾害调查。特别是近年来，在2008年汶川地震，2010年玉树地震，2013年芦山地震，2013年甘肃岷县、漳县6.6级地震，2010年甘肃舟曲特大泥石流，以及2017年发生的九寨沟7.0级地震等地震诱发崩塌、滑坡、流石流等次生重大地质灾害的快速解译、灾情评估和灾害发育特征、分布规律等研究方面，遥感技术都发挥了前所未有的重要作用。随着光学遥感影像分辨率的不断提高（最高到0.3m），以及卫星数目的不断增多，观测的精度将不断提高，获取影像的时间间隔也将大大缩短，到2022年基本可以实现同一地点每1～2天便覆盖一次，对地质灾害隐患早期识别和应急抢险将大有裨益。随着高分辨率卫星遥感的发展，在大型单体地质灾害遥感调查方面也广泛应用高分辨率卫星影像快速获取灾害地貌特征和空间分布信息。卓宝熙（2002）、石菊松等（2008）利用多时相、高精度遥感影像实现灾害动态监测在中国近年来重大灾害事件的调查和监测中发挥了极为重要的作用。高分辨率卫星影像为地质灾害易损性定量评价提供可靠的数据源，能够更精确地完成土地覆盖类型特征提取，并与GIS技术集成，更快速地计算承灾体属性特征，使复杂的易损性评价简便化，同时提高了评价精度。

高精度的遥感在地质灾害调查中的运用越来越广泛，也越来越深入，尤其是在地质灾害早期识别中具有重要的研究意义，也是目前研究的重点方向之一。总体上，卫星向高分辨率、多时相、全天时、全天候方向发展。发达国家竞相发射高分辨率卫星，性能不断提高，特别是人们对高分辨率的追求一刻也没有停下来。美国已经或计划发射OrbView-5、WorldView-Ⅱ、GeoEye-2等更高分辨率的遥感卫星，其中OrbView-5分辨率达0.4m。WorldView-Ⅱ增加了多光谱波段，多光谱分辨率可达到1.8m。GeoEye-2分辨率将达到0.25m（童庆禧等，2018）。高精度的遥感调查基础是高分、超高分的遥感数据源，目前光学遥感数据源主要包括光学卫星遥感数据和无人机测量遥感数据，高分卫星遥感数据目前分辨率主要在 0.4~1m，国外的高分卫星较多，包括 IKONOS 卫星（1m）、QuickBird 卫星（0.61m）、WorldView-1 卫星（0.5m）、WorldView-2 卫星（0.5m）、GeoEye-1 卫星（0.41m）等（Perotto-Baldiviezo et al.，2004）。国内的高分卫星数据较少，分辨率主要为 0.7~1m，包括高分二号、北京二号等。无人机航测数据包括正射航测数据、倾斜航测数据和贴近摄影测量数据等，获取的数据精度高、时效性强，目前无人机航测数据分辨率在 0.08~0.5m，运用较多的主要为正射航测数据，分辨率主要为 0.2~0.5m。对比两种光学数据，卫星数据数量具有多源、多时相的优势，可以开展地质灾害演化过程的动态监测，能够分析现有灾害的发展历史。无人机航测数据精度更高，时效性更强，能够开展地质灾害要素特征的精细解译。结合高分卫星数据和无人机航测数据能够更好地开展地质灾害遥感综合识别监测。

高精度光学卫星遥感影像具有覆盖范围广、多时相、多光谱、多数据源、低成本等特点，对地质灾害特征要素完整、变形迹象明显的地质灾害隐患具有较好的识别能力，但对于地质灾害形态不完整、地表变形迹象不明显的地质灾害隐患则识别较困难。卫星光学遥感技术因其时效性好、宏观性强、信息丰富等特点，已成为滑坡灾害调查和灾情评估的重要技术手段。大型岩质滑坡的孕育时间需要数年乃至数十年，在整体失稳前均会产生明显的地表形变，这些地表形变可以利用高精度光学遥感（地面分辨率一般需要优于 1.0m）直接目视识别（Intrieri et al.，2018）。

目前地质灾害遥感解译主要为人工目视解译和人机交互解译两种，人工目视解译主要基于地质灾害地表形变产生的直接标志（圈椅状影像特征、后缘裂缝、前缘崩滑等）或间接标志进行解译（河流改道、植被差异等信息），是目前最主要的遥感地质灾害探测方法。近年来，基于像元信息（pixel-based）和面向对象（object-based）的遥感影像地质灾害自动识别技术逐渐发展起来。基于像元信息的地质灾害自动识别主要考虑单个像素光谱信息，而不考虑相邻像元之间的信息关联，往往解译误差较大。面向对象的地质灾害自动识别技术将滑坡体看成相互之间有联系的像元集进行分类，使得解译结果更准确合理。Moine 等（2009）利用 SPOT-5 卫星全色影像，基于面向对象技术实现了对平推式、旋转式和岩崩三类地质灾害的自动提取。Stumpf 等（2015）基于区域主动学习算法，利用多时相高精度光学影像实现了大型浅层滑坡的自动探测。光学影像和其他数据的综合也逐渐用于地质灾害自动探测中。Mondini 等（2011）利用归一化植被指数（normalized differential vegetation index，NDVI）和高精度卫星影像等数据实现了降水滑坡的半自动化探测。数字高程模型（digital elevation model，DEM）、数字地面模型（digital terrain model，DTM）等地形数据和 Google Earth 等网络平台正广泛用于地质灾害解译与分析。高精度卫星遥感在地质灾害调查评价方面有先导性和补充性，能够直观反映灾害特征和承灾体特征，Perotto-Baldiviezo 等（2004）应用 1:5 万航片和 10m 分辨率的 SPOTPAN 影像，基于通过航片目视解译和地形图计算所生成土地覆盖、坡向、坡度等专题图，应用层次模型生成滑坡危害图。

无人机数字摄影测量技术在地质灾害领域的应用日益广泛。在一些自然灾害等突发事件处置中，由于危险性、时间性等因素，无人机摄影测量更有着独特的优势。无人机航拍具有精度高、灵活性强、可按需飞行、三维测量等优点,逐渐被用于地表形变监测与地质灾害隐患早期识别中。一方面,利用由无人机航拍生成的多期厘米级分辨率的正射影像图,可以直接对地表形变产生的裂缝解译,并定量分析其水平变化量。另一方面,可利用无人机航拍生成的数字地表模型(digital surface model,DSM)或数字地面模型用于地表垂直位移、体积变化、变化前后剖面的计算,以及灾变拉裂缝的探测与提取。Turner 等(2015)通过多期无人机航拍数据对滑坡动态变化过程进行时间序列分析,平面精度和垂直精度分别达到 0.05m 和 0.04m。Fernández 等以橄榄树庄园滑坡为例,使用无人机摄影测量技术获取多期地形数据(平面精度为 0.1m,高程精度为 0.15m),利用其分析滑坡演化过程,并根据滑坡特点提出一种计算滑坡平面位移的半自动方法。此外无人机摄影测量技术还可以与其他三维测量技术融合,各取所长,弥补了单个技术在时间和空间上获取数据的不足。Dewitte 等(2008)将无人机摄影测量技术与 LiDAR 技术融合追踪滑坡形变。

无人机影像数据不仅可以提供较高精度的数字地形模型,而且具有机动性强、反应快速,受云雾和起降地形限制小等优点,使其可以重复获取感兴趣区的影像数据,并且可以为灾后提供快速有效的应急响应措施;相比较卫星影像受云层覆盖的影响较大,而且影像获取成本较高,分辨率有限,滑坡的细部特征不能够被有效识别;无人机在中小空间尺度的滑坡识别中具有一定的优势。通过无人机影像对滑坡区进行精细化地形建模,根据滑坡的形成条件和滑坡发育的伴生迹象等特征,引入统计判别分析的基本理论和方法,建立滑坡的距离判别模型,对滑坡进行判识,尽可能地确定滑坡所处的发育阶段和滑坡灾害发生后的影响范围,为滑坡灾害的识别和治理提供科学的方法理论。

1.3　InSAR 识别与监测技术

InSAR 技术全称合成孔径雷达干涉测量(interferometric synthetic aperture radar,InSAR),从名称中融合了雷达成像与干涉测量技术,原理是利用两幅天线在同一时间进行观测或者进行两次平行测量获得研究区的测量数值,然后将两次测量的信号的相位差进行提取,再通过测量到的其他轨道数据计算地表高程和动态数据。这一技术的测量结果十分精确,能达到毫米级,除此以外该技术的分辨率和重复频率也较高,具有应用面积大,能够全天候、全天时进行测量的优点。鉴于上述特点,该技术在地形测绘和地表形变监测领域应用十分广泛(Massonnet et al.,1998)。

InSAR 技术发明后最早使用在对其他星球的测量领域,第一次用于对地球地形的测量是通过星载双天线 SAR 系统技术实现的(Graham,1974);由 InSAR 技术改进后的差分干涉测量技术(different InSAR,D-InSAR)能够实现动态测量地表的变化,代表着 InSAR 技术的使用范围越来越广,可以用于监测火山活动、山体滑坡、高震级地震、地面的沉降等地形变化(Massonnet et al.,1993,1995;Murakami et al.,1996;Galloway et al.,1998;Tesauro et al.,2000;单新建等,2002;Lu et al.,2003;许才军等,2010)。

D-InSAR 技术虽然优点明显,但是也具有一定的应用局限性,容易受地面植被、湿度和大气条件影响而出现相位失相干或在时间、空间上出现延迟。D-InSAR 的发展应用也因此受到了一定程度的制约。针对这些情况,学者们做了大量的探索与研究,发现裸露的岩石、人工建筑物等固定地物可以长时间的保持较好的相干性，依靠它们就可以获取较好的干涉信息。随后，Ferretti 等（1999，2000，2001）就在此基础上提出了永久散射体差分干涉测量（persistent scatterer InSAR，PS-InSAR）技术，成功克服了 D-InSAR 技术在时间和空间上失相干方面的不足，降低大气扰动带来的误差，而且可以实现长期动态的监测地表形变。Berardino 等（2002）、Lanari 等（2004）进一步完善时间序列技术，并推出小基线集技术，避免了 PS-InSAR 技术过度依赖影像的缺点，也在一定程度上克服了时空失相干的问题。

目前 InSAR 技术主要在滑坡灾害的三个领域中广泛应用。

1.3.1　滑坡识别与编目

滑坡编目图记录了滑坡的空间位置信息，有时还记录了这些滑坡的发生日期，以及区域内留下的可辨识的滑坡类型等相关信息（Guzzetti et al.，2012）。Carrara 和 Merenda（1976）提出，滑坡编目（LSI）的主要意义为可表征滑坡的分布特征，其内载有滑坡类别、空间展布特点、重复率等重要信息，是对滑坡实施预测、风险评估等的主要参考依据。

随着技术发展，近几年来，InSAR 技术开始成为该领域的热点。Lu 等（2009，2011）利用意大利阿尔诺（Arno）流域的 RADARSAT 升轨和降轨数据，对获取的 PS 点做热点和聚类分析，分别提取了 110 个和 115 个热点区，其中 79.1%、63.2% 的热区包含了滑坡，12.7%、20.6% 的区域内监测出新滑坡，证明这种方法在检测新滑坡方面的有效性。同时，Lu 等（2012）通过聚类分析技术、热点分析技术和 PS-InSAR 技术结合 PS 点平均速率研究，获取统计量并对其实施了核密度测算，以此为基础绘制了滑坡灾害热区冷区图，实现了大范围慢速滑坡的快速制图。Notti 等（2010）针对 TerraSAR-X 数据采用切片分组网（slicing packet network，SPN）技术对西班牙上特纳山谷（Upper Tena Valley）地区进行滑坡制图与监测，并结合反距离权重（inverse distance weight，IDW）插值识别出四处新滑坡，修改了八个滑坡的边界，并验证了该技术在滑坡制图和检测方面的能力。赵超英等（2012）通过 ALOS PALSAR 技术测算了美国加利福尼亚北部与俄勒冈州南部的滑坡活动性。然后运用 InSAR 相干图、InSAR 形变图、SAR 后向反射强度图和 DEM 设置阈值检测出大约 50 多个活跃滑坡，并用小基线集（small baseline subset，SBAS）技术分析了滑坡的形变模式。雷玲等（2012）采用 PS-InSAR 技术，分别研究了 28 景 ERS、35 景 Radarsat-2 和 18 景 TerraSAR-X 数据 3 种不同的数据类型，并得出可以通过滑坡点形变速率与临界地区的数据对比获取滑坡活动性的结果。Wang 等（2013）使用 InSAR 技术测算了位于金沙江白鹤滩水电站附近的滑坡位移点，以测算的滑坡水平位移（VD）和垂直位移（HD）为基础，设定阈值 VD>0.200mm、HD>0.774mm 为潜在的滑坡区域，并通过验证。

1.3.2　滑坡监测

Fruneau 等（1996）利用 ERS 数据，使用 D-InSAR 技术监测法国南部的圣埃蒂安德蒂内埃（Saint-Etienne-de-Tinee）附近出现的山体滑坡灾害，通过验证，该方法与传统方法获取的数据结果大体一致。Rott 等（1999）详细浏览了奥地利厄兹塔尔阿尔卑斯山脉范围内的近水库慢速滑坡群自 1992 年以来近七年的影像资料（ERS-1、ERS-2），同时以此为基础，阐述了慢速滑坡移动快慢与否同季节性降水存在一定相关性。PS-InSAR 技术的发明者 Ferretti 在传统技术的基础上着手新技术的研发，借助 D-InSAR、PS-InSAR 技术对植被覆盖区域的滑坡进行监测，并获得了毫米级别的形变精度。Hilley 等（2004）是较早采用时间序列 InSAR 技术进行滑坡研究的学者，他采用 PS-InSAR 技术对美国旧金山东部的滑坡进行监测，并通过非线性相关分析方法对滑坡形变速率与降水量之间的关系进行分析，得出结论：强降水会促进滑坡位移速率的增大。Bianchini 等（2013）基于 2007～2010 年的 14 景 ALOSPALSAR 影像提取了 PS 点，并结合其他基础地形数据对 PS 点的分布进行可见性分析，利用 VLos 和 VSLoPE 评估研究区的滑坡活动状态以及造成滑坡灾害的可能性。Bonano 等（2013）借助对 1993 年以来翁布里亚（Umbria）地区大规模滑坡特征的观察，从整体和局部出发，证实 SBAS 技术在分析形变时具有较高的实用性。Kiseleva 等（2014）借助 StaMPSPS 方法对多种信息资料处理后发现：由 ALOS、TerraSAR-X 信息及 ENVISAT 资料中所得到的 PS 值，在速度及分布上各不相同，但共同点是滑坡区高速度 PS 值均相对集中。

国内 InSAR 技术起步较晚，早期主要应用于地面沉降领域。随着时间序列 InSAR 技术的迅速发展，国内学者在时间序列 InSAR 技术滑坡监测方面进行了不断的探索。在借助 InSAR 方法对滑坡实施监测方面，范青松等（2006）最先提出将 GPS 数据应用于该技术可获得更为精准的监测数据，除此之外，还对 D-InSAR 技术在该方面的有利因素及不利条件进行了详细论述。程滔等（2008）借助 ASAR 影像资料，观察陕西省子长市中 2 个独立滑坡的整个形变过程后发现，实地考察的数据同利用 InSAR 方法获得的滑坡位移值基本吻合。王桂杰等（2010）使用了 3 景 ALOS PALSAR 卫星 SAR 资料，借助 D-InSAR 方法，开展了位于金沙江下游的乌东德水电站区域的滑坡灾害研究，从中得到了高精度的地表形变信息，并根据位移及移动速率划定了可能发生滑坡和滑坡活动的风险区域。Yin 等（2010）将 GPS 技术和 InSAR 技术相结合，监测并评价对中国四川省内的滑坡地质灾害。该学者通过 GPS 和 InSAR 技术测量了研究区的水平及垂直地形变化，以此为基础建立了滑坡灾害三维监测系统并投入研究使用。通过实践发现，GPS 技术更利于进行连续的地形监测，InSAR 技术更利于进行复杂地质环境监测。李小凡等（2011）在用相关法研究不同时相 22 幅 TerraSAR-X 影像的基础上，测算出 2009 年 2～10 月三峡树区域的坪滑坡形变演变过程，并分析了该滑坡在不同发展阶段的滑移过程。廖明生等（2012）结合 D-InSAR 技术，使用高分辨率 TerraSAR-X 数据，提取三峡库区归县滑坡的位置、时段和形变大小等信息，同时选用 ASAR 数据进行时间序列 InSAR 分析，研究滑坡形变大小与三峡水位状况之间的关系。Liu 等（2013）使用 SBAS 技术（即小基线集技术），分析三峡巴东地区的两处滑坡测量的 ENVISAT 影像数据、InSAR 数据、DEM 数据，获得研究对象的滑坡形变速度，验证 SBAS 技术的可靠性，并在其著作中阐述了水位和滑坡灾害的内在联系。

1.3.3 区域滑坡风险评价

在对于 InSAR 技术不断的探索和研究下，国内外学者已经取得了相当多的成果，也开发出不少有效的技术，如 PS-InSAR、SBAS-InSAR 以及其他时间序列 InSAR 技术。但这些技术在滑坡的易发性评价研究领域的应用仍比较片面，仅作为滑坡易发性评价结果的验证依据（陈玺，2018）。

InSAR 提取出的滑坡信息完全可以作为滑坡易发性评价研究的重要信息源，是能够充分运用到滑坡易发性评价研究领域的。所以，InSAR 技术除了在技术方面可以加大研究深度外，其在滑坡易发性评价研究领域的潜力还没有得到充分的挖掘，可以继续加以拓展。

1.4　无人机航空摄影

航空摄影也称作"空中摄影"，是指在航空器上搭载专用的航空摄影仪，从空中对地面或空中目标所进行的摄影方式。按像片倾斜角（是指航空摄影机主光轴与通过透镜中心的地面铅垂线即主垂线间的夹角）分类，可分为垂直摄影和倾斜摄影。垂直摄影即倾斜角等于 0°，此时主光轴垂直于地面（与主垂线重合），感光胶片与地面平行。但由于飞行中的各种原因，倾斜角不可能绝对等于 0°，一般凡倾斜角小于 3° 的称垂直摄影。由垂直摄影获得的像片称为水平像片（二维平面数据）。水平像片上地物的影像，一般与地面物体顶部的形状基本相似，像片各部分的比例尺大致相同。水平像片能够用来判断各目标的位置关系和量测距离。李玮玮等（2016）利用多旋翼无人机搭载五拼倾斜云台获取鲁甸地震受灾严重地区的遥感数据，开展基于倾斜摄影遥感影像提取建筑物震害特征的新方法研究。通过研究建筑物外墙及其结构破坏，提高建筑物震害等级判定精度，对地震烈度评定、灾害评估、应急、救灾，以及灾害、伤亡、经济损失评估起到极大帮助。2017 年 8 月 8 日四川九寨沟发生 M_S7.0 地震。四川测绘地理信息局测绘应急保障中心无人机分队紧急赶赴灾区，于 9 日晚成功获取漳扎镇附近包括九寨沟沟口至五彩池、彭丰村、永竹村、达基寺等区域 0.2m 高分辨率影像 70km^2，以及九寨沟县城 0.16m 高分辨率影像 30km^2，为相关部门开展应急救灾、灾情研判、次生灾害排查等提供第一手地理信息资料。11 日凌晨 6 时制作完成包括九寨沟景区内五花海、熊猫海和九寨沟县城等区域的应急测绘三维模型，第一时间提供给省国土厅研判地质灾害隐患使用，同时在三维环境下开展灾情解译，分析滑坡体边界范围、分布高程、面积等信息，以及房屋、道路、桥梁等基础设施受损情况，为有关部门提供了更直观、精确、科学的测绘技术支持。许建华等（2017）8 月 10 ～ 11 日利用无人机完成了对漳扎镇九道拐附近公路处、红岩林场管理处附近单体建筑物、如意坝附近的山体滑坡、海子口村附近道路的低空倾斜航测，分辨率达到 0.02 ～ 0.1m，完成了九寨沟 7.0 级地震烈度评估工作，在当天抗震救灾现场指挥部召开会议前提交，为烈度图绘制等提供了及时有力的信息。航空摄影能够有效减少野外作业量，降低劳动强度，且不受地理环境条件的各种限制，具有快速、精确、经济等优点，近些年来，无人机航空摄影技术在地质灾害调查评价中发挥了越来越重要的作用。

倾斜摄影技术（oblique photography technology）是国际测绘领域近些年发展起来的一项高新技术，它颠覆了以往垂直摄影只能从垂直角度拍摄的局限。倾斜摄影时的倾斜角大于 3°，所获得的像片可单独使用，也可以与水平像片配合使用。倾斜摄影测量是通过飞机或无人机搭载五个相机同时从前、后、左、右、垂直五个方向采集高分辨率航空影像，或者搭载 2~3 个相机通过采取不同的航向采集多个方向的高分率航空影像，再通过内业的几何校正、平差、多视影像匹配等一系列的处理得到具有地物全方位信息的可量测的三维数据。倾斜摄影测量技术最初起源于国外，美国苹果公司收购 C3 公司的自动建模技术就曾引起国内外广泛关注，后来倾斜航摄仪及相应的自动化建模软件陆续推出，以美国Pictometry、徕卡（Leica）RCD30 Oblique 等为代表。

　　倾斜影像不仅能够真实地反应地物情况，而且还通过采用先进的定位技术，嵌入精确的地理信息、更丰富的影像信息、更高级的用户体验，极大地扩展了数据影像的应用领域，并使数据影像的行业应用更加深入。由于倾斜影像为用户提供了更丰富的地理信息，更友好的用户体验，该技术目前已经逐渐在数字国土、城市规划、智慧城市、三维景区、地质灾害等行业中得到应用。王帅永等（2016）采用六轴旋翼无人机对位于映秀至汶川路段老虎嘴滑坡至都汶高速银杏乡入口约 5km² 区域开展航测，影像分辨率为 0.2m。老虎嘴三维真实场景分析所得结果与野外现场调查结果一致，表明无人机低空航测可以满足强震区地质灾害精细调查研究及建立地质灾害空间属性数据库的精度要求。王东甫和刘正坤（2016）以广东茂名市某镇山洪灾害调查项目为实验区，采用旋翼机搭载倾斜云台获取地面分辨率约 0.07m、面积约 3km² 的倾斜数据，构建出实验区三维模型数据，辅助开展山洪灾害调查，进行淹没分析、山洪预警的延续应用，从而评估受威胁的居民区人口、住房位置、高程和数量等信息，其成果精度满足项目要求，有效地提高了调查效率。李杨等（2017）应用多旋翼无人机获取高分辨率遥感影像，在官地电站大桥沟泥石流沟口区域进行初步调查试验。利用遥感成果初步建立地质三维模型，获取工程地质分析和地灾评估需要的平面、剖面图，遥感影像解译结果与实地调查结果吻合程度较高，验证了无人机在水电工程地质调查的可行性和有效性。2016 年 9 月 28 日，浙江省丽水市遂昌县北界镇苏村发生一起山体滑坡灾害，滑坡塌方量 40 余万立方米，约 20 幢居民楼被泥石流冲毁，死亡和失联人员达到 27 人。杨燕等（2017）采用智能鸟 KC1600（电动固定翼无人机）采集滑坡区域正射影像、采用多旋翼无人机单镜头刷面方式对顶部地区重点采集了倾斜数据并采集滑坡区顶部的高清视频，用以测量灾害点面积和估算土石方量，获取的遥感影像分辨率高、覆盖范围全、信息量大、方便实用，向现场救灾指挥部和当地政府部门快速提供了准确、可靠的地理信息数据。2017 年 6 月 24 日凌晨 5 时 45 分，四川茂县叠溪镇新磨村新村组富贵山突发高位垮塌，滑坡体最大落差约 1250m，最大水平滑动距离约 2800m，堆积体体积达 1637 万 m³，灾害共造成约 2km 河道被堵塞，62 户 83 人死亡或失踪。灾情发生后，当地紧急启动 I 级特大型地质灾害险情和灾情应急响应。四川省核工业地质调查院采用八旋翼机无人机开展高精度倾斜航摄作业，因灾害区坡源顶部距底部高差达 1118m，远远超出了旋翼机的飞行高度，为获取滑坡区域高精度遥感影像，无人机组采用两级梯度航测方式，完成了地面分辨率 5cm 的倾斜摄影数据采集。利用高性能便携式工作站，当天晚上完成了灾区高精度的数字正射影像图（digital orthophoto map, DOM）制作。通过影像发现，在坡源顶部西北角位置（海拔 3065m 处）有一条明显的滑坡裂缝条带，长度近 600m，最大裂缝宽度达 26m，该地段推测为一滑坡隐患，同时滑坡体中部右侧发现一处不断扩大的渗水区，可能诱发次生灾害，灾情形势严重，技术人员急忙将影像判评结果、预测危险区和应急建议汇报给现场指挥部国土应急办，领导小组认为此发现为现场抢险工作提供了重要决策依据。6 月 27 日 11 时 2 分，该滑坡隐患体部分发生二次滑塌，由于人员及时撤离，成功避免了人员生命财产的损失。

在灾害损失监测评估研究中，需要对灾害信息的定性和准定量分析，由于无人机正射影像只能获取建筑物顶部信息，难以进行全方位信息的获取，特别是在灾害检测及评估方面容易产生错误分类，而利用倾斜摄影技术构建全景真三维影像可以更直观、精确、科学评估建（构）筑物信息，因此，近年来倾斜摄影技术发展迅速。

倾斜摄影技术可以用于解决传统的"屋檐改正"难题和人工地物侧面纹理的自动提取等问题，弥补了传统航空影像获取和应用上的不足。伴随着无人机技术的快速发展，成本低、操作灵活、数据地面分辨率高、受天气影响小等特点，无人机倾斜影像摄影测量技术（UAV oblique photography technology）在三维数字城市建设中正发挥着越来越重要的作用，已成为光学影像地表目标三维重建的主要形式，其优势主要包含以下五个方面。

（1）三维建模数据生产效率高。该技术获取数据范围大、精度高，数据生产自动化程度高，大大降低了三维模型的生产周期和成本，成果数据具有模型真实、现势性强、全要素等特点。

（2）能较好地反映地物周边真实情况。相对于正射影像，倾斜影像能让用户从多个角度观察地物，更加真实地反映地物的实际情况，极大地弥补了基于正射影像应用的不足。

（3）可实现单张影像量测。通过配套软件的应用，可直接基于成果影像进行包括高度、长度、面积、角度、坡度等的量测，扩展了倾斜摄影测量技术在行业中的应用。

（4）可采集建筑物侧面纹理。针对各种三维数字城市应用，利用航空摄影大规模成图的特点，加上从倾斜影像批量提取及贴纹理的方式，能够有效地降低城市三维建模成本。

（5）数据量小易于网络发布。相较于传统三维 GIS 技术应用庞大的三维数据，应用倾斜摄影测量技术获取的影像的数据量要小得多，其影像的数据格式可采用成熟的技术快速进行网络发布，实现共享应用。

虽然倾斜影像相对于垂直影像可以获得更多更细致的侧面纹理，然而如果仅将倾斜影像作为唯一的侧面数据源，仍可能无法获得满足要求的高质量侧面结构和纹理。其一，虽然大量的倾斜相机都有前后左右的斜视相机，然而从这些斜视相机得到的侧视影像在侧面结构上的分辨率过大不足以重建得到侧面的细节结构，侧面结构重建仍未达到理想的效果。其二，倾斜摄影因其存在固定的获取方式，建筑物较低部分极易受到遮挡的影响。因此，倾斜影像提供的侧面纹理还不能充分地满足具有大量遮挡地物的复杂城市环境的需求。

侧面纹理可以通过地面辅助车载序列影像获取，相对于激光点云成本更加低廉。地面影像辅助倾斜摄影影像能够获得更加精细、完整的城市三维模型的能力，具有满足市场对精细三维数字城市模型大量需求的潜力。通过地面影像和倾斜（含垂直）影像进行城市场景重建具有显著的低成本优势。然而从联合处理的角度上讲，由于视角的差异过大，同名的区域少，同名区域的纹理差异也大（视角变化引起的几何变形），地面影像和垂直航空影像的联合处理存在较大的难度。目前利用地面和倾斜摄影数据进行重建的理论研究还处在初步阶段，成熟的算法与系统还未出现，因而需要大量的投入攻关。

根据倾斜摄影三维重建技术进展的方向、存在的难点和分析可知，加速开展联合倾斜影像在内的多源遥感数据的一体化数据获取与协同处理理论方法研究迫在眉睫，其中主要涉及倾斜摄影、地面近景摄影、激光雷达等多源遥感数据及各种辅助数据的密集型计算、数据融合与挖掘等技术的研发。需改进数据处理生产管理技术和质量控制技术，实现倾斜影像快速高效自动化三维建模；通过生产实践，对传统的数据处理流程、关键技术、算法和软件模块进行优化，形成倾斜摄影测量数据三维重建生产技术体系。而基于深度学习、特征识别、场景识别等前沿性技术的支撑，实现倾斜相机影像间、倾斜影像与其他数据间的智能化处理将会是倾斜摄影测量领域的发展趋势，将进一步推动信息化测绘生产装备和技术的发展。

1.5　地质灾害成灾机理

近年来，受自然气候条件变化影响，强降雨、连续降雨、升温融雪和中低强度地震活动越发密集，澜沧江流域地质灾害频发，主要以地质灾害链为主，分别为滑坡–泥石流、滑坡–碎屑流、滑坡–堰塞湖等，这些都呈现出典型的链式灾害特征，破坏性强，给人民生命财产造成巨大威胁。

1.5.1　滑坡–泥石流灾害

澜沧江地区地形主要为典型的剥蚀构造地形，沟谷流水侵蚀作用强烈，碎石土堆积，形成了丰富的泥石流物源，伴随极端强降雨天气发生，易形成滑坡–泥石流地质灾害，对沟谷下游的居民集镇造成威胁，具有典型的链式灾害特征，流动速度快、破坏性强。

在山区，由山区滑坡引起泥石流灾害具有流动速度快、冲击力大和破坏性强等特点。汶川大地震诱发众多滑坡–泥石流灾害及隐患点，如 2008~2010 年，文家沟发生了八次滑坡–泥石流灾害，其主要是由于地震滑坡堆积体因持续强降雨渗透导致坡体出现溃决变形，在运动过程中逐渐形成泥石流状态（刘传正，2012）。Leng 等（2018）利用野外地质调查和室内岩土试验方法，研究滑坡–泥石流的成灾机制和运动机理。围绕滑坡–泥石流的启动机制取得了丰硕的成果。Takahashi（1978）率先考虑了泥石流堆积体切向应力和沟床中的应力关系来研究泥石流发生机理，明确非平稳床流和部分平稳床流发生的条件。半稳态床流接近准稳态，其深度、速度和浓度可应用 Bagnold 引入的膨胀流体概念进行预测。Takahashi（1987）综述了可蚀沟道中的高速流动问题。给出了各种沟道形式和输沙量的标准，通过对实验数据的临界分析，证明流动阻力规律和水流的输沙公式或流速分布公式。重点讨论了大尺度输沙过程中各类水流存在及其力学意义（Takahashi，1987）。何思明等（2007）研究黏性泥石流运动对沟道土体的侵蚀启动机制，建议相应的泥石流运动计算公式和判断泥石流类型的准则，讨论泥石流重度、沟道坡降、土体强度等因素与沟道内的堆积体受到泥石流下蚀起动速度的关系。潘华利等（2009）又对沟道泥石流侵蚀模式进行了总结，主要分为 3 类：沟床下切侵蚀、沟岸侧蚀和溯源侵蚀。Jworchan（2000）通过对考隆山（Khao Luang Mountain）的边坡扰动、土地利用、强季节性降雨等的分析，认为泥石流的起因可以归结为以下三个原因：滑坡转化为泥石流；地表水流（侵蚀泥石流）对泥石流的促进；滑坡引起的天然水坝坍塌。Pathak 等（2003）试图通过自然坝的梯形形状，探讨坝体前缘边坡破坏、床层荷载传递和溃坝泥石流等不同类型的破坏，得出溃坝泥石流坝体塌陷机制，是以渐进的方式显示塌陷的趋势是从下游开始的，并向上游推进。Zhuang 等（2013）研究不同类型的泥石流起动过程，以确定合适的缓解策略。总结出以下三种泥石流启动过程："A"型泥石流是在细沟侵蚀、边坡破坏、滑坡坝或溃坝过程中溃坝而形成的，堆积密度高，溃坝后发生多次涌浪；"B"型是下切岸坡和侧向冲刷逐渐增加的结果，然后大量松散的物质混入水流中，增加了堆积密度，形成泥石流；"C"型泥石流是由地表径流入渗、边坡流态化引起的边坡破坏，并在斜坡破坏后有多次涌浪，堆积密度较高。

在澜沧江流域，受地形构造、降雨和冰雪融雪的因素影响，泥石流沟形成区地层表层风化强烈，岩体极破碎，岩土层结构松散，冻融、风化作用强烈，泥石流松散物源量丰富。目前针对这类特殊地理环境下的泥石流的相关研究比较少，很多也只是停留在浅层表面，没有进行深入的、系统的钻研，澜沧江流域山区较多，大多数山区人类工程活动都是建立在沟口堆积扇上，对泥石流的防范意识也相对薄弱，绝大部分地区没有水文气象监测点，也未建立相应的地质灾害预警模型，存在较大的灾害隐患。

1.5.2　滑坡–碎屑流灾害

近年来，我国的滑坡–碎屑流地质灾害频发，造成巨大的人员财产损失，其中较为典型的有 2008 年汶川大地震诱发的东河口滑坡，运动距离达 2.7km，滑坡方量达到 1300 万 m^3，掩埋了整个东河口村，造成 260 人死亡。2017 年的茂县叠溪滑坡，滑体最大速度达到 74m/s，滑动距离长达 3km，同时摧毁了整个新磨村，造成 83 人死亡。还有"2000 年西藏易贡滑坡、2013 年四川三溪村滑坡"等，这些滑坡产生的巨大灾害效应和社会影响，成为社会关注的焦点。根据滑坡–碎屑流运动的空间特征和时间特征，一般将整个运动全过程演化分为滑源启动、碎屑流运动和碎屑流堆积三个相互连续的阶段，且运动过程中普遍会伴随着铲刮、液化和运动流化等灾害特征。由于滑坡–碎屑流具有显著的动力学特征，其运动机理一直是研究的热点和难点。滑坡–碎屑流的运动机理最初根据统计模型来分析，主要是通过大量的试验数据和现场调查资料，利用数学统计方法计算滑坡诱发因素与滑体运动的函数关系。Heim（1882）基于 Elm 对滑坡的研究，提出"等效摩擦系数"概念，即滑体后缘最高点的高度与该点至前缘最远点的水平距离的比值作为滑体运动过程中的等效摩擦系数，这就是雪橇模型。Scheidegger（1973）、Hsu（1975）在雪橇模型的基础上，提出滑坡体体积与摩擦系数的关系，由此来预测滑体运动距离和滑动速度。国内众多学者也分别提出了滑坡运动预测的经验模型。研究发现，经验统计模型仅适合体积方量较大的滑坡地质灾害，但经验模型不能给出滑体的冲击能量和冲击力等重要的物理力学指标，无法较好地为工程防治建设提供帮助。滑坡–碎屑流之所以具有远程的特点，主要在于滑动过程中坡体底部滑面上的摩擦阻力在内外因素的作用下被不断削弱，即"阻力减弱现象"，与此同时坡体在垂直方向上具有较大的势能落差，是滑体剧滑并产生高速运动的动力因素。目前针对减阻效应，国际上提出了四种学说来解释远程机理，分别是空气润滑模型、颗粒流模型、能量传递模型和底部超孔隙水压力模型等，这些模型推动了滑坡-碎屑流地质灾害的研究（Kent，1966；Eisbacher，1980；Sassa，1988；Hungr et al.，1984）。

1.5.3　滑坡-堰塞湖灾害

澜沧江流域典型的剥蚀构造地形，山顶均呈浑圆状，标高为 2500～5000m，相对高差为 200～1000m。少见常年积雪，有的山坡碎石覆盖，有的基岩裸露，局部沟谷流水侵蚀作用强烈，"V"型谷发育。滑坡和泥石流较发育，时有堵塞河道，形成滑坡-堰塞湖，对农牧业生产生活造成巨大影响。

根据已有的研究发现，在地震、强暴雨后，崩塌和滑坡体会迅速转化成滑坡或山洪泥石流灾害，具有分布广、突发性和破坏性强等特征。在高山区，暴雨—崩塌—滑坡—泥石流等灾害链较为常见，具有高位、高速、远程和气浪，以及隐蔽性、容易链状成灾等特点，能够在高位滑坡启动后转化成泥石流，形成堰塞湖。复合型地质灾害链大多发生在强震区的高寒浓雾山区，且具有相同的运动规律。21 世纪以来，青藏高原周边地区发生多次大地震，由强震引发的多起泥石流、崩塌和滑坡等灾害，都有相同的运动规律——高位启动、惯性加速、动力侵蚀、流通堆积，最终在下游河沟形成堵溃放大效应，造成重大灾害（殷跃平等，2017）。围绕滑坡—堰塞湖地质灾害链这一课题，许多专家学者研究成果较为丰硕。韩金良等（2007）根据地质灾害规模大小，提出了四个尺度的地质灾害链的概念。李明等（2008）通过滑坡工程实例介绍了滑坡灾害链式演化过程特点。崔云等（2011）建立力学模型，分析链式灾害中的关键环境——滑坡和泥石流。梁玉飞等（2018）根据野外地质调查和遥感影像数据分析，提出了汶川黄洞子沟地区的三种典型的地质灾害链模式，并从气象水文、地质条件和地形条件等三个方面对灾害链形成影响因素进行了分析。通过野外地质现场调查和遥感影像分析可见，在滑坡链式灾害的演化过程中，极端强降雨、地质构造营力和人类工程滑动等这些内外力地质作用，成为激发高位地质灾害的激发因子（即诱发因素），在整个灾害链的演化过程中，伴随着物源的势能逐渐转化成动能的过程，滑体的运动速度逐渐增大，沿途铲刮滑坡路径的松散体，这些松散体逐渐参与并成为灾害体的物质主体。根据物质守恒原理，滑体的规模越来越大。由此，在滑坡地质灾害的物质总量及能量逐渐增大，即滑坡地质灾害链的放大效应，同时也意味着高位滑坡的破坏力越来越强，其带来的损失越来越大。受地形条件等作用，地质灾害链从最初的滑坡—碎屑流、滑坡—泥石流灾害链等演化成滑坡—碎屑流—堵江等，内容更加丰富，如 2018 年发生了两次西藏白格滑坡，堵塞金沙江并形成滑坡坝，这些都对下游人民生命财产的安全造成重大威胁。围绕滑坡坝堵江并形成堰塞湖等方面，柴贺军等（1995）研究了 1933 年叠溪地震造成的滑坡堵江对环境造成的危害性问题，并结合滑体结构、规模、失稳类型和灾害时间尺度等对滑坡堵江进行了分类。胡卸文等（2009）通过对唐家山滑坡和堰塞湖野外地质调查发现，将滑坡—堵江这一链式灾害运动过程演化成五个阶段。Fan 等（2012）通过对唐家山滑坡堰塞湖的多时段 DEM 进行分析，并利用不同经验模型性能对滑坡稳定性和溃坝洪水参数进行分析，最后提出了类似的滑坡坝应急措施规划方法。李明等（2008）提出了滑坡、泥石流以及地质灾害联合作用链式规律，提出了一个完整的链式过程包括致灾环、激发环、损害环和断链环。致灾环主要是由地质构造而形成的地质因素构成，激发环主要是由暴雨、地震、冰雪融水等非地质因素构成，损害环是由灾害发生后形成的灾害损失构成，断链环则是指工程治理与防护措施。已有的研究对滑坡坝的形成、溃决和灾害影响研究较为丰富，这些为滑坡远程链式灾害模式的研究提供了很好的基础。

1.6　山区城镇地质环境适宜性评价

城镇地质环境适宜性评价主要是指在城市一定的地质环境范围内，环境的总体或者环境的某些要素，对人群的生存和繁衍以及社会经济发展的影响程度，其主要包含对城市地质环境安全、地质环境容量、地质环境质量及地质环境风险等的评价工作。

国外城市地质环境研究兴起于 20 世纪初，60 年代后期获得较大发展，城市地质工作内容扩大到水、土污染调查评价、城市废弃物危害的调查评价，以及地质相关资源潜力和开发利用的勘查评价，诸多的发达国家在城市地质研究方面处于先进水平。我国比较全面系统的城市地质研究工作开始于 80 年代，在此之前的 20 年内也进行了城市地质工作，主要是开展城市地下水水源的勘察、重点工程的工程地质勘查，以及环境地质和地质灾害调查。由于我国城市地质环境研究工作起步较晚，目前工作的重点仍然放在城市地质调查方面，对城市地质环境评价研究远落后于西方发达国家。90 年代中后期，随着城市地质调查工作的深入，城市地质环境要素调查资料逐步翔实，环境评价工作进一步系统化。由于城市地质环境是受自身固有地质条件、人类工程活动等多因素影响的系统环境，用于评价这一系统环境也同样需要采取系统的评价方法。例如，张人权和靳孟贵（1995）提出了地质环境系统的概念；孙广忠（1993）论述工程活动与地质环境的依存关系，并提出地质环境模型概念；王思敬（1996，1997）在研究我国城市地质环境背景和主要地质环境问题的基础上，提出了协调工程活动和地质环境的对策，并从人类活动与地质环境的协调关系出发，探讨地质环境的适宜性和敏感性分析原理；除了上述城市地质环境评价理论的发展外，城市地质环境评价结果的表示和应用也被广泛重视。一方面，特别重视城市建设的地质安全，通过区域地质环境条件差异和人类工程活动引起的地质灾害，圈划出主要人类工程活动与地质环境相互作用强烈的地区，用敏感性评价方法来确保城市建设的地质安全；另一方面，将地质环境系统评价结果用于指导城市建设，通过工程地质区划和地质环境适宜性分区来表示，如贾永刚（1997），贾永刚和方鸿琪（1999a）等根据地形地貌、地质构造和水文地质条件对青岛市进行了工程地质区划，主要对工程场地适应性和选择性进行分析评价，并以系统工程理论为指导，利用模糊综合评判方法对青岛市地质环境工程建设适宜性进行分区评价。周爱国等在 2008 年又出版了《地质环境评价》一书，书中全面地论述了地质环境评价所涉及的内容和方法（周爱国等，2008）。

通过对大量文献进行总结，针对云南、甘肃等西部高山峡谷区，有很多专家学者在城镇地质环境适宜性评价等方面提出了地质环境承载力评价这一概念。通过对地质环境承载力进行评价，对其与社会发展活动的协调性进行定性或定量分析。综合考虑地质环境各个要素和承载力的主要影响因子，将地质环境作为复杂巨系统的地质环境承载力综合评价（毛汉英和余丹林，2001），如 1972 年我国科学家提出环境地质学的概念，并运用实例对环境因素和人类生活之间的关系进行了论证；王中根和夏军（1999）以环境承载力有关理论为依据，提出了一种简单可行的对生态环境承载力进行研究的新方法；王俭等（2005）对国内外用于环境承载力定量化评价的指数评价法、系统动力学方法和多目标模型最优化等方法的研究进行了综述。地质环境承载力综合评价随着各种数学理论和模型的引入，大大提高了承载力评价的定量化水平和精度，评价方法一般采用模糊聚类法、供需平衡法、灰色系统模型、层次分析法、集对分析模型、系统动力学方法等。例如，张伯祉（1988）利用模糊评价分析方法对西安市区的地质环境质量作了综合评价。蔡鹤生等提出了使用敏感模型对地质环境综合评价中的因子进行选取，并运用专家–层次分析定权法，对地质环境质量进行预断评价（蔡鹤生和唐朝晖，1998）。同时，也有学者将灰色关联度模型引入区域环境承载力评价（彭再德等，1996）。近年来，随着计算机技术与地理信息系统技术的使用，相关研究取得了快速的发展。曹金亮（1998）应用模糊综合评判法，开展区域地质环境质量评价与区划。付延玲等（1999）讨论应用聚类分析、模糊综合评判进行地质环境质量评价的原理、方法和步骤，并将其应用于陕西省地质环境质量评价。张国文等对地下水环境承载力问题进行探讨，认为模糊优选模型较系统学模型更具有优越性（张文国和杨志峰，2002）。

城镇建设地质环境评价着眼点在于将地质环境对城市建设的影响程度或建设后期可能承担的经济损失，其基本思路是通过研究影响城市建设用地的地质环境因素及其可能产生的损失费用，建立地质经济指标体系，然后运用这些指标评价城市建设用地，将地学信息转化成易于规划人员利用的经济信息，其中对城市建设用地有直接且重要影响的地质环境因素归纳起来主要有：地壳稳定性、地震、地面稳定性、土地资源、地形地貌、地质灾害等。城镇地质环境适宜性评价的主要目的是尽可能地规避风险，满足社会总体规划，给出功能区用地建议。因此，地质环境风险评价主要根据功能用地间相互比较风险相对较小的功能用地类型，评价过程通过地质环境风险评价指标体系和综合指数模型来实验，最终对功能用地规划作基于地质环境的建设用地功能优化建议。

1.7　存在问题

（1）地质灾害隐患风险底数掌握不够全面，地质灾害仍呈现随机性大、隐蔽性高及破坏性强的特点。

我国先后在全国有计划地开展了 1∶50 万环境地质调查、大江大河和重要交通干线沿线地质灾害专项调查，覆盖全国山区丘陵的 1∶10 万县（市）地质灾害调查与区划，覆盖全国地质灾害高中易发区的 1∶5 万地质灾害详细调查工作，初步查清了我国地质灾害分布情况，划分易发区和危险区，特别是县城及以上的城市地质灾害防治扎实推进，有效地减轻了地质灾害损失。但我国地质灾害调查评价的精度仍然不足，受调查手段和精度的限制，尚有大量地质灾害隐患未被发现或对其结构特征和危害认识不清。以往调查侧重于地质灾害体本身，对孕灾条件、成灾模式、承灾体及其易损性、不同工况下的危害性掌握不够。地质灾害风险评价和区划不够系统全面，难以满足精准防控风险的需求。经统计，"十三五"期间共发生地质灾害 34606 起，其中在县城（含）及以上城市为 2043 起，占比 5.9%，县城以下集镇及农村地区为 32563 起，占比 94.1%。

（2）山区集镇和工程建设快速发展，诱发大量新的地质灾害隐患，准确预测和防范难度很大。

一是乡镇风险区内的滑坡、崩塌、泥石流等呈加剧趋势，严重危害人民群众的生命财产安全和社会经济可持续发展。二是在青藏高原及西南复杂高山极高山区普遍存在启动于数百米，甚至数千米高度的特大型高位地质灾害（链），严重威胁重要山区城镇、边境口岸和生命线工程的安全。发生在隐患点之外的地质灾害及高位远程"链式"灾害造成的群死群伤特大灾害日益凸显。经统计，"十三五"期间，新生地质灾害 80% 以上发生在已有隐患点之外。因此，亟需针对乡镇风险区和重大工程区开展系统翔实，尤其是更大比例尺更高精度的地质灾害调查工作。

（3）地质灾害风险调查的精度偏低，不能满足防灾工作的需要。

地质灾害调查广度、深度、精度不够，尚有部分隐患未被发现，地质结构调查认识不足，风险评价和区划不够系统全面，难以满足风险防控的需求。

综上所述，为了使技术层面的调查评价与行政层面的风险管控有机融合，使地质灾害防治规划、地质调查评价成果及地方行政管理三者有机串联，实现地质灾害风险源头管控的目的，有必要进一步开展地质灾害风险的精细调查。通过开展人口聚集区精细调查，明显提升地质灾害隐患识别能力，动态更新全国地质灾害数据库，编制完成国家、省、市、县四级地质灾害风险区划图和防治区划图，基本掌握我国地质灾害隐患风险底数和变化特征，有力支撑全国地质灾害防治工作。

1.8　小　　结

面对严峻复杂的地质灾害防治形势，"十三五"期间地质灾害防治工作取得明显成效。据统计，通过开展避险移民搬迁和工程治理等工作，截至 2020 年底，全国受地质灾害威胁的人数由"十二五"末的 1891 万人降至 1367 万人，减少了 524 万人，减少 28%。"十三五"期间，全国共发生地质灾害 34218 起，造成 1234 人死亡（失踪）、直接经济损失 160 亿元，较"十二五"期间分别减少 39%、41%。全国共实现地质灾害成功避险 4296 起，涉及可能伤亡人员 14.6 万人，避免直接经济损失 50 亿元。2019~2020 年，全国共发生地质灾害 14021 起，造成 363 人死亡（失踪），年平均死亡（失踪）人数较"十二五"期间减少 55%。山区集镇和工程建设快速发展，诱发大量新的地质灾害隐患，准确预测和防范难度很大。

因此，综合运用"星-空-地"一体化等多数据融合方法，在全国地质灾害高、中易发区开展地质灾害精细调查，查明斜坡结构特征，识别新发隐患点；查明灾害隐患的结构特征，才能逐步解决"隐患在哪里""结构是什么""什么时候发生"等关键问题，从而为地质灾害风险双控、防灾减灾规划和资源环境承载力评价、国土空间适宜性评价工作提供基础依据。本着"以人为本"原则，在前期 1:5 万全国地质灾害详细调查成果的基础上，以 1∶5 万地质灾害风险调查成果为依据，针对风险调查成果中的部分中风险区，以及高、极高风险区内乡镇、村组、主要居民点和公共基础设施、厂矿等，开展滑坡、崩塌、泥石流灾害精细调查工作（基本比例尺 1∶1 万），为各级政府制订地质灾害防治规划和实施地质灾害预警工程提供基础依据。

第2章 区域地质环境背景

2.1 概 述

澜沧江流域南北纵越12个纬度，东西横跨八个经度，流域面积约16.5万km²，中国境内干流长约2005km，流域涉及中国、缅甸和老挝等国，在我国范围内流经西藏自治区、四川省和云南省，地域辽阔，地形、地貌极其复杂，高原、山原、盆地、峡谷、丘陵交错其间，从而导致流域内气候差异显著。流域总体属西部季风气候区，其显著特点是干、湿两季分明。从气候上来看，流域亦大致可分为三个区：上游区（溜筒江以上）、中游区（溜筒江至戛旧）和下游区（戛旧至国界）。

澜沧江是横断山脉地区的重要河流，也是中国最长的南北向河流水电重点开发河流。澜沧江德钦—兰坪段位于滇西北区域，是地质构造复杂的"三江并流"区域，也是横断山高寒峡谷区，河流切深较大，岸坡陡峭险峻，地质构造条件复杂，地质灾害多发频发。

澜沧江在该区域流向近南北向，流域段区内由北向南依次为德钦县、维西傈僳族自治县（维西县）、兰坪白族普米族自治县（兰坪县），涉及26个乡镇，42万余人，五座已建和一座拟建大型水电站，拟建滇藏高速公路。坝址区及库区属高山峡谷地貌，第四系堆积体、板岩、变质砂岩等易滑易崩地层分布广泛，滑坡、崩塌（含倾倒变形体）、泥石流等地质灾害发育，库岸稳定性差。

德钦县地处云南省西北部"三江并流"腹地，山高谷深，活动断裂密集，岩体结构破碎，地质条件复杂而脆弱，地质灾害易发、频发、重发。长期以来，德钦县县城受山体滑坡、泥石流、山洪等地质灾害严重威胁，给城区居民造成重大损失。据《德钦县志》记载，雍正初年，县城区直溪河、水磨房河、一中河三条河发生大规模泥石流，造成原老城区全城被冲毁。直溪河曾于1966年7月、1974年6月、1986年10月、2002年7月暴发过大型泥石流；水磨房河曾于1957年、1968年、1977年和1988年暴发过四次大规模泥石流；一中河几乎年年都要暴发规模大小不等的泥石流，其中规模较大的年份是1966年、1986年、1997年和2002年。泥石流灾害给德钦人民造成了巨大的财产损失和人员伤亡。2002年7月，由于强降雨，县城阿墩子社区内的老土地局、水电局、木雕厂、物资公司、汽车运输公司等多处发生滑坡，导致整个县城生产、生活处于瘫痪状态。

县城区处于地质灾害极高易发区，重大地质灾害隐患发育，地质环境容量有限，城市发展仍面临重大地质安全问题。城区范围内有滑坡、崩塌、泥石流等地质灾害隐患点163个，特别是直溪河泥石流等四条泥石流对县城的整体安全构成重大威胁，地质灾害风险极高。四条泥石流沟和10余处滑坡虽然进行了工程治理，减缓和削弱了灾害危害，一般工况下能保障城镇安全，但在特大暴雨、强震等极端工况条件下，水磨房河、一中河、直溪河三条特大型泥石流沟固体松散物储量丰富，沟道纵坡陡，存在发生高位、高速、远程滑坡–泥石流链式灾害风险，对县城地质安全构成严重威胁，目前正在进行搬迁论证工作。

2.2 自 然 地 理

2.2.1 气象水文

澜沧江上游属青藏高原高寒气候区，地势高，属寒带及寒温带气候。年平均降水量为494.7~522.4mm，年蒸发量为1100~1750mm，多年平均气温为0~8℃。中游为高原寒带到亚热带过渡性气候区，该区为著名的横断山脉地区，地形复杂，垂直高差大，"立体气候"特征明显。该区多年平均降水量为560.3~1368.8mm，多年平均气温为5~16℃。下游属亚热带气候区，地势较低，气温高，降水量大，无明显降雪。多年平均降水量为914.5~1596.2mm，多年平均气温为17~22℃。从整个流域上看，气温和降水总的变化趋势是由北向南逐渐增高和增加。降水在年内分配极不均匀，主要集中在汛期的6~10月，约占全年的85%，其中又以6~8月为最多，约占全年的60%。

调查区属寒温带高原气候，具干湿季分明和垂直分带明显的气候特征。据德钦县气象局1954~2019年的统计资料，多年平均降水量为645.9mm，多年平均蒸发量为1002.5mm（图2.1、图2.2）。

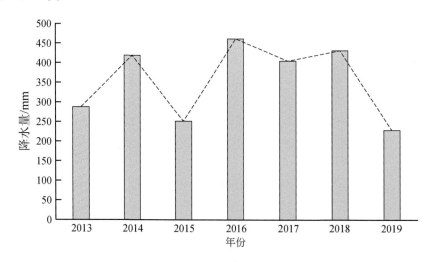

图2.1　德钦县县城区年平均降水量柱状图（据飞来寺观测站）

5~10月为雨季，降雨占全年的76.3%，其中集中在6~8月的多年平均降水量为312.8mm，占全年的48.4%。多年平均气温为6.4℃，极端最低温度为-14.7℃，极端最高温度为27.3℃，气温随海拔的增高而降低，降雨则与海拔成正比。降雪一般始于10月，终于次年4月，一日最大降雪厚70cm。多年平均降雨日数71.5天，最长连续降雨28天，

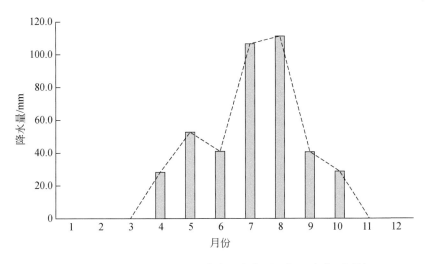

图 2.2　德钦县县城区月平均降水量柱状图（据飞来寺观测站）

累积降雨 126.3mm。一次性降雨量最大值 164.1mm，一日最大降雨量 74.7mm，1h 最大降雨量 16.9mm，30min 最大降雨量 13.2mm，10min 最大降雨量 7.9mm，5min 最大降雨量 4.5mm。2018 年 8 月 9～10 日降雨量为 64.1mm，7～9 月累积降雨 315.2mm。连续降雨和单点暴雨是当地产生泥石流的主要诱发因素。

德钦县县城区位于芝曲河上游。芝曲河为澜沧江的一级支流，河谷走向近南北向。一中河为芝曲河东岸的一级支沟，流域面积为 3.33km²，国道 214（G214）以下为渡槽架空段，以下汇水基本不参与泥石流活动。为泥石流活动提供的汇水主要分布在 G214 以上段，流域面积为 0.38km²。一中河为常年性高山沟谷河流，河床坡降大，流量变幅主要受降雨和融雪的影响明显，枯旱季差别较小，其中土沟上游 G214 以上段两次实测流量分别为 2.25L/s（2002 年 11 月 26 日）和 2.30L/s（2012 年 6 月 26 日），据调查访问，暴雨时最大流量为 0.5～1.0m³/s。

位于一中河南东向叉沟内普利藏文学校南侧有一冰碛物堆积堵塞形成的堰塞湖（坨塔海），其水面面积约 7000m²，具体水深不详，目测平均深度约 2m，蓄水总量约 14000m³。由于 G214 以下段设置了排导槽（渡槽），G214 以下汇水基本不会成为泥石流活动的水源。

维西县地处低纬高原，属西藏华西类康滇区的亚热带与温带季风高原山地气候，其特点是：冬长无夏，春秋相连，仅有冷暖、干湿和大小雨季之分。又由于地质结构复杂，海拔高低悬殊，光照、温度、降水分布皆不均匀，形成立体气候。年平均日照总时数为 2104.5h；年平均气温最高值为 15.3℃，最低值为 -1.5℃；年平均降水量为 938.1mm，降水日数为 100～160 天；年平均气压为 767.4～773.3mbar（1mbar = 100Pa）；年平均风速为 1.3m/s；年平均霜期为 169 天；年平均降雪为 11 天。

兰坪县属亚热带季风气候区，气温高、降水量大，无明显的降雪。根据兰坪气象站资料，该地区多年平均气温 11.3℃，极端最高气温为 31.7℃（1972 年 5 月），极端最低气温为 -10.2℃（1961 年 12 月）。多年平均降水量为 973.5mm，降水量年内分配不均匀，6～9 月降水量占了全年的 71.6% 以上，7～8 月降水最大，占年降水总量的 41.7%，11 月至次年3月降水量较少，仅占年降水总量的10.8%。暴雨强度不大，年最大日降水量为119.8mm（1962年8月14日）。日降水量≥0.1mm的日数为156.6天，≥5mm的日数为58.7天，≥10mm的日数为32.7天，≥25mm的日数为6.7天。多年平均蒸发量为1621.0mm（直径20cm蒸发皿）。多年平均相对湿度为74%。

澜沧江为羽毛状水系，小支流源头近流程短，干流源远流长，河谷深切，对径流有一定的调节作用，径流具有丰沛稳定和年际变化小的特点。澜沧江径流年际变化较均匀稳定，径流年内分配不均匀，枯、汛期明显，径流主要集中在5~10月。澜沧江水量丰富且稳定，干流出国境处的南腊河口多年平均水量为684亿m³。

澜沧江由北向南从西藏芒康县流入德钦县内，流经佛山、云岭、燕门等乡，干流内流程80km，澜沧江江面宽度主要为80~140m，区内最窄处仅有40m（图2.3）。平均河床纵坡为3.06%，平均含沙量为1.21kg/m³，据溜筒江水文站及旧州水文站实测流量资料统计，多年平均流量为917m³/s。流域汛期降水多为连续过程，较大的洪水主要由连续暴雨形成，年最大洪水在6~11月均有出现，多集中在6~9月，实测最大洪峰流量为7100m³/s（1991年），调查历史最大流量为9130m³/s（1905年）。

图2.3　研究区澜沧江最窄江面

2.2.2　地形地貌

澜沧江河道总体呈近北西-南东向延伸，局部呈近东西向延伸。流域德钦县内两岸山顶高程多在5000m以上，局部地段可达6000m。区内澜沧江河谷形态多为"V"型深切峡谷，河道蜿蜒曲折，两岸坡度一般为30°~50°，局部呈陡崖状。大致从维西县营盘镇以上段河谷狭窄，两岸地形陡峻，河床宽一般为 40 ~ 75m；营盘镇以下段相对较为开阔，局部较大规模冲沟沟口发育较大规模洪积扇或崩塌错落堆积地段存在小型的平缓台地，河床宽一般为 60 ~ 100m（图 2.4 ~ 图 2.6）。

图 2.4 澜沧江峡谷区河谷切割特征

图 2.5 "V" 型峡谷地貌

图 2.6 "U" 型宽谷地貌

区内阶地分布不多，可见 I ~ VI 级，其中 I ~ III 级的台面保持相对完整，IV 级以上阶地以残留体形态分布在高处，并可见到岸坡崩塌、错落掩埋的砂卵砾石层。阶地均为基座阶地，具有明显的二元结构。各级阶地阶面一般高出江水面：I 级为 5 ~ 10m、II 级为 20 ~ 40m、III 级为 60 ~ 80m、IV 级为 100 ~ 150m、V 级为 200 ~ 250m、VI 级为 300 ~ 350m。

研究区位于青藏高原南延部位横断山纵谷地带，雪山纵列，峡谷深切。东有云岭山脉，西有怒山山脉，走向均为南北向。地势北高南低。最高点为云南第一峰——卡瓦格博峰，海拔为 6740m。最低点为燕门乡澜沧江河床，海拔为 1840.5m，相对高差达 4899.5m。德钦县县城升平镇海拔为 3400m，为云南最高海拔县城。怒山和云岭山脉中屹立有许多著名的雪山，如梅里雪山、太子雪山、白茫雪山、甲午雪山、压寨雪山和闰子雪山等，海拔均在 5000m 以上。澜沧江峡谷是举世闻名的大峡谷，谷底与高原面相对高差一般为 2000～2500m。地形坡度一般为 30°～70°，平均坡度为 30°～40°，坡度大于 60°的陡崖很多，小于 25°的缓坡很少。调查区地貌系新生代喜马拉雅造山运动所至，为较年轻的山系，自喜马拉雅运动以来一直处于强烈上升时期，重力作用、冰川作用及风化作用十分强烈，根据气象特征、侵蚀剥蚀类型和地形起伏量等要素，结合调查区实际，把地貌类型划分为表 2.1 所示的四种主要类型（表 2.1）。

表 2.1　研究区地貌类型划分表

地貌类型	编号	分布范围	面积/km²	比例/%
冰川剥蚀地貌	I₁	冰川气候区冰川剥蚀地貌亚带指海拔为 6000～6740m 的最高山范围，分布于梅里雪山山岭，常年气温在 0℃以下，冰川发育且巨大，活动极强	112.5	1.5
	I₂	冰缘气候区冰川剥蚀地貌亚带，指海拔下限为 3700～4500m，上限高度在 6000m 的最高山地带，分布于梅里雪山东坡中高部位和云岭山岭一带，年均气温在 0℃左右，融冻作用占优势	371.3	5.1
寒温－温湿气候带剥蚀中高山地貌	II	分布于德钦县全境，其海拔下限为：南部至澜沧江边和金沙江边，高程 1840.5～1928.7m；北部海拔下限为 3300～3700m。海拔上限为 3700～4500m。该区地貌平面形态呈树枝状，表面起伏形态呈山岭状，山坡坡度在 30°～60°，植被覆盖度高，全年平均气温为 6.0℃，自然地质作用以生物风化剥蚀作用为主，局部也有重力作用等	5532.6	76.1
半干旱气候带剥蚀中山地貌	III	分布于澜沧江和金沙江两岸谷坡地带，海拔为 2200～3500m，其地貌特征为峡谷地貌，气候干热，植被稀少，人类工程活动强烈，自然地质作用以风化作用、重力作用和地面流水作用为主，且强烈发育	1054.1	14.5
剥蚀溶蚀中高山地貌	IV	有四个片区：佛山乡坡格片区、羊拉片区、拖顶乡大村片区和拖顶乡洛玉片区。该区为灰岩分布区，自然地质作用以剥蚀溶蚀作用为主，因处于年轻的喜马拉雅造山带内，上升和切割作用十分强烈，虽有溶蚀作用，但溶蚀作用并不强烈	202.5	2.8

2.3　地层岩性与工程地质岩组

2.3.1　区域地层分区

研究区位于藏滇缅马造山系的"蜂腰"部位。海西运动、印支运动、燕山运动、喜马拉雅运动在该区均有强烈反映。多期不同类型的构造运动致使该区地质情况极为复杂。

研究区大地构造单元划分为四个一级单元、10 个二级单元。分界断裂自西向东为高黎贡山断裂、棒当断裂、福贡断裂、碧罗雪山断裂、吉岔断裂、德钦–雪龙山断裂、羊拉–东竹林断裂、金沙江断裂、香格里拉断裂、三江口断裂。区内褶皱断裂多为南北和北西向，地层齐全，元古宇、古生界、中生界、新生界均有出露，大部分地层均有不同程度的变质。

受印度板块向北强烈俯冲和华北–扬子刚性陆块的阻抗和陆内俯冲作用影响，研究区区域性断层多南北向展布，切割区内形成条带状的地层展布特征。根据近年来研究区地区的 1∶5 万和 1∶25 万区域地质矿产调查成果，将研究区域内的地层划分为两个地层大区、五个地层区、七个地层分区、九个地层小区（表 2.2）。

表 2.2　研究区地区地层区划表

大区	区	分区	小区
藏滇地层大区（Ⅰ）	冈底斯–腾冲地层区（Ⅰ-1）	腾冲地层分区（Ⅰ-1-1）	—
	羌南–保山地层区（Ⅰ-2）	保山地层分区（Ⅰ-2-1）	潞西地层小区（Ⅰ-2-1-1）
			施甸地层小区（Ⅰ-2-1-2）
华南地层大区（Ⅱ）	羌北–昌都–思茅地层区（Ⅱ-1）	兰坪–思茅地层分区（Ⅱ-1-1）	澜沧地层小区（Ⅱ-1-1-1）
			漾濞地层小区（Ⅱ-1-1-3）
		西金乌兰–金沙江地层分区（Ⅱ-1-2）	德钦地层小区（Ⅱ-1-2-2）
	巴颜喀拉地层区（Ⅱ-2）	玉树–中甸地层分区（Ⅱ-2-1）	中甸地层小区（Ⅱ-2-1-1）
			属都海地层小区（Ⅱ-2-1-2）
	扬子地层区（Ⅱ-3）	丽江–金平地层分区（Ⅱ-3-1）	丽江地层小区（Ⅱ-3-1-1）
		康滇地层分区（Ⅱ-3-2）	楚雄地层小区（Ⅱ-3-2-1）

2.3.2　地层岩性

研究区主要属于兰坪–思茅地层分区，西侧以怒江–昌宁–孟连结合带的东部边界与藏滇地层大区分界，东侧以澜沧江断裂与兰坪–思茅地层分区相毗邻。其地层序列及特征的特征是：下部为古元古界—中元古界变质基底，其上为古生界泥盆系—石炭系被动陆缘半深海浊积岩所覆（图 2.7，表 2.3）。

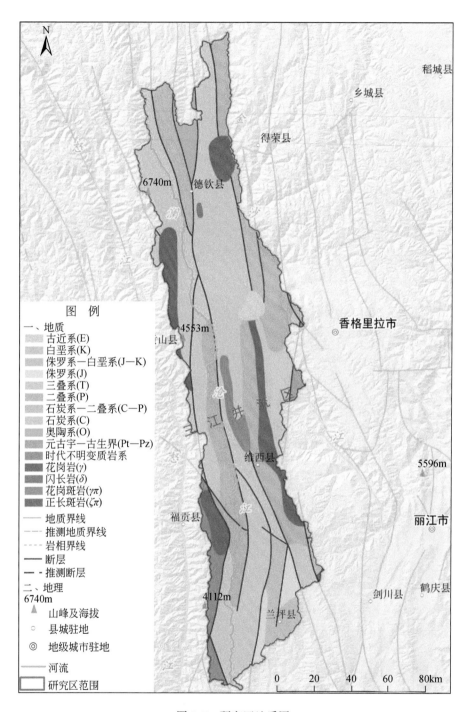

图 2.7　研究区地质图

表 2.3　澜沧地层小区地层序列及特征简表

年代/地层		岩石地层	代号	基本岩性
第四系	全新统		Q_h	现代河床、沟谷冲积、洪积、砂、砾石、黏土层
	更新统		Q_p	现代河床高阶地冲积、洪积砂、砾石层、黏土层
新近系	上新统	芒棒组	N_2m	下部砾岩、砂砾岩、含砾粗砂岩夹粉砂质泥岩、煤；上部玄武岩
	中新统	三号沟组	N_1sh	灰色砂岩、粉砂岩、泥岩夹砾岩、砂砾岩、褐煤
古近系	渐新统–始新统	勐腊组	Em	红色砾岩、砂砾岩、砂岩、粉砂岩、泥岩
白垩系	下白垩统	南新组	K_1n	紫红色石英砂岩、粉砂岩、泥岩及少量含砾砂岩、细砾岩
		景星组	K_1j	下部黄白色石英砂岩夹黄粉砂岩、泥岩；底部砾岩；上部紫红色粉砂岩、泥岩夹黄白色石英砂岩
侏罗系	上侏罗统	坝注路组	J_3b	紫红色泥岩、粉砂质泥岩夹同色粉砂岩、细砂岩
	中侏罗统	花开左组	J_2h	下部紫红色泥岩与细粒石英砂岩不等厚互层，上部黄绿色钙质泥岩、泥灰岩夹粉砂质泥岩与紫红色泥岩
三叠系	上三叠统	三岔河组	T_3s	上部泥岩、粉砂岩夹砂岩、砂砾岩，下部砾岩、砂砾岩夹碳质页岩、泥灰岩透镜体
	中三叠统	忙怀组	T_2m	紫红色蛇纹岩、流纹斑岩、流纹质英安斑岩夹流纹质角砾凝灰岩、泥质硅质岩
二叠系	上二叠统	拉巴组	P_3l	灰色岩屑石英砂岩、黄绿色页岩、灰黑色放射虫硅质岩夹紫红色页岩、灰色泥灰岩透镜体
	下二叠统	雨崩组	P_1y	黑色砂质板岩、绢云板岩夹含砾板岩、含砾砂岩
石炭系		莫得群	Cmd	变质石英砂岩、绢云板岩夹硅质板岩与粉砂质板岩
		南段组	Cn	浅灰、灰白色石英砂岩为主夹黏板岩或与黏板岩互层
中元古界		惠民组	Pt_2hm	绢云千枚岩、绢云石英千枚岩、绿片岩、蓝闪片岩夹大理岩、菱铁矿
		曼来组	Pt_2ml	石英片岩、绢云千枚岩、绿泥阳起片岩、蓝闪片岩夹二云斜长变粒岩
		勐井山组	Pt_2mj	碳质千枚岩、绢云千枚岩、碳质石英千枚岩
		南木岭组	Pt_2n	碳质石英千枚岩、绢云石英千枚岩
古元古界		崇山群	Pt_1ch	黑云斜长变粒岩–片麻岩–角闪斜长变粒岩–片麻岩、斜长角闪岩
		大勐龙群	Pt_1D	黑云斜长变粒岩–片麻岩–角闪斜长变粒岩–片麻岩、斜长角闪岩

德钦构造岩浆岩带主体属 MOR 型蛇绿混杂岩组合，其中有少量的古元古代片麻状花岗岩外来岩片，三叠纪的同碰撞花岗岩。

古元古代侵入岩呈各种片麻岩分布于古元古代雪龙山岩群结晶基底岩系中，岩石类型以中细粒黑云二长花岗片麻岩为主，中细粒黑云钾长花岗片麻岩较少，二者呈渐变过渡关系。

德钦蛇绿混杂岩是一套浅变质的、含绿片岩的细碎屑岩基质中有 28 个大小不等超基性岩片、五个基性岩片的岩石构造组合，由于绿片岩具有典型的大洋低钾拉斑玄武岩的特征，一些超基性岩片具有变质橄榄岩的地球化学特征，大多数样品属堆晶橄榄岩。

2.3.3 工程地质岩组

岩土体是地质灾害产生的物质基础，其类型、性质、结构及构造特征对地质灾害的生成发育存在重要影响，并且，大量事实业已证明，地质灾害与地层岩性关系极为密切。根据建造特征，将研究区地区岩体划分为岩浆岩、变质岩、碎屑岩、碳酸盐岩和第四系松散堆积层五种类型，再依据岩体的强度及其结构特征，进一步将其划分为 13 种组合类型（表2.4）。

表 2.4 研究区地区岩土体工程地质特征简表

岩土体类型	工程地质岩组	工程地质特征
岩浆岩	坚硬岩体侵入岩组	此类岩组一般受风化和构造破坏比较强烈，在地震活动区，崩塌发育，为水石型泥石流提供了物质来源
	坚硬、较坚硬熔岩岩组	主要工程地质问题是岩体风化、蚀变，在构造和地震活动的破坏下，崩塌和泥石流发育
变质岩	坚硬、较坚硬的块状中等变质岩组	强度取决于变质程度，在中变质岩中，强度各向差异比较明显，为大型构筑物基础时，有可能构成地基不均匀变形，出现构筑物开裂、渗漏等一系列工程地质问题
	较坚硬层状、薄层状中浅变质岩组	以三叠系砂岩、板岩为主，次为砾岩、千枚岩，岩组各向差异比较明显，不同岩性接触带易出现片理风化作用，造成较强烈错动带和风化带，是造成岩体崩塌和滑坡的重要因素
碎屑岩	软硬相间的层、薄层状砂、砂砾、泥页岩岩组	斜坡上岩体往往在软岩、软层的影响下出现塑性变形破坏，最易发生滑坡、崩塌、泥石流灾害
	软弱的层、薄层状砂、砾、泥岩岩组	泥质或钙质胶结，岩组结构疏松，遇水后易崩解，易风化剥蚀，为水土流失提供了物质来源
	软硬相间薄层状片状砂页岩岩组	遇水后软化和风化层发育，天然环境下易发生崩塌和滑坡
碳酸盐岩	坚硬、较坚硬层状灰岩、大理岩、白云岩岩组	以纯碳酸盐岩为主，偶夹碎屑岩或变质岩，此类岩组易发生渗漏、塌陷等地质灾害
	坚硬、较坚硬层状、薄层正碳酸盐岩变质岩组	岩体中碳酸盐岩厚度一般为 30% ~70%，与其互层的主要是浅变质碎屑岩，一些层位中溶洞、溶孔、溶隙和岩溶水发育，在人类工程活动下最易产生岩溶塌陷等工程地质问题
	软硬相间层状碳酸盐岩、碎屑岩岩组	软弱夹层属泥岩性质的常常会产生滑坡，也是岩溶洼地积水的主要层位

续表

岩土体类型	工程地质岩组	工程地质特征
第四系松散堆积层	卵砾类土	主要分布在山前倾斜平原和大型河谷区，主要灾害问题是植被稀少，不宜作为耕田，但地基承载力高
	黏性土和砂类土	常构成组合体分布在一些盆地和平原区内，在地下水位浅的情况下，干旱地区容易产生土壤盐渍化，使农业减产
	冻土	发育于青藏高原、高山或极高山以及冰川冰水堆积的湖盆地中，厚度可超过 100m，山地区则较薄，主要工程地质问题是冻融作用，冬天冰冻，夏天表层软化，在山区雪被冰川化冻季节常常会发生冻融型泥石流、滑坡及崩塌等灾害

2.4　地质构造与新构造运动

2.4.1　地质构造

研究区大地构造上位于青藏高原东南边缘，处于特提斯–喜马拉雅构造域东南弧形构造转折部位，是滇藏板块与扬子板块的结合部位，总体以澜沧江为界，西侧为滇藏板块，东侧为扬子板块。构造单元上属唐古拉–昌都–兰坪–思茅褶皱系与冈底斯–念青唐古拉地槽褶皱系的接合部。

区内地质构造复杂，历经多期次的构造运动，以喜马拉雅期的构造形迹最为显著，构造线方向为南北向。区内总体构造为一个大型推覆构造体系，即澜沧江推覆构造带，由碧罗雪山推覆体、澜沧江构造混杂带、澜沧江同斜褶皱带及龙马山–石坪山斜歪褶皱带组成。由于区域构造作用较强，区内岩体多有褶曲、变质或蚀变现象。其中澜沧江同斜褶皱带位于澜沧江的西岸，总体为南北向，构造特征上表现为一系列轴线近于平行的线状褶皱，转折端呈圆弧形，褶皱类型以顶厚或相似褶皱为主，轴面西倾，倾角为 60°～70°，翼间角为 10°～20°，褶皱紧密。带内主要由侏罗系花开左组（J_2h）和坝注路组（J_3b）组成，变形强烈，并遭受浅变质作用。同斜褶皱带中，轴面劈理发育，一些薄的强硬岩层常形成无根小褶皱，垂直劈理方向上可见坚硬岩层形成的挤缩褶皱。龙马山–石坪山斜歪褶皱带位于澜沧江东岸，主要构造形迹为一系列规模不等的连续波状弯曲的斜歪褶皱，轴面西倾，倾角为 75°～80°，翼间角变化较大，一般为 50°～110°，由西向东，褶皱由紧密逐渐变为宽缓，带内主要由白垩系景星组（K_1j）和南新组（K_1n）组成，西侧景星组砂岩中石英脉发育，常见破劈理，岩石变质程度向东逐渐减弱。

1. 澜沧江逆冲推覆构造（LCNT）

由西藏经梅里雪山丫口延入，向南沿澜沧江南延，至澜沧江大拐弯，受南定河断裂北东走滑影响，大型变形构造向北东突出后又急转南下经景洪出境，省内长 896km、宽

0.5~29km，分为三段。北段由梅里雪山丫口向南沿碧罗雪山东侧至兔峨北，长 276.6km、宽 0.5~17.5km，西界为澜沧江断裂带，东界为吉岔断裂带；中段由兔峨北经保山瓦窑至凤庆大寺北，长 194.7km、宽 0.5~6.7km，以澜沧江断裂带为主；南段由澜沧江大拐弯南下，沿临沧花岗岩基东侧经大朝山、景洪延入缅甸境内，长 424.9km、宽 1~29km，西以澜沧江断裂带为界，东界为忙怀-酒房断裂带。

北段卷入大型变形构造的有晚古生代岛弧蛇绿混杂岩（SSZ，吉岔）、陆缘弧火山岩、弧后盆地沉积岩系（沙木组、吉东龙组）、中三叠世碰撞弧酸性火山岩（忙怀组）、三叠纪花岗闪长岩。中侏罗世拗陷盆地不整合覆盖在变形构造之上，晚期有白垩纪、古近纪二长花岗岩侵入其中。

中段以澜沧江断裂带为主体，卷入断裂带的主要为古生代无量山岩群绿片岩相变质岩，有少量白垩纪二长花岗岩侵入带内。

南段卷入了中元古代变质基底，中元古代团梁子岩组千枚岩的变质程度达绿片岩相；二叠纪陆缘弧石英闪长岩、弧后盆地碳酸盐岩（拉竹河组）、中三叠世碰撞弧酸性火山岩（忙怀组），三叠纪弧后镁铁-超镁铁杂岩（半坡）、闪长岩，晚三叠世—早侏罗世陆相火山-沉积岩系（小定西组、芒汇河组）。

大型变形构造呈平行线状展布，北段以脆性变形为主，主要表现为近南北向的断裂及其所挟持的线性褶皱相间，断裂多为脆性变形，岩石强烈片理化，出现构造石香肠及无根褶皱，主断面向西陡倾，产状为 250°∠70°，构造透镜体指示向东逆冲运动。褶皱以层理为变形面，以等厚型开阔-闭合褶皱为主，在强应变带见轴面西倾的紧闭褶皱。

中段为脆韧性变形，以千枚理（S_1）为变形面的褶皱式窗棱构造多级别配套紧密排列成大型线性构造沿无量山北西-南东向展布，构成无量山主脊，主要构造面向南西陡倾，由西向东逆冲运动的特征比较明显。结合本大型变形构造南段主期构造变形开始向东逆冲的特征，其构造时限可能在中三叠世以后。

南段以脆韧性变形为主，明显有三期叠加构造，第 1 期构造组合以流劈理（D_1S_1）为特征，在中元古代团梁子岩组千枚岩中普遍发育，表现为大致与岩石成分层平行的千枚理，与昌宁-孟连洋盆向东俯冲有关，构造时限在石炭-二叠纪时期。

第 2 期构造变形主要表现为韧性剪切带，其构造样式由小型斜歪倾伏褶皱（D_2f_2）+褶劈理（D_2S_2）+皱纹线理（D_2L_2）+小型韧性剪切带组成。小型斜歪倾伏褶皱以流劈理（D_1S_1）为变形面，呈闭合-同斜状，以等厚-相似型及相似型褶皱为主，轴面劈理为褶劈理，沿枢纽发育皱纹线理，沿翼部拐点发育小型韧性剪切带，将褶皱分割成片内褶皱，并具叠瓦状特征。主要构造面向西倾，韧性剪切带内的小型叠瓦构造倒向东，指示向东逆冲运动。韧性剪切带被早侏罗世裂陷盆地沉积不整合覆盖，构造活动时限为中—晚三叠世弧陆碰撞时期。

第 3 期构造变形发生在古近纪，侏罗-白垩系卷入后形成开阔-闭合状等厚型复式褶皱，卷入脆韧性剪切带的中侏罗统花开左组砾岩、砂岩、粉砂岩、泥岩均千糜岩化，脆韧性剪切带的断面向西倾，小型构造指示向东逆冲运动。

澜沧江逆冲推覆构造位于弧后一侧，逆冲运动方向与临沧花岗岩以西的位于前陆一侧的双江逆冲叠瓦构造相反，共同组成了弧陆碰撞带的反冲式扇状构造，从构造发展顺序分析，东侧弧后的澜沧江逆冲推覆构造发生的时间应晚于双江逆冲叠瓦构造。

2. 德钦–雪龙山大型逆冲断裂构造（DXNC）

近南北向延伸，长 246km、宽 0.2 ~ 14km，北段由西藏延入，经德钦至中枝北，长 142.6km、宽 1 ~ 14km，西界为德钦–雪龙山断裂带，东界为阿登各断裂，德钦以南为俸托洛断裂；中段由中枝北沿澜沧江东经白济汛至维西北，以德钦–雪龙山断裂带为主长 56.4km、宽 0.2 ~ 0.5km。南段沿雪龙山呈北西向延伸，南到兰坪至狮山，长 47.3km、宽 0.5 ~ 7.4km，西界为德钦–雪龙山断裂，东界为维西–乔后断裂。

北段的物质组成有古生代绿片岩相变质岩系（德钦岩群）、石炭纪蛇绿混杂岩、被动陆缘沉积岩系，晚三叠世压陷盆地（歪古村组–麦初箐组）和侏罗–白垩纪拗陷盆地沉积岩系不整合覆盖在上述变形变质岩之上。此外，还有三叠纪同碰撞花岗岩、白垩纪二长花岗岩侵入。中段被晚三叠世压陷盆地覆盖。南段物质组成除上述地质体外，还有古元古代雪龙山岩群，变质程度达角闪岩相，以及古元古代变质花岗岩。

该大型变形构造带平面表现出剪切透镜体的特征，次级脆韧性剪切带与斜歪倾伏褶皱组成的叠瓦状构造倒向西，北段构造岩以千糜岩为代表，南段发育糜棱岩，断面产状倾向为 50° ~ 80°，倾角为 50° ~ 70°，总体显示向西逆冲运动，具中浅层次变形特征。

3. 金沙江逆冲叠瓦构造（JSND）

南北向展布，向北延入西藏、四川，南至乔后被黑惠江断裂斜切，长 352km、宽 8 ~ 28km。北段由四川西藏延入，经羊拉、嘎金雪山至奔子栏，长 109km、宽 12.3 ~ 22.4km，西以羊拉、嘎金雪山断裂带为界；东以金沙江断裂带为界。中段由奔子栏向南经霞若至鲁甸，长 149.4km、宽 7.8 ~ 28.3km，西以俸托洛断裂、楚格扎正断裂为界；东以金沙江断裂带、鲁甸–石钟山断裂为界。南段为鲁甸–乔后，长 93.7km、宽 7.5 ~ 11.6km，西以维西–乔后断裂为界；东以鲁甸–石钟山断裂为界。

卷入该大型变形构造的有二叠纪斜坡–海山盆地沉积岩系（迪公组–喀大崩组）、蛇绿混杂岩，早—中三叠世残余海盆沉积岩系（上兰组等）、碰撞弧酸性火山岩（攀天阁组）、中—晚三叠世弧间盆地火山–沉积岩系（崔依比组）、晚三叠世压陷盆地沉积岩系（歪古村组—麦初箐组）、三叠纪碰撞花岗岩（鲁甸花岗岩）。

金沙江大型变形构造带西临德钦–雪龙山大型逆冲断裂构造，从西往东，排列有攀天阁碰撞弧、上兰残余盆地、崔依比碰撞后裂谷、鲁甸同碰撞花岗岩和金沙江蛇绿混杂岩带。

（1）攀天阁碰撞弧的构造变形主要有两期：早期表现为三叠纪攀天阁组流纹岩中的韧性变形，剪切带中普遍见流纹质糜棱岩，集中发育在东侧的工农断裂带，韧性剪切带断面产状为 250° ~ 270°∠50° ~ 70°，指示向东逆冲运动，晚期构造变形影响至始新统，为近南北向的断裂和褶皱。

（2）上兰残余盆地内的具复理石特征的岩石已发生较强的变形，S_1 全面置换层理，以 S_1 为变形面的褶皱呈闭合状直立褶皱，挤压变形强烈。沿工农断裂带分布的超镁铁–镁铁质岩呈构造透镜体出现，片理化、蛇纹石化十分强烈。

（3）崔依比碰撞后裂谷夹于拖底断裂与吉义独断裂、霞若断裂之间，火山岩显现双峰式裂谷火山活动的特征，西侧的拖底断裂，走向为330°~340°，断面东倾，挤压破碎带宽50m，由东向西逆冲；东侧的吉义独断裂和霞若断裂呈网结状展布，呈北北西向延伸，断面产状为260°~270°∠70°~80°，发育S-L构造岩，以构造片岩、钙质糜棱岩为主，早期向东逆冲，晚期叠加右行走滑。

（4）金沙江蛇绿混杂带主要分布泥盆-二叠系玄武岩、火山碎屑岩、硅质岩、碳酸盐岩，岩石普遍变质，各组岩石以透镜状构造岩片排列，总体面理向西倾，与西倾的逆冲断裂系统构成叠瓦状构造。其中除柯那岩组（D_3k）的千枚岩、变质砂岩夹绿片岩、硅质岩和大理岩条带，残留有递变韵律，为斜坡深水沉积外，申洛拱组（C_1s）、响姑组（CPx）和喀大崩组（P_2k）中的碳酸盐岩均显示浅水沉积特征，但它们所夹的绿片岩、变玄武岩的地球化学特征指示属洋岛玄武岩（ocean island basalts，OIB）。

晚三叠世压陷盆地不整合盖在早期逆冲构造系统之上，早期构造应发生在晚三叠世以前至攀天阁组流纹山形成之后的中三叠世；晚期叠加的右行走滑断层发生在古近纪。

2.4.2　新构造活动

研究区地区的新构造运动，是我国表现得比较强烈的地区之一，活动构造广泛，对地壳抬升、压缩、翘起、地震、火山作用及地热等都有比较典型的表现。印度板块向欧亚板块的碰撞是引起本区新构造作用的主导因素；而板块的连续下插作用则是直接的起因。由于应力主要来自印度板块，新构造活动有由西向东强度逐渐减弱，时代逐渐变老的趋势。新的北东—北北东向断裂在滇西分布广泛，它们对地震活动、火山作用都有重要影响。

邻近印度与欧亚板块缝合线东侧，受两大板块碰撞和连续下插作用明显，表现特别强烈。因此，这里的地壳自新生代以来升降活动比较频繁，高原面的分级和新生代盆地的沉积特征有力地说明了这一点。不过，在上新世和更新世以后是以上升和压缩作用为主，直到现在仍然保持着不断的抬升和压缩。

云南省第四纪活动断裂发育，分布广泛。研究区主要活动断裂有红河断裂带、澜沧江断裂带、怒江断裂带、程海-宾川断裂带、剑川-丽江断裂带、龙蟠-乔后断裂、龙川江断裂、大盈江断裂等。

澜沧江断裂带北端可能起自藏北羌塘地区，自藏滇边境梅里雪山垭口附近进入云南，基本上沿澜沧江河谷延伸，南端于勐宋附近延入缅甸，总体走向北北西，断裂带由主干断裂——澜沧江断裂及其两侧与之平行。由斜列、斜交等方式展布的一系列次级断裂组成，带宽为5~8km，主干断裂及其一些次级断裂，第四纪以来均有较明显不同程度的活动表现。

澜沧江断裂为带内的主干断裂，可以分为南北两段。澜沧江断裂北段自藏滇边境梅里雪山垭口入云南后，向南大致沿梅里雪山、太子雪山、碧罗雪山、崇山山脉东坡平行山脉延伸，断裂走向为320°~340°，总体倾向南西，倾角为50°~80°，沿走向微显波状弯曲，沿断裂发育有直立的糜棱岩带，宽为0.1~1.0km，沿断裂西侧分布的古元古界崇山岩群，变质较深，混合岩化强烈，塑性流变特征明显，表现出深部构造层次的特点。断裂东侧主要为中生界火山岩沿断裂呈狭长带状分布，且断裂附近强烈糜棱岩化，糜棱岩带自云龙县表村以西向南变窄。

澜沧江断裂南段北端于热水塘附近斜交与断裂北段，向东沿澜沧江河谷延展，经乌支、大江边、漫旧之后，转向南东方向延伸，至安乐村南基本上沿澜沧江呈东西-南东方向的弧形伸展，再往南东经窑房坝、城子、平安村、纳板、曼迈、景洪、景洪农场十分场、曼东、曼迈、至勐宋附近延入缅甸。总体呈一弯曲幅度不大的反"S"形，断面陡倾至直立达70°~80°，沿断裂发育宽达数百米的糜棱岩带和破碎带，断裂基本沿临沧花岗岩体东侧延伸，并使花岗岩发生强烈糜棱岩化。

2.5 水文地质条件

研究区开展了一定程度的水文地质调查工作，目前由中国地质调查局组织开展的1:20（25）万水文地质调查已实现全区覆盖，但更高精度的水文地质调查工作尚未部署。由于该区碳酸盐分布广泛，岩溶发育程度不均，现有成果不能精细反映该区的水文地质状况。另外，针对洱海水质污染和丽江黑龙潭断流问题，云南地质调查有关单位也在小区域内开展了一定程度的水文地质调查工作，但调查程度较低，尚未取得完整成果。

地下水主要以大气降水补给为主，在高山区、山麓上部一带接受地表融雪补给，在沟谷堆积区地下水接受地表水体补给。其补给条件与降水量、地形地貌和岩性等条件密切相关，在山区地下水径流途径短，多沿沟谷渗透汇集，地下水相对贫乏。而在地形平缓、浅切割及构造裂隙、风化裂隙、溶蚀裂隙发育地段，利于大气降水渗入补给，故地下水富水性相对较强，地下水径流途径相对加长，以泉或大泉形式集中排泄。根据地下水赋存条件和水动力特征，可将地下水划分为基岩裂隙水、碳酸盐岩类岩溶裂隙水和松散岩类孔隙水三大类型。

1. 基岩裂隙水

基岩裂隙水在区内广泛分布，主要赋存于岩浆岩、变质岩的构造裂隙和风化裂隙之中。区内由于受碧罗雪山断裂、怒江大断裂、獐子山-托基大断裂、高黎贡山大断裂等断裂带的控制，基岩裂隙水呈条带状展布，地下水富水性一般较好，枯季地下水径流模数大于 $5L/(s \cdot km^2)$。常见泉水流量为 $0.5 \sim 1.0L/s$，水量丰富。而在远离断裂带的基岩中，地下水径流模数一般为 $0.1 \sim 1.0L/(s \cdot km^2)$。常见泉水流量小于 $0.1L/m$，水量相对较贫乏，地下水主要接受大气降水、上层孔隙水垂直入渗及地表水补给，由于裂隙分布不均，水力联系变化较大，在接受补给后，表现出渗流各向异性的特点，运移带有局限性，多以下降泉形式排向河谷、沟谷。

此类型水的存在降低了岩体的抗剪强度，加快岩石风化，岩体的稳定性降低。

2. 碳酸盐岩类岩溶裂隙水

含水岩层为泥质条带灰岩、砂质灰岩，受地层岩性、地质构造及地形控制，形成复杂的地下水系统，地下水赋存、运移于溶隙、溶洞及构造裂隙之中，径流速度相对较快，单

泉流量为 $0.05 \sim 0.2 L/s$，地下水径流模数为 $1 \sim 3 L/(s \cdot km^2)$，主要接受大气降水入渗补给，以泉及地下潜流的形式向下游断面径流排泄，水量相对丰富。

3. 松散岩类孔隙水

松散岩类孔隙水分布在各个水系及其支沟、斜坡地带，含水层由冲、洪积的砂砾石、粉砂质黏土、碎石土组成，其赋水性随地形地貌、地层岩性、含水层厚度的变化而变化。在山麓斜坡地带，一般含水层为残坡积、崩坡积块石、碎石及含碎石黏性土，厚度一般小于 5.0m，含水层富水性贫乏–中等，单井涌水量一般小于 $1000 m^3/d$。地下水主要接受大气降水入渗和斜坡基岩裂隙水补给，高山区斜坡地带接受季节性融雪水补给，沿地形等高线向河谷及其下游断面径流，径流途径短，在地形低洼处以泉水的形式溢出地表。在怒江两岸及较大支沟、沟口一带，含水介质为砂砾石、卵石、漂石、碎石和含碎石黏土，含水层的富水性差受地形条件及季节影响和控制，含水量及动态变化较大，厚度一般为 $3 \sim 6m$，局部泥石流沟口超过 10m，地下水位埋深小于 2m，富水性中等–富水强，单井涌水量为 $1000 \sim 3000 m^3/d$，河谷边缘地带为 $500 \sim 1000 m^3/d$。接受河水入渗、降水入渗补给和山区地下水的侧向补给，与地表水有密切的水力联系，向河谷及其下游排泄。

2.6 小 结

澜沧江是横断山脉地区的重要河流，也是中国最长的南北向河流水电重点开发河流。澜沧江德钦—兰坪段位于滇西北区域，是地质构造复杂的"三江并流"区域，也是横断山高寒峡谷区，地质条件极其复杂，活动断裂发育，是典型的地质灾害高易发区。区内包括了德钦县、维西县和兰坪县，涉及 26 个乡镇，42 万余人，沿江村镇密集；重大工程包括五座已建和一座拟建大型水电站及拟建滇藏高速公路等。同时，德钦县县城受山体滑坡、泥石流、山洪等地质灾害严重威胁，给城区居民造成重大损失，地质灾害风险极大。

综上所述，工作区属于高山峡谷区，地势总体上北高南低，地形切割强烈，雨量丰富，构造发育，岩体结构破碎、风化强烈，孕灾背景条件复杂，人类工程活动频繁，地质灾害多发。

第3章　地质灾害精细调查方法研究

地质灾害精细调查是在充分收集、利用前期地质灾害调查成果的基础上，对威胁生命、财产安全的滑坡、崩塌（危岩）、泥石流和不稳定斜坡，运用"星–空–地"一体化方法，即高精度遥感、InSAR 动态识别、无人机航空遥感、物探、山地工程、钻探等调（勘）查手段，对地质灾害体结构特征、岩土体结构特征进行精细化描述，查清地质灾害的边界特征、灾变趋势和成灾模式，并进行不同尺度的风险评估，为规划建设和社会发展提供基础资料。

3.1　高精度遥感精细调查方法

3.1.1　技术路线

高精度遥感精细调查是采用亚米级高分卫星数据、无人机航测数据等开展 1∶1 万 ~ 1∶2000 区域地质环境背景、人类工程活动和地质灾害等方面的遥感解译工作。高精度遥感精细调查方法包括遥感信息源选择、图像处理与制作、遥感解译方法、遥感解译内容、遥感解译程序、野外查证等方法。在不同层次遥感解译的基础上，总结地质灾害综合遥感识别特征，开展地质灾害发育分布特征分析、易发性评价和危险性评价（图 3.1）。

3.1.2　技术流程

遥感解译工作是野外踏勘—初步解译—调查验证—详细解译—解译成果图件的编制的综合、反复过程。

1. 野外踏勘

在充分收集和熟悉工作区地质资料的基础上，通过野外实地踏勘，根据地物波谱特征和空间特征，分别建立相应的地貌类型、地质构造、岩（土）体类型、水文地质现象和森林植被类型等区域环境地质条件因子，以及各类地质灾害的遥感解译标志（如色调和色彩、几何形状、大小、阴影、地貌形态、水系、影纹图案及组合特征等）。

2. 初步解译

在充分收集和分析已有的成果资料的基础上，通过野外踏勘工作了解工作区地形地貌特征、岩（土）体类型、地质构造等地质环境条件和已知地质灾害的类型、形态和分布情况等，着重分析已知地质灾害的遥感影像特征，建立工作区地质灾害的遥感解译标志，在

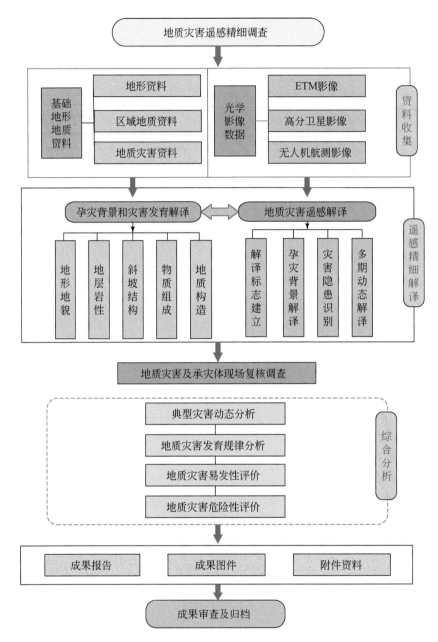

图 3.1　地质灾害遥感精细化解译技术路线图

遥感图像上识别地质灾害及其孕灾地质背景信息，编制遥感初步解译图。

3. 调查验证

根据初步解译成果，对解译过程中有疑问的、遥感解译困难的类别，通过野外验证工作，进一步核实遥感解译标志及解译结果是否正确。同时，对典型、重大地质灾害点和重点村镇、富民安居点开展现场调查工作，丰富遥感解译内容，为室内综合分析及重点村镇、富民安居点危险性评价工作提供基础数据。

4. 详细解译

在上述初步解译的基础上，通过野外调查验证后，补充和完善地质灾害的遥感解译标志，按照调查任务的要求，开展地质灾害的详细解译，填写地质灾害遥感解译卡片，编制完成地质灾害遥感解译成果图件及报告编写工作。

5. 解译成果图件的编制

在室内解译的基础上，通过野外调查和验证，补充和修改后，将解译成果草图分图层进行数字化成图，提交最终的遥感解译成果系列图。

3.1.3　遥感信息源

1. 遥感信息源选取原则

遥感信息源对遥感解译工作具有重要的影响，不同的数据源具有不同的特点。根据工作区的特点选择合理的数据源能够最大化遥感技术的优势，数据源选择主要考虑以下两个方面。

（1）区域地质灾害核查及补充调查可采用高、中分辨率卫星数据或 1:5 万~1:1 万比例尺航空遥感数据进行调查。

（2）斜坡调查及重点地质体调查可采用高分辨率卫星数据或 1:1 万~1:500 比例尺航空遥感数据进行调查。

2. 遥感信息源分析

通过分析各种卫星数据及航空遥感数据的特点和适用范围（表 3.1），结合工作区特点及工作要求，选取合适的卫星数据及航空遥感数据，需满足以下要求：①城镇、重点区卫星时相为近三年内，单体地质灾害宜选取灾害前、灾害后等多时相数据，灾后应及时采集航空遥感数据；②要求数据云、雪覆盖少（云雪覆率<5%）；③阴影较少、色调层次分明；④无噪声；平面坐标系采用 2000 国家大地坐标系，高斯−克吕格投影，3°分带。高程基准采用 1985 国家高程基准。

表 3.1　主要遥感数据特征表

遥感平台	传感器	数据名称	波段数		地面分辨率/m	幅宽/km	适用比例	适用范围
航天	光学	QuickBird	多光谱	4	2.44	16.5	1:1 万~1:5000	城镇、重点区和典型点
			全色	1	0.61			
		WorldView-1	全色	1	0.5	17.6		
		WorldView-2	多光谱	8	1.88	16.4		
			全色	1	0.45			

续表

遥感平台	传感器	数据名称	波段数		地面分辨率/m	幅宽/km	适用比例	适用范围
航天	光学	IKONOS	多光谱	3	4	11	1∶1万~1∶5000	城镇、重点区和典型点
			全色	1	1			
		GeoEye-1	多光谱	4	0.5	15		
			全色	1	1.65			
		K2	多光谱	4	4	15		
			全色	1	4			
		Eros-B	全色	1	0.70	7		
		高分二号	多光谱	4	3.2	45.3		
			全色	1	0.8			
航空遥感数据	光学	无人机DMC 数码	—		<0.2	—	1∶2000	重点区和单点
					<0.5		1∶5000	

3.1.4　图像处理与制作

卫星图像处理主要包括正射校正、数据融合、几何校正、色调匹配/图像镶嵌和图像增强等功能，卫星图像处理工作主要流程见图 3.2。

国产高分系列卫星可通过自然资源卫星遥感云服务平台（http://sasclouds.com/chinese/normal/）查询、申请及下载，产品类型为多波段数据。因此，卫星图像处理包括图像校正、波段组合、影像融合、色调匹配和镶嵌、辐射增强处理、遥感影像图的制作和图面整饰等。

1. 图像校正

图像校正分为正射校正和几何校正两种，前者基于影像物理参数模型和数字高程模型，后者基于模拟数学模型。

1）正射校正

高分辨率卫星影像的正射校正是采用高精度的 DEM 或地形图，采集少量控制点（控制点采集必须精确），使用美国研发的遥感图像处理系统软件（ERDAS、IMAGINE）美国研发的完整的遥感图像处理平台（Environment for Visualizing Images，ENVI）或加拿大研发的遥感图像处理（PCI）软件针对各种卫星数据选择相应的 RPC 模型进行正射校正处理，处理精度满足遥感调查要求。

2）几何校正

几何校正在使用 ERDAS、ENVI 或 PCI 软件处理系统平台上进行，以高精度的 DEM 或地形图为基准，用选择地面控制点功能（select ground control points），在地形图上选取满足精度要求的控制点，采用配准功能（register）和拟合功能（warp）等进行几何精校正和

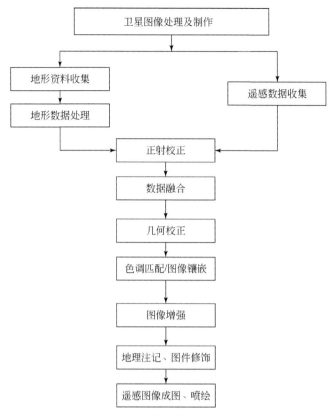

图 3.2　卫星遥感图像处理与制图流程

地理坐标配准，校正精度误差控制在 1.5 个像元以内。

2. 波段组合

根据地质灾害遥感调查的需求选择最合适的波段组合或者根据统计分析结果选择信息丰富的最佳波段组合用于影像制作。高分辨率多光谱卫星数据基本上包含蓝（B1）、绿（B2）、红（B3）、近红外（B4）等四个波段。其中，蓝波段利于区别地表、植被、落叶树、针叶林，该波段受大气影像大，一般噪声较为明显。对于 QuickBird、WorldView 和 KOMPSAT-2 等卫星数据，可选择 B432 波段组合。

3. 影像融合

为了获取 QuickBird、WorldView 和 KOMPSAT-2 等高分辨率的多光谱图像，将原始数据的全色波段和多光谱波段进行融合处理。通常在 ERDAS 中采用比值变换融合方法，影像融合后既保持了多光谱的特性，又具有全色数据的高分辨率信息，提高了影像的可识别性，比值变换融合后，影像保真度较高。

4. 色调匹配和镶嵌

对于涉及多平台、多时相卫星影像的遥感图像处理，需要进行影像的镶嵌，对于色调有差异的多景影像需要进行色调匹配，但色调匹配的难度较大。为了实现色调的一致性，宜采用同期影像先镶嵌后正射校正，避免因正射后镶嵌造成人为色彩和几何精度的差异。卫星影像数据宜采用近自然色波段组合，这样对影像的色彩有了整体的控制，减少了大的色调偏差。镶嵌时，不同时相、不同数据源会形成色差，首先进行分波段直方图色调匹配处理，镶嵌线周围的个别色差采用局部调色和色调平滑处理方法。

由于成像时间、摄影角度、背景的微小变化等因素的影响，两幅图像的色彩和坐标不能完全一致，其接边处在一定程度上都会存在色彩和坐标的差异，因此在拼接中，需要一种技术能够修正待拼接影像在拼接缝附近的差异，使之在拼接缝处的灰度有一个光滑的过渡，使两幅图像能成为一个均匀的整体。传统的解决方法是在拼接缝处及其附近采用平滑处理，而这样处理的结果会使影像的分辨率下降，产生影像模糊。采用强制改正方法，该方法是先统计拼接缝上任意位置两侧的灰度差，然后将灰度差在该位置两侧的一定范围内强制改正，并设置一定宽度的平滑带，做到无缝镶嵌。在保证信息最为丰富的前提下，尽量选择云、雪覆盖最少，地物最为接近的地方作为拼接线。图像镶嵌在 ENVI 和 PhotoShop 两个软件平台上进行。

5. 辐射增强处理

辐射增强处理的目的是突出地质灾害，以及与地质灾害有关的地质构造、地层岩性、地形地貌、植被覆盖等信息。辐射增强处理内容主要包括信息增强、边沿提取等。针对地质灾害遥感解译，通过图像增强主要提高了地物的对比度，增强了地物轮廓和细节的清晰度，突出了图像的结构特征，有利于地质灾害的识别和地质环境条件的解译。辐射增强处理主要使用了直方图拉伸、直方图均衡化、直方图正太化等功能，辐射增强能对图像进行灰度或色彩增强，从而改变图像的亮度、对比度、色度，达到较理想的影像识别效果。

1）信息增强

对卫星数据的全色波段都进行 KL 变换，充分利用影像的全部有效信息，去除噪声干扰，能有效突出专题和部分相关背景信息；通过卷积滤波、边缘增强功能，锐化增强，有效突出了裂隙、地质灾害体边界信息，明显提升了影像的可解译程度。

2）边沿提取

对个别地质灾害特征不明显的影像，采用边沿提取功能，增强地物的空间纹理、形状，以及地物边缘的形状特征，对地质灾害体边界信息有一定增强效果，对遥感解译工作有一定帮助。

6. 遥感影像图的制作和图面整饰

遥感影像图的制作是在前期遥感图像处理的基础上，根据成图要求，分别制作特定比例尺、投影类型条件下的成品影像图，然后叠加图廓整饰内容。图廓整饰包括图名、经纬度、千米格网、比例尺、注记等内容，最后成图。

3.1.5　遥感解译内容

遥感解译的主要内容包括区域地质灾害调（核）查、斜坡地质环境条件调查、地质灾害体调查以及承灾体调查。区域地质灾害调（核）查，主要调查区域地貌类型、地质构造、岩（土）体类型、水文地质现象、地表覆盖、现有地质灾害隐患点以及新发地质灾害隐患点分布。斜坡地质环境条件调查，主要调查斜坡的地貌类型、地质构造、岩（土）体类型、水文地质现象、地表覆盖，以及可能的灾害体类型、范围等内容。地质灾害体调查，主要调查识别地质灾害体，确定灾害体的空间分布特征，以及解译地质灾害体的类型、边界、规模、形态特征，分析其位移特征、活动状态、发展趋势并评价其危害范围和程度。承灾体调查，主要调查承灾体的类型、建筑等级和分布范围等。

1. 孕灾地质背景条件

孕灾地质背景主要包括地形地貌、地层岩性、地质构造、基于斜坡单元的斜坡结构遥感解译、水文地质遥感解译、人类工程活动等内容。孕灾地质背景解译，是在充分利用已有资料的基础上，对孕灾地质背景进行必要的补充、修正；工作区应开展较为详细的孕灾地质背景解译。解译精度要求：影像图上图斑面积大于 4mm^2 的孕灾地质体，长度大于 2cm 的形变线状地质体均应解译出来（图 3.3）。

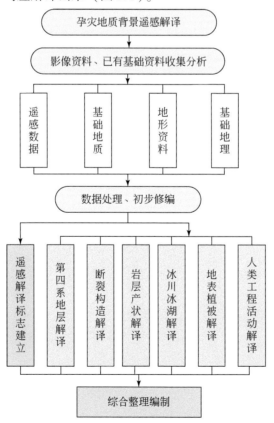

图 3.3　孕灾背景遥感解译技术路线图

1）地形地貌类型遥感解译

地形地貌遥感解译包括地势、坡度、坡向和地貌类型，地貌遥感解译主要依据是地貌形态和成因类型。在解译的基础上编录地貌类型遥感解译统计表（表3.2）。

表3.2　地貌类型遥感解译统计表

编号	图幅编号	地貌类型	代码	面积/km^2	影像特征	备注
1						
2						

2）地层岩性遥感解译

根据已有1：20万区域地质资料，结合Landsat-8卫星图像对工作区内地层岩性进行修编。根据建立的地层岩性遥感解译标志，复核已有地层边界，对地层边界出入较大的进行修正；对第四系进行补充解译，在此基础上编录地层岩性遥感解译统计表（3.3）。

表3.3　地层岩性遥感解译统计表

编号	地层代号	岩性特征	影像特征	分布位置	备注
1					
2					

3）地质构造遥感解译

根据20个区域地质资料，建立区内断裂构造和褶皱构造遥感影像标志。断裂构造解译主要包括断裂类型、产状、规模、断距、次序等。根据线性影像、两侧地质体空间位置的变化及接触关系等解译标志判定断裂的存在。根据断裂形态、岩石变形特征及两盘的相对运动关系等判断其类型。根据断层三角面等产状要素的立体观察，测定或推断断裂倾向和倾角。根据断裂两盘同一个地质体的位移计算断距；根据断裂延伸距离及断距的大小判断规模；根据断裂间的相互切错关系分析形成次序。

根据遥感解译断裂构造的基本特征，按照编号、名称、走向、倾向、倾角、断裂性质、影像特征、延伸长度等，编录断裂构造遥感解译统计表（表3.4）。

表3.4　断裂构造遥感解译统计表

编号	名称	走向	倾向	倾角	断裂性质	影像特征	延伸长度	备注
1								
2								

4）基于斜坡单元的斜坡结构遥感解译

在前述的遥感解译基础上，开展基于斜坡单元的斜坡结构遥感解译，对每一个斜坡进行详细解译，划分斜坡结构。

5）水文地质遥感解译

工作区内主要水文地质现象包括：河流、水库、湖泊、冲洪积扇扇前地下水溢出带等类别。根据遥感解译水文地质的基本特征，按照编号、富水类别、位置、面积、影像特征等，编录水文地质遥感解译统计表（表3.5）。

表3.5　水文地质遥感解译统计表

编号	富水类别	位置	面积	影像特征	备注
1					
2					

6）人类工程活动

人类工程活动主要包括土地利用、人类工程活动等内容。

土地利用：解译区内森林植被类型、地表水体、耕地、荒坡地、城镇、交通等用地类型和分布现状。

人类工程活动：调查工程切坡、水库库岸、露天采矿场、尾矿库、固体废物堆场等分布，及其稳定性。

根据遥感解译人类工程活动的基本特征，编录人类工程活动遥感解译统计表（表3.6）。

表3.6　人类工程活动遥感解译统计表

编号	类别	地理坐标	面积	影像特征	备注
1					
2					

2. 地质灾害

地质灾害的解译开展基于斜坡单元的精细解译，结合斜坡孕灾背景条件，采用正射影像和三维影像开展斜坡地质灾害和潜在地质灾害解译。工作区地质灾害主要包括滑坡、崩塌和泥石流等。

1）滑坡灾害

解译出的滑坡最小上图精度为4mm²，图上面积大于最小上图精度的，应勾绘出其范围和边界，小于最小上图精度的用规定的符号表示。定位时，滑坡点定在滑坡后缘中部。

滑坡解译主要包括滑坡体所处位置（县、乡、村）、地理位置（经纬度坐标、千米网坐标）、滑坡体长度、宽度、滑坡区面积、规模（特大型、大型、中型、小型）、主滑方向、滑坡类别（基岩滑坡、松散层滑坡、古滑坡复合等）、变形特征（拉裂缝、滑坡洼地、鼓丘等）、滑坡区地貌类型、滑坡区斜坡地层岩性、地质构造、斜坡结构、斜坡坡向、斜坡坡度、遥感影像特征、威胁对象、危险区范围等。滑坡注释点文件属性包括：解译编号、类别、规模、图幅编号、位置（县、乡、村）、地理位置（经纬度坐标、千米网坐标）、滑坡体长度、宽度、滑坡区面积、规模（特大型、大型、中型、小型）、主滑方向、滑坡类别（基岩滑坡、松散层滑坡、古滑坡复合等）、变形特征（拉裂缝、滑坡洼地、鼓丘等）、滑坡区地貌类型、滑坡区斜坡地层岩性、地质构造、斜坡结构、斜坡坡向、斜坡坡度、遥感影像特征、威胁对象、危险区范围、解译者、解译日期等信息。滑坡线文件属性包括：解译编号、类别等。滑坡面文件属性包括：解译编号、类别、规模、图幅编号、位置（县、乡、村）、地理位置（经纬度坐标、千米网坐标）、滑坡体长度、宽度、滑坡区面积、规模（特大型、大型、中型、小型）、主滑方向、滑坡类别（基岩滑坡、松散层滑坡、古滑坡复合等）、变形特征（拉裂缝、滑坡洼地、鼓丘等）、滑坡区地貌类型、滑坡区斜坡地层岩性、地质构造、斜坡结构、斜坡坡向、斜坡坡度、遥感影像特征、威胁对象、危险区范围、解译者、解译日期等信息。在此基础上，编录滑坡遥感解译统计表（表3.7）、滑坡遥感解译信息表（表3.8）。

表 3.7 滑坡遥感解译统计表

编号	解译编号	类型	位置	地层	斜坡类型	经度	纬度	规模	长	宽	面积	主滑方向	影像特征	威胁对象
1														
2														

表 3.8 滑坡遥感解译信息表

室内解译编号：

灾害类型		规模		遥感影像图
附近地名		所在县		
坐标				
遥感影像特征				
地质构造				
主滑坡度/(°)[a]		前后缘高程/m		
主滑方向/(°)		平面规模/m²		
主要地层岩性				
危险性				
解译人		解译时间		检查人	检查时间

a 利用 DEM 提取。

2）崩塌

解译出的崩塌的最小上图精度为 4mm²，图上面积大于最小上图精度的，应勾绘出其范围和边界，小于最小上图精度的用规定的符号表示。定位时，崩塌点定在崩塌发生的前沿。

崩塌解译主要包括崩塌体所处位置（县、乡、村）、地理位置（经纬度坐标、千米网坐标）、崩塌堆积体长度、宽度、崩塌堆积区面积、危岩区长度、宽度、规模（特大型、大型、中型、小型）、崩塌方向、崩塌类别（基岩崩塌、松散层崩塌等）、变形特征、崩塌区地貌类型、崩塌区斜坡地层岩性、地质构造、斜坡结构、斜坡坡向、斜坡坡度、遥感影像特征、威胁对象、危险区范围等。崩塌注释点文件属性包括：解译编号、类别、规模、图幅编号、位置（县、乡、村）、地理位置（经纬度坐标、千米网坐标）、崩塌堆积体长度、宽度、崩塌堆积区面积、危岩区长度、宽度、规模（特大型、大型、中型、小型）、崩塌方向、崩塌类别（基岩崩塌、松散层崩塌等）、变形特征、崩塌区地貌类型、崩塌区斜坡地层岩性、地质构造、斜坡结构、斜坡坡向、斜坡坡度、遥感影像特征、威胁对象、危险区范围、解译者、解译日期等信息。崩塌线文件属性包括：解译编号、类别等。崩塌面文件属性包括：解译编号、类别、规模、图幅编号、位置（县、乡、村）、地理位置（经纬度坐标、千米网坐标）、崩塌堆积体长度、宽度、崩塌堆积区面积、危岩区长度、宽度、规模（特大型、大型、中型、小型）、崩塌方向、崩塌类别（基岩崩塌、松散层崩塌等）、变形特征、崩塌区地貌类型、崩塌区斜坡地层岩性、地质构造、斜坡结构、斜坡坡向、斜坡坡度、遥感影像特征、威胁对象、危险区范围、解译者、解译日期等信息。在此基础上，编录崩塌遥感解译统计表（表 3.9）、崩塌遥感解译信息表（表 3.10）。

表 3.9　崩塌遥感解译统计表

编号	名称	类型	位置	地层	斜坡类型	经度	纬度	规模	长	宽	面积	崩塌方向	影像特征	威胁对象
1														
2														

表 3.10　崩塌遥感解译信息表

室内解译编号：

灾害类型		规模		遥感影像图			
附近地名		所在县					
坐标							
遥感影像特征							
地质构造							
坡度/(°)[a]		前后缘高程/m					
坡向/(°)		平面规模/m²					
主要地层岩性							
危险性							
解译人		解译时间		检查人		检查时间	

a 利用 DEM 提取。

3）泥石流

解译出的泥石流的最小上图精度为 4mm²，图上面积大于最小上图精度的，应勾绘出其范围和边界，小于最小上图精度的用规定的符号表示。定位时，泥石流点定在堆积扇扇顶。

泥石流解译主要包括：泥石流流域的界线、沟口堆积扇、泥石流物源、威胁对象、遥感影像特征、危险区、泥石流分区（堆积区、流通区、物源区、清水区）等。泥石流点注释点文件属性包括：解译编号、类别、流域面积、流域形态、主沟长度、主沟纵比降、规模、泥石流堆积扇形态、堆积扇宽、扩散角、物源类别、物源面积、地层岩性、地质构造、威胁对象、解译者、解译日期等信息等。泥石流线文件属性包括：泥石流编号、解译编号、类别、长度。泥石流区文件属性包括：泥石流编号、解译编号、类别、面积等。在此基础上，编录泥石流遥感解译统计表（表3.11）、泥石流遥感解译信息表（表3.12）。

表 3.11　泥石流遥感解译统计表

编号	名称	类型	县	乡	村	经度	纬度	规模	堆积扇宽	扩散角	物源面积	主沟纵比降	主沟长	流域面积	影像特征	威胁对象
1																
2																

表 3.12　泥石流遥感解译信息表

室内解译编号：

灾害类型		规模		遥感影像图			
附近地名		所在县					
沟口坐标							
遥感影像特征							
地质构造		植被发育					
地形坡向		流域形态					
地貌部位		水源类型					
发育阶段		集水区面积/km²					
河床特征	长____，比降____，高点高程____，沟口高程____						
堆积体特征	面积____，坡度____，扩散角____						
主要地层岩性							
危险性							
解译人		解译时间		检查人		检查时间	

4）单体地质灾害点多时相对比解译

A. 单体地质灾害点选取原则

选取单体地质灾害点开展多时相对比解译，具体要求如下：

（1）选取的单体地质灾害点要具有代表性、典型性且危害、规模较大。

（2）滑坡拟采用的多期遥感数据能够反映滑坡多期变化特征，即能够反映滑坡变形前、变形中、滑动后等特征；泥石流拟采用的多期遥感数据能够反映泥石流几个水文年来，泥石流的发生、变化规律；崩塌拟采用的多期遥感数据应能够反映崩塌多期变化特征，即能够反映崩塌前、崩塌后，以及危岩区拉裂变形等特征，上述灾害类型数据源应选用地面分辨率不低于0.5m的遥感数据源。

B. 单体地质灾害点对比解译

单体地质灾害点多时相对比解译：利用多时相、高分辨率的遥感数据资料及大比例尺地形数据，开展单体地质灾害点遥感解译及数字地形空间分析。遥感解译及空间分析内容包括：①制作单体地质灾害点地势图；②制作单体地质灾害点坡度图；③制作单体地质灾害点坡向图；④提取单体地质灾害点特征信息，如泥石流物源信息、流域面积、流域高差、主沟长度、主沟纵比降、物源分布位置、物源区坡度、威胁对象等。利用 1～2 个水文年，多时相的高分辨率遥感图像（卫星和无人机航片）进行对比研究，开展变形特征、物源、地形地貌等因子的多时相对比分析，分析其演化发展规律，从而开展单体地质灾害点成灾模式研究。

3. 承灾体

对典型地质灾害点影响范围内承载体采用无人机航测数据进行详细解译，结合现场验证，对承灾体进行统计，为地质灾害风险评价提供基础资料。

3.1.6　遥感解译方法

1. 目视解译法

目视解译法是通过影像单元或影像岩石单元、断裂构造等解译标志的建立，根据肉眼对经过特定处理后的遥感图像进行判别，并进行类别区分和归并的编图方法。通常与人机交互解译法和计算机自动提取和分类法交叉使用，互为补充。

2. 人机交互解译法

人机交互解译法是一种利用计算机技术直接解译圈定编图单位或将目视解译结果输入计算机内与解译图像匹配，并进行修改补充的一种方法。用该方法编制的解译图件，编图单位划分准确，边界误差小，可提高编图精度。

3. 计算机自动提取和分类法

计算机自动提取方法是利用 DEM 生成的坡度图，从而便于更直观地了解工作区地形地貌特征。

4. 图像增强处理法

图像增强处理法是对解译目标信息实施针对性增强处理的一种方法。根据以往的应用效果，主要选择波段组合法、比值组合法、主成分分析法、HIS 彩色空间变换法和融合技术为本书采用的图像增强处理方法。

5. 直判法

直判法是根据建立的地质体遥感解译标志，通过对其色彩、形态、影纹特征，以及与周围环境的相关关系分析，可以直接勾绘出地质灾害的边界和特征，因此能够快速地识别地质灾害的一种解译方法。

6. 邻比法

邻比法是在同一张或相邻较近的遥感图像上，进行邻近比较，从而区分出两种不同目标的解译方法。这种方法通常只能将不同类型地质体的界线区分出来，但不一定能鉴别出地质体的属性。使用邻比法时，要求遥感图像的色彩保持正常，最好在同一张图像上进行。

7. 对比法

对比法是将解译地区遥感影像上所反映的某些地物和自然现象与另一已知的遥感影像样片相比较，进而确定其属性的解译方法。对遥感解译难度较大、资料较少的地区，可将已知地区的遥感图像与要解译地区的遥感图像进行对比解译，从已知到未知，从一般到特殊，逐步进行解译。但特别要注意，对比必须在各种条件相同的情况下进行，如地形地貌、气候条件、地质环境条件等应基本相同，同时遥感图像的类型、成像条件（时相、天气、比例尺等）、波段组合等也应相同。

8. 逻辑推理法

逻辑推理法是借助各种地物或自然现象之间的内在联系所表现的现象，间接判断某一地物或自然现象的存在及其属性。对解译难度较大的地质灾害，可根据其所处的地理位置、地质环境条件和与周围环境的相关关系等进行综合分析，通过逻辑推理，确定地质灾害的类型、规模和分布位置。地质灾害多分布于山高谷深、构造发育、岩体破碎、新构造活动强烈的地区，且沿水系和断裂带发育分布，在形态上多呈线状影像特征。

9. 图像处理法

对于遥感解译难度较大或图像模糊不清的地区，可通过图像增强、拉伸、比值、合成等有针对性的图像处理方法，以突出解译所需的地质灾害信息，消除干扰信息，使图像清晰、信息更加丰富，并提高遥感解译的质量和效果。

10. 多源遥感数据源解译法

根据不同遥感数据源对解译目标的可解译程度，有针对性地选择数据源。例如，区域地质构造、地层岩性拟采用美国 Landsat-8 遥感数据源；地质灾害、水文、地貌拟采用高分二号卫星开展遥感解译；高分一号卫星、QuickBird 等其他卫星数据作为补充。

11. 多时相动态解译法

针对人类工程活动强烈区典型、重大地质灾害点，通过多时相动态识别技术，获取该点人类工程活动的变化趋势，以及地质灾害动态变化特征、灾害链特征；在此基础上，开展早期监测预警方法研究。

3.1.7　野外查证

1. 野外查证原则

采用点、线、面相结合的方法进行现场查证。对于解译效果好的地段以点验证为主；对于解译效果中等的地段应布置一定代表性路线追索验证；对于解译效果差的地段以面验证为主。查证路线应重点布置在解译出的地质灾害分布较为集中地段、室内解译不能确定地段、解译标志不甚明显地段、综合分析存在重大地质灾害隐患地段、现有交通可达地段。首先选择典型地段进行解译标志及初步成果验证，在此基础上进行整个工作区的查证；验证时，应确认是否为地质灾害，然后再核定地质灾害边界范围、形态特征、规模大小、运动方式和危害程度等要素。对典型地质灾害及其孕灾地质背景，应采用摄像或拍照的方式，作为与遥感影像对照、说明地质灾害特征的依据，并填写相关查证表格。

2. 野外查证方法

1）亚米级高分辨率遥感核查方法

高山峡谷区往往交通较差，同时地质灾害发育分布位置高、常规调查手段难于到达，采用亚米级遥感数据源（地面分辨率分别为 0.5m、0.4m、0.2m）对地面分辨率 1m 遥感数据解译结果进行室内核查，以提高解译精度。主要针对 1∶1 万解译区采用。

2）无人机航拍验证法

在野外调查中，采用便携式无人机，对无法到达观察位置的灾害点，采用无人机影像、视频采集，远距离观察，以达到野外验证目的，提高野外调查精度。

3）现场查证方法

（1）查证路线应重点布置在解译出的地质灾害分布较为集中地段、室内解译不能确定地段、解译标志不甚明显地段、综合分析存在重大地质灾害隐患地段、现有交通可达地段。

（2）首先选择典型地段进行解译标志及初步解译成果验证，在此基础上进行整个工作区的查证；验证时，应确认是否为地质灾害，然后再核定地质灾害的边界范围、形态特征、规模大小、运动方式和危害程度等要素。

（3）对单体地质灾害及其孕灾地质背景，应采用摄像或拍照的方式，作为与遥感影像对照、说明地质灾害特征的依据。

遥感编图是在详细解译的基础上进行的，通过野外调查和验证，在工作过程中逐步补充、修改和完善后，以地形图为底图，将地质灾害主题信息、基础地质和各种环境地质问题尽可能详细地反映在图上。采用 MapGIS 6.7 或 ArcGIS 软件平台，将解译成果草图分图层进行数字化成图，提交最终的遥感解译成果系列图，并为数据库建设提供建库所需的基础资料。

3.1.8　成果图件编制

遥感解译图件是遥感地质调查成果的主要表达形式之一，又是遥感环境地质研究的一种基本工具手段。应依据调查成果，以与环境地质问题密切相关的环境地质条件为基础，以客观的环境地质问题与地质灾害为研究对象，通过规范的方法、步骤和统一的图例在图面上综合表示出来，形成一套重点突出、图面清晰、层次分明、避让得当、实用易读的遥感解译成果系列图，并采用计算机技术，进行数字化编图。

1. 地质环境遥感解译图

1）地理背景

地理背景主要指地质灾害形成发育的地理背景条件，由地形高程、水系、交通、居民地、境界和重要建设工程（水利水电工程、矿业工程、交通工程等）等图层构成。

2）地质背景

地质背景主要表示环境地质问题与地质灾害形成发育有关的地质背景条件。由地层岩性、地质构造、活动构造等图层构成。

2. 地质灾害遥感解译图

地质灾害遥感解译图指图面反映的主题内容。由遥感解译的地质灾害的位置、类型、规模、危害程度等图层构成。

3.2　InSAR 动态识别方法

近些年，如何有效地利用 InSAR 技术进行滑坡识别与监测，已经成为滑坡研究的热点问题。通过对滑坡发育阶段研究分析及遥感滑坡调查实践，将滑坡发育分为蠕动、滑动、剧滑和趋稳四个阶段。不同的滑坡阶段有着不同的形变特征，如在蠕动阶段滑坡呈现出微小的局部位移，地貌形态无明显的变化；而滑动阶段地貌形态已经可以显现出滑坡的总体轮廓，在纵向上可见斜坡解体现象，并且滑坡的滑速逐渐增大。在剧滑阶段，滑坡体发生剧烈的位移并伴随着分级、分块、崩塌等现象。因此，可以通过 InSAR 技术获取滑坡蠕动阶段的形变，从而实现滑坡的调查与监测。现有的 InSAR 技术主要包括常规差分处理（D-InSAR）、相位堆叠（stacking）技术及时间序列分析技术，如永久散射体干涉测量（PS-InSAR）技术、SBAS 技术、干涉点目标分析（interference point target analysis, IPTA）技术等。常规差分处理计算简单，所需数据量较小，但其精度低，容易受到大气延迟等误差的影响，适用于少量 SAR 数据的处理。相比常规差分处理，相位堆叠技术所需 SAR 数据量多，且对大气延迟有一定的抑制作用，被广泛地应用于滑坡识别中，但其只能计算地表形变速率，无法获取时间序列形变。小基线集技术所需 SAR 数据量较多，可获取时间序列形变，并可进行滑坡的长时间序列形变监测。但是如果滑坡的形变梯度超过 InSAR 的可监测形变梯度，InSAR 技术不能获取有效的形变信息，须采用偏移量跟踪（offset-tracking）技术进行滑坡识别与监测（图 3.4）。

利用 InSAR 技术开展地质灾害的识别和监测，主要分为两部分内容。

（1）大面积滑坡隐患点早期识别及编目。针对大面积滑坡隐患点早期识别，选用中分辨率 C 波段的 Sentinel 卫星，采用 InSAR 技术获取目标区域的高精度形变信息。在此基础上，结合地形信息，分析显著形变区域的形变特征，最终确定需要关注的重点目标。

（2）重点目标持续形变监测。针对重点目标持续形变监测，选用 Sentinel-1A 数据，根据滑坡的形变速率采用 offset-tracking 技术、SBAS 技术、IPTA 技术中的一种或两种，共同进行典型滑坡的持续监测，并生成时间序列形变监测结果，为重点滑坡的风险预报提供数据支持。

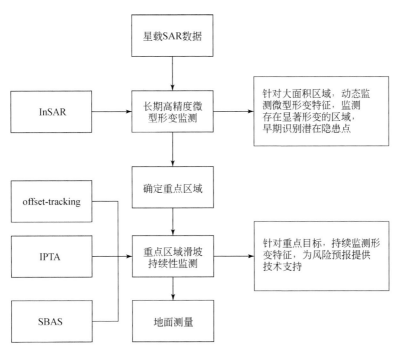

图 3.4　InSAR 监测技术路线图

3.2.1　InSAR 技术分类

1. 堆叠 InSAR 技术

Stacking-InSAR 技术是对 D-InSAR 技术所获取的解缠相位进行加权平均，相比于 D-InSAR 技术来说，Stacking 技术可以有效地抑制大气效应、DEM 误差的影响，更加精确的获取地表形变（Sandwell and Sichoix，2000）。

该技术的具体方法是单个解缠干涉图通过对时间基线进行加权求取平均值，设 $w_i = \Delta t^{-1}$，Δt 为单干涉组合的时间基线，以年计，则年沉降相位速率（ph_rate）为

$$\text{ph\_rate} = \Big(\sum_{i=1}^{n} w_i * ph_i \Big) \Big/ \sum_{i=1}^{n} w_i \qquad (3.1)$$

式中，ph_i 为单个干涉图的解缠相位值，通过该值可获取年平均形变速率。

2. 永久散射体技术

对于研究区内具有大量影像覆盖的区域，宜采用 InSAR 监测结果更为稳定和可靠的永久散射体技术。这种技术通过同一地区获取的多幅多时相 SAR 图像，选取其中一幅影像为主影像，与其他影像进行干涉生成时间序列干涉图，并在干涉图中提取出在较长时间内仍能保持较好相干性的像元，即永久散射体（Ferretti，2000，2001）。由于在这些离散的 PS 点上获得的物体散射相位稳定，因此在干涉处理后可以很好地消除散射相位而获得几何相位，此外在多幅 SAR 影像框架下，考虑大气相位（atmospheric phase screen，APS）在时间序列上的非相关性，可以很好地通过时间域低通滤波减小大气的影响，因此通过对这些 PS 点上进行时间序列的相位分析，可以获得这些 PS 点上高精度的形变信息（图 3.5）。

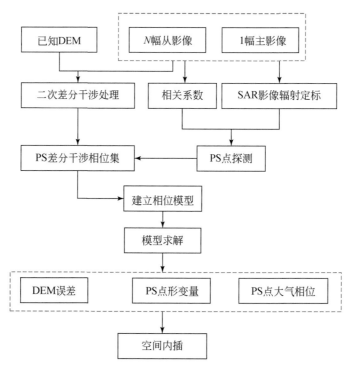

图 3.5　PS-InSAR 数据处理流程

3. 小基线集技术

SBAS 技术充分考虑大量的干涉图信息，能有效地消除或削弱解缠粗差、大气误差以及 DEM 误差等因素的影响，从而获取更高精度的地表形变成果（Berardino et al.，2002；Usai，2003；Lanari et al.，2004）。具体原理如下：

假设在 t_0，…，t_N 时间段内，获取 $N+1$ 景 SAR 影像，选取主影像并与从影像进行配准。设定合适的空间基线阈值，将空间基线小于阈值的 SAR 影像划分为一组，一共分为 L 组。然后进行差分干涉处理，一共得到 M 幅差分干涉图，假设 N 为奇数，则 M 可以用 N 表示为

$$\frac{N+1}{2} \leqslant M \leqslant N\left(\frac{N+1}{2}\right) \tag{3.2}$$

任一 t_i 时刻相对于初始 t_0 时刻的差分相位 $\varphi(t_i)$ 未知，观测值为差分干涉相位 $\delta_\varphi(t_k)$ $(k=1,\cdots,M)$。$\varphi(t_i)$ 被校准到稳定或形变信息已知的高相干点 (x_0,r_0)，有

$$\varphi(t_i) = [\varphi(t_1),\cdots,\varphi(t_N)]^\mathrm{T} \tag{3.3}$$

$$\delta_\varphi(t_k) = [\delta_\varphi(t_1),\cdots,\delta_\varphi(t_M)]^\mathrm{T} \tag{3.4}$$

则第 $k(k=1,\cdots,i,\cdots,M)$ 幅差分干涉图中的任一像元 (x,r) 的差分干涉相位可表示为

$$\delta\varphi_k(x,r) = \varphi(t_B,x,r) - \varphi(t_A,x,r)$$
$$\approx \frac{4\pi}{\lambda}[d(t_B,x,r) - d(t_A,x,r)] \tag{3.5}$$

式中，λ 为雷达波长；$d(t_A,x,r)$ 和 $d(t_B,x,r)$ 分别为 t_A 和 t_B 时刻的任一像元相对于初始 t_0 时刻的视线向的地表形变，即

$$\varphi(t_A,x,r) = \frac{4\pi}{\lambda}d(t_A,x,r) \tag{3.6}$$

$$d(t_0,x,r) = 0$$

假设 $IE=[IE_1,\cdots,IE_M]$ 和 $IS=[IS_1,\cdots,IS_M]$ 分别为数据处理时按照时间先后顺序排列的主影像和从影像序列，且：

$$IE_k > IS_k \qquad \forall\, k=1,\cdots,M \tag{3.7}$$

则所有的差分干涉相位可以组成以下观测方程：

$$\delta\varphi_k = \varphi(t_{IE_k}) - \varphi(t_{IS_k}) \qquad \forall\, k=1,\cdots,M \tag{3.8}$$

式（3.8）是包含 N 个未知数的 M 个方程组，则

$$\boldsymbol{A}\varphi = \delta\varphi \tag{3.9}$$

式中，$\boldsymbol{A}$ 为 $M*N$ 维矩阵。设 $\delta\varphi_1=\varphi_4-\varphi_2$，$\delta\varphi_2=\varphi_3-\varphi_1$，$\delta\varphi_M=\varphi_N-\varphi_{N-2}$，则 $\boldsymbol{A}$ 可以表示为

$$\boldsymbol{A} = \begin{bmatrix} 0 & -1 & 0 & +1 & \cdots & 0 & 0 & 0 \\ -1 & 0 & +1 & 0 & \cdots & 0 & 0 & 0 \\ \vdots & \vdots & \vdots & \vdots & & \vdots & \vdots & \vdots \\ 0 & 0 & 0 & 0 & \cdots & -1 & 0 & +1 \end{bmatrix} \tag{3.10}$$

当 $L=1$ 时，表示所有的 SAR 影像都被分在了一组中，有 $M \geqslant N$，矩阵 $\boldsymbol{A}$ 的秩为 N，则式（3.10）可采用最小二乘法求出 φ 的估计值 $(\hat{\varphi})$ 为

$$\hat{\varphi} = (\boldsymbol{A}^\mathrm{T}\boldsymbol{A})^{-1}\boldsymbol{A}^\mathrm{T}\delta\varphi \tag{3.11}$$

SAR 影像一般被分为多个基线组，因此式（3.11）秩亏，$\boldsymbol{A}^\mathrm{T}\boldsymbol{A}$ 为奇异矩阵。假设当 $M \geqslant N$ 时，有 L 个基线组，秩亏数为 $N-L+1$，式（3.11）有无穷多个解。因此，要对矩阵 $\boldsymbol{A}$ 进行奇异值分解，求最小范数最小二乘解。

$$\boldsymbol{A} = \boldsymbol{U}\boldsymbol{S}\boldsymbol{V}^\mathrm{T} \tag{3.12}$$

式中，$\boldsymbol{U}$ 和 $\boldsymbol{V}$ 分别为 $M*M$ 和 $N*N$ 正交矩阵；$\boldsymbol{S}$ 为 $M*N$ 矩阵：

$$S = \begin{bmatrix} D & 0 \\ 0 & 0 \end{bmatrix} = \begin{bmatrix} \sigma_1 & & & \\ & \sigma_2 & & 0 \\ & & \ddots & \\ 0 & & \sigma_r & \\ & & & 0 \end{bmatrix} \qquad (3.13)$$

式中，$r=N-L+1$；$D=\mathrm{diag}\ (\sigma_1,\ \sigma_2,\ \cdots,\ \sigma_r)$；$\sigma_i\ (i=1,\ 2,\ \cdots,\ r)$ 为矩阵 A 的奇异值。因此，参数 φ 的最小范数最小二乘解表示为

$$\hat{\varphi} = A^+ \delta\varphi \quad A^+ = VS^+U^+ \qquad (3.14)$$

即

$$\hat{\varphi} = \sum_{i=1}^{N-L+1} \frac{\delta\varphi^{\mathrm{T}} u_i}{\sigma_i} v_i \qquad (3.15)$$

式中，u_i 和 v_i 分别为 U 和 V 的列向量；A^+、S^+、U^+ 分别为矩阵 A、S、U 的广义逆。

该奇异值分解法必须要求差分相位 φ 趋近于 0，即要求建立在求解差分干涉相位信号最小范数基础上，但是这可能导致形变结果没有物理意义。因此，将未知数转换为相邻影像获取时间内像元沿视线向的平均相位速率 v，表示为

$$v^{\mathrm{T}} = \left[v_1 = \frac{\varphi_1}{t_1-t_0} \cdots v_N = \frac{\varphi_N-\varphi_{N-1}}{t_N-t_{N-1}} \right] \qquad (3.16)$$

将式（3.16）代入式（3.8）可得

$$\sum_{k=IS_k+1}^{IE_k} (t_i - t_{i-1})\ v_k = \delta\varphi_k \qquad (3.17)$$

即

$$Bv = \delta\varphi \qquad (3.18)$$

式中，B 为 $M*N$ 矩阵，可表示为

$$\begin{cases} B_{ik} = t_{k+1}-t_k & IS_k \leqslant k \leqslant IE_k \\ B_{ik} = 0 & 其他 \end{cases} \qquad (3.19)$$

对矩阵 B 进行奇异值分解，解求视线向平均相位速率的最小范数最小二乘解即可计算出 SAR 影像获取时刻的累积形变。

与 PS-InSAR 技术相比，SBAS-InSAR 技术处理所得到的形变图在空间上更加连续，能更好地观察地裂缝的发育活动情况。基于 SBAS 技术的数据处理主要解算步骤如下（图3.6）。

（1）对 N 幅 SAR 影像数据按一定时空基线条件进行干涉组合处理形成 M 幅干涉图，利用已有 DEM（如 SRTM DEM）作为外部高程数据，进行差分处理生成差分干涉图，以去除地形及平地效应影响。

（2）对差分干涉图进行自适应滤波处理以去除相位噪声影响，对滤波后的差分干涉图进行相位解缠，生成解缠相位图。

（3）根据基线条件和干涉相位信息估算高程误差及线性形变相位，在原始干涉相位中减去估算的线性形变相位得到残余相位，此时的残余相位中主要包括非线性形变及大气相位。

（4）解缠此残余相位，并补偿线性形变相位部分得到完整的形变相位，此时相位中还

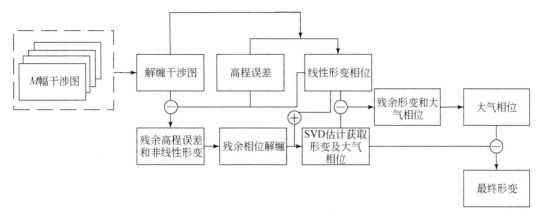

图 3.6　SBAS 方法基本流程图

包含有大气相位的影响。

（5）对去除线性形变的残余相位进行空域低通和时域高通滤波处理以分离出大气相位。

（6）在形变相位中减去大气相位影响，得到形变相位值。

（7）基于 SVD 的形变求解。

（8）对形变进行地理编码，获取 WGS84 坐标系下的形变成果图。

4. 干涉点目标分析技术

IPTA 技术利用一系列时间序列上的单视复数影像，提取这些影像上具有稳定后向散射特性的干涉点目标，以矢量数据的形式进行差分干涉、回归分析等处理，以获得高精度的地表形变信息（Werner et al., 2003）。相对于普通散射单元，点目标散射单元由占绝对优势的散射体组成，其散射特性只与雷达截面积和空间位置有关，能够在较长时间内保持稳定，有效地抑制了空间基线失相干和时间基线失相干的影响。对点目标的干涉相位进行长时间序列的分析，可以有效地消除大气相位延迟。

其基本思想是利用研究区域的 SAR 影像进行时间序列分析，对所选取干涉点目标的差分干涉相位进行逐个分离，获取研究区域各个时间段的地表形变信息（图 3.7）。

其干涉对的组合方式有两种：①为了进行大气相位的精确估计，以单一主影像进行干涉对的组合，但这种方法易受到时间去相干的影响，并且要求的数据量多；②设置合适的时空基线阈值进行多主影像的干涉对组合，在数据量较小的情况下也可以获得较精确的结果。然后进行干涉对的组合并选取高质量的差分干涉图，利用二维回归分析方法获得目标点的线性形变速率和 DEM 误差改正，在此基础上根据残差相位中大气、非线性形变所具有的不同时空特征，通过时空域滤波从残差相位中分离出非线性形变，与线性形变一起求得不同时刻的累积形变序列。

在图 3.7 的数据处理流程中，其核心算法是 Sentinel-1 数据配准与 PS 点的识别，具体的实现过程如下。

（1）Sentinel-1 数据配准。Sentinel-1 卫星的成像模式是逐行扫描地形观测，其方位向的多普勒中心频率是不断变化的，在干涉处理时需要同时顾及多普勒中心频率在距离向与

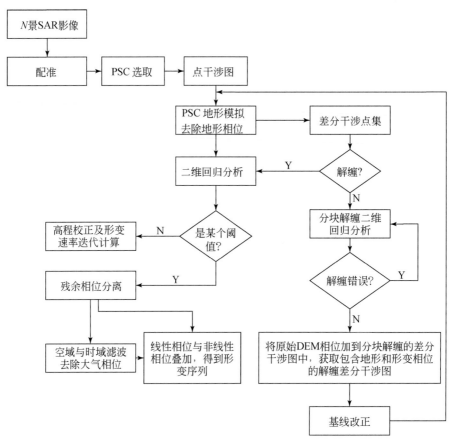

图 3.7　IPTA 数据处理流程图

方位向的变化，这就需要极高的配准精度。本书准备采用基于外部 DEM 辅助的配准方法，确保配准精度达到千分之一个像元。

（2）PS 点的识别。常规的 IPTA 依据单个 SLC 的光谱属性与稳定的后向散射强度来选取 PS 候选点，由于研究区域属于干热河谷地区植被覆盖严重，相干性比较低，常规的 IPTA 选点方法难以选取有效的 PS 点，本次研究拟利用基于强散射体对影像配准时所采用的窗口大小及过采样因子不敏感的特性，判断影像配准过程中点目标偏移量的标准方差是否为相干点来选取所有干涉对中保持稳定的永久相干点作为点目标。首先基于频谱稳定特征从每一像对的主影像上逐像素选取永久散射体目标，然后对构成每一干涉对的两幅 SAR 影像进行配准，进一步筛选相干点。

（3）差分干涉相位迭代回归分析。在空间域上采用最小费用流相位解缠方法，同时在时间域上采用相位回归对点目标的差分干涉相位进行回归分析。通过多次迭代分离出线性形变速率和 DEM 误差改正。

（4）残余相位分离。求解出线性形变速率和 DEM 误差后，需要对残差相位进行分析，从中提取非线性形变相位。

5. 偏移量跟踪技术

偏移量跟踪技术是基于目标点的距离向及方位向位置信息，利用影像互相关技术，追踪雷达幅度影像中特征目标的位置变化来监测地表形变（Scambos et al., 1992; Debellagilo and Kaab, 2011）。offset-tracking 算法的基本思路是对形变前后的图像进行粗配准和空间重采样后，选用大小合适的滑动窗口，计算子像元间的相关性，分别针对方位向和距离向提取偏移量，同时拟合并去除由于两幅图像成像时间和空间不同所带来的系统误差偏移值，最后得到方位向和距离向地表形变信息。由于 SAR 图像具备全天时全天候的工作能力，并且拥有空间覆盖连续性好的优点，所以 offset-tracking 技术适合提取大型形变场。

offset-tracking 技术的精度比 InSAR 技术低一个数量级，约为 SAR 影像分辨率单元大小的 1/10~1/20，当图像分辨率为 3m 时，测量精度约为 15cm。但是，与 InSAR 技术需要大量 SAR 图像积累的条件不同，offset-tracking 技术只需要两幅 SAR 图像就能开展形变监测，且不存在周期模糊现象，即使在干涉失相干的条件下，也能在方位向和距离向上获取几米至数十米的二维剧烈形变信息（图 3.8）。

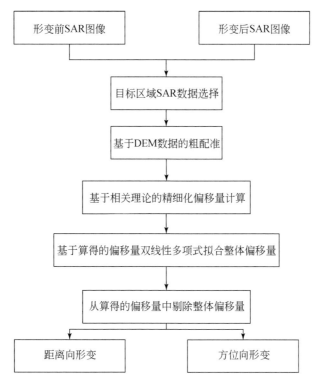

图 3.8　offset-tracking 数据处理流程

6. M-SBAS 技术

由于采用单一卫星影像的 InSAR 技术只能获取滑坡雷达视向的形变或者将其投影到坡

向上的形变。但在实际上由于滑坡灾害的复杂性，滑坡成灾机理的多样性，使得获取单一方向形变的 InSAR 技术不能较好地满足滑坡监测的需求。可以通过对足够的数据源进行有效的多方向的滑坡监测，采用基于两个不同入射方向的监测结果进行滑坡形变的二维分解，分解中假设滑坡水平方向上的形变主要发生在坡面的方位向上，即可以得到下式（Samsonov and Nicolas，2017）：

$$d_{LOS} = d_U \cos\theta - \sin\theta \, d_{OA} \cos[\delta - (\alpha - 3\pi/2)] \tag{3.20}$$

则可以根据上式推导出

$$\begin{pmatrix} d_U \\ d_{OA} \end{pmatrix} = \begin{pmatrix} \cos\theta_1 & -\sin\theta_1\cos(\delta-\alpha_1+3\pi/2) \\ \cos\theta_1 & -\sin\theta_2\cos(\delta-\alpha_2+3\pi/2) \end{pmatrix}^2 \begin{pmatrix} d_{LOS1} \\ d_{LOS2} \end{pmatrix} \tag{3.21}$$

式中，d_{OA} 为滑坡沿雷达方位向的形变；d_U 为滑坡沿雷达距离向的形变。

3.2.2 地质灾害 InSAR 调查关键技术

1. 基于数值大气改正系统的构造形变监测关键技术

InSAR 技术能否有效监测构造形变信息，与 SAR 数据的相干性、断裂的走向及滑动速率、长波长误差、大气等多方面的因素密切相关。基于此，根据构造的时空分布特征，结合数值大气改正系统（generic atmospheric correction online service for InSAR，GACOS）（Yu et al.，2018）和 Stacking 技术，建立 InSAR 技术构造形变监测方案。

其中 GACOS 改正系统基于 SAR 的几何成像原理，单位观测相位可写成

$$\Delta\varphi = \varphi_1 - \varphi_2 = \frac{4\pi}{\lambda}(r_1 - r_2) - \frac{4\pi}{\lambda}(\Delta L_1^{LOS} - \Delta L_2^{LOS}) \tag{3.22}$$

式中，λ 为波长；r_1、r_2 分别为与第一次和第二次获取相对应的倾斜距离；ΔL_1^{LOS}、ΔL_2^{LOS} 为雷达信号在视线向的大气传播延迟。从对流层顶到地面高度（z_0）之间的积分可以计算出对流层的斜面延迟：

$$\Delta L^{LOS} = 10^{-6}\int_{z_0}^{\infty} N dz = 10^{-6}\left[\frac{k_1 R_d}{g_m}p(z_0) + \int_{z_0}^{\infty}\left(k'_2\frac{z}{T} + k'_3\frac{z}{T^2}\right)dz\right]M_e \tag{3.23}$$

式中，$p(z_0)$ 为压力；N 为反射率。将对流层延迟计算出来，将其从相位中减去，从而获得形变信息（图3.9）。

2. 基于多轨融合的滑坡二维时间序列形变监测技术

由于采用单一卫星影像的 InSAR 技术只能获取滑坡雷达视向的形变或者将其投影到坡向上的形变。随着不同平台、不同轨道 SAR 数据的开放获取，如何将多个轨道的 SAR 数据进行融合，从而获取更多的形变信息至关重要。根据已有的技术，结合 M-SBAS 技术，可实现多轨融合的滑坡二维时间序列形变监测（图3.10）。

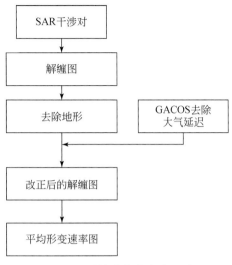

图 3.9　平均速率获取流程图

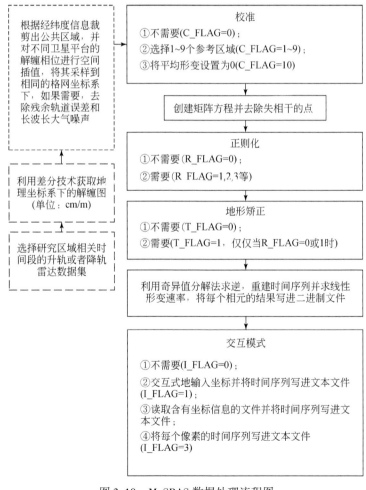

图 3.10　M-SBAS 数据处理流程图

3. 多传感器影像融合偏移量跟踪技术

光学偏移量技术对经过精确配准的两幅光学影像进行频率域相关性匹配，获得同名像点，然后计算得到南北、东西两个方向的偏移量。精度基本维持在 1/20 像素级。而基于 SAR 影像的 offset-tracking 技术的精度比 InSAR 技术低一个数量级，且相比较 InSAR 技术，SAR 影像的 offset-tracking 技术对影像的数据量要求较低（图 3.11）。

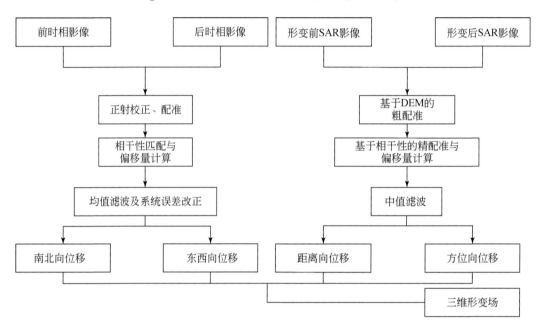

图 3.11　多传感器影像融合偏移量跟踪技术流程

3.2.3　地质灾害 InSAR 识别工作部署原则

1. 点面结合、兼顾整体与局部的原则

根据研究区域灾害特点，综合开展面域调查和典型灾害点重点监测。在监测中既有重点监测对象，也兼顾局部区域的常规调查与监测，各区工作量布置有所侧重，既能从点上进行突破研究，又能揭示面上的灾害特点。

2. 历史、现状、预测研究相结合的原则

充分利用监测区域已有的地质资料和监测数据，加强现状资料收集，协作单位成果的整理分析，综合采用历史存档数据和预定新的卫星数据，密切跟踪地质灾害危险区域的动态形变信息，并为灾害的发展趋势进行预测预警。

3. 多种调查手段与技术方法相结合的原则

综合采用多种 InSAR 数据处理技术依据各种技术的优势与局限性，取长补短，做到各种手段与方法的优势互补。

4. 以人为本，为资源、环境与经济建设协调发展服务的原则

以大范围地质灾害调查为研究对象，及时准确获取研究区域的地质灾害信息，合理指导当地灾害防御、环境保护和地方经济建设，为政府建设规划、防灾减灾及国家重大工程建设提供技术支持。

5. 野外监测与室内分析相结合的原则

野外工作以详细地质调查测量和多手段监测为主，获取大量第一手原始资料，室内数据处理、关键技术攻关以监测或存档的原始数据为基础，野外调查与室内分析相结合，定性分析与定量分析相结合，使研究成果既具理论创新又具普遍适用性。

3.3　无人机航空遥感调查方法

3.3.1　无人机航空摄影技术

20 世纪 80 年代以来，无人机技术的快速发展为低空遥感技术提供了全新的发展平台，无人机遥感（unmanned aerial vehicle remote sensing，UAVRS）成为自然灾害应急救援的急先锋。UAVRS 以灵活机动、操作简单、成本低、风险小等独特优势，搭载光学、激光雷达或多（高）光谱传感器，快速获取现势性强、高分辨率的遥感影像数据，低空无人机遥感既能弥补卫星因天气、时间无法实时获取目标区遥感影像的空缺，又能克服航空及航天遥感空间分辨率低、受制于长航时、大机动、恶劣气象条件、危险环境等影响，为地面灾情解译提供丰富的数据源，为指挥组织救援工作确定受灾位置范围，了解灾区实情及时提供真实可靠的图件和数据，在灾害应急、灾情评估等诸多领域得到广泛应用。随着无人机遥感影像获取多样化发展，从单一的正射影像图，到正射影像及倾斜摄影一体化，有效解决了二维影像判断不准等问题，建立的灾害体全景真三维场景，突破了 DOM 二维解译局限性，进一步提高了单体灾害解译的精度及准确度，为研究单体灾害动态演变规律提供数据支持，极大地降低了区域性多期数据获取的难度和成本（图 3.12）。

1. 无人机航测方案设计

1）无人机航摄分区

航摄分区的划分原则：分区界线应与图廓线相一致；分区内的地形高差不应大于 1/6 航摄高；在能够确保航线的直线性的情况下，分区的跨度应尽量划大，能完整覆盖整个摄区；当地面高度差突变，地形特征差别显著或有特殊要求时，可以破图划分航摄分区。

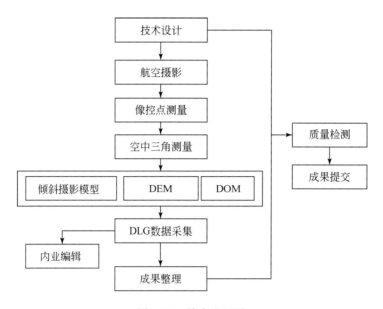

图 3.12　技术流程图

DLG. 数字线划地图，digital line graphic

2）无人机航摄航高

确定航摄区域范围，在高精度卫星影像和地形数据上检查地表起伏、植被覆盖等情况，确认当地气象条件、高程变化、地理环境，明确任务范围、精度、用途等基本内容。

航高是指航摄时飞机的飞行高度，根据起算基准的不同可分为绝对航高与相对航高。相对航高就是无人机在飞行时相机相对于某一基准面的高度，是相对于作业区域内地面平均高程基准面的设计航高。一般来说，在其他因素不变的情况下，航高越低（飞机飞得越低），地面分辨率越高。

根据《低空数字航空摄影规范》，相对航高的计算公式如下：

$$H=f \times GSD/a \tag{3.24}$$

式中，H 为相对航高；f 为摄影镜头的焦距；GSD 为影像的地面分辨率；a 为像元尺寸的大小。

A7R 相机像素为 3000 万，焦距为 35mm，感光元件尺寸大小为 4.88mm×4.88mm，分辨率为 7360×4912。如果地面分辨率达到 5cm，航高最高能到 300m。

3）摄影基线和航线间隔

摄影基线是航空摄影航向相邻影像中心点的距离，航线间隔是相邻航线影像中心点的距离，这两个参数都取决于航摄的航向重叠度和旁向重叠度。

飞机沿航线摄影时，相邻像片之间或相邻航线之间所保持的影像重叠程度。前者称为航向重叠度，后者称为旁向重叠度。以像片重叠部分的长度与像幅长度之比的比例表示。

为满足航测成图的要求，一般规定：航向重叠度为 60%，最少不得少于 53%；旁向重叠度为 30%，最少不得少于 15%；当地形起伏较大时，还需要增加因地形影响的重叠比例。随着航空数码相机的应用，已有航向重叠大于 80%、旁向重叠为 40%～60% 的大重叠航空摄影测量；利用三线阵传感器摄影，还具有 100% 的重叠度。

2. 实施步骤

1）航摄实施

（1）航线布设设计。①航线一般按东西向平行于图廓线直线飞行，特定条件下亦可作南北向飞行或沿线路、河流、海岸、境界等方向飞行；②曝光点应尽量采用数字高程模型依地形起伏逐点设计；

（2）确定飞行团队，下达航拍任务书，确定团队人员组成及到达任务地的方式。确定无人机的机型和搭载的相关设备。

（3）人员和设备到达指定拍摄区域，设备安装检查及调试。

（4）利用测区路网图，在拍摄区域内寻找起降场地，确定航拍架次及顺序。

（5）正式飞行作业：①对航高、航速、飞行轨迹的监测；②对发动机转速和空速地速差进行监控；③对燃油消耗量进行监控及评估；④随时检查照片拍摄数量；⑤控制无人机的飞行参数达到航测标准。

（6）降落后，对照片数据及飞机整体进行检查评估，结合贴线率和姿态角判断是否复飞。

2）数据质量检查

在整个作业实施过程中，实行"两级检查制度"，保证飞行和影像质量满足航摄规范的要求。

航摄部门在第一时间对航摄成果进行检查；质检人员在整个过程中进行监督，整个摄区航摄飞行完成后，及时安排人员对成果进行检查，确定没有缺陷和需要补摄的内容后，对整个摄区的资料按照招标文件和规范的要求进行整理。

3）影像质量检查

野外航空摄影必须选择能见度大于 2km 的碧空天气或少云天气，尽量保持各飞行架次气象条件基本一致。

对提交的成果影像要保证单张彩色像片影像清晰，能够正确地辨认出各种地物，能够精确地绘出地物的轮廓，相邻的影像间相同地物色调基本一致，整个摄区的像片色调效果也基本均匀一致。

4）像片控制测量

采用 IMU/DGPS 数码航空摄影方式，像控点布设需在摄区拐点布设控制点、中间区域适当布点即可。

A. 像片刺点

航空影像像控点布设可不考虑像片重叠度条件，但所有像控点要刺在地面明显清晰、易于判读的地方，如斑马线角、道路交叉线、坪角等，刺点要能满足平高点位置的要求。航测像片的坐标误差会影响到像片边缘的像点位移和影响变形，像控点位置距像片边缘为 1～1.5cm。像控点选定后，相片上要进行刺点，刺孔直径不得超过 0.1mm。在同一像控点范围内，对点位模糊或没有把握的情况下，选择观测多个像控点，以便空三加密时有所选择。

B. 像控测量

像控点测量可采用 CORS 进行施测，信号较弱的地区采用 GPS 静态测量模式。像控测量平面高程精度均不能超过±0.02m。在所选像控点上安置 GPS 流动站，气泡居中后用三角支撑杆固定，确定点号、测点类型、天线高等设置无误后，按照图根点精度要求施测。为确保像控点精度，同一像控点观测两次，两次观测要间隔60s。将两次观测成果平差后即获得该像控点的三维坐标成果。

5）空三加密

（1）空三加密利用 PixelGrid+PATB 软件，采用光束法区域网平差。

（2）空三测量内定向误差不得大于 0.05mm，相对定向残余上下视差△q：平地、丘陵地标准点不应大于 0.02mm，检查点不应大于 0.03mm；山地、高山地标准点不应大于 0.03mm，检查点不应大于 0.04mm。

（3）绝对定向后，基本定向点残差、多余控制点的不符值及公共点的较差不得大于表 3.13 中的规定：①基本定向点残差为加密点中误差的 0.75 倍；②多余控制点不符值为加密点中误差的 1.25 倍；③区域网间公共点较差为加密点中误差的 2.0 倍；④加密点中误差以全区或者单个区域为单位；⑤平面坐标和高程取 0.001m；⑥加密点一般要选刺在三个标准点点位附近，当遇到特殊情况需要增加连接强度时，可增选连接点的数量，所选点位构成的图形以大致成矩形为宜，点位高差相差不宜过大，同时要照顾 DEM 和 DOM 成图范围；⑦对于连接点自动转点的效果不太理想的情况，在作业中首先需要手动添加连接点，保证在标准点位处有 1~3 个连接点；⑧航拍时大面积落水区域的处理，在影像落水区域的边上按间隔 1~1.5cm 量测连接点，使落水区域附近的像点网有一个稳固的边界，从而减少落水区域的影像（图 3.13）。

表 3.13　区域网平差精度统计表

成图比例尺	点别	平面位置最大误差	高程最大误差
1∶500	基本定向点	0.2	0.26
	检查点	0.35	0.4
	公共点	0.8	0.7

3. 无人机摄影测量数据处理

1）正射影像基于 Inpho 与软件的 DOM 生产流程

DOM 是根据单张航片的内外方位元素和数字高程模型，采用微分纠正软件对各个模型的数字化航空像片进行影像重采样，纠正影像因地面起伏、飞机倾斜等因素引起的失真，把中心投影转换为垂直投影，从而得到单张像片的正射影像。单片正射影像经调色、匀光、镶嵌、裁切、检查编辑等步骤，生成标准分幅的正射影像图。

A. DOM 的技术要求

定向后的模型在立体量测状态下编辑地物匹配点、DEM 点、等视差曲线，要求以切

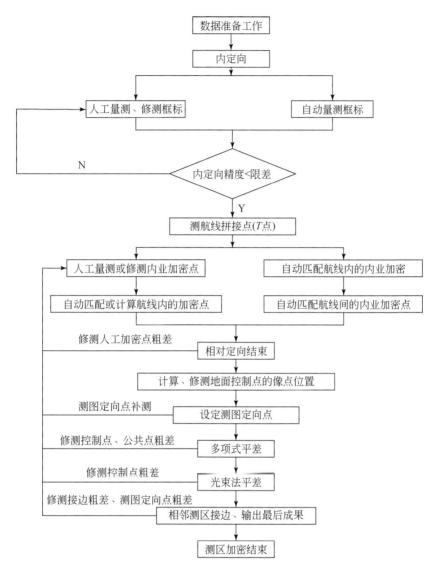

图 3.13　空三加密流程图

准立体模型地表为基本原则，当遇断裂线处时，以影像不变形为准。

DOM 应清晰，片与片之间影像尽量保持色调均匀，反差适中，图面上不得有影像处理后留下的痕迹，在屏幕上要有良好的视觉效果。

DOM 接边时，接边重叠带不允许出现明显的模糊和重影，相邻数字正射影像要严格接边。

B. DOM 要求

（1）DOM 数据生成。

DOM 地面分辨率为 0.05m，通过单模型的 DOM 进行调色、镶嵌、裁切而成。

相邻的数字正射影像必须在空间和几何形状上都要精确匹配。必须进行可视化的检验，以确保相邻的数字正射影像中描述的地面特征没有偏移。尽量除去或减少因高程特征所引起的偏移（尤其如桥梁等）。

在影像镶嵌之前，相邻模型 DOM 的色彩偏差根据需要采用图像处理方式进行调色，使之基本趋于一致。当用专用软件对重叠处的影像进行平滑处理时，不能以损失影像纹理为代价。

使用专用图像处理工具对影像进行无缝拼接。拼接线不得通过建筑物、桥梁等，须在图像重叠处仔细挑选，以使色调变化和看得见拼接线减到最少。将拼接后的影像按 1∶500 比例尺的标准图幅的图廓坐标进行裁切，即可得到图幅 DOM 的影像数据。

DOM 的接边检查：可通过读取相邻图幅矩形影像内的同名影像来检查接边精度。每隔 2km 读一对检查点，困难地区可放宽读点间距。接边原则是本图幅与西、北两图幅接边，即南接北、东接西。

（2）DOM 数据存储格式。

DOM 按 1∶500 标准分幅裁切，地面分辨率为 0.05m；DOM 的坐标定位文件格式为 *.tfw，记录影像地面分辨率、影像左上角像元中心坐标。

（3）DOM 精度要求。

DOM 精度与 DLG 精度一致。

C. 镶嵌与精编

单片正射影像匀色后，进行拼接和镶嵌，自动生成镶嵌线，对镶嵌线编辑和调整、色彩精细编辑，生成整块正射影像。

拼接线应从地物边界通过，不能穿越房屋、道路等地物，使正射影像颜色过渡均匀，无明显拼缝。

色彩精编采用 PhotoShop，调整色阶、亮度、对比度、色彩均衡度等，对影像模糊、失真、色调不均衡的地方逐块进行精细编辑，从而达到设计和标准的要求。

2）倾斜摄影基于 Context Capture 软件的三维建模生产流程

A. 连接点匹配

输入影像和坐标文件后，利用高斯积核和影像金字塔构建尺度空间。

在 DOG 尺度空间本层以及上下两层的 26 个邻域中是最大值或者最小值，并去除低对比度的关键点和不稳定的边缘响应点。计算关键点主方位，生成 128 维度的关键点描述因子。SIFT 匹配，将待匹配的两特征点间的欧氏距离作为匹配测度。

B. 构建自由网

采用 RANSAC（随机采样一致性）方法，基于五点法相对定向模型（共面条件），进行粗差检测。

基于双模型的粗差点检测，对于双模型间的三度重叠点，采用空间前方交会计算像点残差，剔除残差较大的粗差点。

C. 区域网平差

无约束区域网平差：所有倾斜影像具有独立的外方位元素，同一个相机获取的影像具有相同的相机参数，未将多个相机间的安置参数作为约束条件纳入平差模型，平差模型为经典的多相机共线方程模型。

附加约束的区域网平差:将多个相机之间的安置参数作为约束条件纳入平差模型,极大地减少区域网平差的未知数个数,使得平差结果更加稳健。

D. 模型重建

加密完成后,完成区域网整体参数误差计算与矫正,解算点高精度内插生成模型区域三角网 TIN 模型,将三角网模型构建白模,修正角度与地物轮廓,将对应的影像映射到模型上,重建实景三维模型。

E. 模型整饰

对三维模型的位置信息进行检查,纠正;对三维模型的纹理、色差、亮度、对比度、形变进行全面细致的检查、重建;模型合理分区、分块、检查拼接。

F. 模型精度

倾斜摄影模型全测区精度达到 5cm,为全彩色 RGB 影像重建,颜色美观,亮度和对比度与实际现场地物没有明显区别,准确显示了阳光照射角度与地物明暗对比。

3.3.2　无人机倾斜摄影测量技术

无人机倾斜摄影测量系统主要包括两大部分:硬件和软件。硬件主要包括无人机系统、倾斜云台、图形工作站,软件主要是航线规划软件、倾斜影像数据加工处理软件、地籍测绘制图软件(图 3.14)。

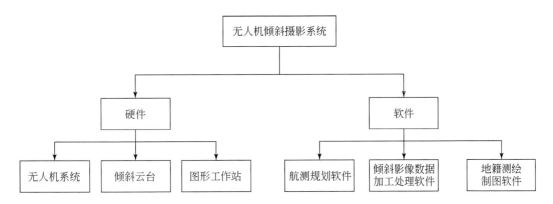

图 3.14　无人机倾斜摄影系统组成

1. 无人机系统

无人机系统主要包括飞机机体、飞控系统、数据链系统、发射回收系统、电源系统等。飞控系统又称为飞行管理与控制系统,相当于无人机系统的"心脏"部分,对无人机的稳定性、数据传输的可靠性、精确度、实时性等都有重要影响,对其飞行性能起决定性的作用。数据链系统可以保证对遥控指令的准确传输,以及无人机接收、发送信息的实时性和可靠性,以保证信息反馈的及时有效性和顺利、准确的完成任务。发射回收系统保证无人机顺利升空以达到安全的高度和速度飞行,并在执行完任务后从天空安全回落到地面(图 3.15)。

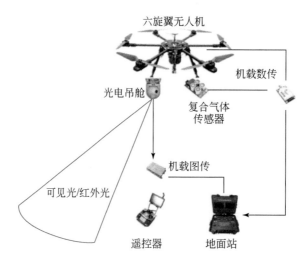

图 3.15　无人机系统组成

近几年，随着无人机技术的飞速发展，形成了种类繁多、形态各异、丰富多彩的现代无人机家族，而且新概念还在不断涌现，创新的广度和深度也在不断加大，所以对于无人机的分类尚无统一、明确的标准。传统的分类方法中有按重量、大小分类的，也有按照航程、航时分类的，或是按照用途、飞行方式、飞行速度等分类的。

按照无人机所能担负的任务或功用分类：分为靶机、无人侦察机、通信中继无人机、诱饵（假目标）无人机、火炮校射无人机、反辐射无人机、电子干扰无人机、特种无人机、对地攻击无人机、无人作战飞机等。这种分类方法突出的是无人机的任务特性。

按照飞行平台的大小重量分类：分为大型、中型、小型和微型无人机。其中，起飞重量 500kg 以上的称为大型无人机，200 ~ 500kg 称为中型无人机，小于 200kg 的称为小型和微型无人机。这种分类的最大局限在于难以适应无人机装备的最新发展。

按飞行方式分类：分为固定翼无人机、旋翼无人机、扑翼无人机、动力飞艇、临近空间无人机、空天无人机等。

无人机倾斜摄影飞行搭载平台有多种类型，如有人机运 5、运 12、直升机、飞艇、三角翼等，无人固定翼飞机、无人垂直起降飞机、无人飞艇、无人直升机、无人多旋翼飞行器、无人伞翼机等。

目前市场应用性能较好的是纵横 CW-10、纵横 CW-20 垂降型固定翼无人机、大疆经纬 M600、飞马 V 系列垂直混合固定翼、飞马四旋翼（图 3.16 ~ 图 3.18）。

2. 倾斜云台

倾斜摄影测量技术的影像采集硬件主要有德国 ICI 公司 Penta-DidiCam 系统、美国天宝公司 AOS 系统、以色列 VisionMap 公司 A3 系统、瑞士徕卡公司的 RCD30 系统、美国微软公司 UCO 系统等（图 3.19）。

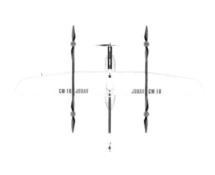

图 3.16　成都纵横 CW-10、CW-20 电动型垂降无人机

图 3.17　大疆经纬 M600 电动六旋翼无人机

图 3.18　飞马 V 系列垂降固定翼无人机

国内在 2010 年初，北京天下图公司从美国引进了 Pictometry 倾斜摄影测量系统，标志着我国倾斜摄影测量技术的研究拉开了序幕。同年 10 月，刘先林院士团队率先研发成功

(a) SWDC-5　　(b) Leica RCD30 Oblique　　(c) UltraCam Osprey Mark 3　　(d) A3 Edge

图 3.19　常见的倾斜航空摄影云台

SWDC-5. 中国四维远见航空倾斜摄影仪；Leica RCD30 Oblique. 瑞士莱卡航空倾斜摄影仪；UltraCam Osprey Mark 3.
美国微软鱼鹰 3 号航空倾斜摄影仪；A3 Edge. 以色列航空倾斜摄影仪

了第一款国产倾斜相机 SWDC-5，并通过与东方道迩公司的合作，成功实施了长春市倾斜摄影工程项目。

此外，中国测绘科学研究院 JX-4C 全数字摄影测量工作站、上海航遥公司 AMC580 系统、中测新图公司 TOPDC-5 系统也具有较好的测量性能，但上述研发的倾斜云台重量较大，均在十几千克甚至二十多千克，只能搭载在具有较大载荷的有人驾驶的飞艇、直升机、运 5、运 12 等，航测作业成本较高，限制了其广泛应用。

2013 年，红鹏公司率先在行业内研发出了基于电动旋翼无人机的微型倾斜摄影产品，该倾斜云台重量仅为 2.5kg，带动了国内低空倾斜航空摄影技术的迅速发展；2014 年 6 月，为了使全国用户能够更好地享用倾斜摄影技术服务，多家优秀企事业单位联合成立了全国倾斜摄影技术联盟（图 3.20）。

(a) 红黑版　　　　(b) 银红版

图 3.20　深圳红鹏公司研发的红鹏五拼倾斜云台

武汉大势智慧公司研发的双鱼 4.0B 款十字摆动倾斜云台、双鱼倾斜相机 5.0B 三镜头倾斜云台，具有高清、高效、高稳定性等优点，通过两次或三次航行可以完美再现五相机工作效果（图 3.21）。

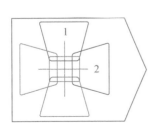  

图 3.21　武汉大势智慧公司研发的双鱼系列倾斜云台

2015 年起，睿铂公司研发的 RIY 睿眼系列倾斜五拼云台，将云台重量从 1.8kg 降至 610g，像素从 1 亿提升到 2.1 亿，成为近几年倾斜摄影领域的翘楚，倾斜云台产品遍布全球（图 3.22）。

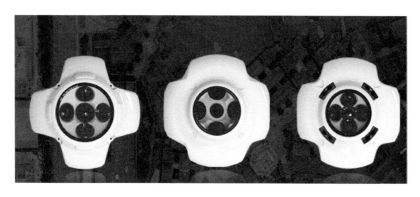

图 3.22　睿铂公司研发的睿眼系列倾斜云台

3. 图形工作站

由于倾斜摄影技术获取的影像数据量是传统航测摄影获取数据量的 5 倍甚至更多，所以数据处理量大，动辄就是几十吉乃至达到太级别，为提高数据处理的效率，常采用图形工作站处理。图形工作站可分为两类：一类是移动图形工作站，相对较小巧，具有强大的图形数据处理能力，适用于外业应急或小面积图形处理需要；另一类就是室内的台式图形工作站，塔式工作站，市场上较好的品牌有 Dell、联想、飞利浦等，比较而言，Dell 图形工作站相对稳定。

4. 航线规划软件

现在比较常见的航线规划软件有很多种，如 Pix4Dcapture、Altizure、DJI Gs Pro、Umap、Skycatch、智巡者、Precision Flight 等，不再详细介绍各款软件的性能。通过平台通用性、机型兼容性、安全稳定性、作业效率性、功能全面性、交互体验性、地图适配性和界面友好性等八个方面对比分析说明各款软件的优缺点（表 3.14）。

表 3.14　倾斜三维软件性能对照表

软件种类	平台通用性	机型兼容性	安全稳定性	作业效率性 /(km²/次)	功能全面性	交互体验性	地图适配性	界面友好性
Pix4Dcapture	好	好	良好	1	四种采集模式	一般	支持多种地图	良好
Altizure	好	较好	良好	0.5	仅正摄和倾斜	良好	支持高德和谷歌	较好
DJI Gs Pro	良好	较好	较好	0.8	三种采集模式	良好	仅支持高德	较好

续表

软件种类	平台通用性	机型兼容性	安全稳定性	作业效率性 /（km²/次）	功能全面性	交互体验性	地图适配性	界面友好性
Umap	良好	较好	较好	1	五种采集模式	良好	支持高德和谷歌	良好
Skycatch	良好	好	较好	0.5	只有正摄	一般	仅谷歌地图	较好
智巡者	良好	良好	较好	1	三种采集模式	良好	支持谷歌和高德	较好
Precision Flight	好	好	良好	0.3	只有正摄	良好	支持混合地图	较好

目前，飞马无人机管家可以实现贴地变高航线规划，有利于提供更高精度的贴地飞行，提高影像的分辨率。

5. 倾斜影像数据加工处理软件

全自动化的生产方式大大减少了建模的成本，模型的生产效率大幅提高，大量的自动化模型处理软件涌现出来，主要有法国 Bentley 公司的 Context Capture3D（收购法国 Acute3D 公司前该软件也称 Smart3D）、俄罗斯 Agisoft 公司的 Photoscan、瑞士 Pix4D 公司的 Pix4Dmapper、法国 StreetFactory、美国微软的 Ultramap、德国的 Inpho 等。

建模软件在国内比较有代表性的是 Context Capture、街景工厂、Photoscan、Pix4D 及 Skyline 的 Photomesh（表 3.15）。

表 3.15　倾斜摄影三维建模代表性软件对比

软件	Pix4D	Photoscan	Context Capture
软件体系	中	轻	重
输出格式类别	少	少	多
精细程度	中	中	高
难易度	中	低	高
后处理工作量	多	大	少

1）Smart3D 软件

Smart3D 软件是一款基于数码相片建立三维模型的软件平台，该软件由法国的 Acute3D 公司开发，该公司在 2015 年被 Bentley 公司收购。Smart3D 主要有 Master、Setting、Engine、Viewer 四个模块，Master 模块主要用于新建任务工程、导入影像、设置相关参数和坐标系、选刺像控点、空三加密及三维模型重建等；Engine 模块是整个平台的引擎端，在进行空三解算和三维重建时必须将 Engine 模块打开，Setting 模块主要是帮助 Engine 指向任务文件路径；Viewer 模块可以预览三维模型的效果。Smart3D 有以下几个特点：

（1）软件的操作界面比较友好，整个数据处理流程是一个导航式的数据处理流程，操作简便；

（2）可以兼容多个来源的照片数据，不论是普通手机、数码相机，还是机载的相机或者倾斜拍摄仪获得的照片数据都可以在 Smart3D 软件中进行处理；

（3）建模对象的尺寸范围较大，小到单个的物体对象，大到整个城市都可以利用该软件建立三维模型；

（4）可以生产多样化的数据产品，生成三维模型、DOM 、点云数据，也可以被第三方软件编辑 TIN 三角网模型等；

（5）三维模型能反映地表的真实信息；

（6）成果数据的输出格式多样化，可输出 OSGB、KML、Context Capture 3MX 等数据格式，大多数的数据格式可以被第三方软件识别和应用。

2）Context Capture 软件

Context Capture 软件是 Bentley 公司收购法国 Acute3D 软件技术后推出的首款实景三维建模软件，该软件是在 Smart3D 软件的基础上进行升级，采用世界上最先进的数字图像处理技术和计算机视觉图形算法，通过简单的连续影像即可生成层次细节丰富的三维模型。只要输入照片的分辨率和精度足够，生成的三维模型是可以实现无限精细的细节。Context Capture 软件支持现有的各种倾斜航摄仪系统，同时能输出点云及各种通用兼容格式的模型成果，可方便地在三维地理信息平台中加载，有利于对模型的编辑分析。

3）Mirauge3D 影像建模系统软件

Mirauge3D 是中测智绘公司研发的一款专业的影像智能建模系统，全自动、高效的从影像中重建真实三维模型，不限于影像的采集手段和设备。生成数字模型产品，支持主流模型格式，满足测绘、地图产品、3D 打印、数字城市、虚拟旅游、虚拟购物、游戏，以及工业零件建模等领域进一步生产和处理需求。

（1）具备完整的摄影测量解决方案，数据来源囊括高分辨率卫星影像，无人机航摄相片到便捷的手机照片。

（2）具备高效高精度的 AAT 解决方案，同时能够解决稀少控制点的 GPS 辅助 UAV 高精度空三。

（3）高效全自动的生产处理 DSM、DEM、DOM 以及精细的三维模型；支持并行分布式处理，生产的三维模型可转换成多种格式。

（4）强大的 AAT 功能，采用并行化的自由网技术，利用 GPU 加速下的光束法平差和稳健的相机自检校，以及 GPS 辅助稀疏控制点的高精度平差，使得其兼具效率和精度的双重优势。

（5）稀疏控制点辅助平差。用户只需要在四角布点或者四角加中心布设控制点，再使用 PPP 单点定位解算 GPS 即可达到极高精度，以下案例使用四角加中心五个控制点布点，影像分辨率为 6cm，15 个检查点，在 GPS 存在较大偏移的情况下，M3AT 的解算后可以达到 1∶1000 的精度。

（6）高效的平差系统。M3AT 采用高效并行平差系统可以在 20min 内完成多达 13682 张影像的光束法平差解算，最高 26 倍于传统算法，提高速度的同时不损失精度。

6. 地籍测绘制图软件

EPS 地理信息工作站平台下的航测模块，接入航天远景、适普、数字摄影测量工作站（JX4），航测一体化采、编各种功能，基于数据库存储，具备 EPS 平台的信息化测绘入库功能，是集采、编、库、更新一体化的航测立测系统。

采集包括两种模式：一种为联机 MapMatrix 和 VirtuoZo 软件，调用 MapMatrix 和 VirtuoZo 像对模型，进行直接采编入库一体化；另一种为调入 JX4 采集成果数据进行航测内业编辑，成果直接入库。

EPS 三维测图工程版是基于 EPS 3DSurvey 三维测图系统打造的精简版。系统提供正射影像、实景三维模型的二、三维高效采编功能，支持大数据浏览及采编制图建库一体化技术。

3.4 地面调查方法

1）资料收集

在野外实地调查前，调查过程中以及后期资料整理过程中收集了工作区所在县、乡镇的资料，内容涉及气象、水文、汛期地质灾害巡查检查、地质灾害区划、地质灾害详细调查、地质灾害专项勘查、地质灾害评估、地质环境治理等。

2）资料分析

对遥感解译成果和地质灾害详细调查成果进行分析对比。提取遥感解译的地质灾害信息，充分认知解译的地质灾害影像所反映的色调、平面形态、表面特征、沟谷形态、沉积物和堆积体，以及水系特征等解译标志，结合地质灾害详细调查成果，对比地质灾害体的位置、规模、威胁对象等，指导核查验证工作。

3）核查验证

开展核查验证工作，采用 1∶1 万地形图和遥感解译影像成果图作为野外工作调查手图，以实地观测描述、素描、照相等结合的调查方法为主，填写验证卡片。

地质灾害遥感解译结果的验证核查按照野外实地验证方式进行，根据初步解译结果，对直接威胁聚集区、分散农户的重要地质灾害点，100% 开展现场核查验证。对一般地质灾害点，根据资料完备程度进行核查、完善，重点调查地质灾害变化程度与发展趋势。

4）典型地质灾害调查

根据设计书要求，选取典型地质灾害点进行地质剖面测量，并辅以必要的山地工程，查明地质灾害的地质环境条件、地质灾害发育特征等，分析其形成条件和诱发因素。

5）野外资料整理

在野外调查中，对获取的第一手资料及时进行整理，做好自检互检及修改记录。对调查过程中收集到的资料、取得的调查实测成果资料进行整理归类、分析研究。通过综合分析研究取得的野外调查资料，编制系列图件和成果报告。

6）综合研究和成果编制

系统总结野外资料，采用数据统计的方法，得出遥感解译的准确率；分析地质灾害发育和分布规律与发展趋势等；采用定性分析与定量评价相结合的方法对典型地质灾害的形成条件、基本特征及危害程度等进行评价。

3.5 小 结

目前我国已经完成了 1 : 10 万地质灾害防治区划，大部分地区完成了 1 : 5 万地质灾害详细调查，基本查清了全国地质灾害的本底。随着我国经济建设的快速发展，许多艰险的高海拔、高山峡谷区地质灾害问题日益突出，同时地质灾害的防治转向精细化、精准化，全面开展地质灾害精细化调查符合发展需求，具有重要的意义。本书是在澜沧江德钦段地质灾害调查实践中分析、总结的地质灾害精细化调查方法。地质灾害精细化调查是在充分收集、利用前期地质灾害调查成果的基础上，对威胁生命、财产安全的滑坡、崩塌（危岩）、泥石流和不稳定斜坡等地质灾害，运用"星–空–地"一体化综合调查方法，即高精度光学卫星遥感、InSAR 观测、无人机航空遥感、物探、山地工程、钻探等调（勘）查手段，对地质灾害体结构特征、岩土体结构特征进行精细化描述，查清地质灾害的边界特征、灾变趋势和成灾模式，并进行不同尺度的风险评估，为规划建设和社会发展提供基础资料。

地质灾害精细化调查方法是多种技术方法的系统结合。首先，是在充分利用 InSAR、高分辨率卫星影像、无人机机载 LiDAR、无人机航测等新技术新方法基础上开展的地质灾害精细识别与监测。高精度遥感精细调查是采用亚米级高分卫星数据、无人机航测数据等开展 1 : 10000 ~ 1 : 2000 比例尺区域地质环境背景、人类工程活动和地质灾害等方面的遥感解译工作。InSAR 监测主要采用卫星雷达数据开展地质灾害的形变监测，尤其是对高位、隐蔽的地质灾害进行识别，同时对地质灾害变形进行监测。无人机航测主要针对重大的隐患点或重点区开展高精度的精细识别和三维实景模型建立。高精度遥感精细调查方法包括遥感信息源选择、图像处理与制作、遥感解译方法、遥感解译内容、遥感解译程序、野外查证等方法。其次，结合地面调查、物探、山地工程等传统手段查清地质灾害分布、变形特征、发展趋势、成灾模式和危险区范围等，同时结合规划建设详细调查区内承灾体类型及其分布特征，综合开展地质灾害易发性、危险性、风险性和适宜性综合评估，对重要地质灾害点开展专业监测，为防灾减灾和国土空间规划提供基础支撑。

第4章　地质灾害孕灾环境研究

国内外对澜沧江中游深切峡谷区的地质灾害发育分布规律的研究还相对较少，唐川和朱静（1999）、闫满存和王光谦（2007）先后对澜沧江下游的泥石流、滑坡地质灾害进行了空间分布规律的探讨与影响因素分析，并开展了危险性区划评价。西部高山峡谷区由于地形高陡、地质构造复杂，以及工程地质环境背景复杂和地质灾害发育，在降水频发、工程建设、切坡建房等诱发因素影响下，地质灾害时有发生，严重威胁了县（镇）场址的安全，对人民生命财产安全构成严重威胁。因此，查明澜沧江德钦段地质灾害的孕灾背景条件，可为西部高山峡谷区地质灾害防灾减灾提供基础依据。

4.1　地 质 背 景

三江地区内外动力地质作用十分强烈，是我国大陆新构造运动最为活跃的地区，而且外动力地质作用也十分强烈，区域地壳强烈隆升，形成了地势陡峻的高山峡谷地貌，活动断裂纵横交错、地震活动频繁，形成了世界上独特的四山夹三水的高山峡谷地貌，地质灾害频繁，工程地质问题突出（张永双等，2006）。许多学者对于澜沧江深切峡谷区的研究，主要集中在河流地貌、河谷形成演化、地质环境等基础地质方面，并对水电站开发对库区工程地质条件和地质灾害等进行了详细的研究（明庆忠，2006；刘平，2008；魏亚刚，2016），但调查区域相对较小且集中。澜沧江流域自1960年以来，经历了显著的气温上升（李少娟，2008），总体上极端降水频率呈现明显增加的态势（李斌等，2011）。近年来，由于采矿、削坡建房、道路开挖等人类工程活动的加剧，引发大量的地质灾害，造成了巨大的经济损失和人员伤亡。

随着社会经济的发展，人类工程活动逐渐加强，流域地质灾害日益突出，严重威胁了重大工程建设和人民生命财产安全。区内地形地质条件复杂，对地质灾害有控制性作用。目前关于地质灾害与孕灾背景的关系研究成熟，都是基于地质环境条件的详细调查，通过地质分析、物理模拟、数值模拟等方法进行综合分析。由于澜沧江地区目前仅有1∶20万区域地质资料，受到地形条件影响，现场调查难以开展，本章采用基于多元遥感数据的孕灾地质背景条件遥感调查方法，以中高分辨率卫星影像为主，包括Landsat-8、高分一号、资源三号、高分二号、北京二号等，采用多期卫星数据开展孕灾背景解译修编。解译内容包括地形地貌、地层岩性、断裂构造、水文地质现象、冰川冰湖、森林植被、人类工程活动等。在区域开展详细解译，在重点区域开展基于斜坡单元的精细解译。

澜沧江德钦段分布在云南省省内，自迪庆藏族自治州德钦县的佛山乡巴美村西鲁河经维西县至兰坪县兔峨乡果力村的瓦窑，主河道全长为372.5km，河床最低点高程为1368m、最高点高程为2270m，高差为902m，平均纵坡降为2.4‰。区内最高点分布在德钦县西侧的梅里雪山卡瓦博格主峰，高程为6740m，研究区高差为5766m。

研究区地势整体北高南低，根据区域地势特征和澜沧江河谷特征，划分为高山极高山峡谷段、高山宽谷段、高中山峡谷段三个区域，分别对三个区段开展典型地段详细研究分析，分为德钦段、叶枝段和营盘段。从区域地质上来看，研究区整体属于澜沧江构造系，主要断裂为澜沧江断裂，为晚更新世活动断裂，区内分布有早—中更新世活动断裂，包括梅里雪山断裂、咩杂断裂、攀天阁断裂等，分布一条全新世活动断裂，为德钦-中甸断裂（图4.1）。

图 4.1　澜沧江德钦段活动断裂分布特征

4.2　德钦县城地质灾害孕灾条件分析

德钦县位于云南省迪庆州西北侧，属于西藏自治区、四川省和云南省交界处，也是三江并流区的核心区域。地理坐标为98°52′22.6″~98°59′15.3″E、28°24′18.5″~28°33′09.9″N。区内交通较为便利，国道214（G214，滇藏公路）自东向西斜贯全区，省道233（S233，德维线）自南向北沿只切河谷直达县城，另有通村道路连接各自然村落。地貌以高山间峡谷为主（图4.2），海拔为2336~5347m，最高点位水磨房河后缘的白马雪山山脉的贾加拉山峰，最低点位于县城南侧大拉谷处的只切沟沟底，相对高差为3011m。

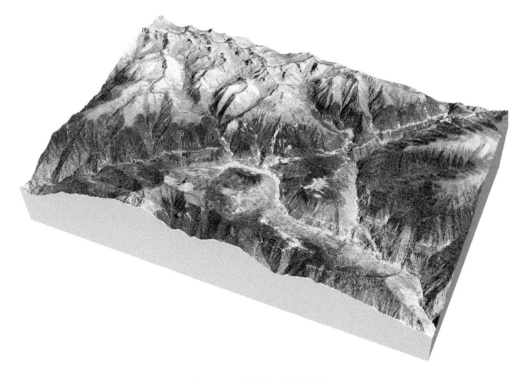

图4.2　研究区三维影像图

4.2.1　地形地貌分析

县城区位于三江并流区的澜沧江左岸支流，地质构造复杂。德钦县城位于芝曲河流域第一汇水带，总面积为82.15km²。根据ArcGIS软件建立地表高程模型，进行区内地势、坡度、坡向的统计分析。

德钦县城海拔为2700~4200m，面积达55.4km²，占全区总面积的67.4%。坡度为0~78°（不考虑局部微地貌，依据两等高线间的高差及平距进行计算，等高距为10m），区内20°以下的缓坡面积仅13.5km²，仅占全区面积的16.4%。区内斜坡为20°~45°，面积达 61.4km², 占全区总面积的 74.7%。坡向自 0~360°均有分布, 区内水平坡分布面积仅 0.7km²; 其中西向和北西向斜坡分布面积为 28.75km², 占全区总面积的 35%; 东向和南东向斜坡分布面积达 21.5km², 占全区总面积的 26.2%（图 4.3~图 4.5）。

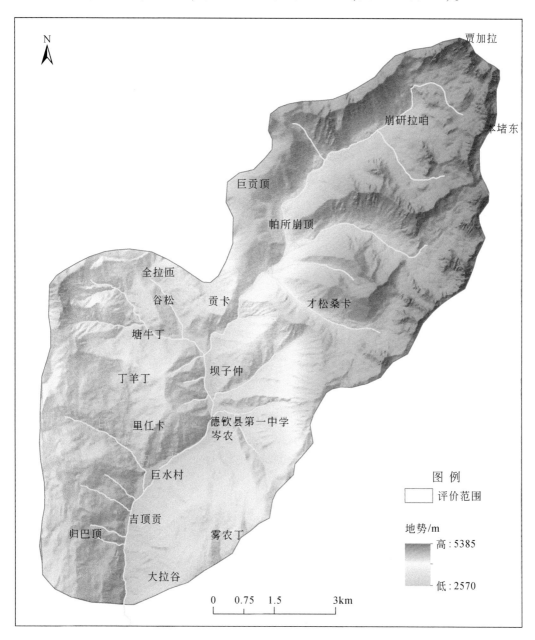

图 4.3　德钦县城城区地势图

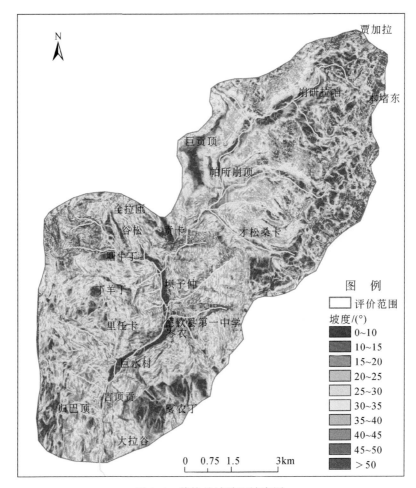

图 4.4　德钦县城城区坡度图

4.2.2　地层岩性分析

测区地层区划属羌塘-三江构造地层大区，以及昌都-思茅地层区、江达-德钦地层分区。区内地层岩性比较复杂，以广泛发育区域变质岩和岩浆岩为特征。主要出露二叠系莽错组（P_2mc）、交嘎组（P_2j）、妥坝组（P_3t），二叠系—下三叠统西渠河岩组（P—T_1x）、下—中三叠统马拉松多组（$T_{1-2}m$）、普水桥组（T_2p）、中侏罗统东大桥组（J_2d），更新统洪积层（Q_p^{pl}）、残坡积层（Q_p^{del}）、冰碛堆积层（Q_p^{gl}），以及全新统冲洪积层（Q_h^{pal}）。三叠系分布最为广泛，另有部分岩浆岩分布。

测区主要出露地层有第四系、侏罗系、三叠系和二叠系，三叠系分布最为广泛，另有部分岩浆岩分布（图 4.6）。

1. 古生界和中生界

（1）中二叠统莽错组（P_2mc）：为灰色生物碎屑灰岩，夹含燧石结核及条带灰岩、白

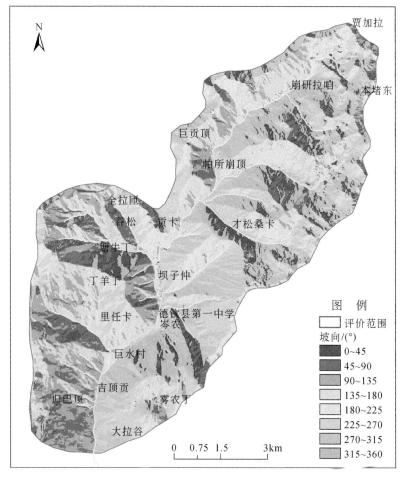

图 4.5　德钦县城城区坡向分级图

云质生物碎屑灰岩。

（2）中二叠统交嘎组（P_2j）：为灰、深灰色生物碎屑灰岩，夹含泥质灰岩。

（3）上二叠统妥坝组（P_3t）：为灰、灰黑色砂岩、页岩，夹灰岩、安山岩、碳质页岩、煤线及砾石，底部砾岩。

（4）二叠系—下三叠统西渠河岩组（$P—T_1x$）：位于金沙江结合带内，呈南北向展布，为造山带结合部特殊岩石地层单位。由灰绿、暗绿色玄武岩、杏仁状玄武岩、变质玄武岩、凝灰岩，灰、深灰色板岩、硅质板岩、变质砂岩、硅质岩、灰岩、结晶灰岩等组成，灰岩岩块中产箕类、珊瑚等；还混杂有基性、超基性岩、辉长岩、碳酸盐岩岩块及伸展滑脱拆离体构造岩块等，具枕状大洋拉斑玄武岩建造和深水放射虫硅质岩建造，属金沙江洋盆洋壳残片。

（5）下—中三叠统马拉松多组（$T_{1-2}m$）：上部以粗面岩、粗面质火山碎屑岩为主，下部为砾岩、砂岩及泥岩，局部夹灰岩和杏仁状安山玄武岩等，为一套裂谷性质的火山岩组合，与周围地层均为断层接触。

（6）中三叠统普水桥组（T_2p）：呈断块出露于西渠河岩组内，由灰、灰白、深灰色

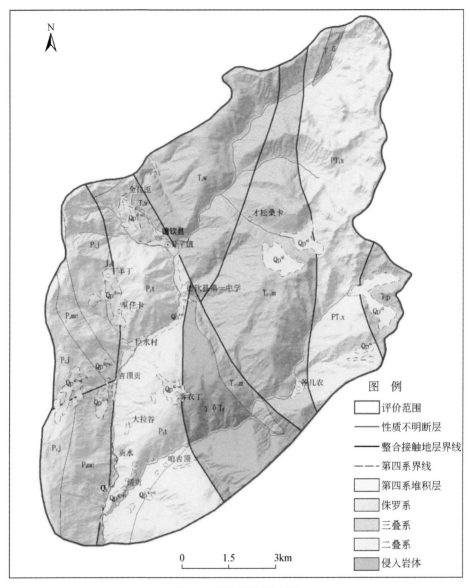

图 4.6　研究区地质略图

流纹岩、片理化流纹岩，灰绿色凝灰熔岩，灰、深灰色板岩、千枚岩、硅质板岩、变质石英砂岩，夹千枚岩、薄层灰岩等组成。

（7）中侏罗统东大桥组（J_2d）：为紫红色夹杂色的砂岩、砾岩、粉砂岩等，中、上部夹多层泥质灰岩和生物介壳灰岩，主要为一套滨海、浅海相沉积，局部为潟湖相，偶有滨岸沼泽含煤沉积。

2. 新生界

（1）更新统洪积层（Q_p^{pl}）：分布于区内主要河流及其支流的高阶阶地上，岩性为砂、砾石、含砾粗砂、泥土层，砾石成分复杂，随基岩的不同而有差异。

（2）更新统残坡积层（Q_p^{del}）：分布于高山缓坡、山顶等基岩岩石遭受风化作用在原地残留堆积地区，地势较高，堆积物物质组成复杂，均为砾石、砂土、残积土等，其成分随各地基岩岩石性质不同而异。

（3）更新统冰碛堆积层（Q_p^{gl}）：分布于冰川谷、山麓及山间小盆地中，由褐黄、褐红色冰川泥砾、漂砾、冰水泥砾、砾石及砂土混杂堆积组成。其碎屑成分随各地基岩性质不同而异。

（4）全新统冲洪积层（Q_h^{pal}）：分布于区内河流及其主要支流的低阶地和近代山间小冲积盆地中，由砂砾、砾石、砂土等堆积组成，具有多元结构的洪积物和二元结构的冲积物特征，其成分随各地基岩性质不同而异。

3. 侵入岩

区内侵入岩较发育。研究区中部出露江达–德钦岩浆弧中的晚三叠世花岗闪长岩（$\gamma\delta T_3$）、石英闪长岩（$\sigma o T_3$），呈条带状岩基、岩株侵入于上二叠统妥坝组（P_3t）内，近南北向展布。

根据出露地层的岩性组合及结构特征、岩石的物理力学性质，可将德钦县城的工程地质岩组划分为七类（表 4.1，图 4.7）：①松散堆积卵砾石土；②松散堆积碎石土；③松散堆积冰碛冻土；④软硬相间层状、薄层状砂岩、砾岩、泥岩岩组；⑤软硬相间层状碳酸盐、碎屑岩岩组；⑥较坚硬层状、薄层状中浅变质岩岩组；⑦坚硬岩体侵入岩岩组。

表 4.1　工程地质岩组分类统计

岩组类型	面积/km²	所占比例/%
松散堆积卵砾石土（Ⅰ）	1.63	1.98
松散堆积碎石土（Ⅱ）	6.84	8.33
松散堆积冰碛冻土（Ⅲ）	8.93	10.87
软硬相间层状、薄层状砂岩、砾岩、泥岩岩组（Ⅳ）	12.41	15.11
软硬相间层状碳酸盐、碎屑岩岩组（Ⅴ）	12.75	15.52
较坚硬层状、薄层状中浅变质岩岩组（Ⅵ）	36.18	44.05
坚硬岩体侵入岩岩组（Ⅶ）	3.4	4.14

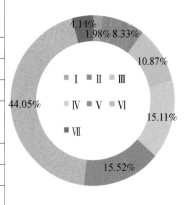

从岩组统计表和分布图来看，德钦县城城区范围内较坚硬层状、薄层状中浅变质岩岩组分布面积最大，为 36.18km²，占总面积的 44.05%，主要分布在县城的东侧和北东侧一带；其次为软硬相间层状碳酸盐、碎屑岩岩组，面积为 12.75 km²，占总面积的 15.52%，沿县城南北向带状分布；第四系松散土层包括松散堆积卵砾石土、松散堆积碎石土和松散堆积冰碛冻土，分别占总面积的 1.98%、8.33% 和 10.87%，主要分布在沟底及沟道两侧斜坡。

斜坡结构对地质灾害发育具有重大的影响，本次工作按照《地质灾害调查技术要求》

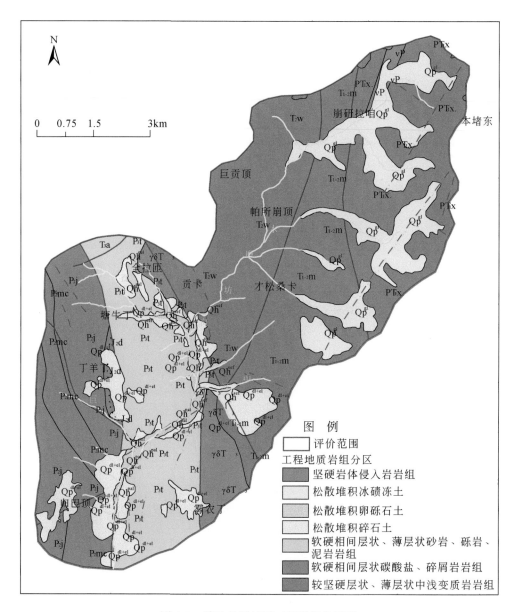

图 4.7　德钦县城城区工程岩组分区图

（1：5 万）对区内斜坡进行分类，分为土质斜坡、岩质斜坡、崩滑堆积体斜坡和岩土复合斜坡四大类，岩质斜坡又分为顺向坡、切向坡、横向坡、逆向坡和块状岩体斜坡五个亚类，从分析结果看出，岩质斜坡占 77.57%，其中切向坡和逆向坡占比最大，分别为21.81%、20.23%，顺向坡和横向坡分别为 16.2% 和 15.18%，块状岩体斜坡最少，仅为4.15%。土质斜坡分布面积为 12.71km²，占总面积的 15.47%；崩滑堆积体斜坡面积为1.75km²，占总面积的 2.13%；岩土复合斜坡面积为 3.98km²，占总面积的 4.84%（表4.2，图4.8）。

表 4.2　德钦县城斜坡结构类型统计表

斜坡类型		面积/km²	所占比例/%
土质斜坡（Ⅰ）		12.71	15.47
岩质斜坡（Ⅱ）	顺向坡（Ⅱ-1）	13.31	16.20
	切向坡（Ⅱ-2）	17.92	21.81
	横向坡（Ⅱ-3）	12.47	15.18
	逆向坡（Ⅱ-4）	16.62	20.23
	块状岩体斜坡（Ⅱ-5）	3.41	4.15
崩滑堆积体斜坡（Ⅲ）		1.75	2.13
岩土复合斜坡（Ⅳ）		3.98	4.84

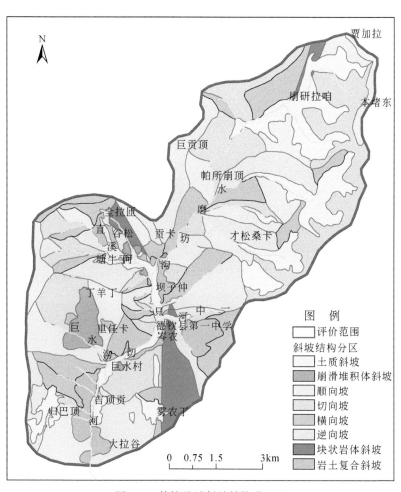

图 4.8　德钦县城斜坡结构分区图

4.2.3　地质构造分析

德钦县城位于冈底斯–念青唐古拉褶皱系和三江褶皱系接触带之间，地处澜沧江深大断裂东侧，总体以断块上升为主，断裂构造占主导地位，构造线近北西向，次级构造北东向，构成格状构造型式。区内两条北西向的断裂横穿芝曲河，尤其是县城东侧断裂，对县城影响巨大，受地质构造强烈挤压作用影响，城区东侧斜坡松散堆积体分布广、厚度大，区内发育多处重大滑坡。本次工作共新增解译断裂 12 条，主要为主断裂两次的次级断裂（图4.9）。

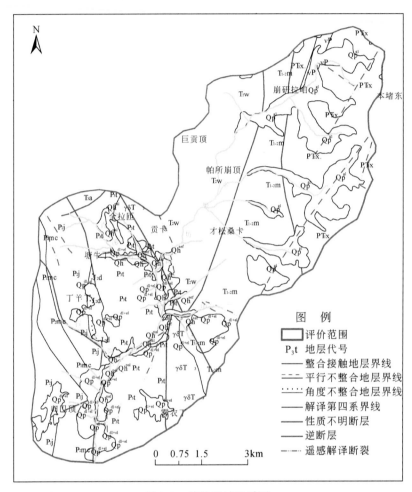

图 4.9　德钦县城地质图

4.2.4　植被及人类工程活动分析

植被及人类工程活动对地质灾害有重要影响，遥感解译主要调查区内土地利用现状，从解译结果来看，区内森林植被主要以灌木林为主，占总面积的 22.67%，其次为有林地，占总面积的 20.44%，草地占 16.57%；人类工程活动以农业耕作、城镇建设和道路建设为主，其中耕地占总面积的 2.25%，城镇住宅用地和农村宅基地分别占 1.30%、0.54%，风景名胜设施用地占 0.26%，公路建设用地面积占 0.05%。水域面主要为湖泊水面，总面积 0.02km²，占 0.02%（表4.3，图4.10）。

表 4.3 德钦县城植被及人类工程活动遥感解译统计表

大类	类别	面积/km²	占比/%	备注
植被	有林地	16.79	20.44	
	灌木林	18.62	22.67	
	草地	13.61	16.57	
人类工程活动	农村宅基地	0.44	0.54	
	城镇住宅用地	1.07	1.30	
	耕地	1.86	2.25	
	采矿用地	0.07	0.09	
	风景名胜设施用地	0.21	0.26	
	公路建设用地	0.04	0.05	
水域面	湖泊水面	0.02	0.02	冰湖
其他	裸地	29.42	35.81	基岩和砾石
合计		82.15	100	

图 4.10 德钦县城植被及人类工程活动解译图

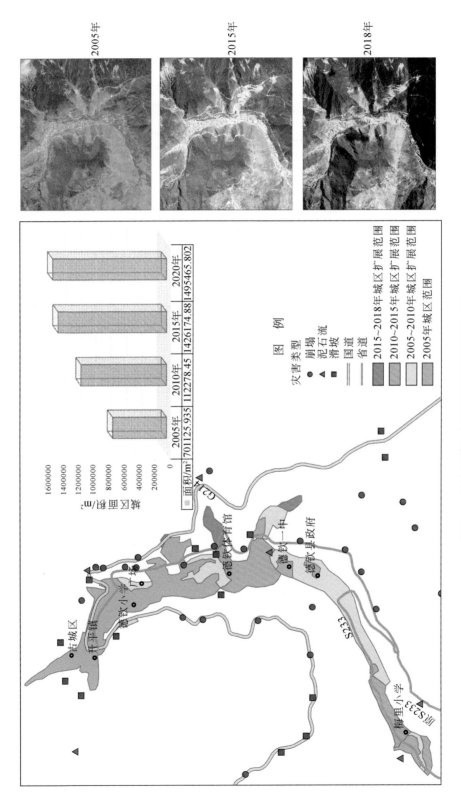

图4.11　德钦县城区发展变化及地质灾害分布图

4.2.5　城镇发展遥感动态监测

德钦县地处云南省西北部横断山脉地段，县城是云南省海拔最高的县城，也是地质灾害威胁最大的城区。整体处于澜沧江支流的河谷区，城区沿沟谷分布。德钦县近 20 年发展变化巨大，采用 2005 年、2010 年、2015 年和 2018 年四期影像分析城区范围的发展变化，2005年前城区没有高建筑，城区面积为 701126m²，2015 年为 1426175m²，15 年间扩展了 2 倍，2018 年为 1495466m²，相对 2015 年增长较小，目前城区可发展空间极小（图 4.11）。

城区的扩展产生了大量的工程切坡，改变了斜坡的平衡，诱发了大量的滑坡崩塌灾害。同时城区向泥石流沟道内扩展，严重挤占了泥石流沟道，增大了泥石流灾害的风险，最突出的为一中河和直溪河沟道。

4.3　叶枝场镇地质灾害孕灾条件分析

叶枝镇地处滇西北横断山脉的迪庆州西南部，介于 98°54′~99°34′E、26°53′~28°02′N，澜沧江由北向南纵贯全境，东、西两岸分别为云岭山脉与碧罗雪山山脉，北毗巴迪乡，南邻康普乡，西沿碧罗雪山主系山脉与怒江州独龙族、怒族自治县茨开镇为界，东沿云岭山脉与德钦施坝及金丝猴栖息地萨玛阁自然保护区相连。镇政府驻地距维西县城 86km，距德钦县城 128km。镇内最高海拔为 4880m、最低海拔为 1740m。自古以来叶枝镇是金沙江、澜沧江、怒江"三江并流"自然景观的核心腹地（图 4.12）。

图 4.12　叶枝场镇卫星影像图（2019 年 5 月）

叶枝镇重点场址区（叶枝场镇）处于澜沧江东岸阶地上，地形平缓开阔，南北长3km，东西宽一般为300~700m，最宽处900m，坡度为5°~25°；阶地出露地层以第四系冲洪积层为主（图4.13）。

(a) 下游侧　　　　　　　　　　　　　　　　(b) 上游侧

图4.13　叶枝镇重点场址区地貌特征

4.3.1　地形地貌分析

研究区地势南东高南西低，最高点位于研究区南东角的二道石门关主峰，海拔为4155m。最低点为研究区南侧麻栗坪处澜沧江河床，海拔为1735m，相对高差达2420m，区内海拔在2000~3000m的范围面积占全区的64%（图4.14）。

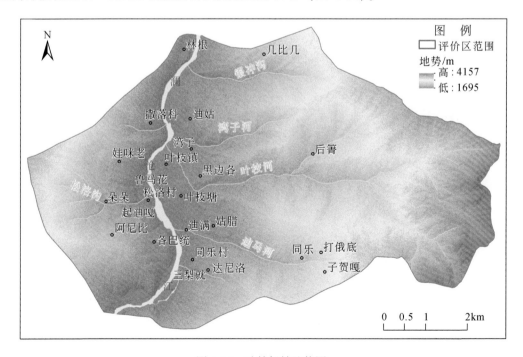

图4.14　叶枝场镇地势图

研究区受澜沧江河谷切割，地形起伏较大，坡度主要为30°~45°，澜沧江干流河谷两岸主要分布阶地和缓坡，研究区中部为南北走向的山脊，中部和东部地形坡度较大，以35°以上为主，其中东部叶枝河流域后缘斜坡陡峻，局部近直立（图4.15）。

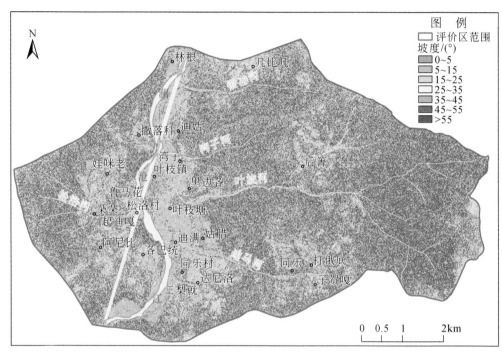

图 4.15　叶枝场镇坡度图

澜沧江从北向南横穿研究区，右侧冲沟发育较少，切割较浅，左侧冲沟发育较多，切割强烈，两侧冲沟与干流呈大角度相交。因此，研究区澜沧江右侧斜坡坡向主要为北东—东向，其次为南东—东向，分布大量的第一斜坡带；澜沧江左岸支沟发育，支沟整体流向近东西向，区内斜坡主要为北西—西向和南西—西向，分布少量西向的第一斜坡带，地质灾害的发育与坡向关系密切（4.16）。

叶枝场镇位于澜沧江左岸阶地上，叶枝河下游。澜沧江自北往南延伸，切割剧烈，气势雄浑；东、西两岸分别为云岭山脉与碧罗雪山山脉，碧罗雪山矗立于澜沧江与怒江之间，群峰巍峨，连绵起伏，形成天然屏障。地势大起大落，由南往北呈阶梯状抬升。镇内最高海拔为4190.0m、最低海拔为1710.0m，海拔高低悬殊，相对高差为2480.0m。区域主要地貌类型为构造侵蚀地貌，评估区在澜沧江岸坡处主要为堆积地貌（图4.17）。

地貌是控制地质灾害发育的重要因素之一。根据调查资料表明，滑坡发生的斜坡坡度一般为20°~50°，以20°~40°斜坡最多，崩塌发生的斜坡坡度一般为60°以上，以坡度大于70°的斜坡最多。镇内地质灾害主要分布在澜沧江河谷地区，受地质构造作用的影响，地形相对高差较大，沟谷切割强烈，冲沟发育，密度大，地形斜坡坡度为25°~35°，局部斜坡坡度达到60°以上，为滑坡、崩塌、泥石流等地质灾害创造了良好的临空条件。特别是澜沧江、金沙江及永春河沿岸均具有产生滑坡、崩塌、泥石流的有利地形条件。同时上述沟域内谷坡植被破坏、水土流失等，也为泥石流形成创造了良好条件。

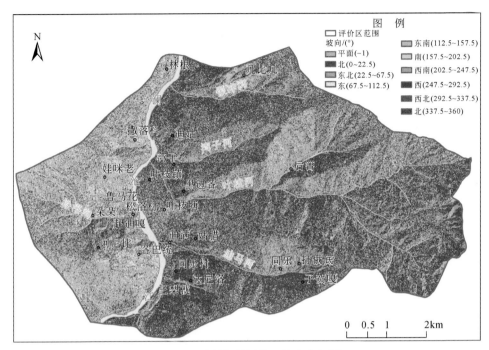

图 4.16 叶枝场镇评价区坡向分级图

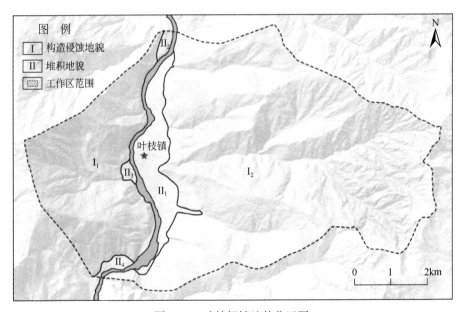

图 4.17 叶枝场镇地貌分区图

4.3.2 地层岩性分析

根据区域地质资料和本次调查可知,研究区地表主要出露的地层为第四系全新统泥石流堆积层（Q_4^{sef}）、冲洪积层（Q_4^{pal}）、残坡积层（Q_4^{el}）；中侏罗统花开左组下段（J_2h_1）杂色砾岩、砂岩夹板岩及上段（J_2h_2）杂色板岩夹砂岩、砾岩；上三叠统石钟山组一、二段（T_3s_{1+2}）并层砾岩夹泥岩、泥质灰岩夹泥岩，三段（T_3s_3）灰色砂岩夹灰岩；上三叠统攀天阁组（T_3p）流纹岩、板岩；中三叠统上兰组（T_2s）黑云绢云微晶片岩、绢云英微晶片岩夹板岩；喜马拉雅期中期岩浆浅成岩（$\gamma\pi_6$）花岗斑岩等（表4.4，图4.18）。现由新至老分述如下：

表 4.4　叶枝场镇地层岩性简表

界	系	统	组	段	代号	地层厚度/m	岩性描述
新生界	第四系	全新统	—	—	Q_4	0～100	砂砾石、卵石、漂石、粉砂及黏性土
		更新统	—	—	Q_{1-3}	0～305	冰碛砾岩、砂砾岩、砂黏土夹泥炭
	新近系	中新统	三营组	—	N_2s	119.8～249	灰、黄灰色粉砂岩，黏土岩夹褐煤，底部为砾岩
	古近系	渐新统	双河组	—	N_1s	>687	灰、深灰色粉砂岩、泥岩，油页岩，底部为砾岩
		始新统	美乐组	—	E_2m	621.3	上部为砖红色巨厚层状含长石石英砂岩，具大型斜层理，下部为灰紫色砾岩夹砂岩
中生界	白垩系	下统	景星组	上段	K_1j_2	80～103	紫红色或杂色泥岩、板岩
				下段	K_1j_1	1162	灰白、紫红色中-厚层状石英砂岩夹紫红色泥岩或板岩，具水平层理
	侏罗系	上统	坝注路组	—	J_3b	1206～1742	紫红色粉砂岩、粉砂质泥岩，具灰绿色团块或石英砂岩、粉砂岩夹含砾砂岩
		中统	花开左组	上段	J_2h_2	523～1525	杂色粉砂质泥岩、粉砂岩夹泥灰岩、介壳灰岩
				下段	J_2h_1	412～1406	灰绿色、紫红色粉砂岩夹粉砂质泥岩，底部为砾岩或紫色石英砂岩夹粉砂质泥岩
	三叠系	上统	石钟山组	—	T_3s	890～1120	灰色砂岩、页岩、砂砾岩、灰岩夹泥岩、煤线
			崔依比组	二段	T_3c_2	3146.9	粉砂岩、泥岩、凝灰岩、流纹岩夹玄武岩、灰岩
				一段	T_3c_1	2549.8	安山玄武岩、细碧角斑岩夹凝灰岩、泥岩、粉晶灰岩
			攀天阁组	—	T_3p	1272～1747	灰、灰绿色流纹岩，片理化流纹岩，凝灰岩、板岩
		中统	上兰组	—	T_2s	2007～2917	板岩夹灰岩或微晶片岩夹大理岩、流纹岩、局部夹菱铁矿

界	系	统	组	段	代号	地层厚度/m	岩性描述
古生界	二叠系	上统	—	—	P_2b	>1007	灰色长石石英砂岩、板岩夹玄武岩
			—	—	P_2a	941	灰色板岩夹透镜状灰岩
		下统	拉落布组	—	P_1ll	2679~3626.9	玄武岩、火山角砾岩夹结晶灰岩
			喀大崩组	—	P_1k	1217.6~2463	结晶灰岩夹砂岩、板岩、玄武岩
			—	—	P_1	476~721	灰、深灰色板岩夹灰岩，煤线或玄武岩夹透镜状灰岩
			—	—	MP	—	片麻岩、变粒岩、石英片岩夹角闪片岩
	石炭系	上统	—	—	C_3	>840	浅灰色灰岩夹鲕状灰岩，上部为结晶灰岩
		中统	—	—	C_2	187	浅灰色灰岩夹鲕状灰岩
		下统	—	—	C_1	512~1999	灰色灰岩或斜长角闪微晶片岩与大理岩互层
	泥盆系	上统	—	—	D_3	245.3~1547.6	白色砂糖状结晶灰岩夹白云质灰岩，向西为微晶片岩偶夹大理岩
		中统	—	—	D_2	645.2~2320	灰、深灰色沥青质灰岩夹礁状灰岩，结晶灰岩、白云岩，向西为灰色大理岩夹伟晶片岩、石英
		下统	—	—	D_1	>2000	灰绿色千枚岩、绢云英微晶片岩夹结晶灰岩、白云岩，底部为变质砾岩
	寒武系	下统	—	二段	$\in_1t_2$	2400	灰绿色绿泥绢云微晶片岩夹绿色绢云英微晶片岩、灰紫色绢云英微晶片岩
			—	一段	$\in_1t_1$	>2306	灰、灰绿色含黑云钠长绢云微晶片岩，钠长绿泥绢云英微晶片岩、绢云英微晶片岩夹千枚岩
元古宇	崇山群		—		Pt_1ch_2	>616	片麻岩、变粒岩、混合岩
			—		Pt_1ch_1	>2502	眼球状花岗质混合岩

第四系全新统泥石流堆积层（Q_4^{sef}）：褐黄、灰色卵、砾石层，砾径一般为 0.03 ~ 0.2m，大的为 0.35m，叶枝河沟内可见直径 2~5m 块石，含量约 65%。卵、砾石主要为砾岩、砂岩、板岩、灰岩、流纹岩及玄武岩，砾径小于 0.03m，含量约 35%。基本无黏性土、砂土，漂石具棱角，形状不规则，较松散。该层厚度为 3~5m，主要分布于评估区银冲沟、湾子河沟、叶枝沟、迪扎古沟及三梨就沟沟底及下游出口堆积扇区。

第四系全新统冲洪积层（Q_4^{pal}）：主要沿河谷阶地呈条带状展布，构成阶地和山前冲洪积扇；岩性主要为卵砾石土，局部为黏性土、漂石土，分选性普遍较差，卵石粒径为 5~15cm，卵砾石磨圆度普遍较好，厚度为 2~8m。

第四系全新统残坡积层（Q_4^{el}）：褐黄、褐色含砾粉质黏土，砾石含量在 10% 左右，砾径为 5~10mm，干燥-稍湿，可塑，均一性中等，物理性质较差。该层厚度为 0.5~8m，

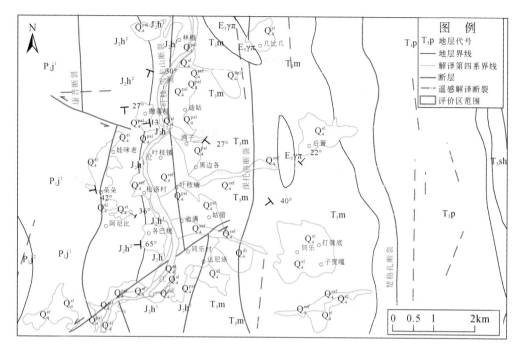

图 4.18　叶枝场镇地质简图

层厚变化与所处地势陡缓关系密切，广泛分布于评估区山体斜坡地带。

中侏罗统花开左组上段（J_2h_2）：杂色板岩夹砂岩、灰岩，主要分布于评估区西侧对岸山体斜坡处，地层产状为 240°∠40°。岩体为厚层状结构，节理裂隙较发育，多被切割成块状。整体呈弱-中风化。

中侏罗统花开左组下段（J_2h_1）：杂色砾岩、砂岩夹板岩，主要分布于评估区西侧对岸山体坡脚处，经公路开挖揭露地层产状为 247°∠45°。岩体为厚层状结构，节理裂隙较发育，多被切割成块状、碎块状。整体呈弱-中风化，局部裸露地层呈强风化状。

上三叠统石钟山组三段（T_3s_3）：灰色砂岩、泥岩夹灰岩，分布于叶枝场镇东侧山体斜坡面，经村道及水渠开挖揭露，岩体较破碎呈中-强风化，多被切割为碎块状，泥质充填，道路边坡易形成小型坍塌。坡耕地区域受降水及地表水影响易形成水土流失及坡面侵蚀。

上三叠统石钟山组一、二段并层（T_3s_{1+2}）：砾岩夹泥岩、泥质灰岩夹泥岩；主要分布于云岭山脉白马雪山山脊地段，常年受冰雪冻融的影响，岩体溶蚀迹象明显，经冰雪携带运移与下部攀天阁组（T_3p）呈不整合接触关系。

上三叠统攀天阁组（T_3p）：灰黑、灰色流纹岩偶夹砾岩、凝灰质板岩。常年受冰雪冻融的影响，多被切割为刀刃状、鱼脊状。主要分布于叶枝沟形成区，该地层破碎所形成的固体松散物是叶枝沟泥石流主要物源。

中三叠统上兰组（T_2s）：黑云绢云微晶片岩、绢云英微晶片岩夹板岩，区域厚度大于 967.5m，地层产状为 100°∠40°，经道路开挖揭露，岩体较破碎，多呈碎片状、碎屑状、中-强风化，泥质充填。评估区内该层位受道路房建等工程活动扰动多形成不稳定斜坡、坍塌等地质灾害。

喜马拉雅期中期岩浆浅成岩（$\gamma\pi_6$）：灰黄色花岗斑岩。主要分布于评估区银冲沟及叶枝沟以东山体斜坡面，调查期间未见出露，根据区域地质资料显示该地层结构松散，风化强烈，陡坡段易形成塌滑。

岩浆岩在区内呈零星分布，主要包括喜马拉雅期、燕山期、印支期及海西期侵入岩，岩性为花岗岩、石英二长花岗岩、二长花岗岩、花岗斑岩、花岗闪长岩、闪长玢岩、正长岩、煌斑岩、基性岩及超基性岩（表4.5）。

表 4.5　叶枝场镇侵入岩岩性简表

时期	代号	岩性描述
喜马拉雅期	$\gamma\pi_6$、$\eta o\pi_6$	花岗斑岩、石英二长斑岩
	$\delta\mu_6$	石英闪长玢岩、闪长玢岩
	ξ	正长玢岩、正长岩
	Σ、χ	超基性岩、粗面岩、煌斑岩
燕山期	γ_5^3	花岗岩、二长花岗岩
印支期	$\eta\gamma_5^1$	二长花岗岩、花岗闪长岩
	ν	辉长岩
海西期	N	基性岩

根据出露地层的岩性组合及结构特征、岩石的物理力学性质，将叶枝场镇的工程地质岩组划分为八类（表4.6，图4.19）：①松散冲洪积堆积砂卵土层；②松散残坡积碎石土层；③松散泥石流堆积块石、碎石土层；④软硬相间层状泥岩、砂岩岩组；⑤坚硬层状粉砂岩、砾岩碎屑岩岩组；⑥较坚硬层状、薄层状中浅变质岩岩组；⑦较坚硬层状碳酸盐岩岩组；⑧坚硬块状侵入岩岩组。

表 4.6　叶枝场镇工程地质岩组分类统计

岩组类型	面积/km²	所占比例/%
松散冲洪积堆积砂卵土层（Ⅰ）	5.42	9.91
松散残坡积碎石土层（Ⅱ）	5.38	9.84
松散泥石流堆积块石、碎石土层（Ⅲ）	2.6	4.75
软硬相间层状泥岩、砂岩岩组（Ⅳ）	5.96	10.90
坚硬层状粉砂岩、砾岩碎屑岩岩组（Ⅴ）	17.6	32.18
较坚硬层状、薄层状中浅变质岩岩组（Ⅵ）	13.64	24.94
较坚硬层状碳酸盐岩岩组（Ⅶ）	2.67	4.88
坚硬块状侵入岩岩组（Ⅷ）	1.43	2.61

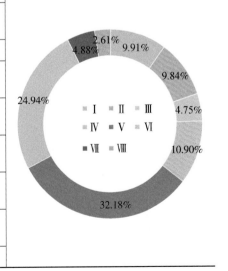

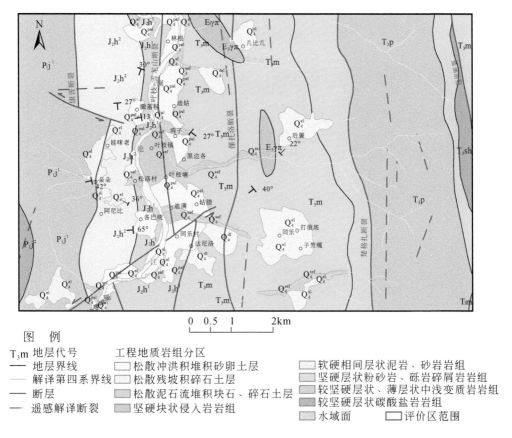

图例

T₃m 地层代号　　　工程地质岩组分区
—— 地层界线　　　　□ 松散冲洪积堆积砂卵土层　　　　　□ 软硬相间层状泥岩、砂岩岩组
— 解译第四系界线　□ 松散残坡积碎石土层　　　　　　　□ 坚硬层状粉砂岩、砾岩碎屑岩岩组
—— 断层　　　　　　■ 松散泥石流堆积块石、碎石土层　■ 较坚硬层状、薄层状中浅变质岩岩组
— 遥感解译断裂　　■ 坚硬块状侵入岩岩组　　　　　　■ 较坚硬层状碳酸盐岩岩组
　　　　　　　　　　□ 水域面　　　　□ 评价区范围

图 4.19　叶枝场镇评价区地势图

　　从岩组分类统计表和分布图来看，叶枝场镇评价区范围内坚硬层状粉砂岩、砾岩碎屑岩岩组分布面积最大，为 17.6km²，占总面积的 32.18%，主要分布在左岸中下部一带；其次为较坚硬层状、薄层状中浅变质岩岩组，面积为 13.64km²，占总面积的 24.94%，主要分布在两岸斜坡上部；第四系松散土层包括松散冲洪积堆积砂卵土层、松散残坡积碎石土层和松散泥石流堆积块石、碎石土层，分别占总面积的 9.91%、9.84% 和 4.75%，总面积为 13.4km²，占总面积的 24.5%，主要分布在澜沧江两岸阶地平台和缓坡区。

　　斜坡结构对地质灾害发育具有重大的影响，本次工作按照《地质灾害调查技术要求》（1∶5 万）对区内斜坡进行分类，分为土质斜坡、岩质斜坡、崩滑堆积体斜坡和岩土复合斜坡四大类，岩质斜坡又分为顺向坡、切向坡、横向坡、逆向坡和块状岩体斜坡五个亚类，从分析结果（图 4.20、表 4.7）看出，岩质斜坡占为 78.3%，其中有以切向坡和逆向坡占比最大，分别为 25.87%、22.19%，顺向坡和横向坡分别为 17.39% 和 10.24%，块状岩体斜坡最少，仅为 2.61%。土质斜坡分布面积为 6.79km²，占总面积的 12.41%；岩土复合斜坡面积为 4.3km²，占总面积的 7.86%；崩滑堆积体斜坡面积为 0.78km²，占总面积的 1.43%。

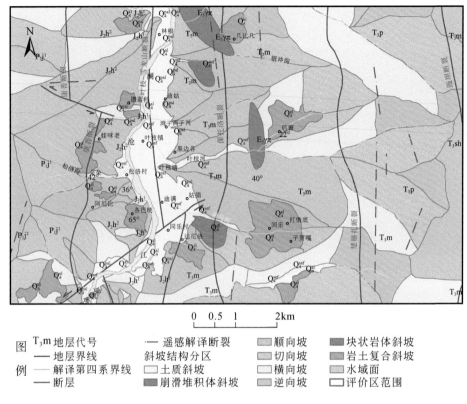

图 4.20 叶枝场镇评价区斜坡结构分区图

表 4.7 叶枝场镇斜坡结构类型统计表

斜坡类型		面积/km²	所占比例/%
土质斜坡 （Ⅰ）		6.79	12.41
岩质斜坡 （Ⅱ）	顺向坡 （Ⅱ-1）	9.51	17.39
	切向坡 （Ⅱ-2）	14.15	25.87
	横向坡 （Ⅱ-3）	5.60	10.24
	逆向坡 （Ⅱ-4）	12.14	22.19
	块状岩体斜坡 （Ⅱ-5）	1.43	2.61
崩滑堆积体斜坡 （Ⅲ）		0.78	1.43
岩土复合斜坡 （Ⅳ）		4.30	7.86

4.3.3 地质构造分析

维西县处于唐古拉–昌都–兰坪–思茅褶皱系，群山耸立，澜沧江纵贯全境，地质构造复杂。以仅发育南北向深大断裂和褶皱为其特点，叶枝–雪龙山断裂、史普力断裂、秋多–鲁甸断裂等深大断裂纵贯全境（表4.8）。

表 4.8　叶枝场镇周边构造单元划分表

一级	二级	三级
唐古拉–昌都–兰坪–思茅褶皱系	维西褶皱带	澜沧江褶断束（Ⅶ）
		兰坪–思茅褶断束（Ⅷ）
		维西褶断束（Ⅸ）
扬子地台	盐源–丽江台缘拗陷	盐源–丽江台缘拗陷（Ⅻ）

维西褶皱带呈北北西及南北向分布，地层以二叠系以后沉积为主，在晚印支运动早期形成的拉张下陷产生了海底火山喷发，并形成复理石、中酸性火山岩及细碧角斑岩建造，印支晚期、燕山、喜马拉雅期堆积了红色磨拉石建造，并伴有岩浆活动。

晚海西运动使维西褶皱带一度褶皱上升成陆，三叠纪晚期的印支运动是本区褶皱回返的主旋回运动，强烈的运动使一直处于优地槽环境的晚三叠世以前的地层全部褶皱上升，在强烈的挤压隆起部位产生鲁甸花岗岩基的上升活动，形成规模浩大的印支褶皱带。随后在山间盆地堆积的三叠系红色磨拉石建造不整合于老地层之上。

燕山运动表现为继承性的断裂活动，沿印支褶皱带中拉张拗陷带内沉积了红色建造，将维西褶皱带分为澜沧江褶断束、维西褶断束及兰坪–思茅褶断束。

喜马拉雅运动表现为区内承受较强的挤压，伴有浅成–超浅成碱性岩侵入。

1. 主要褶皱

陇巴复式背斜：轴向 345°，核部为下寒武统，西翼为泥盆系、石炭系、二叠系，东翼为寒武系，为一不对称线形复式褶皱。

腊东阁向斜：轴向北西，核部为 T_3c_1，翼部为 T_3c_2，南部倾伏端有较多岩脉贯入，为一长轴状倾斜褶曲。

鲁塞复式背斜：轴向近南北，向南倾伏，由 P_2 组成，背斜轴部北段有喜马拉雅期花岗斑岩穿插，两翼次级褶皱发育。

三家村倒转背斜：轴向 340°，轴面西倾，西翼倾角为 50°～58°，东翼倒转，核部为 J_2h_1，翼部为 J_2h_2，为一线形同层褶皱。

坪子倒转复式背斜：轴向 335°，轴面西倾，倾角为 50°～60°，东翼呈倒转产状。

阿优比向斜：轴向北西，核部为 T_3c_2，翼部为 T_3c_1，为一长轴状倾斜褶曲。

维登向斜：轴向近南北，长约 3km，核部为 J_3b，翼部为 J_2h_2，为一短轴状倾伏褶曲。

水坝乐背斜：轴向北西，核部为 P_2a，翼部为 P_2b，背斜主要为同层褶皱，东翼被辉长岩侵入破坏，为一长轴状倾伏褶曲。

阿前列西向斜：轴向北北西，核部为 J_2h_2，翼部为 J_2h_1，为一倾伏褶曲。

2. 主要断裂

叶枝–雪龙山断裂：走向呈近南北向，贯穿维西县全境，破碎带发育，断层标志明显，断面向东陡倾斜，倾角为 70°，为一长期活动的区域性压扭性高角度逆冲断裂（图 4.21）。

康普断裂：平行分布于叶枝–雪龙山断裂之西，西盘由二叠系千枚岩、片岩组成，东

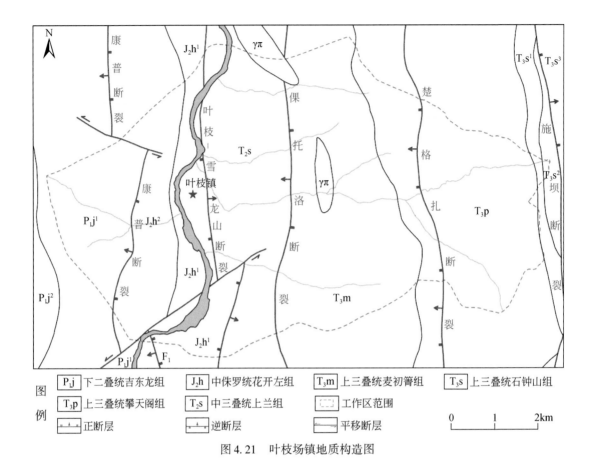

图 4.21　叶枝场镇地质构造图

盘由中侏罗系花开左组组成，断裂面产状 260°∠60°，为一走向逆断裂。

　　咩杂断裂：走向 345°，两盘均为上二叠统微晶片岩，断裂带挤压揉皱、片理发育，断裂面西倾，为一走向逆断裂。

　　攀天阁断裂：走向 335°，西盘为中三叠统上兰组、上三叠统攀天阁组，东盘为上三叠统崔依比组。破碎带宽达 50 余米，挤压强烈，片理化普遍。断裂面倾向南西，倾角为 50°，为一走向逆断裂。

　　秋多-鲁甸断裂：走向 315°～340°，呈波状延伸，破碎带糜棱岩、碎斑岩、碎裂岩普遍发育，最宽处达 1km，东盘基性岩脉发育。断裂面倾向西，倾角为 40°～60°，为一深大断裂，但性质不明。

　　史普力断裂：走向近南北向，延伸约 52km，有断崖及构造破碎带，断裂面倾向西，为一区域性深大逆断裂。

4.3.4　植被及人类工程活动分析

　　近年来，区内人类工程活动日益强烈，人为致灾活动呈现出明显的增强趋势。研究区人类工程经济活动主要集中在澜沧江沿岸及场镇周边，主要包括公路、城镇建设、水电、旅游资源、矿产资源开发、削坡建房、森林砍伐、坡地耕种等。人类工程经济活动本身可能遭受地质环境条件的制约和环境地质问题的影响，同时也可能诱发崩塌、滑坡地质灾害的产生（图4.22）。

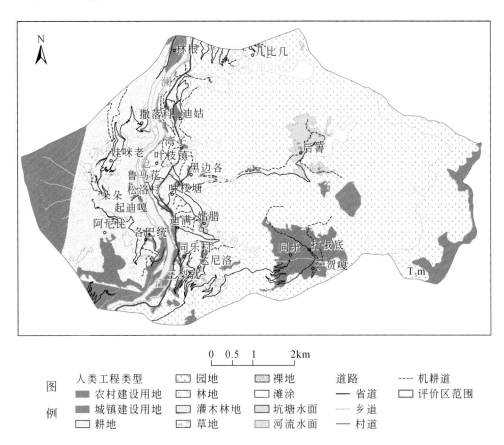

图 4.22　叶枝场镇植被及人类工程活动解译图

1. 城镇、居民点建设

当地居民的房屋建筑基础形式大多数采用砌石结构，建筑地基一般以山麓斜坡碎石土层为主，建筑用地中陡坡、缓坡各占一半，少数为平台。一般上边坡开挖深度较大，一般为 3～10m，下边坡回填较厚，一般厚度为 1～5m。概而言之，居民的建筑场地稳定性较差，斜坡开挖量较大，基础过于简单，体型过大，易出现地基失稳、滑坡等地质灾害现象。

2. 农牧业生产活动

研究区耕地主要分布于人口聚落的斜坡地带，农耕活动加剧了坡面水土流失和斜坡失稳。牧业生产活动中，以山绵羊、牦牛对地质环境的破坏性最大。羊群主要放牧于聚落周围，它们啃光林下植物，甚至树叶、树枝、树根，践踏表层土壤。在羊群活动的地方，植被凋敝，细沟累累，羊群活动加剧了泥石流、碎屑流发生。

3. 工程建设活动

随着测区村镇、居民点规模的扩大，通乡、通村公路大规模进行，工程建设中的开挖坡角、废渣废土顺坡堆放，或在冲沟、防洪沟及房前屋后排水沟中弃土弃渣、堆放垃圾、水土流失严重、斜坡稳定性降低等，使地质环境条件更加恶化，一旦遭遇强降雨和沟渠渗水，就会成为诱发崩塌、滑坡、泥石流等地质灾害的重要因素（图4.23）。

图4.23　公路建设过程中回填及开挖导致边坡失稳

4. 矿山建设

一方面，不合理的采矿造成自然边坡的稳定状态受到破坏，坡体内力学平衡发生变化，加剧了滑坡和崩塌的形成；另一方面，采矿形成的弃土、弃渣的任意堆放，又为暴雨激发崩塌、滑坡、泥石流等灾害提供了更多的物资来源。

植被覆盖情况和人类工程活动对地质灾害有重要影响，植被和人类工程活动遥感解译主要调查区内土地利用现状，从解译结果来看，区内植被主要以有林地为主，占总面积的58.68%，其次为灌木林，占总面积的17.26%，草地占0.26%；人类工程活动以耕地、农村宅基地、城镇住宅用地，其中耕地占总面积的17.44%，城镇住宅用地和农村宅基地分别占0.88%、1.30%，公路建设用地面积占0.07%。水域主要为河流和少量湖泊、坑塘水面，占总面积的1.94%。裸地分布在河漫滩和山脊基岩光壁，占1.97%（表4.9）。

表4.9　叶枝场镇植被及人类工程活动遥感解译统计表

大类	亚类	面积/km²	占比/%	备注
植被	有林地	32.10	58.68	
	灌木林	9.44	17.26	
	草地	0.14	0.26	

续表

大类	亚类	面积/km²	占比/%	备注
人类工程活动	农村宅基地	0.71	1.30	
	城镇住宅用地	0.48	0.88	
	耕地	9.54	17.44	
	园地	0.11	0.20	
	公路建设用地	0.04	0.07	
水域	河流、湖泊、坑塘	1.06	1.94	
其他	裸地	1.08	1.97	基岩和漫滩
合计		54.7	100	

4.3.5　城镇发展遥感动态监测

采用2011年、2015年和2019年的高分卫星影像数据和2020年的无人机航空影像数据对叶枝场镇的发展变化进行对比解译分析，近十年发展变化巨大，城镇规模逐渐扩大。2011年前叶枝场镇没有高建筑，城区面积为342600m²，主要分布在澜沧江左岸阶地中前部；2015年面积为407882m²，2011～2015年增长了65282m²，扩展了20%；2019年面积为517279m²，相对2015年增长了109396m²，增长幅度达到27%，发展的区域主要为省道两侧；2020年的面积为521352m²，2015～2020年增长幅度达到28%，年增长幅度为22694m²/a（图4.24、图4.25），目前城镇发展主要沿省道两侧。

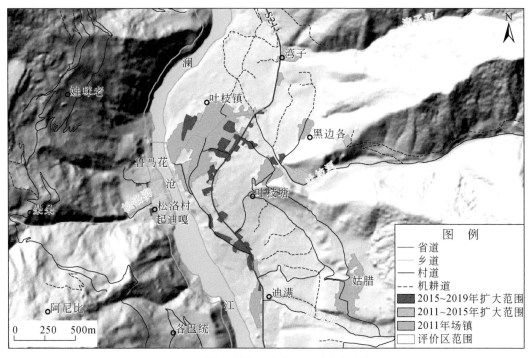

图4.24　叶枝场镇发展变化及地质灾害分布图

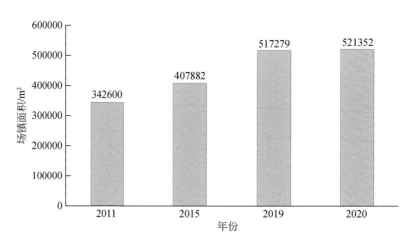

图 4.25　叶枝场镇发展变化统计图

4.4　营盘镇地质灾害孕灾条件分析

4.4.1　地形地貌分析

　　研究区位于澜沧江中段，整体属于高山峡谷地貌，按照地貌成因类型分为剥蚀高山地貌、剥蚀中山地貌、山麓缓坡地貌和侵蚀阶地地貌四大类型。剥蚀高山地貌主要分布在澜沧江右岸，影像为灰、灰白、墨绿色，呈片状，山脊为圆形，沟谷切割相对右岸较低，斜坡坡度较右岸缓，纹理粗糙，局部分布山间洼地；剥蚀中山地貌主要分布在澜沧江左岸和永春河两岸一带，影像为墨绿、灰褐色，呈块状、片状和带状，沟谷山脊相间，沟谷为"U"型和"V"型，切割较浅，斜坡坡度较缓。山麓缓坡地貌主要分布在永春河左岸一带，受坡体冲沟和断裂影响，区内斜坡较缓，人类工程活动集中，影像为灰褐、灰绿色带状图斑，纹理粗糙，沟谷发育，斜坡多为耕地。剥蚀阶地地貌主要分布在澜沧江干流两岸，影像为灰、灰绿、灰褐色，呈块状、带状和圆弧状，纹理细腻，阶地平台坡度缓，是人类工程活动的主要区域，分布有居民地、耕地等。

　　研究区地势南东高、南西低，最高点位于研究区南东角的二道石门关主峰，海拔为4155m。最低点为研究区南侧麻栗坪处澜沧江河床，海拔为1735m，相对高差达2420m，区内海拔在2000～3000m的面积占全区的64%（表4.10）。

表 4.10　研究区高程统计表

高程/m	<2000	2000～2500	2500～3000	3000～3500	>3500
面积/km²	42.5	101.2	167.5	52.9	35.9
占全区面积比例/%	8.5	20.24	33.5	10.58	7.18

　　研究区受澜沧江河谷切割，地形起伏较大，坡度主要集中在 30°~45°，澜沧江干流河谷两岸主要分布阶地和缓坡，研究区中部为南北走向的山脊，中部和东部地形坡度较大，以 35°以上为主，局部近直立。

　　研究区整体为三山两谷的地形切割，流域上属于澜沧江和金沙江流域。营盘镇研究区主要为澜沧江两岸流域。按照地貌成因类型将研究区地貌分为高山地貌、中山地貌、山麓缓坡地貌、阶地地貌和单面山地貌五大类型（图 4.26）。

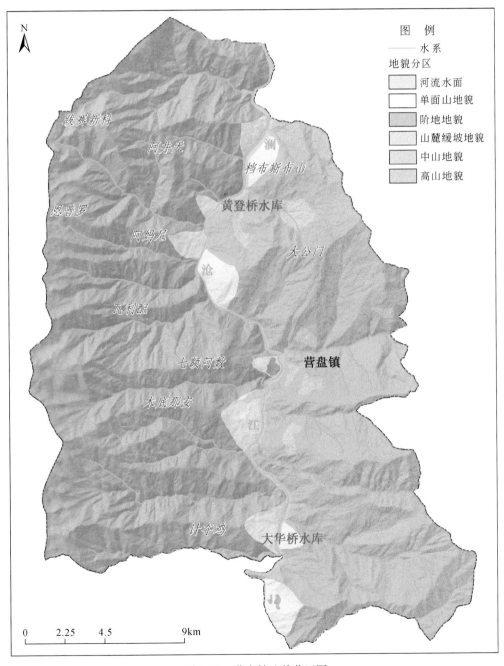

图 4.26　营盘镇地貌分区图

4.4.2　地层岩性分析

　　研究区出露较为齐全,泥盆系(D)、石炭系(C)、二叠系(P)、三叠系(T)、侏罗系(J)、白垩系(K)、古近系(E)、第四系(Q)地层均有出露。新近系、第四系松散堆积层主要包括:新近系冲积砂卵石层,第四系冲洪积堆积层、残坡积层和泥石流堆积等,冲洪积和泥石流堆积广泛分布于澜沧江两岸。第四系冲洪积堆积层影像呈灰、绿色片状、块状,地形平缓,基本无冲沟切割,形成台状阶地或缓坡;残坡积层为灰、灰黄、黄褐色,主要分布在山麓缓坡一带,厚度不均,影像上为灰绿、灰褐色块状图斑,纹理细腻(图4.27、图4.28)。

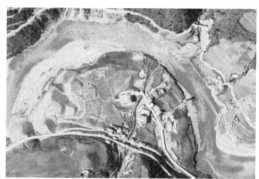

图4.27　第四系冲洪积堆积层影像特征

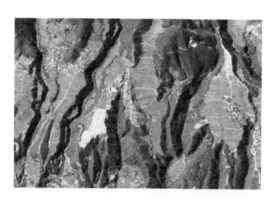

图4.28　第四系残坡积层影像特征

　　沉积岩解译标志:二叠系和三叠系灰岩为灰、灰白色块状、片状图斑,局部可分辨层面;侏罗系砂岩、泥岩地层为紫、红和灰色片状图斑,难辨层面(图4.29)。
　　研究区处于滇西北三江褶皱系的兰坪-思茅中拗陷的北部,以及澜沧江褶皱束的一小部分。区内地层的形成和发育深受褶皱系的影响,制约着本地区地层的分布。从地层发育情况看,区内主要以中生界最为发育,其次是新生界和古生界,以及极少量出露的时代不明变质岩系。从区内沉积地层分布情况看,中生界分布最广,几乎遍及全区;而新生界则

(a) 白垩系砂岩地层　　　　　　　　　　　(b) 侏罗系泥岩地层

图 4.29　研究区地层岩性影像特征

主要分布于区内的金顶、通甸两个山间槽谷内，西部极少出现；古生界仅在区内西北部小范围产出（表 4.11）。该区地质现象以发育的深大断裂、强烈的变质作用为特点。区内地层以中生界为主，元古宇主要分布在县区西北部，古生界和新生界地层仅少量分布，岩浆岩零星分布，且规模小。

表 4.11　研究区地层岩性简表

界	系	统	组		代号	厚度/m	主要岩性
新生界	第四系	全新统	—		Q_h	<100	砂质黏土、砂砾石
	新近系	上新统	三营组		N_2s	119.8~249	砾岩、黏土岩夹褐煤
	古近系	渐新统	金丝厂组		E_3j	>249	砾岩、砂岩、粉砂岩
		始新统	宝相寺组		E_2b	795.8	砂岩、砾岩与钙质粉砂岩互层
			美乐组		E_2m	621.3	砂岩、砾岩夹砂岩
		古新统	果郎组		Eg	>855	泥岩、钙质粉砂岩夹石英砂岩
			云龙组		Ey	616~2275	钙质泥岩夹泥砾岩、砂岩、膏盐层
中生界	白垩系	上统	虎头寺组		K_2h	53~133.5	泥质粉砂岩夹石英砂岩
			南新组		K_2n	1614	石英砂岩、砂砾岩夹泥质粉砂岩
		下统	景新组	上段	K_1j_2	80~103	泥岩、板岩
				下段	K_1j_1	1162	石英砂岩夹泥岩、板岩
	侏罗系	上统	坝注路组		J_3b	1206~1742	粉砂岩、粉砂质泥岩、石英砂岩、粉砂岩夹含砾砂岩
		中统	花开左组	上段	J_2h_2	523~1525	粉砂质泥岩、粉砂岩夹泥灰岩、介壳灰岩
				下段	J_2h_1	412~1406	粉砂岩夹粉砂质泥岩、砾岩
		下统	漾江组		J_1y	710	粉砂岩、粉砂质泥岩夹石英砂岩

界	系	统	组		代号	厚度/m	主要岩性
中生界	三叠系	上统	麦初箐组		T_3m	890	粉砂质泥岩、页岩
			石钟山组	四段	T_3s_4	708	砂岩夹泥岩、煤线
				三段	T_3s_3	149~1120	页岩夹灰岩
				二段	T_3s_2	32~965	灰岩、泥灰岩
				一、二段合并	T_3s_{1+2}		燧石结核灰岩、角砾状沥青质灰岩
				一段	T_3s_1	1~807	砂岩、砂砾岩夹泥岩、底部砾岩
			歪古村组		T_3w		千枚岩、砂岩及灰山岩
			崔依比组	一段	T_3c_2	3146.9	细碧岩、玄武岩夹流纹岩、凝灰岩、灰岩
				二段	T_3c_1	2549.8	石英角斑岩、细碧岩夹流纹岩、玄武岩
			攀天阁组		T_3p	1272~1747	流纹岩
		中统	上兰组		T_2s	2007~2917	板岩夹灰岩或微晶片岩夹大理岩、流纹岩、局部夹菱铁矿
古生界	二叠系	上统			P_2b		砂岩、板岩夹玄武岩
					P_2a		板岩夹透镜体灰岩
		下统			P_1l		泥岩、砂岩、底部砾岩
					P_1		玄武岩夹灰岩及板岩夹灰岩
	石炭系	上统	石登群		Csh_3	1094.6	片岩、安山岩
					Csh_2		生物碎屑灰岩片岩、安山岩
					Csh_1		片岩、安山岩
元古宇			雪龙山群		Pt_3		片麻岩、变粒岩、石英片岩夹角闪片岩
			崇山群		Pt_2ch		片岩、板岩、变粒岩、混合岩

元古宇：为崇山群片岩、板岩、变粒岩、混合岩，主要分布在县区西北部。

古生界：为浅海相沉积环境。下寒武统塔城组（$\in_1t$）以类似复理石沉积的巨厚碎屑岩变质而成的各类片岩，分布在塔城靠金沙江一带；石炭系（C）在格地有小部分出露，为浅海相碳酸盐岩夹变质岩；二叠系（P）顺澜沧江西岸广泛分布，由一套浅变质岩夹火山碎屑组成。

中生界：三叠系（T）上部为酸性、基性火山岩夹碎屑岩及碳酸盐岩沉积，下部为磨拉石沉积的红色碎屑岩。调查区内中部，三叠系为酸性、基性火山岩夹碎屑岩变质而成的板岩；侏罗系（J）主要分布在调查区西部沿澜沧江沿岸，为红色碎屑岩；白垩系（K）分布在澜沧江东岸的中路乡别驮至维登乡小甸一带，呈带状分布。

新生界：新近系（N）上部为干旱盐湖的红色碎屑岩夹膏盐沉积及河湖相的红色粗碎屑岩沉积，下部为湖沼相含煤、油页岩的碎屑岩沉积。

第四系（Q）：澜沧江两岸第四系堆积物较为发育。按成因类型，可以分为冲积、洪积、崩塌堆积、坡积、泥石流堆积、滑坡堆积及残积等。

（1）残积粉质黏土、含块石碎石黏土（Q_4^{el+dl}）：灰、灰黄、黄褐色，可塑状，主要分布在山脊、山顶等处，厚度较薄，为 1～5m。

（2）崩坡积碎石土（Q_4^{col+dl}）：灰黄、黄褐、暗红等杂色，整体结构中密-密实为主，重型动力触探击数为 13～25 击，粒径以 3～15cm 的碎石为主，含量为 40%～70%，含有部分的块石，角砾及黏土充填，碎、块石的母岩主要为板岩，少量砂岩、石英砂岩，呈弱风化状，片状、次棱角状，厚度分布不均，上薄下厚，厚度一般以 3～20m 为主，部分地区则厚达 20～45m，分布在岸坡坡脚部位。

（3）冲洪积漂、卵（砾）石层：灰黄、黄褐色等杂色，结构稍密-密实，重型动力触探击数为 15～20 击，粒径为 3～15cm，成分较为复杂，主要以含漂石、卵石为主，含量为 50%～60%，间夹有砾砂、粉细砂层，其粒径变化较大，二元结构明显，表层覆盖有黏质粉土或粉质黏土，呈稍密-中密状，标贯击数在 5 击左右。

（4）泥石流堆积碎石土（Q_4^{sef}）：灰黄、紫灰色等杂色，整体结构稍密-密实，为多次堆积形成，成分较为复杂，多为碎石夹块石、角砾，黏土充填，粒径以 2～10cm 为主，含量为 40%～70%，碎块石主要为板岩、细砂岩及石英砂岩，主要分布在两侧支流、支沟口，规模大小不一。

（5）滑坡堆积碎石土（Q_4^{del}）：灰黄、紫红色等杂色，结构松散-中密，成分因滑体原岩不同而较为复杂，多为碎石土，厚度变化大，一般表层的滑坡厚为 3～10m，规模较大的堆积厚达数十米。

4.4.3　地质构造分析

地质构造解译主要包括断裂构造和节理裂隙，研究区内植被覆盖度较低，地层出露条件好，地质构造的影像特征明显。断裂构造的影像特征主要包括直接标志和间接标志，直接标志主要为线性特征、纹理特征和色调特征，断层在影像上往往具有明显的线性特征，断层两侧的影像纹理和色调往往不同，最为明显和常见的包括连续的断层三角面和断层崖。间接标志主要有：直线型沟谷、河流急拐弯、地质体被错断、串珠状的鞍形脊或负地形、垄岗地形、菱形块体、水系和泉点的规律性变化、土壤植被的带状异常等（图 4.30～图 4.32）。研究区主要断裂分布见图 4.33。

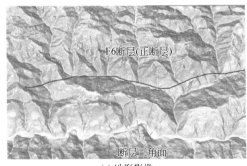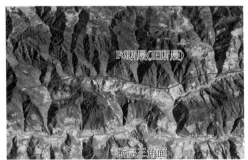

(a) 地形影像　　　　　　　　　　　(b) 卫星影像

图 4.30　断层三角面影像特征

(a) 地形影像　　　　　　　　　　　　　(b) 卫星影像

图 4.31　断层错断山脊影像特征

(a) 地形影像　　　　　　　　　　　　　(b) 卫星影像

图 4.32　断层形成山脊两侧直线对称沟道影像特征

4.4.4　植被及人类工程活动分析

工程活动是造成区域地质灾害的主要原因之一，工程活动类型主要表现在以下六个方面。

（1）人口聚落分布与民用建筑工程活动。当地居民的房屋建筑基础形式大多数采用干砌片石，建筑地基一般为山麓斜坡碎石土层，建筑用地中陡坡、缓坡各占一半，少数为平台。藏族民居一般上边坡开挖深度较大，为 3～10m，下边坡回填较厚，一般厚度为 1～5m。概而言之，居民的建筑场地稳定性较差，斜坡开挖量较大，基础过于简单，体型过大，易出现地基失稳、滑坡等地质灾害现象，尤以藏式民居最为突出（图 4.34）。

（2）农牧业生产活动。兰坪县是一个典型的农牧业县，耕地主要分布于人口聚落的斜坡地带，农耕活动加剧了坡面水土流失和斜坡失稳。牧业生产活动中，以山羊、绵羊、牦牛对地质环境的破坏性最大。羊群主要放牧于聚落周围，它们啃光林下植物，甚至树叶、树枝、树根，践踏表层土壤。在羊群活动的地方，植被凋敝，细沟累累，羊群活动加剧了泥石流发生，直接导致了碎屑流的发生。

（3）林业生产活动。截至 1999 年，兰坪县才全面停止采伐天然林，林业从业人员由砍树人变为护林人和植树人。至 2010 年，天然林管护面积为 694.5 万亩（1 亩 ≈ 666.7m^2）。

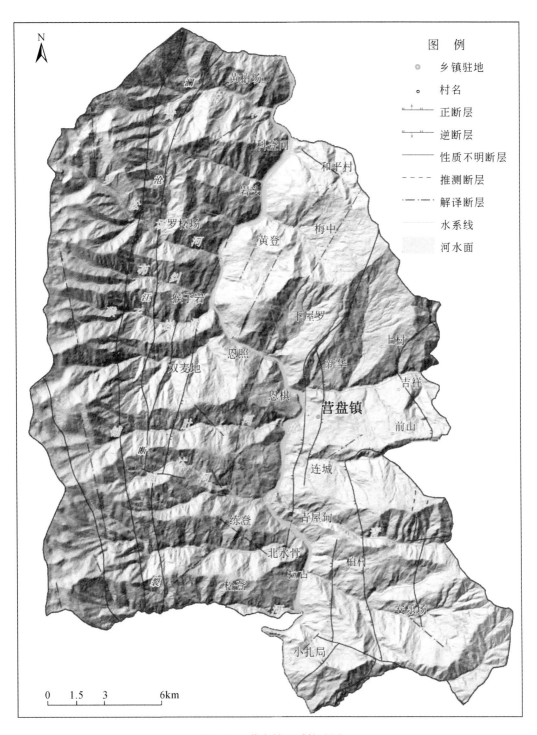

图 4.33 营盘镇地质构造图

图 4.34　营盘镇居民区密集分布于斜坡中下部

1996 ~ 2010 年共发生森林火灾八次，火场总面积为 1979.25 亩。据调查，当年发生森林火灾的地区，次年即发生泥石流。森林火灾是兰坪县部分泥石流发生的主要原因之一。

（4）工程建设活动。随着营盘镇规模的扩大、交通大发展、水电、水利（引水灌渠）等工程建设中的开挖边坡角、废渣废土顺坡堆放，或在冲沟、防洪沟及房前屋后排水沟中弃土弃渣、堆放垃圾、水土流失严重、斜坡稳定性降低等，使地质环境条件更加恶化，一旦遭遇强降雨和沟渠渗水，就会成为诱发崩塌、滑坡、泥石流等地质灾害的重要因素。由于地处山区，近年来随着 S233、S303 等公路的建设，拓展地基、开挖路基、切削斜坡、爆破岩石等工程活动，改变了斜坡自然结构，增大坡高坡度，松动岩体，破坏了斜坡自然平衡，导致坡体应力变化，降低斜坡稳定性，诱发滑坡、崩塌等地质灾害，或古老滑坡的复活变形破坏。

（5）矿山建设。中央地质勘查基金、国土资源大调查资金加强三江成矿带地质勘查工作和矿产资源开发，加大对藏区的投入力度。在生态保护和资源合理利用的前提下，培育一批优势矿产企业。兰坪县地处"三江"成矿带的中心腹地，县内矿产资源分布较广，具有矿种多、储量大、分布广的特点，现已查明的有八大种类 30 多种矿产品，在全县各乡镇均有分布。

（6）水电开发。兰坪县地处三江并流地段，流经该县的主要河流有金沙江、澜沧江，水力资源极其丰富。随着近年来水电能源的兴起，兰坪县丰富的水力资源为水电的开发提供了丰富的物质基础。研究区分布有两处水电站，上游为黄登水电站，下游为大华桥水电站。

人类工程活动是造成兰坪县地质灾害的主要原因之一，工程活动类型主要表现水电开发、切坡建房、公路建设等三个方面。本次采用高分二号和无人机航测数据对区内植被及人类工程活动进行详细解译，研究区植被类型以有林地和灌木林为主，分别占总面积的 36.94% 和 25.92%，主要分布在澜沧江两岸中下部和金沙江支流中下部；草地仅占 11.13%，主要分布在山顶附近。研究区人类工程活动主要包括城镇建设、农业耕种、道路建设、水电开发等，其中耕地面积分布最大，占总面积的 12.02%，房屋建设用地占总面积的 0.62%，主要集中在营盘镇区域，道路建筑用地面积占 0.23%。水域面主要包括澜沧江水面（水库水面）、少量湖泊坑塘、河流水面，占总面积的 2.27%。裸地占总面积的 6.69%，主要分布在山脊附近和陡崖地带（图 4.35，表 4.12）。

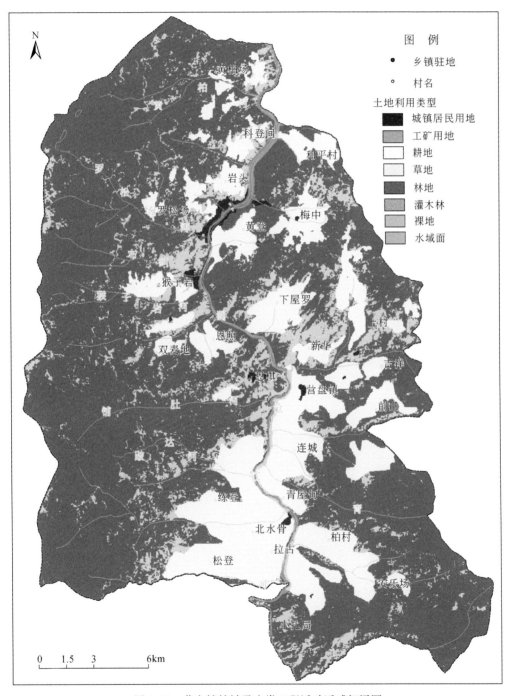

图 4.35　营盘镇植被及人类工程活动遥感解译图

表 4.12　营盘镇植被及人类工程活动解译统计表

大类	类别	面积/km²	占比/%	备注
森林植被	有林地	207.42	36.94	
	灌木林	145.52	25.92	
	草地	62.5	11.13	
人类工程经济活动	农村建设用地	1.94	0.35	
	城镇建设用地	0.96	0.17	
	耕地	67.5	12.02	
	园地	21.2	3.78	
	省道	0.1	0.02	
	一般道路	1.2	0.21	
水域	河流水面	9.7	1.73	江面
	湖泊、水库、坑塘	3.06	0.54	
其他	裸地	37.55	6.69	基岩和砾石
	滩涂	2.85	0.51	
合计		561.5	100	

4.5　小　　结

（1）澜沧江德钦段主河道全长 372.5km，河床最低点高程为 1368m、最高点高程为 2270m，高差为 902m，平均纵坡降为 2.4‰。区内最高点分布在德钦县西侧的梅里雪山卡瓦博格主峰，高程为 6740m，区内地势高差为 5766m。

（2）根据地形地貌和河谷地形特征，将研究区划分为高山极高山峡谷区、高山宽谷区、高中山峡谷区三个区域。从前人学者研究结果和现场调查发现，研究区近 60 年来气温呈现逐步升高的趋势，加剧了冰川消融，同时暴雨、局部暴雨的发生频率也呈现增多趋势，加剧了地质灾害发展，对区域的人民生命财产安全和重大工程建设具有重大的影响。

（3）采用了基于多元遥感数据的孕灾地质背景条件遥感调查方法，以中高分卫星影像为主，包括 Landsat-8、高分一号、资源三号、高分二号、北京二号等，开展孕灾背景解译修编。解译内容包括地形地貌、地层岩性（主要是修编第四系）、断裂构造（补充解译断层和线性构造）、水文地质现象、冰川冰湖、森林植被、人类工程活动等。在区域开展详细解译，在重点区域（地段）开展基于斜坡单元的精细解译。

（4）针对德钦县城、叶枝场镇和营盘镇区域开展了孕灾地质背景条件详细调查，为类似区域地质背景调查提供参考，也为地质灾害发育、场地适宜性和安全性评价等工作提供基础资料。

第5章　地质灾害发育特征及分布规律研究

5.1　概　　述

澜沧江德钦段位于云南省西北部，处于横断山脉和三江并流腹地，地形高差相对较大，属于典型的高山峡谷地貌。据万石云等（2013），云南省处于我国低纬度的高原地区，山地面积占总面积的94%，跨越多种气候带，部分地区强降雨频繁，是我国遭受滑坡、泥石流灾害最严重的省份之一。澜沧江德钦段地处三江并流区域的横断山脉腹地，该地区岩体次生作用强烈且被结构面切割包围，历经多次构造运动致使地层岩性较为复杂，是云南遭受地质灾害最为严重的地区之一。据王研（2016），德钦县城半个多世纪以来曾多次暴发较大规模的泥石流，分别在1957年、1966年、1968年、1974年、1977年、1986年、1988年、1995年、1996年、1997年、2002年等多个年份遭遇过较大规模的泥石流灾害，造成多人伤亡。尤其2002年7月18日，多处泥石流冲进德钦县城区，给当地人民造成了严重的经济损失。

目前，对澜沧江德钦段高山峡谷区的地质灾害发育分布规律的研究还相对较少，且大部分都是对澜沧江下游的泥石流、滑坡地质灾害进行空间分布规律的探讨与影响因素分析。李世成等（2001）、安晓文等（2003）分别对澜沧江流域的地震地质环境进行了分析和分区，对澜沧江综合开发可持续发展中减轻地震地质灾害的工作提出了几点建议，并对地震地质灾害产生机理进行了探讨。葛根荣（2006）、易树健（2018）则对澜沧江流域沿线铁路防灾选线原则和工程地质分区进行了研究。柏永岩等（2008）通过对澜沧江结义坡泥石流沟进行追踪调查，并利用常用的计算稀性泥石流参数的公式对泥石流的流速、流量及冲击力等参数进行了计算，发现坡沟泥石流活动正处于停歇期。王飞（2018）建立了澜沧江中下游的小湾电站水库库岸段的层次分析法，评价崩塌、滑坡灾害的危险性，并结合库区人类活动实地调查，确定库岸区承灾体类型，评估库岸崩滑灾害的易损性。陈强等（2006）以澜沧江乌弄龙电站坝前的大型堆积体为研究对象，通过选择合理的力学参数进行稳定性计算后发现，在蓄水后堆积体会产生失稳破坏。此外，王洁等（2010）、胡华（2010）、鲍杰等（2011）、王昆等（2013）等也对澜沧江流域水电站边坡稳定性及地质灾害危险性等内容进行了研究。

高山峡谷区地质灾害研究主要集中在地质灾害危险性评价和分区方面。李怡飞等（2021）运用信息量模型、ArcGIS空间分析平台得到各因子信息量值，再根据信息量值对雅江县青藏高原高山峡谷地貌区进行了地质灾害危险性分区，为其县城建设提供了依据。杜晓晨等（2020）运用信息量模型对德昌县滑坡地质灾害进行危险性评价，得出雅砻江左岸的中高山峡谷地区为极高和高危险区的结论。朱进守等（2018）利用GIS技术对空间数据的采集和分析功能，结合数理统计的方法原理，对藏东高山峡谷地带进行了地质灾害危险性定量评价，揭示了地质灾害空间分布规律。何宝夫等（2012）对西南高山峡谷区鲁地拉电站库区进行地质灾害易发性分析，结果表明库区地质灾害易发性程度很高，高易发区占41%，主要集中在库首段及朵美附近。此外，李旭（2018）、任三绍（2018）、李瑞等（2015）、陶时雨（2016）也分别就高山峡谷区居民对泥石流灾害的适应性，高山峡谷区地质灾害发育特征与形成机理，以及高山峡谷区地震次生地质灾害预测等方面进行了研究。

一些技术方法也在高山峡谷区地质灾害的调查研究中被广泛应用。杨黎（2008）利用遥感图像的特点及滑坡泥石流的遥感特征，并结合研究区环境背景遥感判释结果，对研究区区内中山峡谷和高山峡谷地貌的滑坡泥石流进行了遥感判释。程晨（2014）以陇南市武都区范围内高山峡谷区的典型流域为研究区，应用小基线集（SBAS）技术，对滑坡的运动速率进行了监测，并进行了强度评价和活动性分级。张毅（2018）系统研究了合成孔径雷达干涉测量（InSAR）技术在滑坡识别和评价方面的可行性和应用能力，建立了基于InSAR技术的滑坡早期识别和评价方法体系。刘筱怡（2020）以InSAR监测结果为基础，定量分析了典型古滑坡复活的位移、速率等变化特征，并提出了大渡河流域典型古滑坡复活早期识别（失稳）的速度阈值，为高山峡谷区隐蔽型古滑坡复活的早期识别提供了新途径。此外，张佳佳等（2021）、杨萌（2020）、戴可人等（2020）也利用SBAS-InSAR和光学遥感等技术，对高山峡谷区的滑坡隐患点进行了早期识别。

西部高山峡谷区由于地形高陡、地质构造复杂，工程地质环境背景复杂，地质灾害发育，降水频发、工程建设、切坡建房等诱发因素影响下，地质灾害时有发生，严重威胁了县（镇）场址的安全，对人民生命财产安全构成严重威胁。因此，一方面，查明澜沧江德钦段地质灾害的孕灾背景条件，可对西部高山峡谷区地质灾害防灾减灾提供基础依据。另一方面，针对澜沧江德钦段所处的高寒、高位等特殊的地质环境条件和地质灾害发育分布特征和成灾模式，运用高精度遥感、InSAR观测、无人机倾斜摄影、工程地质测绘和山地工程等技术方法，也对危害德钦县城、叶枝场镇及其下游水电开发较为集中的营盘镇三处典型城（场）镇开展了地质灾害精细调查。

5.2 德钦县城地质灾害发育特征与分布规律

通过"星-空-地"一体化技术方法对德钦县城进行地质灾害精细调查研究发现，德钦县城共发育地质灾害106处，其中有直接威胁对象的有67处，灾害类型以滑坡、崩塌、泥石流三类为主。其中，滑坡29处，占43.28%；崩塌31处，占46.27%；泥石流7处，占10.45%（表5.1）。根据各灾种发育程度统计分析，滑坡发育数量最多，崩塌次之，泥石流最少。

表5.1 德钦县城地质灾害统计表

规模	滑坡		崩塌		泥石流	
	数量/处	占比/%	数量/处	占比/%	数量/处	占比/%
大型	2	6.90	0	0.00	0	0.00
中型	10	34.48	4	12.90	3	42.86

续表

规模	滑坡		崩塌		泥石流	
	数量/处	占比/%	数量/处	占比/%	数量/处	占比/%
小型	17	58.62	27	87.10	4	57.14
小计	29	43.28	31	46.27	7	10.45
合计	67					

相较于 2019 年调查工作开展之前，县城区域地质灾害点增加 24 处，其中遥感解译增加 13 处、野外调查增加 11 处；增加滑坡 16 处、崩塌 6 处、泥石流 2 处。根据各地质灾害点威胁对象分析，险情为特大型的 3 处，其中滑坡 1 处、泥石流 2 处；险情为大型的 3 处，其中滑坡 1 处、泥石流 2 处；险情为中型的 7 处，全为滑坡；险情为小型的 54 处，其中滑坡 20 处、崩塌 31 处、泥石流 3 处。根据各灾种危害程度统计分析，泥石流危害程度最大，滑坡次之，崩塌最小（表 5.2）。

表 5.2　德钦县城地质灾害危害程度统计表

规模	滑坡		崩塌		泥石流	
	威胁人口/人	威胁财产/万元	威胁人口/人	威胁财产/万元	威胁人口/人	威胁财产/万元
大型	85	600	—	—	—	—
中型	2407	20205	0	90	3159	11300
小型	213	1058	101	470.5	1076	7220
小计	2705	21863	101	560.5	4235	18520
合计	威胁人口 7041 人，威胁财产 40943.5 万元					

除上述统计的地质灾害外，结合遥感解译和调查结果，威胁德钦县城的水磨房河、一中河、巨水河、直溪河等四大泥石流沟域内发育有 39 处崩塌、滑坡。

5.2.1　地质灾害发育特征

1. 滑坡灾害

根据《滑坡防治工程勘查规范》（GB/T 32864—2016）附录表 B.1、B.2，以及《滑坡崩塌泥石流灾害调查规范》（1∶5 万）（DZ/T 0261—2014）附录 C，结合项目区滑坡情况对其类型进行划分。德钦县城滑坡地质灾害点数量多，共 29 处，集中区密度高，以浅层小型牵引式土质滑坡为主，目前多数处于欠稳定和不稳定状态（图 5.1）。

2. 崩塌灾害

德钦县城共发育 31 处崩塌，主要分布在 G214 和 S233 路堑高陡斜坡带，地形坡度为 40°~82°，平均坡度为 56°，由于地形高差大，区内构造发育程度高，二叠系、三叠系的变质板岩多呈碎裂状结构，整体性差，抗风化能力弱、易风化破碎，崩塌易发。总

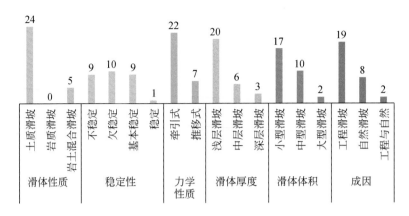

图 5.1 德钦县城滑坡分类统计直方图（单位：处）

体上崩塌分布距离聚集区较远，多为小型，其直接威胁对象为公路，危害性相对较小（图 5.2）。

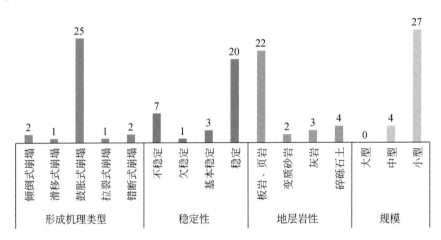

图 5.2 德钦县城崩塌分类统计直方图（单位：处）

3. 泥石流灾害

德钦县城区共发育七条泥石流沟，包括直溪河泥石流、水磨房河泥石流、一中河泥石流、巨水河泥石流、温泉村泥石流、德钦县公路管理段泥石流及茸顶泥石流。其中温泉村泥石流沟道条件不明显，沟口 G214 已截流，流域内发育 3 处崩塌均在近沟口段，泥石流发育程度较低。德钦县公路管理段泥石流、茸顶泥石流均为坡面冲沟型泥石流，位于县域南部边缘，沟域内不良地质现象发育程度低，危害性相对较小。因此危害县城主要为直溪河、水磨房河、一中河、巨水河等四条泥石流。四条泥石流均从县城经过，对县城危害极大。在泥石流沟的中上游地段滑坡、崩塌不良地质现象发育程度高，沟道内汇集了大量松散物质，为泥石流的形成提供了丰富的物源（表 5.3）。

表 5.3　德钦县城泥石流基本信息表

序号	名称	规模	沟域面积 /km²	主沟长度 /km	平均纵坡降 /‰	发育程度	水源类型	发生频率
1	直溪河泥石流	大型	7.38	5.5	178.2	易发	暴雨、冰雪融水	中频
2	水磨房河泥石流	大型	32.25	10.37	181.9	易发	暴雨、冰雪融水	中频
3	一中河泥石流	中型	3.3	2.03	410	易发	暴雨、冰雪融水	高频
4	巨水河泥石流	中型	7.1	2.69	260	易发	暴雨、溃决	低频
5	温泉村泥石流	小型	3.5	2.53	415	低易发	暴雨	低频
6	德钦县公路管理段泥石流	小型	0.9	1.38	455	低易发	暴雨	低频
7	茸顶泥石流	小型	0.6	0.9	500	低易发	暴雨	低频

5.2.2　地质灾害分布规律

1. 自然环境与地质灾害分布规律

1）地势海拔与地质灾害分布规律

德钦县城海拔为 2590～4678m，按 3000m、3500m、4000m 作为分区界线，将县城分为 3000m 以下、3000～3500m、3500～4000m、4000m 以上共计四个区域（图 5.3）。

3000m 以下区域发育地质灾害 10 处，其中，滑坡 6 处、泥石流 3 处、崩塌 1 处；3000～3500m 发育地灾害 54 处，其中，滑坡 22 处、崩塌 28 处、泥石流 4 处；3500～4000m 发育地灾害 3 处，其中，滑坡 1 处、崩塌 2 处；4000m 以上不发育地质灾害。地质灾害主要集中于 3000～3500m 段，属人类工程活动密集区。以上为雪被区，以下为县城南侧边缘区，地质灾害发育程度较低或不发育。

2）斜坡坡度及坡向与地质灾害分布规律

总体上德钦县城区域地势高陡，属典型高山峡谷地区，受坡度影响，区内滑坡、崩塌地质灾害分布具有带状分布特征。其中，坡度小于 15°的缓坡平台段，基本不发育地质灾害；坡度 15°～25°段地质灾害低发育，且以人类活动诱发小规模滑坡、崩塌为主；坡度 25°～35°段地质灾害中等发育，该段主要为国道、省道及现场东西侧边缘地带，适宜工程建设，因此诱发了一些工程地质灾害；坡度 35°以上段地质灾害高发育，地势高陡加之坡体破碎，极易发生自然滑坡、崩塌，公路路堑边坡坡度多处于该区间内，工程崩塌极度发育（图 5.4）。

区内斜坡的坡向分布与地质灾害分布具有一定相关性，尤其是岩质斜坡带（图 5.5）。地质灾害分布主要集西、西南、西北及东侧，以及东南、东北斜坡带，正南北侧斜坡带极少分布。究其原因，总体上，县城由北向南展布，区内东西向斜坡带数量明显高于南北向；其次，区内气候为高寒气候区，总体温度偏低，受日照影响，西侧、东侧斜坡带日照多为半日，早晚温差大，斜坡区物理风化速度更快，岩体破碎带、卸荷带厚度更大，由此

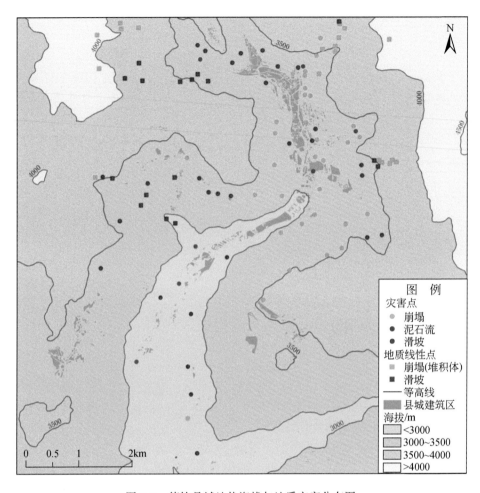

图 5.3　德钦县城地势海拔与地质灾害分布图

更易发育地质灾害。

2. 地层岩性与地质灾害分布规律

德钦县城地层岩性为前泥盆系（AnD），三叠系（T_3、T_2）的板岩、片岩，二叠系（P_1）的灰岩、变质砂岩及花岗岩（$\gamma\delta$），上部覆盖层为 Q_{h-p}^{gl}、Q_h^{dl+col} 的碎石土、砾石土（图5.6）。三叠系、前泥盆系的板岩、片岩主要分布于德钦县城北东侧，十分破碎，多成块、片状；二叠系的灰岩、变质砂岩主要分布于德钦县城南西侧，极为破碎，多成碎块状，风化层厚度较大，节理及卸荷裂隙发育，易发崩塌、滑坡灾害。县城除极少量火成岩外，其余地层均为变质岩地层，破碎、风化程度高，裂隙发育，此为县城地质灾害发育的根本原因之一。

3. 地质构造与地质灾害分布规律

德钦县城有两条深大断裂穿越，分别为县城西侧呈南北走向的德钦–沙冲大断裂，县

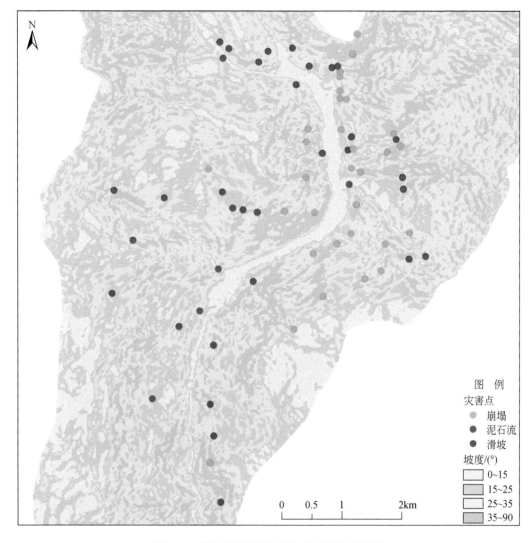

图 5.4　德钦县城斜坡坡度与地质灾害分布图

城中部至东侧呈北西—南东走向的德钦–中甸大断裂。

　　德钦–沙冲大断裂活动时代为早—晚更新世，为一压性断裂，呈北北西向展布。有构造岩伴生，断面倾北东，倾角50°以上。西侧为侏罗系，东侧为二叠系变质岩，具逆冲运动性质。沿断裂有基性、超基性岩侵入。断裂活动于印支期，燕山期活动强烈，断裂对澜沧江水系有一定控制作用但对小水系未显错断现象，推测晚更新世没有活动。

　　德钦–中甸大断裂活动时代为晚更新世—全新世，为一右旋正走滑断层，活动性极强，最近一次地震活动是2013年8月28~31日，四川省甘孜州德荣县、迪庆州德钦县和香格里拉市三县交界地区接连发生5.1级、5.9级地震，地震诱发了德钦县城多处崩滑灾害，尤其是一中河、水磨房河内崩滑源，因此两次地震增加大量松散物源。德钦县城地质灾害主要沿此两条断裂及其分支断层分布（图5.7）。

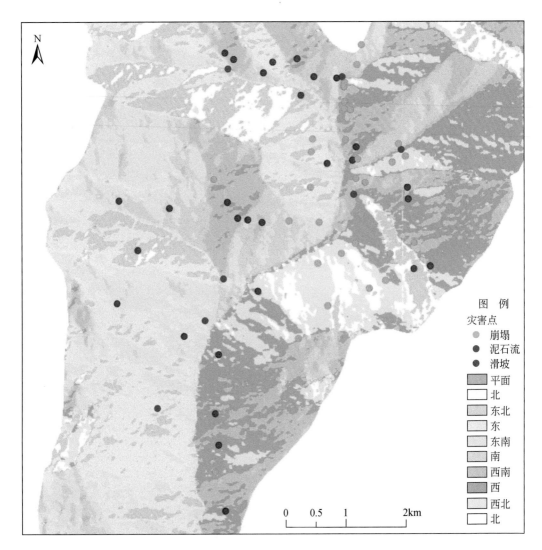

图 5.5　德钦县城斜坡坡向与地质灾害分布图

4. 人类工程活动与地质灾害分布规律

德钦县城地处芝曲河上游河谷,地势北高南低,东、北、西三面环山,县城发展受地形制约十分严重。随着经济发展的加快,德钦县城工程活动逐年增加,尤其是随着梅里雪山风景区大力开发,德钦县城作为梅里雪山景区的唯一集散中心,城市建设也由北向南、由中部向东西两侧扩张,大量的切坡造地、沟谷改道、公路改扩建等引发了大量的地质灾害。因此地质灾害发育分布与县城人类工程活动密切相关(图5.8)。

据统计分析,公路切坡、房屋建设及其影响区内发育地质灾害 63 处,占 94%。自然发育的地质灾害 4 处,占 6%。

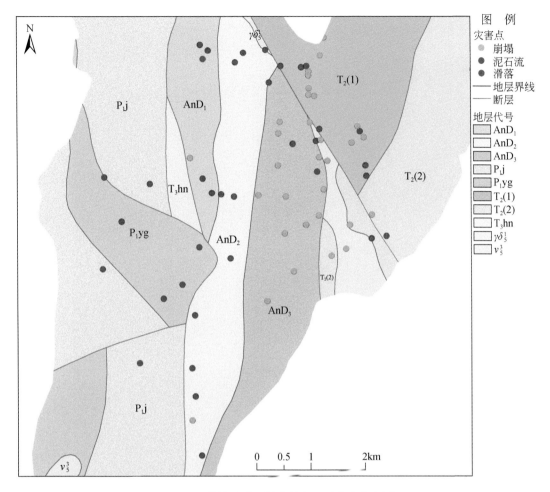

图 5.6　德钦县城地层岩性与地质灾害分布图

5. 地下水影响分析

地下水存在两种破坏形式，松散岩类区起着诱发滑坡的作用，高寒基岩山区起着冻融胀缩的作用，破坏岩体完整性。

区内主要赋存松散堆积层孔隙水和基岩风化裂隙水。孔隙水、风化裂隙水长期浸泡岩土，使其抗剪强度降低。松散堆积层中的孔隙及风化碎隙岩中的裂隙，分别是孔隙水及裂隙水的主要储存空间与运移通道，地下水受下伏相对隔水层阻隔，沿土石界面、岩土风化差异界面、岩层层面、节理裂隙面及滑坡滑动面（带）富集与运移，更进一步浸湿软化相对软弱结构面及滑坡滑动面（带）岩土，降低其抗剪强度，有利于滑动面（带）的发展形成与贯通。

地下水埋藏浅，冰水对岩土体的冷生破坏作用（以冰劈作用为主），特别是在岩石风化情况下，岩体裂隙相对发育时，张开度在中等以上均冷生破坏作用明显，冻融作用相对强烈。

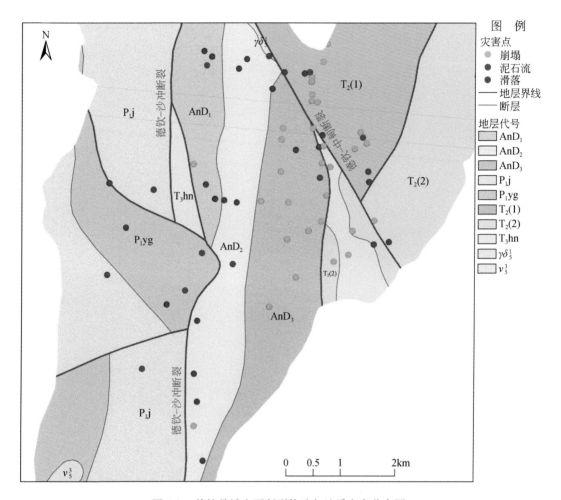

图 5.7　德钦县城主要断裂构造与地质灾害分布图

6. 降水影响分析

1）时间分布特征

年际之间降水分布极不均匀。2010 年降水量为 937.7mm，是 1983 年全年最少降水量 373.4mm 的 2.5 倍。年内各月之间降水量悬殊。全年的降水量多集中在 6～8 月。年际 6～8 月降水量差别很大，1966 年 6～8 月降水量为 499mm，1993 年 6～8 月降水量仅有 112.6mm。四日连续最大降水量差别很大，1955 年、1964 年四日连续最大降水量为 63mm，而 1986 年四日连续最大降水量为 2.5mm。一日最大降水即可成灾，1966 年 6～8 月降水为 499mm，而 7 月 10 日一日降水即达 74.7mm，占 6～8 月降水量的 15%。全县洪涝成灾，直溪河暴发黏性泥石流，几户民房被毁，死亡 1 人，淤埋 40 多亩良田。

2018 年 8 月 9～10 日降水量为 64.1mm，集中于 7～9 月累积降水量为 315.2mm。

根据德钦县城飞来寺雨量站记录，截至 7 月 31 日，2019 年累积降水时长达 39 天，累

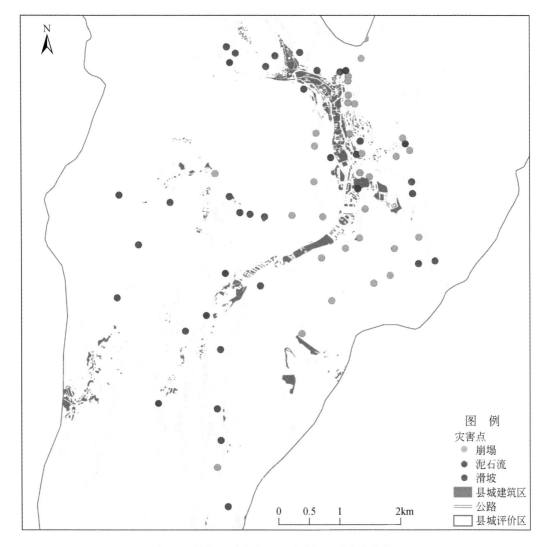

图 5.8　德钦县城人类工程活动与地质灾害分布图

积降水量为 228.3mm（图 5.9）。其中 7 月降水量占目前记录的总降水量的 81%，达
184.3mm。最长连续降水 10 天，分别为 7 月 4～14 日、7 月 22～31 日，累积降水量分别
为 73.4mm、108.3mm。最大日降水量发生在 7 月 23 日，达 31.6mm，当日一中河暴发小
规模泥石流，造成县城道路部分淤埋、G214 临时中断，未造成人员伤亡。

2）空间分布特征

由于山脉对气流的抬升作用，立体气候显著，降水量各区域分布不均，差异范围在
500～1200mm。降水量分布总体特征从南向北、从西向东递增。河谷地段降水量少，随着
海拔的增加而递增。

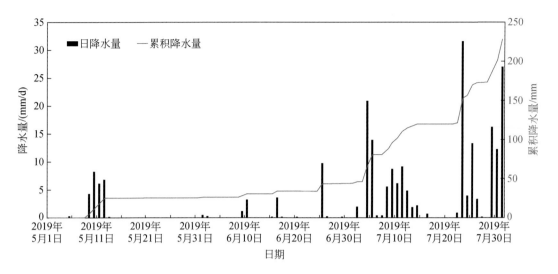

图 5.9　德钦县 2019 年降水量曲线图

7. 冻融作用影响分析

全年平均气温为 6.2℃，是全省气温最低值的出现地区。太阳辐射强，县城及谷松太阳总辐射量为 127730cal/cm² （1cal=4.1868J），春冬季太阳辐射相差为 10015cal/cm²。全年多年平均日照在 1986.7h，高山地带长达 2000h 以上，12 月为最多。冬季天气晴朗，气温日差大，辐射降温剧烈。造成项目区冻融作用明显，冻融作用包含了有水参与的冻融风化和无水参与的温度应力差异产生的风化作用。

由于岩体节理裂隙中的水分冻结膨胀，致使岩石破裂成岩块，或者由于温度变化，使组成岩石的矿物不均匀地热胀冷缩，并在内部产生不均匀应力，从而造成岩石破裂和岩块崩落。经冻融风化作用破碎崩落的岩块、岩屑，有的停留在原处，有的则经重力作用再搬运而形成不同的地貌特征，如石流坡（岩屑坡、岩溜）等。

由于温差大，特别是日温差大，并且阳光辐射强、植被少，岩土体的冻融作用强。主要有以下特征：

（1）冻融作用范围广，冻融作用强烈，很多岩质边均可见冻融作用现象。

（2）冻融作用以冰劈作用为主，特别是冰雪冻融强烈的部位，冰劈作用十分强烈。

（3）冻融作用在海拔 4000~4500m 的区域最为发育。这一高程冻融交替作用相对较多，是冰水交替最频繁的场所，植被少、温差大，冻融作用相对突出。

温度应力对边坡岩土体的影响，主要是寒冷条件下，遇到较强的阳光辐射，产生快速的温度变化，导致岩土体内外温差急剧变化，这种变化幅度产生温度应力，导致岩体矿物与结构面发生强烈胀缩，致使岩体结构发生变化，甚至产生破坏。

冻融作用主要会产生冷生水化风化作用和物理-化学作用两种作用过程：①冻融过程中，岩土体孔隙、裂隙中冰的楔开压力产生冷生水化风化作用，即细小土粒和矿物微裂隙中水膜的楔开压力发生变化，从而导致细小土粒和矿物的破坏，使土粒粒径变小；②冻融作用反复发生时发生的另一种物理-化学作用，是胶体和黏粒凝聚成微集合体，使土粒粒径增大。冻融作用形成的结果是，使遭受反复冻融作用的岩土粉粒含量大为增加，破坏了岩土体的黏聚力，导致其强度大大降低。冻融作用在边坡体上的表现则是当上层土体解冻，而下层土体未解冻时会形成一个不透水层，水分沿交界面渗流，使两层之间摩擦阻力减小，土体抗剪强度下降，而极易形成滑坡、滑塌等地质灾害。项目区高海拔地区，加之昼夜温差大，冻融作用会反复发生，导致受此作用的岩土体强度降低，裂隙发育，在陡峭的地形条件下，极易形成滑坡、崩塌、岩溜等地质灾害。

冻融作用对泥石流源头物源影响显著，为泥石流发育提供源源不断的松散物源，其影响是渐变、累积的过程，进而影响泥石流暴发，具有明显的频率性。

8. 土壤与植被因素影响

1）土壤的分布与厚度

河谷冲积土区，主要分布在芝曲河沟谷两岸，土壤层次不明显，表层细土多，往下碎石含量渐增。植被覆盖度小，土壤侵蚀现象突出。山地棕壤区，海拔为 3000~3800m，表土层厚度为 20cm。气候适中，雨量较足，覆盖率相对较高，植物种类繁多。山暗棕壤、针叶林土区，海拔为 3800~4200m，表土层厚为 10~20cm。植被资源丰富，用材林多，属于历史上的采伐区，在水磨房河还遗留有大量废弃伐木工棚，因伐木后造林跟不上，生态环境遭到破坏，导致水土流失严重。高山牧业区，海拔为 4200~4500m，土层厚度为 10~20cm。土壤土层浅，土龄短，因气候寒冷，利于草本生长，是夏季放牧的好牧场。地形相对平缓，物理地质现象不发育。高山寒漠土区，海拔为 4500~4800m，土层厚度小于10cm。石漠化现象发育，物理风化作用强烈，石峰、石林、散粒体斜坡等自然景观发育，为泥石流提供丰富的松散物源。终年积雪区，海拔 4800m 以上，基本上无土壤层。近代及现代冰川较发育，冰川遗迹清楚，分水岭地带多有冰蚀角峰、冰斗、冰椅、冰槽、冰蚀洼地、冰蚀三角面等冰川地貌遗迹，冻融作用剧烈，风化剥落现象发育，危岩、碎石坡、岩溜举目可见，为泥石流暴发提供大量物源。

2）植被种类与分布的影响分析

区内气候垂直分带明显，在不同海拔地带有不同的气候环境和植物群落，随着海拔增高，依次分布着干旱小叶灌丛带、寒温性针叶林带、高山灌丛草甸带及高山流石滩疏生草甸带。

植被对斜坡稳定性的影响比较复杂，其影响表现在以下几个方面：植被利于坡体中水分的蒸发，植物根系在其影响所及的范围内提高了土层的（抗剪）强度，但所谓"根劈"作用又会促进岩石裂缝的发展，利于降水下渗。植被的影响既有有利的一面，又有不利的一面。草地对斜坡稳定性的影响总是有利的。总体上来说，保护植被还是有利于斜坡稳定的。

目前，滑坡、崩塌、冲沟发育地段，以及泥石流物源区级流通区，大部分坡面为荒草地，灌木呈鸡窝状，分布不均，植被覆盖率小于10%。局部地段以低矮灌木林、灌草丛为主，植被覆盖率为 10%~30%。

5.3 叶枝场镇地质灾害发育特征与分析规律

根据遥感解译及现场调查，叶枝场镇内共发育地质灾害 22 处，其中滑坡 16 处，泥石流 5 处，崩塌 1 处。直接威胁叶枝场镇的地质灾害点共计 5 处，均为泥石流，分别是叶枝河泥石流、湾子河泥石流、迪马河泥石流、银冲沟泥石流及松洛沟泥石流（图 5.10，表 5.4）。

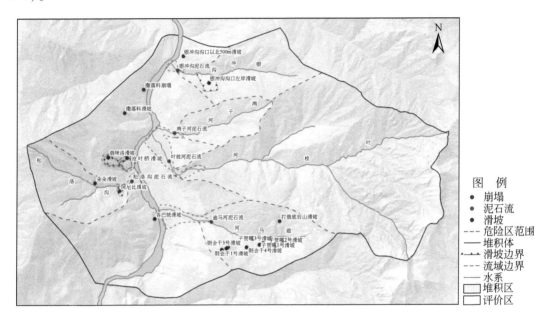

图 5.10　叶枝场镇地质灾害分布图

表 5.4　叶枝场镇地质灾害分类统计表

序号	地质灾害类型	数量/处	占比/%
1	滑坡	16	73
2	崩塌	1	5
3	泥石流	5	22
	合计	22	100

叶枝场镇银冲沟、湾子河、叶枝河、迪马河、松洛沟为澜沧江主要支流，其河谷及山麓坡脚地带，地形相对平缓开阔，是全镇人口、城镇、村庄、学校、交通等集中分布区，人类工程活动强烈。叶枝场镇受地形地貌、地层岩性、地质构造、地震、人类工程活动以及降水等影响，地质灾害较为发育。按地质灾害发育于不同流域来统计，调查区主要水系均发育泥石流。叶枝场镇内除河流水事活动引发沿岸崩滑灾害外，城镇建设、公路建设、

房屋建设等工程活动造成的滑坡崩塌地质灾害也主要沿河流分布。

5.3.1　地质灾害发育特征

1. 地质灾害类型

叶枝场镇发育的 22 处地质灾害以滑坡、泥石流为主，崩塌极少发育。滑坡规模中型 4 处，小型 12 处；崩塌规模小型 1 处；泥石流规模大型 1 处，小型 4 处。叶枝场镇灾害点规模划分，以小型和中型为主（表 5.5）。

表 5.5　叶枝场镇地质灾害规模分类统计表

规模	滑坡		崩塌		泥石流	
	数量/处	占比/%	数量/处	占比/%	数量/处	占比/%
特大型	—	—	—	—	—	—
大型	—	—	—	—	1	20
中型	4	25	—	—	—	—
小型	12	75	1	100	4	80
小计	16	73	1	5	5	22
合计	22					

2. 地质灾害稳定性

针对 22 处灾害点，按照各灾害点现阶段稳定性（易发程度）统计分析，滑坡现阶段处于稳定状态 6 处，处于较稳定状态 3 处，处于不稳定状态 7 处；崩塌现阶段处于较稳定状态 1 处；泥石流易发程度中等易发 2 处，低易发 3 处（表 5.6）。

表 5.6　叶枝场镇地质灾害稳定性分类统计表

稳定性（易发程度）	滑坡		崩塌		泥石流	
	数量/处	占比/%	数量/处	占比/%	数量/处	占比/%
稳定（低易发）	6	37.5	—	—	3	60
较稳定（中等易发）	3	19	1	100	2	40
不稳定（高易发）	7	43.5	—	—	0	—
小计	16	73	1	5	5	22
合计	22					

3. 地质灾害危害程度

根据各地质灾害点威胁对象统计分析，滑坡险情等级小型 15 处，大型 1 处；崩塌险情等级均为小型，共 1 处；泥石流险情等级特大型 1 处，为叶枝河泥石流，大型 2 处，分别为迪马河泥石流与松洛沟泥石流，中型 2 处，分别为银冲沟泥石流与湾子河泥石流。灾害点共计威胁人口 2823 人，威胁财产达 45080 万元（表 5.7、表 5.8）。

表 5.7　叶枝场镇地质灾害险情分类统计表

险情等级	滑坡		崩塌		泥石流	
	数量/处	占比/%	数量/处	占比/%	数量/处	占比/%
特大型	—	—	—	—	1	20
大型	1	6.3	—	—	2	40
中型	—	—	—	—	2	40
小型	15	93.7	1	100	—	0
小计	17	73	1	5	5	22

表 5.8　叶枝场镇地质灾害危害程度分类统计表

规模	滑坡		崩塌		泥石流	
	威胁人口/人	威胁财产/万元	威胁人口/人	威胁财产/万元	威胁人口/人	威胁财产/万元
特大型	—	—	—	—	2362	40000
大型	100	450	—	—	230	3200
中型	—	—	—	—	85	720
小型	46	700	—	10	—	—
小计	146	1150	—	10	2677	43920
合计	威胁人口 2823 人，威胁财产 45080 万元					

5.3.2　地质灾害分布规律

叶枝场镇银冲沟、湾子河、叶枝河、迪马河、松洛沟为澜沧江主要支流，其河谷及山麓坡脚地带，地形相对平缓开阔，是全镇人口、城镇、村庄、学校、交通等集中分布区，人类工程活动强烈。叶枝场镇受地形地貌、地层岩性、地质构造、地震、人类工程活动以及降水等影响，地质灾害较为发育。按地质灾害发育于不同流域来统计，调查区主要水系均发育泥石流，共计 5 处，分别为银冲沟泥石流、湾子河泥石流、叶枝河泥石流、迪马河泥石流，松洛沟泥石流。叶枝场镇内除河流水事活动引发沿岸崩滑灾害外，城镇建设、公路建设、房屋建设等工程活动造成的滑坡崩塌地质灾害也主要沿河流分布（表 5.9、图 5.11）。

表 5.9　叶枝场镇地质灾害按流域分布统计表

分布位置	滑坡数量/处	崩塌数量/处	泥石流数量/处	合计/处	占比/%
银冲沟沟流域	1	—	1	2	9
湾子河流域	—	—	1	1	4.5
叶枝河流域	—	—	1	1	4.5

分布位置	滑坡数量/处	崩塌数量/处	泥石流数量/处	合计/处	占比/%
迪马河流域	8	—	1	9	40.9
松洛沟流域	2	—	1	3	13.6
澜沧江流域	22				100

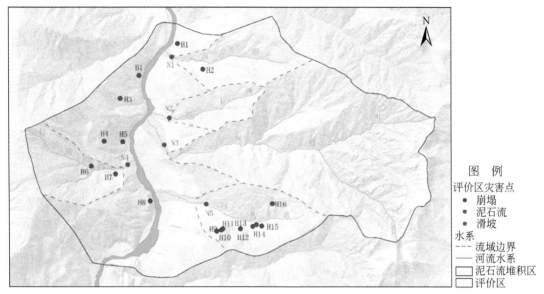

图 5.11　叶枝场镇地质灾害分布与水系关系图

H. 滑坡；N. 泥石流

5.4　营盘镇地质灾害发育特征与分布规律

5.4.1　地质灾害发育特征

通过遥感解译、现场调查、工程地质测量等手段，查明区营盘镇共发育地质灾害 50 处，其中滑坡 33 处，占总灾害的 66%；崩塌 9 处占总灾害的 18%；泥石流 8 处，占总灾害的 16%；地质灾害发育的点密度为 8.9 处/100km²，灾害发育的面密度为 0.78km²/100km²。地质灾害主要以滑坡为主，地质灾害规模大型、中型和小型均有分布，大型滑坡主要分布在沿江两岸第一斜坡，主要分布在澜沧江两侧（图 5.12，表 5.10）。

营盘镇地质灾害受到地质构造、河流侵蚀、人类工程活动等因素影响，总结现有地质灾害发育分布规律，有助于地质灾害隐患识别，同时能够为易发性评价提供依据。

图 5.12　营盘镇地质灾害分布图

表 5.10　营盘镇地质灾害统计表

类型	崩塌		滑坡			泥石流		合计
	大型	小型	大型	中型	小型	中型	小型	
数量/处	1	8	7	10	16	1	7	50
占比/%	2	16	14	20	32	2	14	100
合计/处	9		33			8		50

5.4.2 地质灾害分布规律

营盘镇地质灾害受到地质构造、河流侵蚀、人类工程活动等因素影响，总结现有地质灾害分布规律，有助于地质灾害隐患识别，同时能够为易发性评价提供依据。

1. 地质灾害与高程关系

灾害点的分布与高程间表现出主要发生在坡体中、下部的特点，该特点在滑坡、崩塌灾害中极为典型，分析因为斜坡中下部受人类工程活动和河谷切割冲刷影响明显，且斜坡上中下部汇水条件较好，易受雨水的浸润和渗透。纵观研究区灾点的分布情况，可以发现，大量的灾点都发生在公路、农田、居民建房切坡开挖区，河谷河流切割强烈区域，以及斜坡陡缓交界处等。研究区整体地势中部低，两侧高，澜沧江流向近南北向，整体地势北高南低。地质灾害与地势密切相关（图5.13），研究区高程为1100~4100m，现有地质灾害均发育在高程1200~2600m处，其中1200~2000m范围分布了40处，占总数的80%；大于2000~2600m范围内发育10处灾害，占现有灾害总数的20%，海拔3000m以上基本无人类工程活动，不发育地质灾害，主要为支沟流域的后缘区域和山脊。人类工程活动主要集中在高程2500m以下的缓坡区、河流阶地及支沟沟谷内，整体来看，澜沧江左岸斜坡坡度相对较缓，人类工程活动相对右岸强烈。

2. 地质灾害与坡度关系

斜坡的坡度影响坡体稳定性，坡度直接决定斜坡的应力分布形式，影响了斜坡的变形破坏方式，从而控制了地质灾害的发育、分布及规模、类型，是地质灾害发育的控制性因素之一。滑坡发生的斜坡坡度一般为18°~38°，滑坡发生的坡度与区内第四系堆积体斜坡坡度相近，其中坡度为22°~30°范围内滑坡分布最多，分布20处，占滑坡总数的61%。崩塌发育发生的斜坡坡度一般为大于35°的斜坡地带，本次解译的8处崩塌均分布在大于35°的斜坡，仅有1处分布在30°~35°范围。泥石流沟口堆积扇斜坡坡度为10°~15°，主要受到澜沧江河流下切影响，沟口狭窄，坡度较陡；同时，研究区澜沧江两处水库蓄水，大部分沟道堆积扇被掩埋。流域内斜坡坡度分布范围较大，为30°~50°（图5.14）。

3. 地质灾害与地貌关系

研究区地貌类型包高山地貌、中山地貌、山麓斜坡地貌、冲洪积河流阶地地貌和单面山地貌五种主要类型，从地貌形态来看，灾害的分布与地貌具有密切的联系（图5.15），研究区中部主要为高山地貌，分布面积占总面积的47%，分布灾害点9处，发育密度为3.41处/100km²；中山区主要分布在澜沧江右岸和施坝河左岸，分布灾害点25处，发育密度为16.07处/100km²；山麓斜坡地貌区内分布灾害4处，发育密度为8.75处/100km²；冲洪积河流阶地地貌沿澜沧江两岸分布，分布面积占总面积的1.8%，发育密度为19.05处/100km²。单面山地貌主要分布在澜沧江干流两岸第一斜坡，共发育灾害10处，发育密度为11.68处/100km²。

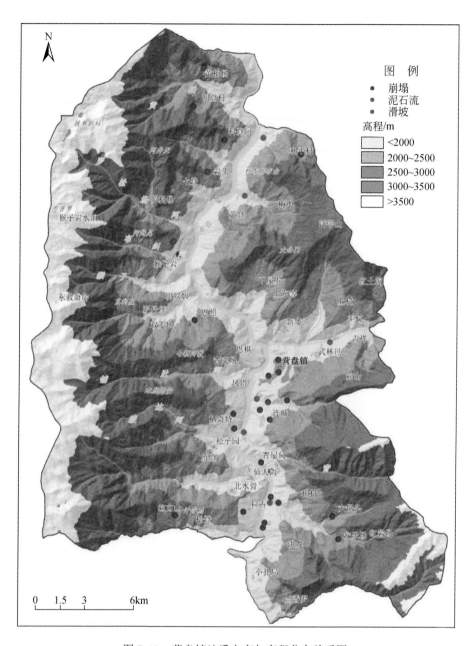

图 5.13 营盘镇地质灾害与高程分布关系图

4. 地质灾害与地层岩性

岩土体是地质灾害形成的物质基础,其工程地质特性决定了地质灾害的形成机制及其变形破坏方式。研究区地层除志留系、奥陶系、寒武系、震旦系及元古宇外,侏罗系、白垩系、泥盆系、石炭系、二叠系及三叠系均有出露,以二叠系、三叠系分布较为广泛。岩性主要有砂岩、板岩、灰岩、粉砂岩、砾岩互层,砾岩分布较广,胶结程度较差,容易风

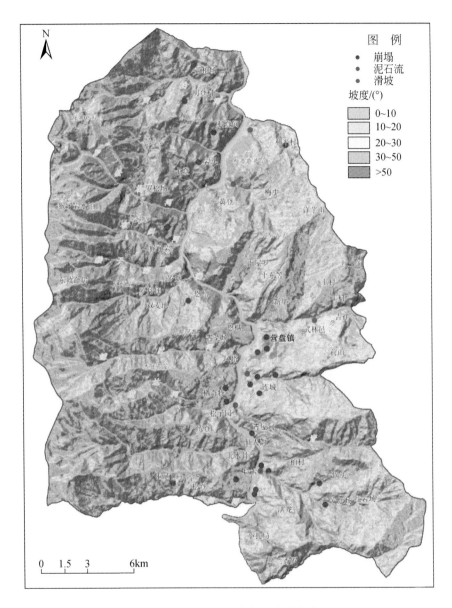

图 5.14　营盘镇地质灾害与坡度分布关系图

化破碎，坡体风化厚度大于 3m，坡体表面形成一层黏土，大量的松散堆积体为泥石流活动提供了丰富的物源。区内的滑坡、不稳定斜坡主要发生在以碎石、块碎石土为主的松散岩组中；区内泥石流的物源主要通过碎块石、碎块石土为主的松散岩组和冰碛物堆积体、寒冻风化堆积的碎石土冻土物质的活动提供。碎石、块碎石土为主的松散岩组组成一般为碎块石或碎块石混粉黏粒，因其结构松散，物理力学强度低，遇水易软化，在不利的地形条件或人工扰动下易形成滑坡、不稳定斜坡，同时通过这些滑坡、不稳定斜坡的活动及面蚀作用为泥石流提供物源。

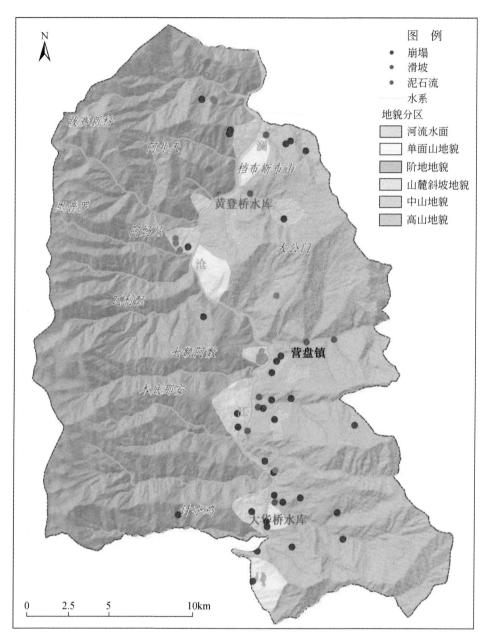

图 5.15　营盘镇地质灾害与地貌分布关系图

　　统计结果表明（表 5.11，图 5.16），区内碎屑岩类分布最广，主要为软硬相间层状砂岩、板岩和泥岩岩组，分布面积占研究区的 65%，其中分布灾害 36 处，占灾害总数的 65%，地质灾害发育密度为 9.86 处/100km²。其次，残坡积碎石、碎石土为主的松散岩组中分布灾害 8 处，发育密度为 15.24 处/100km²。坚硬岩体侵入岩岩组主要分布在左岸山脊部位，为泥石流的物源区。

表 5.11　营盘镇地质灾害与工程地质岩组关系统计表

工程地质岩类及岩组		代号	分布面积/km²	灾害数量/处	占比/%	灾害密度/(处/100km²)
岩类	岩组					
松散堆积体类	冲洪积砂卵砾石为主的松散岩组	I	10.5	1	1.87	9.52
	残坡积碎石、碎石土为主的松散岩组	II	52.5	8	9.35	15.24
碎屑岩类	软硬相间层状砂岩、板岩、泥岩岩组	III	365	36	65	9.86
碳酸盐岩类	软硬相间层状碳酸盐岩和碎屑岩组	V	15.5	3	2.76	19.35
变质岩类	较坚硬层状中浅变质岩岩组	IV	85.5	2	15.23	2.34
岩浆岩类	坚硬岩体侵入岩岩组	VI	32.5	0	5.79	0
合计			561.5	50	100	8.9

5. 地质灾害与地质构造

地质构造既控制地形地貌，又可控制岩层的岩体结构及其组合特征，对地质灾害的发育起综合控制影响作用。研究区是地质构造强烈挤压地带，地质构造复杂，构造线近南北向展布，其间小范围分布有北北西向构造和北东向构造，由一系列的复式褶皱和平行于褶皱轴线的压扭性断裂组成。主要发育南北向、北西向深大断裂，包括康普断裂、叶枝-雪龙山断裂、傈托断裂、楚格扎断裂、施坝断裂等，断裂近南北向，主要为逆断层，区间分布一些走滑断层。断裂优势方向和水系平行或小角度相交，对地质灾害影响明显，首先崩塌和滑坡主要沿断裂呈线状分布，并主要集中在断层法向距离 0.5km 范围内；断裂横穿大部分泥石流流域，受断裂影响，流域内岩体破碎，发育大量崩坡积堆积体，物源丰富，加剧了泥石流的活动性（图 5.17）。

6. 地质灾害与人类工程活动

研究区受地形条件影响，人类工程活动主要沿澜沧两岸和施坝河流域中下部，澜沧江沿岸是主要的人类工程活动区，包括城镇建设、水电建设、矿山活动、道路建设等，人类工程活动对地质灾害影响较大。同时受到澜沧江峡谷的影响，区内植被呈现明显的垂直分带现象。区内森林植被主要以有林地、灌木林和草地为主。从分布图来看，人类工程活动主要集中在澜沧江两岸阶地平台缓坡及其支流内平缓地带（图 5.18），岸坡下部多以草地

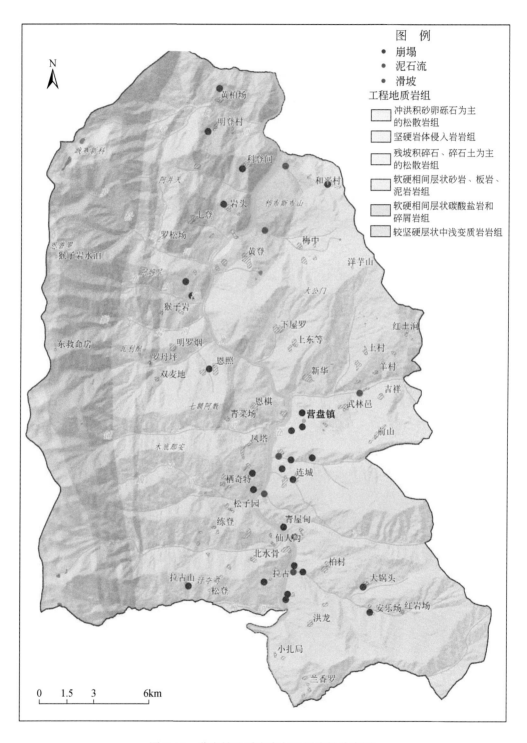

图 5.16　营盘镇地质灾害与地层岩性分布图

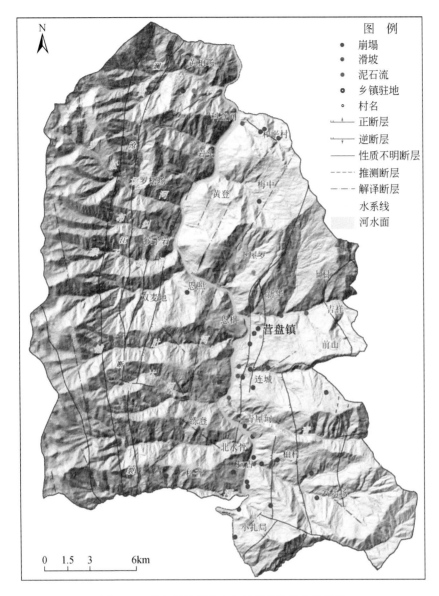

图 5.17 营盘镇地质灾害与地质构造分布关系图

为主, 中上部以灌木林和有林地为主, 上部以裸地、永久积雪区为主。研究区人类工程活动主要包括城镇建设、公路建设、水电建设、农业耕种等, 其中水电建设和城镇建设对地质灾害影响最大。沿江道路和村道的修建形成大量的开挖边坡, 并诱发滑坡、崩塌等灾害, 从地质灾害与道路距离分布图来看, 研究区 40% 的灾害分布在道路 400m 范围内。研究区属于高山峡谷区, 地势起伏较大, 城镇聚居区主要分布在阶地缓坡或斜坡上, 营盘镇分布在澜沧江左岸斜坡上, 因此城镇建设引发大量切坡, 形成大量的人工边坡。研究区整体属于大华桥水电站库区, 库区蓄水诱发许多老滑坡复活。

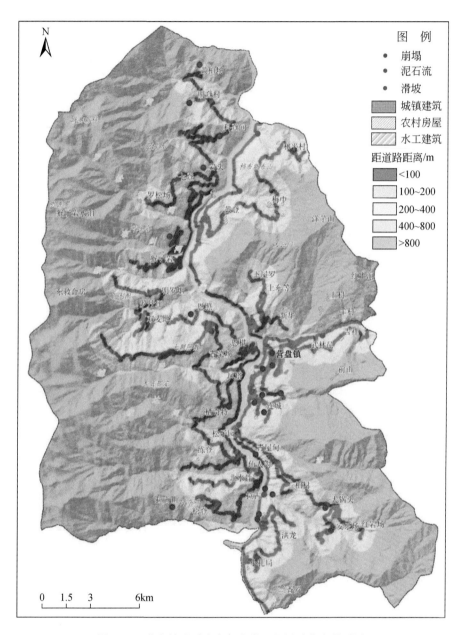

图 5.18　营盘镇地质灾害与人类工程活动分布关系图

5.5　小　　结

通过"星–空–地"一体化技术方法，运用高精度遥感、InSAR 观测、无人机倾斜摄影、工程地质测绘和山地工程等调查手段，对危害德钦县城、叶枝场镇及其下游水电开发较为集中的营盘镇三处典型城（场）镇开展了地质灾害精细调查。取得以下认识：

（1）德钦县城共发育地质灾害 106 处，有威胁对象的 67 处，灾害类型以滑坡、崩塌、泥石流三类为主。其中滑坡 29 处，占 43.28%，崩塌 31 处，占 46.27%，泥石流 7 处，占 10.45%。结合遥感解译和调查结果，直接威胁德钦县城的水磨房河泥石流、一中河泥石流、巨水河泥石流和直溪河泥石流四大泥石流沟域内发育有 39 处崩塌、滑坡。地质灾害主要集中于 3000~3500m，属人类工程活动密集区。受坡度影响，区内滑坡、崩塌地质灾害分布具有带状分布特征，坡度 35°以上段地质灾害高发育。公路切坡、房屋建设及其影响区内发育地质灾害 63 处，占 94%。自然发育的地质灾害 4 处，占 6%。冻融作用对泥石流源头物源影响显著。

（2）叶枝场镇内共发育地质灾害 22 处，其中滑坡 16 处、泥石流 5 处、崩塌 1 处。威胁叶枝场镇的有 5 处地质灾害，均为泥石流，分别是叶枝河、迪马河、湾子河、银冲沟及松洛沟泥石流，其中叶枝河泥石流为大型，其余均为小型。叶枝场镇 80% 以上滑坡分布在上述五条沟域内，主要以物源的方式参与泥石流活动或威胁分散农户，其余滑坡及崩塌均分布在省道、村道公路沿线，多为公路建设诱发的小型地质灾害，威胁对象以公路为主。叶枝场镇地质灾害共计威胁人口 2823 人，威胁财产达 45080 万元。

（3）营盘镇共发育地质灾害 50 处，其中滑坡 33 处，占总灾害的 66%；崩塌 9 处占总灾害的 18%；泥石流 8 处，占总灾害的 16%；地质灾害发育的点密度为 8.9 处/100km^2，灾害发育的面密度 0.78km^2/100km^2。地质灾害主要以滑坡为主，地质灾害规模大型、中型和小型均有分布，大型滑坡主要分布在沿江两岸第一斜坡。主要分布在澜沧江两侧。地质灾害主要受到地质构造、河流侵蚀、人类工程活动等因素影响。

第6章　地质灾害稳定性动态评价研究

6.1　基于 InSAR 的地质灾害稳定性动态评价

6.1.1　德钦县城地质灾害稳定性动态评价

德钦县临近澜沧江河谷，县城整体狭长，位于一深切沟谷内，德钦县城山高坡陡，峡长谷深，地形地貌复杂，县城中部由德钦–中甸断裂（北西–南东向）穿城而过，地表断层活动痕迹明显（图6.1）。东有云岭山脉，西有怒山山脉，山脉均为南北走向，地势北

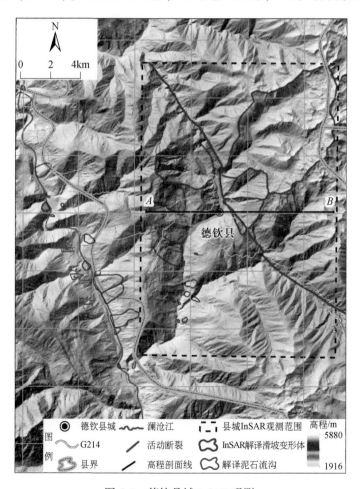

图 6.1　德钦县城 InSAR 观测

高南低，地形是南北长东西窄的刀形。德钦县城西侧毗邻澜沧江河谷，东侧为高山，整体上西低东高，且县城东侧地形高差变化大，数千米的平面距离内高程由 3000m 迅速升高至 5000m 以上（图 6.2）。

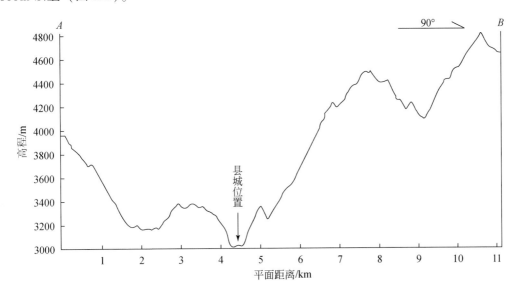

图 6.2　德钦县城东西向 A-B 高程剖面

德钦县城地形条件变化剧烈，使得县城周边地质灾害多发，从澜沧江县城入口到县城的主城区，地质灾害发育分布情况并不相同，可以分为三个部分。

（1）从县城入口至主城区，主要发育滑坡地质灾害，使用 InSAR 技术手段，共解译 11 处变形体，其中包括两处大型蠕滑变形体。

（2）主城区地势较低，地形狭长，周边地势高，且多发育大型沟谷，风化剥蚀严重，常发育泥石流灾害，通过光学遥感影像在县城周边共解译出四条大型泥石流沟。

（3）县城东部地形变化快、海拔高，高位处终年积雪，冰碛物堆积且活动性较强，大量的结构松散、快速变形的冰碛物为下游泥石流活动提供了充分的物源条件。

1. 滑坡变形体

变形体主要在县城入口沿公路及沟谷两侧呈线性分布，共解译了 11 处变形体（图 6.3），现场调查也发现沿路边坡存在多处明显的形变痕迹（图 6.4）。其中日因卡滑坡与归巴顶滑坡为蠕变性滑坡，且规模较大，人类活动较多；纽贡滑坡已有工程治理，但后缘处仍有较快的形变速率。

1）日因卡滑坡

日因卡滑坡位于德钦县城南部一大型冲沟左岸（98.891°E、28.473°N），斜坡上修建有道路、房屋，人类活动较多。通过 Stacking-InSAR 计算结果发现，该斜坡多处存在蠕滑

图 6.3　县城入口处解译边坡变形体

图 6.4　公路边坡变形情况

变形情况（图6.5）。从DEM生成的地形地貌与地质图上看（图6.6），变形区已有明显的滑坡形态，滑坡边界与周边地形有明显的地貌差异［图6.6（a）］，推测为老滑坡堆积体局部蠕变活动。InSAR解译变形边界与地貌分异边界基本吻合。滑坡变形体范围内主要出露中二叠统吉东龙组砂岩、粉砂岩、泥（页）岩夹火山碎屑岩、灰岩等。

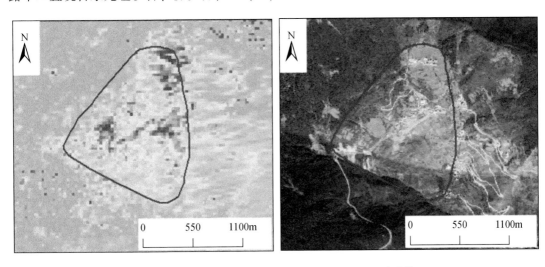

图6.5　日因卡滑坡Stacking-InSAR解译图与遥感影像

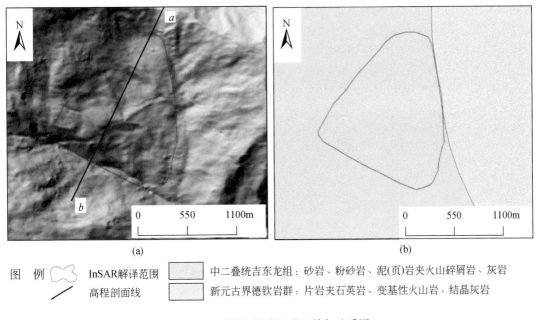

（a）　　　　　　　　　　　　　　　　　（b）

图　例　⌇⌇　InSAR解译范围　　▢　中二叠统吉东龙组：砂岩、粉砂岩、泥(页)岩夹火山碎屑岩、灰岩

／　高程剖面线　　▢　新元古界德钦岩群：片岩夹石英岩、变基性火山岩、结晶灰岩

图6.6　日因卡滑坡地形地貌与地质图

InSAR解译滑坡变形体在平面上呈"水滴状"，坡向为205°。平面长约1540m、宽约1040m，后缘高程为3630m、前缘高程为3260m，高差为370m。滑坡体表面形态为明显的三级台阶（图6.7），后缘阶地平缓，中部有明显突出，前缘陡峭，前缘临近冲沟处被侵

蚀切割严重。

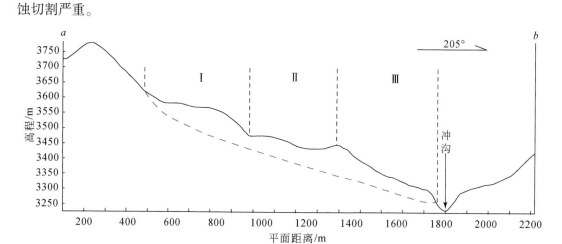

图 6.7　日因卡滑坡 a-b 高程剖面示意图（红色虚线为推测滑带）

　　针对日因卡滑坡，使用 2017 年 10 月 8 日至 2019 年 3 月 20 日间共 44 期 Sentinel-1 升轨数据做时间序列分析，表明 Sentinel-1 数据的 C 波段雷达波对蠕变型滑坡具有更高的敏感性。滑坡体时间序列合成孔径雷达干涉测量（time-series InSAR，TS-InSAR）长时间序列形变情况如图 6.8 所示，滑坡形变主要集中在滑坡后缘与滑坡体中部，形变速率多小于 3cm/a，局部个别点形变速率较高，高形变速率点多分布在地形坡度变化较快、受侵蚀较为严重的区域。滑坡体中部两处累积形变曲线见图 6.8，基本上为线性形变，有较好的回归趋势线，说明该滑坡体仍处于蠕变活动的发展阶段。

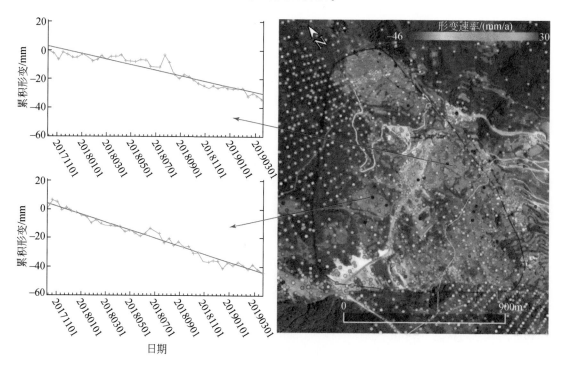

图 6.8　日因卡滑坡 TS-InSAR 形变图

　　滑坡体现场核验工作也可以发现诸多变形痕迹（图 6.9），图 6.9（a）、（b）为居民房屋的微小开裂情况；图（c）为滑坡体边缘处坡面遭受风化剥蚀，形成多道纵横冲沟，且植被受到破坏；图（d）为滑坡后缘部分变形区，风化冲蚀严重，拉裂变形明显；图（e）为已在滑坡体上修建好的 GNSS 位移计；图（f）为滑坡体中部出现的"马刀树"现象，说明该滑坡体处于蠕滑变形状态。

图 6.9　日因卡滑坡现场核验照片

2）归巴顶滑坡

归巴顶滑坡位于德钦县城西南方向约5km处的大型斜坡上（98.889°E、28.443°N），斜坡坡脚为进入县城的道路，斜坡顶部修建有道路房屋，有较多人类活动。Stacking-InSAR的结果显示，斜坡表面多处存在变形情况，以局部变形为主，还未联通为整体变形，但变形覆盖面积总体较大（图6.10）。从地貌上来看，斜坡整体前缘凸起，中部凹陷（图6.11），推测为老滑坡堆积体局部蠕变活动。滑坡变形体范围内主要出露中二叠统吉东龙组砂岩、粉砂岩、泥（页）岩夹火山碎屑岩、灰岩等。

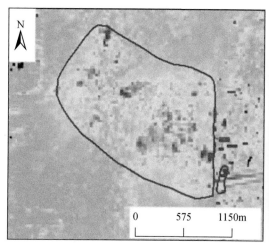
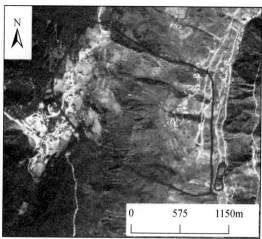

图6.10　归巴顶滑坡Stacking-InSAR解译图与遥感影像

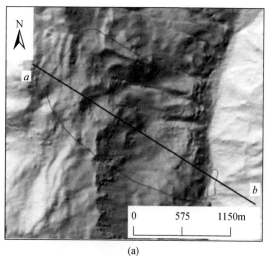
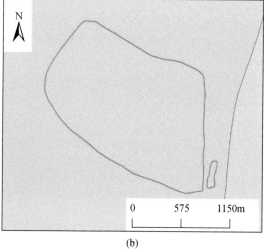

(a)　　　　　　　　　　　　　　(b)

图　例　　InSAR解译范围　　　　　　中二叠统吉东龙组：砂岩、粉砂岩、泥(页)岩夹火山碎屑岩、灰岩
　　　　　　高程剖面线　　　　　　　新元古界德钦岩群：片岩夹石英岩、变基性火山岩、结晶灰岩

图6.11　归巴顶滑坡地形地貌与地质图

　　根据 InSAR 计算变形结果，结合地形地貌条件，解译滑坡变形体在平面上呈"舌"形，斜坡坡向为 117°。滑坡体平面长约 1840m、宽约 1280m，滑坡后缘高程为 3520m、前缘高程为 2650m，高差为 870m。滑坡体表面形态为明显的四级台阶，总体上地形后缘平缓，向前缘地形变化逐渐加快，"后缓前陡"（图 6.12）。后缘局部存在较陡台坎，滑坡体中部呈明显下凹形态，前缘凸起。

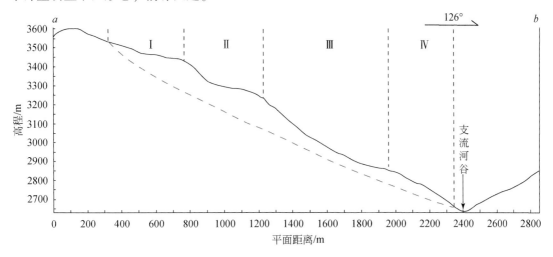

图 6.12　归巴顶滑坡 a-b 高程剖面示意图（红色虚线为推测滑带）

　　针对归巴顶滑坡，使用 44 期 Sentinel-1 升轨数据做时间序列分析，时间分布为 2017 年 10 月 8 日至 2019 年 3 月 20 日，表明 Sentinel-1 数据的 C 波段雷达波对蠕变型滑坡具有更高的敏感性（图 6.13）。

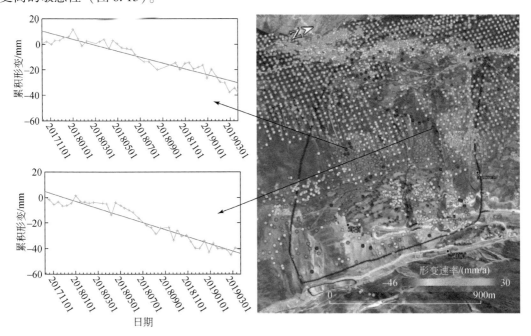

图 6.13　归巴顶滑坡 TS-InSAR 形变图

　　滑坡体表面变形分布总体前缘变形较小，向后缘变形逐渐加大，形变速率多小于3cm/a，最大变形点形变速率不超过5cm/a。根据变形点分布特点，滑坡体变形分为三个部分。

　　（1）前缘平台区，地形坡度相对较缓，形变速率为0.5~1.5cm/a。

　　（2）中部凹陷区，凹陷区后壁地形相对陡峭，变形点比较集中，形变速率为1.5~2.5cm/a。

　　（3）后缘平台区，地形平缓，形变速率小于1cm/a。

　　滑坡体表面局部点形变速率较高，形变速率为3~5cm/a。高形变速率点多分布在地形坡度变化较快、受侵蚀较为严重的区域，如前缘近河谷冲蚀区、中部凹陷区后壁。滑坡体中部两处累积形变曲线如图6.13所示，基本上为线性形变，有较好的回归趋势线，说明该滑坡体仍处于蠕变活动的发展阶段。

　　归巴顶滑坡规模巨大，现场核验也多是发现局部变形痕迹（图6.14），图（a）为中部斜坡发育的次级小滑坡，表层破坏严重；图（b）为滑坡前缘切坡修路进行的工程支护情况；图（c）为滑坡中部凹陷处后壁，表面发育多条小型冲沟；部分冲蚀严重、植被裸露；图（d）为滑坡后缘变形破坏，局部植被缺失，并伴有多条冲沟、次级小型滑坡；图（e）为近河谷处前缘变形，坡面陡立，风化破碎严重，近乎无植被，且有多处发生小型滑坡而造成地形缺失的痕迹；图（f）为后缘公路边地层出露。滑坡体多处出现变形痕迹，且与InSAR计算结果相吻合，表明归巴顶滑坡仍处于蠕滑变形的发展阶段。

(a)　　　　　　　　　　　　　　　　　　(b)

(c)　　　　　　　　　　　　　　　　　　(d)

(e)　　　　　　　　　　　　　　　　(f)

图 6.14　归巴顶滑坡现场核验照片

3）纽贡滑坡

纽贡滑坡位于德钦县城西南方向，从澜沧江至德钦县城入口处前进约 8km 处（98.901°E、28.426°N），滑坡体坐落在公路边上。澜沧江支流河谷深切，两岸坡度陡立，滑坡体形态清晰可见（图 6.15）。滑坡体长约 640m、宽约 400m，坡向为 270°，前缘高程为 2540m、后缘高程为 2940m，前高差为 400m。

图 6.15　纽贡滑坡全貌照片（镜像 SE）

滑坡体发育于县城唯一入口公路旁，为保证道路通行，已对滑坡进行了相应的工程防护。从 Stacking-InSAR 的观测结果来看（图 6.16），滑坡体上已进行了工程防护的区域，效果显著，稳定性已大大加强；但工程防护只覆盖了滑坡体的中下部分，未进行工程防护的滑坡体后缘，尤其是滑坡左肩部分，仍然存在较严重的变形情况，且有逐渐向后扩展的趋势。滑坡体坡面呈近直线状,坡度约 45°,前缘近河谷处略微凸起,中下部下凹 (图 6.17)。坡面进行工程治理的部分多在高程为 2740m 以下部位,约占整个坡面长度的 1/3。

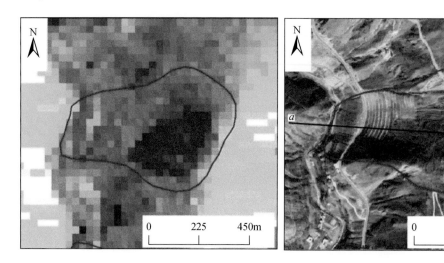

图 6.16　纽贡滑坡 Stacking-InSAR 解译图与遥感影像

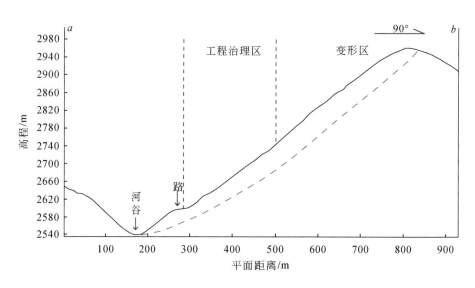

图 6.17　纽贡滑坡 a-b 高程剖面示意图 (红色虚线为推测滑带)

针对纽贡滑坡,使用了 2017 年 10 月 15 日至 2019 年 3 月 27 日间,共计 42 期 Sentinel-1 降轨数据做时间序列分析 (图 6.18),工程治理区与非治理区出现明显的形变速度分异,滑坡体左后方出现明显的集中变形区,且范围较大,已越过山脊线,向周边扩展。TS-InSAR 计算结果显示变形区形变速率较高,为 4 ~ 10cm/a,局部形变速率可超过 10cm/a。选取两个点位的累积形变曲线,其中一点在数据观测期间累积形变已达到15cm。虽然滑坡形变速率较快,但形变量仍为线性增长,暂未出现加速形变的情况,说明该滑坡体此时处于快速变形的发展阶段(图6.18)。

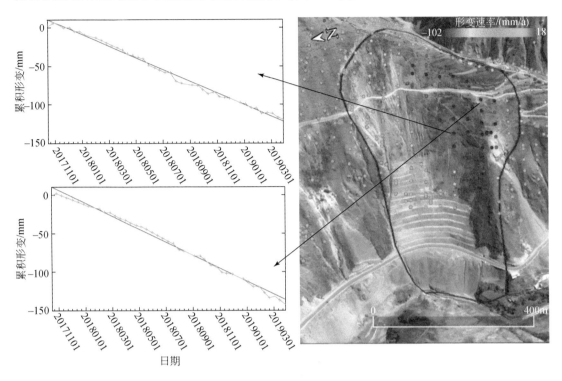

图6.18 纽贡滑坡 TS-InSAR 形变图

滑坡体的全貌照片及光学遥感图像中都可见滑坡体后缘存在明显的拉张裂缝,且后缘岩体破碎,多伴有小规模崩塌现象。现场核验过程中也发现存在明显的变形痕迹(图6.19),图(a)为滑坡中后缘堆积的土石混合体,图(b)为出露的岩体受变形挤压破碎的情况,图(c)为滑坡体表面出现的拉裂缝,宽度已超过20cm,图(d)为坡面上发育次级灾害的情况,表面变形严重,部分地表土石已被完全剥蚀,且剥蚀范围逐渐加大。

(a)   (b)

图 6.19　滑坡表面变形情况

　　受滑坡变形影响，斜坡上建筑物也出现明显的破坏痕迹（图 6.20），图（a）为后缘公路边缘出现沉降裂缝；图（b）为公路边广告墙体开裂；图（c）为居民家院墙开裂，裂缝宽达十几厘米；图（d）为居民家中水泥路面开裂，裂缝延续长约 5m。

图 6.20　滑坡体上建筑物变形情况

　　滑坡体后缘有滑带出露，活动痕迹明显（图 6.21），出露滑带分层明显，上层为碎块石土的混合体；中层为滑动带，滑动带内为受滑动挤压变形且未完全解体的岩体，定向排列明显；下层为保存完整的泥灰岩。

图 6.21　滑坡体后缘出露滑坡滑动带

2. 泥石流

　　德钦县城位于一深切沟谷内，县城地势低而周边高，且地形变化快、相对高差大，县城周边边坡多发育大型冲沟，侵蚀严重，多发育泥石流灾害，尤其是县城东部方向，冰碛物活动频繁，为泥石流活动提供了充足的物源条件。县城地势低洼，若暴发泥石流灾害，出口位置就是县城市区，严重威胁县城内人员财产安全。通过光学遥感影像，可见县城周边主要发育四条大型泥石流沟（图 6.22），灾害影响范围几乎覆盖整个德钦县城。

　　泥石流结构分为物源区、流通区和堆积区。德勤县城周边陡峭的地貌环境为流通区的发展提供了充分的有利条件，纵深极长的大型冲沟也为泥石流的发育提供了有利的汇水条件，尤其是县城东部的高海拔地区的山顶融雪与松散的冰碛物活动，极大地促进了泥石流灾害的暴发；而沟谷后缘岩体的风化作用也提供了有利的物源条件。除了已有的松散堆积体外，沿沟谷发育的次级滑坡、崩塌灾害，也是泥石流灾害发育中不可忽视的一点。

　　使用 InSAR 技术对泥石流发育区进行大范围观测，泥石流沟流域内变形情况如图 6.23 所示。由图 6.23 可知泥石流沟谷内存在多处变形情况，县城地区目前稳定无变形情况，泥石流沟口处，随海拔升高、地形高差变大，开始出现多处变形点，且越接近后缘处，变形点增多、形变速率加快，同时伴随着地形越发陡峭、地面岩体风化更加严重。

图 6.22　解译泥石流沟

InSAR 观测到的后缘变形区形变速率为 6~10cm/a, 个别变形点形变速率超过 15cm/a, 且不排除更大变形点因超出观测量程无法计算的情况。其中一条泥石流沟谷后缘风化区时间序列形变情况如图 6.24 所示, 观测到的后缘不稳定区基本为线性形变, 活动较为规律, 但从光学影像上看明显破坏严重, 植被缺失, 很容易发生进一步破坏并作为松散堆积物的补充。

图 6.23　InSAR 观测泥石流沟形变图

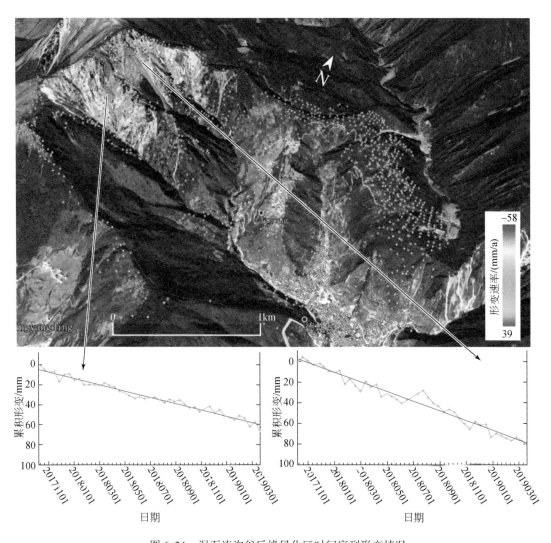

图 6.24 泥石流沟谷后缘风化区时间序列形变情况

3. 高位冰碛物活动

德钦县城东部地区海拔相对较高，山顶部位海拔 5000m 以上，山顶处常年积雪，且冰川活动与冰碛物活动较多（图 6.25）。遥感影像上也可见大量冰碛物活动痕迹（图 6.26）。大量的结构松散的冰碛物可以作为泥石流发育的物源条件，与冰川融水一起相互作用。尤其是德钦县城东部的泥石流沟汇水面积广大，沟谷纵深远，地形高差大，充分具备暴发大型泥石流灾害的条件。少量的融水会加速冰碛物活动，形成多个冰碛物滑坡，同时冰碛物的活动也会加速原山体顶部岩体的风化剥蚀作用，形成新的次生灾害，为泥石流发育提供物源条件。

图 6.25　德钦县城东部活动的冰川与冰碛物堆积

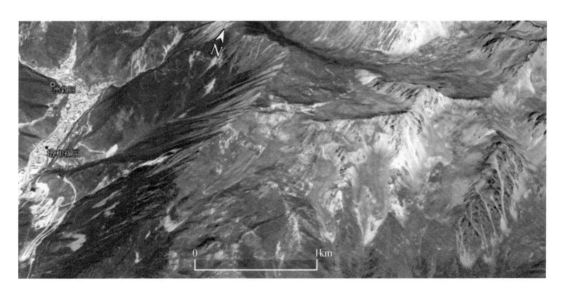

图 6.26　光学遥感影像上观测到的冰碛物滑坡

　　使用多源、多期多时段的 SAR 数据对高位冰碛物活动情况进行观测，其 InSAR 结果可见图 6.27。其中长波段的 PALSAR-1 数据时间为 2007 年 1 月至 2011 年 1 月，Sentinel-1 数据时间为 2017 年 10 月—2019 年 3 月。

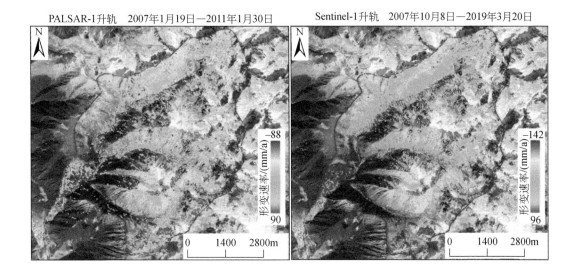

图 6.27　多种数据观测冰碛物活动情况

　　泥石流沟口位置较为稳定，随着高程增加，地形逐渐陡峭，冰碛物逐渐增多，变形活动的现象也越来越明显，不同时期的 InSAR 形变结果具有连续性，同一变形部位在不同时期均处于活动变形状态；变形位置多位于地形陡峭、坡面裸露、风化作用强的斜坡和冰川活动下的冰舌部位，易形成"舌"形的冰碛物滑坡。如图 6.28 中，图（a）、（b）为冰川活动影响形成的冰碛物滑坡，滑坡沿沟谷下降方向呈"流动状"向前运动，形变速率超过 10cm/a；图（c）为岩体变形，变形位置都为风化破碎严重区；图（d）为高山冰雪融水作用形成的冰碛物滑坡，前后缘均有较大的变形，形变速率为 8~12cm/a。

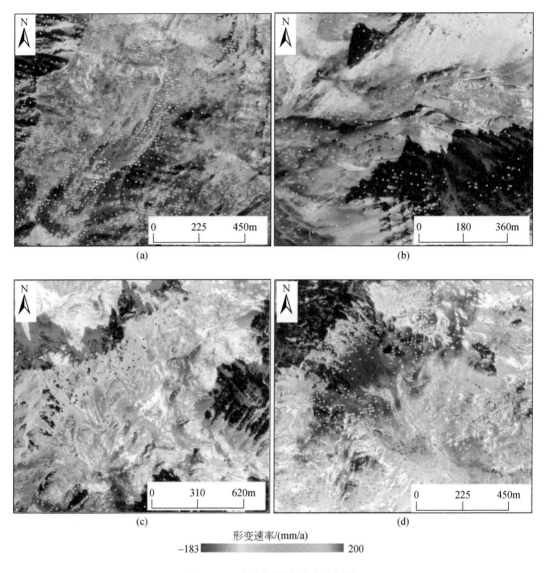

形变速率/(mm/a)

−183 ■■■■■■ 200

图 6.28　冰碛物滑坡活动示意图

4. 县城滑坡及高位物源 InSAR 观测

1）数据情况

根据研究区域的地形、植被覆盖，以及每种 SAR 影像的成像几何、空间分辨率及对形变的敏感性，本次滑坡探测与监测中采用了长短波长、升降轨 SAR 数据相结合的方式，避免单一 SAR 数据源受几何畸变及分辨率限制而造成滑坡的漏判与误判，尽可能地提高滑坡探测的精度与可靠性。所选用的 SAR 数据包括：

（1）Sentinel-1 升轨数据，空间分辨率为 20m，覆盖时间段为 2017 年 3 月 18 日至 2019 年 11 月 15 日，共计 79 景；

（2）Sentinel-1 降轨数据，空间分辨率为 20m，覆盖时间段为 2016 年 10 月 14 日至 2019 年 12 月 4 日，共计 83 景；

（3）ALOS/PALSAR-2 升轨数据，空间分辨率为 10m，覆盖时间段为 2018 年 9 月 3 日至 2019 年 5 月 27 日，共计 5 景。

其中 Sentinel-1 升、降轨数据主要用于探测缓慢变形及较大面积的滑坡体，并对探测到的潜在滑坡体进行监测。ALOS/PALSAR-2 升轨数据主要用于探测较大梯度变形及小面积的滑坡体，并对探测到的较大梯度变形滑坡体开展偏移量监测。

SAR 数据空间覆盖范围如图 6.29 所示，图 6.29 中红色矩形表示 SAR 数据的空间覆盖，黄色线表示德钦县的范围，白色线表示划定的滑坡探测范围。

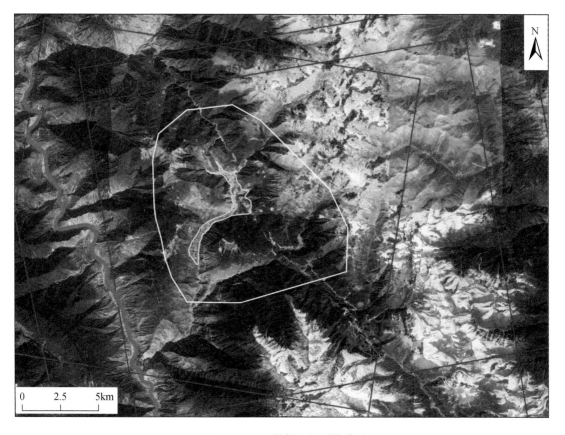

图 6.29　SAR 数据空间覆盖范围

2）地表形变速率图

图 6.30 为采用 Sentinel-1 升轨数据解算获得的 2017 年 3 月至 2019 年 11 月的地表形变速率图，图 6.31 为采用 Sentinel-1 降轨数据解算获得的 2016 年 10 月至 2019 年 12 月的地表形变速率图，图 6.32 为采用 ALOS/PALSAR-2 升轨数据解算获得的 2018 年 9 月至 2019

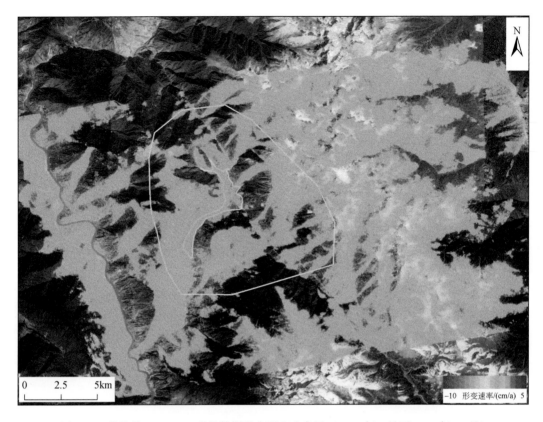

图 6.30　德钦县 Sentinel-1 升轨数据地表形变速率图（2017 年 3 月至 2019 年 11 月）

年 6 月的地表形变速率图。图 6.30 ~ 图 6.32 中负值表示滑坡沿着远离卫星视线向运动，正值表示滑坡超着卫星视线向运动。从图 6.30、图 6.31 中可以看到，Sentinel-1 升、降轨数据解算获得的德钦县形变量级高度一致，证明了监测结果的可靠性。在远离卫星视线向上最大形变速率为 –10cm/a，在靠近卫星视线向上最大形变速率为 5cm/a。局部地区 Sentinel-1 升、降轨数据解算获得的形变范围–边界出现差异主要是由于升、降轨数据不同的成像几何所造成的。从图 6.32 中可以看到，ALOS/PALSAR-2 升轨数据解算获得的德钦县 2018 年 9 月至 2019 年 6 月最大形变速率在远离卫星视线向上小于–10cm/a，在朝着卫星视线向上大于6cm/a。ALOS/PALSAR-2 数据计算获得的形变速率量级与 Sentinel-1 数据计算获得的结果出现差异主要原因是两种数据不同的获取参数及获取时间造成的。此外，由于 ALOS/PALSAR 影像较小的数据量（5 景）及较大的噪声（相比 Sentinel-1 影像），使得计算的结果在局部地区出现了误差。

　　基于所获得的形变速率可以看到，在划定的范围内未探测到大量的变形体，整体处于稳定状态，在局部一些地区探测到小量级的变形体。此外，海拔较高处探测到大量冰雪运动引起的变形。

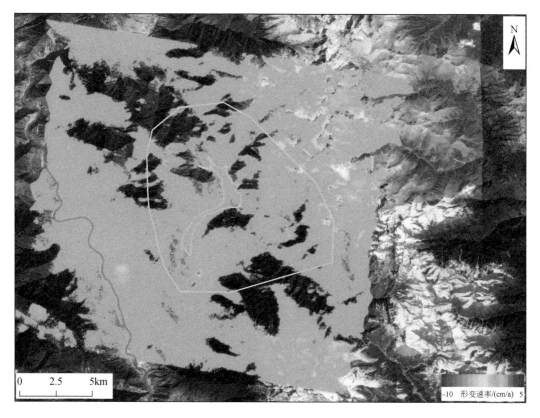

图 6.31　德钦县 Sentinel-1 降轨数据地表形变速率图（2016 年 10 月至 2019 年 12 月）

3）滑坡形变监测

　　基于所获得的形变速率（图 6.30～图 6.32）及形变时间序列，在研究区域共探测到 28 个大小不等的活动滑坡，探测到的活动滑坡空间分布位置如图 6.33～图 6.35 所示，详细统计信息如表 6.1 所示。在图 6.35 中，将探测到的活动滑坡按序号进行了编号，依次为 1～28 号。在探测到的 28 个滑坡中，Sentinel-1 与 ALOS/PALSAR-2 升轨影像探测到 14 个，Sentinel-1 降轨影像探测到 14 个。从图 6.33 及图 6.34 中可以看到，SAR 升轨影像探测到的滑坡位于 SAR 降轨影像几何畸变区，导致其无法探测，SAR 降轨影像探测到的滑坡位于 SAR 升轨影像的几何畸变区，导致探测失败，采用 SAR 升、降轨影像进一步证明了在滑坡探测中可进行有效互补，避免单一 SAR 数据源受几何畸变而造成滑坡漏判。

　　在探测到的 28 个滑坡中，21 个滑坡位于事先划定的范围（白色线）内、7 个位于划定的范围之外（靠近划定的范围），11 个滑坡靠近德钦县城分布。探测到的所有滑坡遥感影像如图 6.36 所示，可以看到 InSAR 探测到的所有变形体滑坡形态特征均非常明显，部分滑坡体局部已出现了非常明显的崩塌现象。

图 6.32　德钦县 ALOS/PALSAR-2 升轨数据地表形变速率图（2018 年 9 月至 2019 年 6 月）

图 6.33　探测到的活动滑坡空间分布图（底图为 Sentinel-1 升轨地表形变速率图）
红线圈闭区域表示 Sentinel-1 与 ALOS/PALSAR-2 升轨影像探测的滑坡；
黑线圈闭区域表示 Sentinel-1 降轨影像探测的滑坡

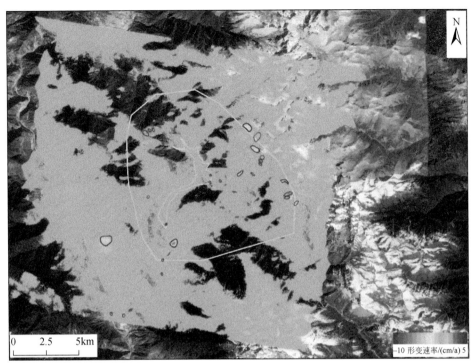

图 6.34 探测到的活动滑坡空间分布图（底图为 Sentinel-1 降轨地表形变速率图）

红线圈闭区域表示 Sentinel-1 与 ALOS/PALSAR-2 升轨影像探测的活动滑坡；黑线圈闭区域

表示 Sentinel-1 降轨影像探测的活动滑坡

图 6.35 探测到的活动滑坡空间分布图（底图为遥感影像）

红线圈闭区域表示 Sentinel-1 与 ALOS/PALSAR-2 升轨影像探测的活动滑坡；黑线圈闭区域

表示 Sentinel-1 降轨影像探测的活动滑坡

表 6.1　德钦县探测到的活动滑坡详细信息

滑坡体编号	经度（°E）	纬度（°N）	长度/m	宽度/m	探测数据
1	98.857911	28.378427	173	223	Sentinel-1 降轨
2	98.866681	28.377594	183	248	Sentinel-1 降轨
3	98.854120	28.427279	896	674	Sentinel-1 降轨
4	98.892956	28.405248	119	197	Sentinel-1 降轨
5	98.893603	28.414435	138	210	Sentinel-1 降轨
6	98.901762	28.425702	549	650	Sentinel-1 降轨
7	98.896301	28.438370	86	156	Sentinel-1 降轨
8	98.883920	28.456745	157	202	Sentinel-1 与 ALOS/PALSAR-2 升轨
9	98.882562	28.499198	575	348	Sentinel-1 与 ALOS/PALSAR-2 升轨
10	98.885214	28.501103	312	123	Sentinel-1 与 ALOS/PALSAR-2 升轨
11	98.887801	28.501544	365	140	Sentinel-1 与 ALOS/PALSAR-2 升轨
12	98.921011	28.491805	231	182	Sentinel-1 与 ALOS/PALSAR-2 升轨
13	98.923560	28.494346	146	60	Sentinel-1 与 ALOS/PALSAR-2 升轨
14	98.926821	28.471056	133	131	Sentinel-1 降轨
15	98.926542	28.466369	127	217	Sentinel-1 降轨
16	98.933385	28.467220	152	210	Sentinel-1 降轨
17	98.952437	28.503495	392	640	Sentinel-1 降轨
18	98.958509	28.496545	447	592	Sentinel-1 与 ALOS/PALSAR-2 升轨
19	98.957649	28.488133	688	336	Sentinel-1 降轨
20	98.961596	28.483214	329	301	Sentinel-1 与 ALOS/PALSAR-2 升轨
21	98.960657	28.480509	325	183	Sentinel-1 与 ALOS/PALSAR-2 升轨
22	98.960333	28.478583	298	146	Sentinel-1 与 ALOS/PALSAR-2 升轨
23	98.947152	28.472269	549	178	Sentinel-1 降轨
24	98.955502	28.471493	366	94	Sentinel-1 与 ALOS/PALSAR-2 升轨
25	98.977495	28.467078	608	126	Sentinel-1 降轨
26	98.979600	28.458535	600	256	Sentinel-1 与 ALOS/PALSAR-2 升轨
27	98.984543	28.452572	220	424	Sentinel-1 与 ALOS/PALSAR-2 升轨
28	98.978450	28.455755	374	163	Sentinel-1 与 ALOS/PALSAR-2 升轨

注：表中滑坡体长度与宽度根据形变范围而确定。

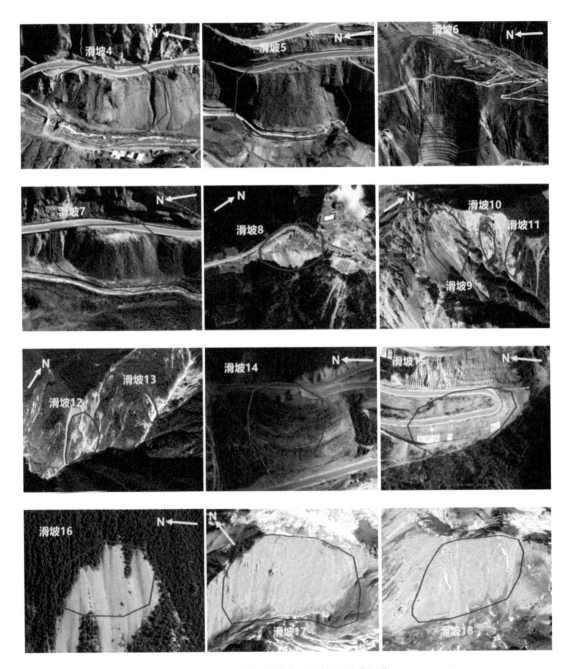

图 6.36　德钦县城典型滑坡的遥感影像

4）典型滑坡体长时间序列形变分析

对所有探测到的滑坡体采用 Sentinel-1 升、降轨数据开展长时间序列监测，获取了 2016 年 12 月至 2019 年 12 月形变的时间演化过程，下面对一些典型滑坡体进行形变分析。

A. 3 号滑坡体（尖旺通滑坡）

3 号滑坡体位于德钦县扎浪村，坡体下方为澜沧江。图 6.37 显示的是该滑坡体 2016年 12 月至 2019 年 12 月形变速率及时间序列形变，可以看到该滑坡体一直处于缓慢变形阶段，最大年形变速率在降轨雷达视线向达到-25mm/a，P3 点的累积形变在三年内达到-77mm。

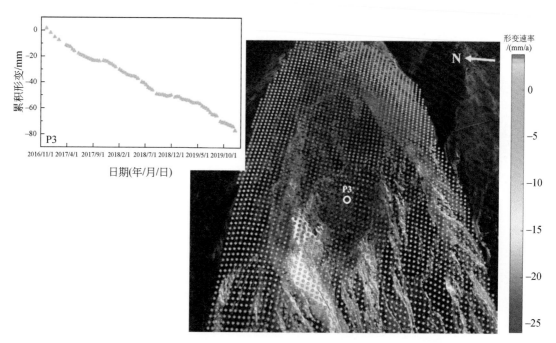

图 6.37　3 号滑坡体形变速率及时间序列形变图（Sentinel-1 降轨数据）

B. 6 号滑坡体（纽贡滑坡）

6 号滑坡体位于德钦县贡水村，两条公路穿越该坡体中部，一条公路为德维线，在坡体的局部地区已做了边坡支护处理，该滑坡为德钦县 InSAR 探测到的形变速率及面积最大的滑坡体，滑坡体面积约 0.3km²。图 6.38 显示的是该滑坡体 2016 年 12 月至 2019 年 12月地表形变速率及时间序列。可以看到该滑坡体的年形变速率在降轨雷达视线向超过80mm/a，P6-1 与 P6-2 点的累积形变在三年内分别达到-311mm 与-224mm，并且在 InSAR监测期间一直处于缓慢变形状态。

C. 9 号、10 号及 11 号滑坡体

9 号、10 号及 11 号滑坡体位于直溪河物源山脊位置，从遥感影像上可以看到三个滑坡体地表较为破碎，多处出现崩塌。图 6.39 显示的是三个滑坡体采用 Sentinel-1 升轨影像相位计算获得的 2017 年 4 月至 2019 年 11 月地表形变速率及时间序列。从图 6.39 中形变速率可以看到，最大的形变速率出现在 9 号滑坡体，形变速率在升轨雷达视线向超过40mm/a，10 号与 11 号滑坡体形变速率相对较小，约-25mm/a。P9-1、P10-1 及 P11-1 点在近三年的时间里累积形变在 Sentinel-1 升轨视线向上分别达到-103mm、-79mm 及-90mm。从 P11-1 点的时间序列形变中可以看到，滑坡体在湿季（雨季）的形变明显大于

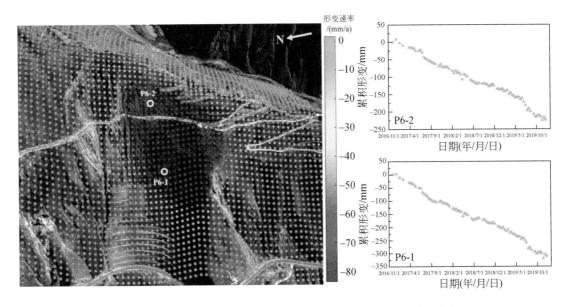

图 6.38　6 号滑坡体形变速率及时间序列形变图（Sentinel-1 降轨数据）

干季。

从图 6.39 所示的形变速率可以看到，9 号、10 号及 11 号滑坡体所在的区域未见整体大变形，但并不一定指该区域不存在大变形滑坡体。主要原因是从图 6.39 中可以看到该区域滑坡体沿着南北向运动，由于所有的 SAR 卫星沿近极地轨道飞行，对南北向的形变极不敏感。因此可能会造成实际存在大变形而 SAR 影像无法探测到的现象。

为了验证是否由于 SAR 影像相位测量对南北向敏感性低而无法探测大变形的问题，采用基于强度信息的 SAR 偏移量技术对该区域的滑坡进行监测，其结果如图 6.40 所示。数据选取 2018 年 9 月 3 日与 2019 年 5 月 27 日获取的两景 ALOS/PALSAR-2 数据，空间分辨率为 10m。从图 6.40 中可以看到，在 10 号及 11 号滑坡体所示的区域观测到较大量级的南北向变形（图 6.40 中白色的矩形），在雷达视线向未观测到变形（由于滑坡沿南北向运动的缘故），观测到南北向变形的方向与滑坡体实际运动的方向高度一致，但量级较大。其真实性需要通过野外调查来确定。

D. 14 号滑坡体（一中河沟左侧滑坡）

14 号滑坡体位于德钦县普利藏文学校后山，图 6.41 显示的是该滑坡体 2016 年 12 月至 2019 年 12 月地表形变速率及时间序列。可以看到该滑坡体的最大年形变速率在降轨雷达视线向约 -24mm/a，P14 点的累积形变在三年内达到 -63mm，并且在 InSAR 监测期间一直处于缓慢变形状态。

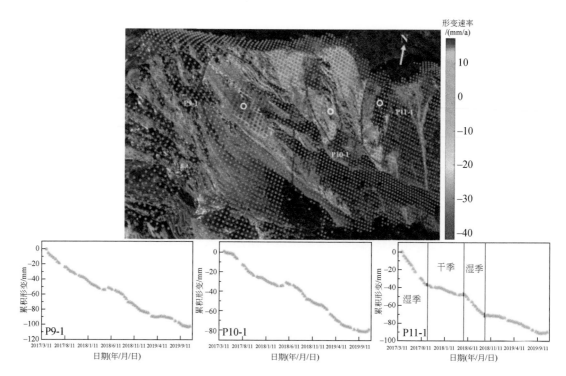

图 6.39　9 号、10 号、11 号滑坡体形变速率及时间序列形变图（Sentinel-1 升轨数据相位计算获得）

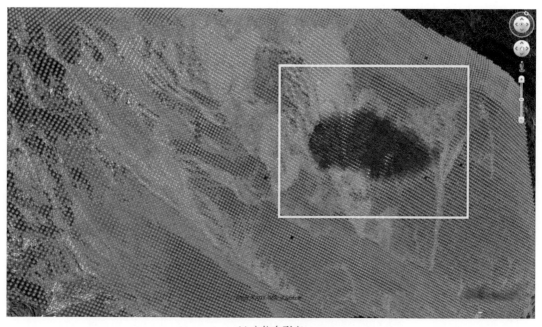

(a) 方位向形变

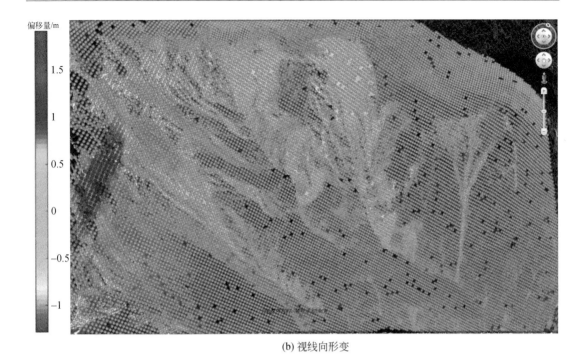

(b) 视线向形变

图 6.40　9 号、10 号及 11 号滑坡体 2018 年 9 月 3 日至 2019 年 5 月 27 日偏移量结果

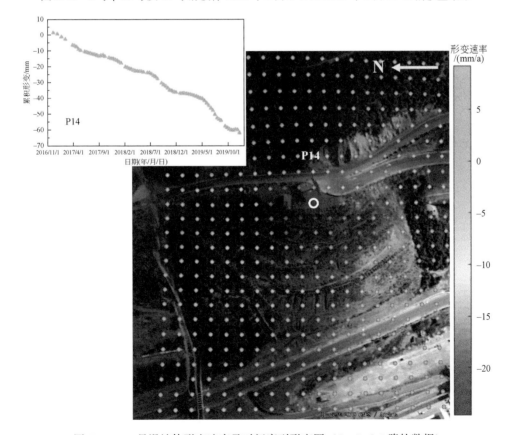

图 6.41　14 号滑坡体形变速率及时间序列形变图（Sentinel-1 降轨数据）

E. 15 号滑坡体

15 号滑坡体位于德钦隧道口中国石油加油站处，该滑坡体已经做了一定的边坡支护处理。图 6.42 显示的是该滑坡体 2016 年 11 月 1 日至 2019 年 10 月 1 日地表形变速率及时间序列。可以看到该滑坡体的最大年形变速率在降轨雷达视线向约−38mm/a，P15 点的累积形变在三年时间里达到−106mm，并且在 InSAR 监测期间一直处于缓慢变形状态。

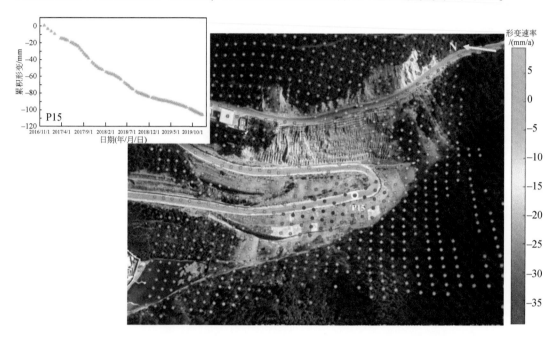

图 6.42　　15 号滑坡体形变速率及时间序列形变图（Sentinel-1 降轨数据）

F. 16 号滑坡体

16 号滑坡体位于德钦隧道口中国石油加油站山体顶部，该滑坡体局部已经发生了滑动，坡体表面较为松散。图 6.43 显示的是该滑坡体 2016 年 12 月至 2019 年 12 月地表形变速率及时间序列。可以看到该滑坡体的最大年形变速率在降轨雷达视线向约−21mm/a，P16 点的累积形变在三年时间里达到−55mm，并且在 InSAR 监测期间一直处于持续变形状态，变形区域为滑坡体之前滑动的区域。

5）小结

使用多期次、多时段、多角度 SAR 数据，对德钦县城重点区做 InSAR 观测。根据德钦县城地形特点，观测重点内容包括滑坡变形、泥石流及高位冰碛物变形，得出如下结论。

（1）县城观测范围内共解译 11 处滑坡变形体，包括日因卡滑坡、归巴顶滑坡两处蠕变型滑坡和贡水对岸 1 处快速滑动滑坡，这三处滑坡体对县城地区的人民财产安全有较大威胁，且地面均有明显变形现象，仍处于发展阶段，要加强监测防控。

（2）县城周边发育四条大型泥石流沟，物源松散物质丰富、地形条件有利泥石流发展，且物源区都有不同程度的变形现象，包括一些次级滑坡、崩塌变形，泥石流灾害直接

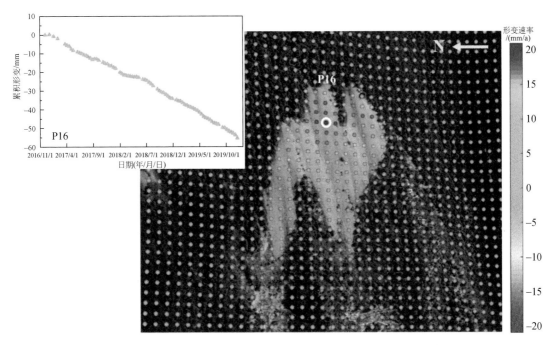

图 6.43　16 号滑坡体形变速率及时间序列形变图（Sentinel-1 降轨数据）

威胁县城居住区，需加强监控和治理。

（3）高海拔区冰碛物活动频繁、形变量大，除冰碛物与冰雪相互作用形成的冰碛物滑坡外，多处高山斜坡风化破碎严重，也存在较强的变形现象。

（4）根据最近多期 InSAR 观测，28 个滑坡中，21 个滑坡位于事先划定的范围（白色线）内、7 个位于划定的范围之外（靠近划定的范围），11 个滑坡靠近德钦县城分布。3 号、5 号、6 号、7 号、8 号、14 号、15 号、16 号共八个滑坡点为可直接威胁县城的滑坡灾害，其中 3 号、6 号、8 号为灾害防治规划中调查发现的灾害点；9 号、10 号、11 号滑坡位于直溪河流域内，12 号、13 号、17 号、18 号、19 号滑坡位于水磨坊河流域内，上述八个滑坡为泥石流物源，特别是分布于直溪河流域内的三个滑坡为新发现的灾害点，分布于流域分水岭部位，与沟口相对高差达到了 1300m，一旦发生滑动，可能会形成高位滑坡—碎屑流—泥石流的灾害链。

6.1.2　叶枝场镇地质灾害稳定性动态评价

1. 概况

叶枝场镇地形陡峻、地质构造复杂、地质条件脆弱，加之近年来不合理的人为活动，滑坡、崩塌、泥石流等地质灾害极为发育。根据以往地质灾害区划调查、详查资料，结合最新遥感解译成果，叶枝场镇共发育 20 处地质灾害隐患点，其中滑坡 11 处、崩塌 1 处、泥石流 8 处。这些地质灾害隐患严重威胁着当地人民群众的生命财产损失和经济社会的可持续发展。为了进一步识别潜在的地质灾害隐患点，并对场址内的所有隐患点进行动态稳定性评价，亟须开展基于合成孔径雷达干涉测量（InSAR）技术的大范围、高精度、高分辨率的时间序列形变观测。

　　基于此，本书收集了 320 景 Sentinel-1A SAR 数据，采用干涉图堆叠、SBAS 等技术获取了叶枝场镇 2014 年 10 月—2020 年 7 月近 6 年 94km² 的时间序列形变信息，并在无人机三维影像和现场调查的基础上，对叶枝场镇周边地质灾害分布、发育特征及稳定性进行了分析。

2. 数据收集及采用的技术方法

1）数据收集

A. SAR 数据

　　为了对叶枝场镇地质灾害进行 InSAR 调查，共收集了 320 景 Sentinel-1A SAR 数据进行处理，其中包括道（Path）99 升轨数据 113 景、Path 33 降轨数据 121 景以及 Path 172 升轨数据 56 景，利用这些数据可从不同角度获取场镇形变信息，具体数据覆盖范围见图 6.44。

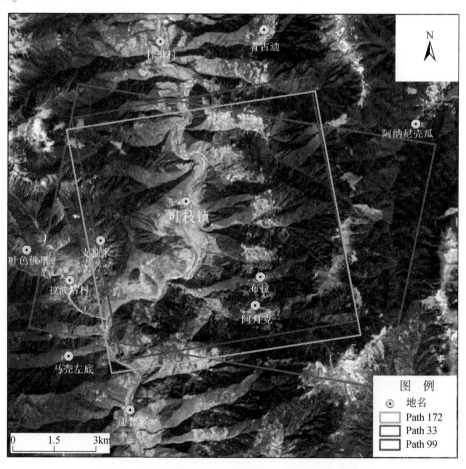

图 6.44　叶枝场镇地质灾害调查 SAR 数据覆盖范围

（1）Sentinel-1A Path 99 升轨数据：覆盖时间为 2015 年 6 月 9 日至 2020 年 6 月 30 日，共 113 景，成像时间为世界时 11：24：26，方位角为−10.7°，入射为 33°。数据设置时间基线为 36 天，空间基线为 100m，共形成 254 个干涉对用于时间序列形变计算，具体基线分布见图 6.45。

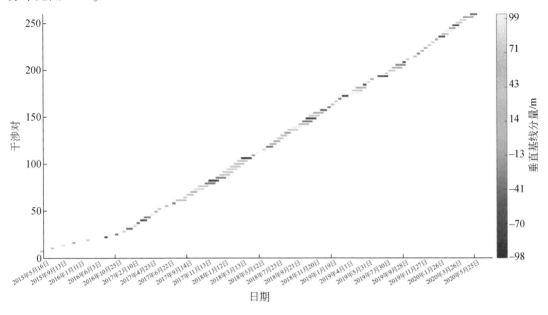

图 6.45　Sentinel-1A Path 99 升轨数据干涉对时空基线分布

（2）Sentinel-1A Path 33 降轨数据：覆盖时间为 2014 年 10 月 7 日至 2020 年 7 月 7 日，共 121 景，成像时间为世界时 23：21：49，方位角为 10.5°，入射为 39°。数据设置时间基线为 24 天，空间基线为 100m，共形成 177 个干涉对用于时间序列形变计算，具体基线分布如图 6.46 所示。

（3）Sentinel-1A Path 172 升轨数据：覆盖时间为 2014 年 10 月 29 日至 2017 年 3 月 11日，共 56 景，成像时间为世界时 11：32：18，方位角为 9.8°，入射为 43.8°。数据设置时间基线为 36 天，空间基线为 100m，共形成 111 个干涉对用于时间序列形变计算，具体基线分布如图 6.47 所示。

B. DEM 数据

为了分离地表形变，需要去除地形相位的贡献，因此收集了覆盖研究区的 30m 分辨率的 SRTM DEM，用于 InSAR 数据处理和结果表达（图 6.48）。

2）采用的技术方法

A. 相位堆叠技术

相位堆叠是求取形变速率一种常见的方法，能有效地减少 DEM 误差、大气误差的影响，从而获取更为精确的地表形变信息。其数据处理的基础是进行经典二轨差分 InSAR 技术处理。经过经典二轨差分 InSAR 技术处理，在短时间基线和空间基线条件下，干涉图形的相干性好，可获得任意两期数据间隔时间内的地表沉降量。对连续多期的干涉图像进行

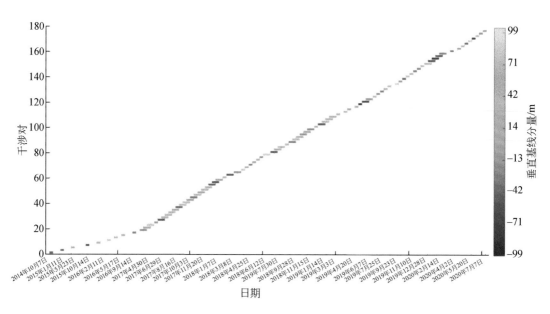

图 6.46 Sentinel-1A Path 33 降轨数据干涉对时空基线分布

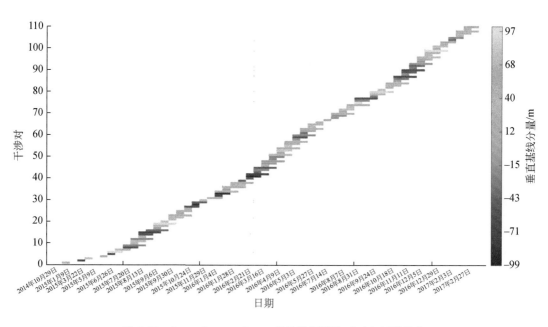

图 6.47 Sentinel-1A Path 172 升轨数据干涉对时空基线分布

叠加，即可获得监测周期内地表形变总量。同 D-InSAR 相比，有效地减弱各种误差的影响。相位堆叠技术主要原理是假定大气相位可看作是时间上的随机信号，而形变则表现为线性变化，当对多幅解缠相位进行平均，大气随机误差则被极大削弱。在进行干涉图堆叠以前，将所有 SAR 影像采样至同一 SAR 坐标系，或将所有解缠差分干涉图转换至地理坐

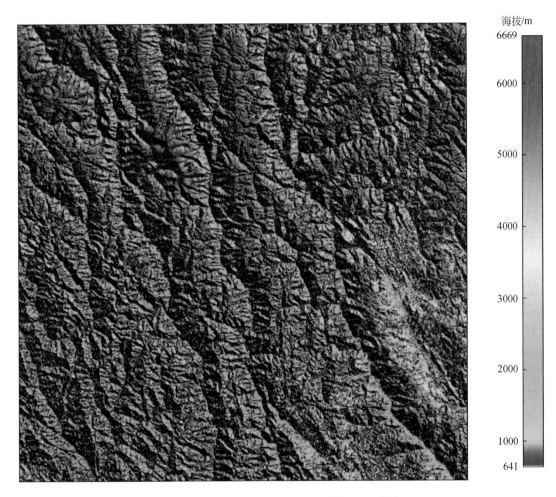

图 6.48　叶枝场镇地质灾害调查外部 DEM 数据

标系进行最小二乘处理。

B. 小基线集技术

SBAS-InSAR 是通过设置小基线 SAR 影像对组合来生成干涉图集合，进而增加了单个主影像条件下的干涉图数量，降低了时空失相干对干涉图质量的影响。具体来看，对于覆盖同一区域的在时间序列 $(t_1, t_1, \cdots, t_N)$ 时获取的 $N+1$ 幅 SAR 影像，从中选取一幅为主影像，并将其他影像配准并重采样到主影像雷达坐标下，理论上对这 $N+1$ 幅影像进行干涉可以得到 C_{N+1}^2 幅干涉对，但是受时间基线和空间基线对影像相干性的影响，为了确保小基线组合内 D-InSAR 的有效性，通常选取在一定时间基线和垂直基线阈值内的影像组成时间序列影像对，并进行干涉，其选取原则为保证同一集合内的基线距较小，而集合之间的基线距较大。然后利用外部 DEM 数据去除地形相位进而得到差分相位，最后对依据相干系数选择的离散高质量相干点目标进行解缠处理。

C. 偏移量技术

基于 SAR 强度信息的偏移量跟踪技术，可监测大梯度的地表形变，其通过搜索 SAR 幅度影像中匹配窗口的互相关峰值来获取子像素级的偏移量，可测量方位向和距离向（或 LOS 向）的二维形变。在 SAR 偏移量形变监测中，基于互相关技术所获得的方位向与距离向偏移量常常由三个成分组成，即地表形变引起的偏移量、地形起伏引起的偏移量以及轨道误差引起的偏移量。对于轨道误差引起的偏移量，可采用多项式拟合方式进行去除。而对于地形起伏引起的偏移量，传统的方法是忽略不计或者在估计的形变场中减去。在滑坡形变监测中，由于地形起伏较大，SAR 基线较长，地形起伏引起的相位偏移不可忽略。针对传统的偏移量跟踪技术形变监测方法在滑坡监测中的局限性，本书采用自主研发的改进时间序列偏移量形变监测方法进行大梯度滑坡形变监测，该方法不仅可以进行相同平台 SAR 数据之间偏移量的计算，还可以进行交叉平台之间偏移量计算。

3）时间序列形变

基于小基线集 InSAR 技术获取的三个不同轨道的时间序列形变结果见图 6.49 ~ 图 6.51。

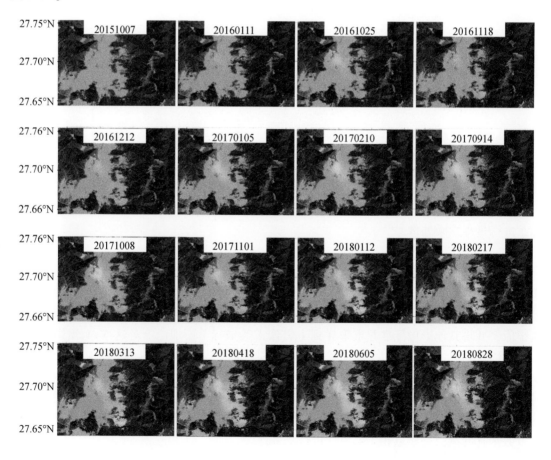

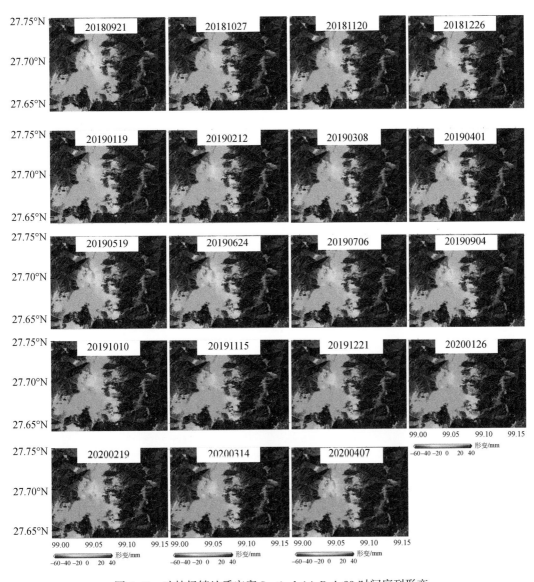

图 6.49　叶枝场镇地质灾害 Sentinel-1A Path 99 时间序列形变

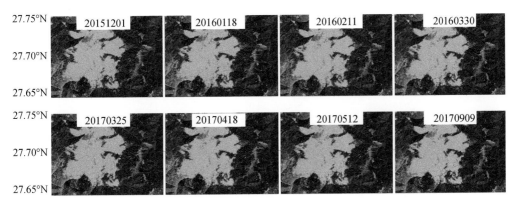

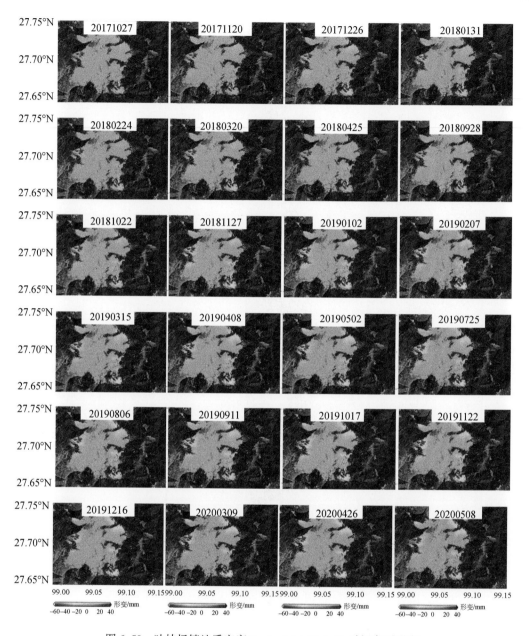

图 6.50 叶枝场镇地质灾害 Sentinel-1A Path 33 时间序列形变

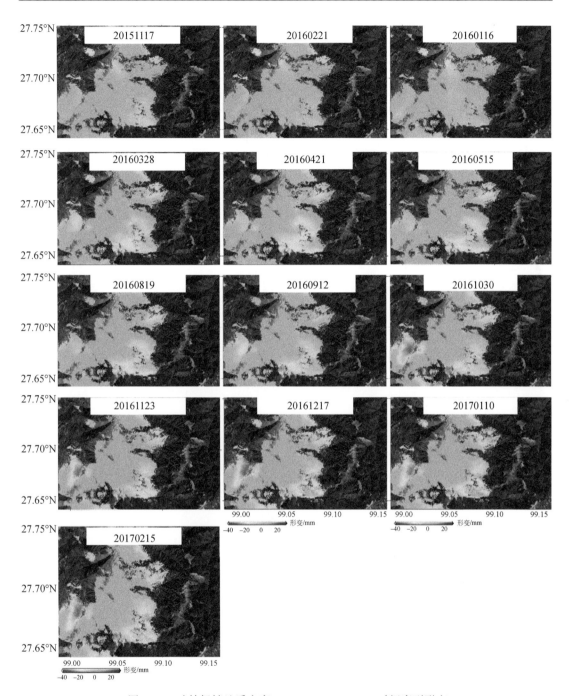

图 6.51　叶枝场镇地质灾害 Sentinel-1A Path 172 时间序列形变

3. 滑坡稳定性动态评价

1）滑坡的分布

对滑坡分布的分析主要依据现场调查、地形地貌及 InSAR 形变。具体流程如下：首先，采用 InSAR 技术获取研究区域年平均形变速率，以此为基础结合研究区域高程、坡度、方位等信息初步筛选出潜在滑坡灾害点；其次，结合 SAR 强度图与 InSAR 相干图进行形变区筛选，剔除由于相干性过低以及水体等区域引起的虚假形变区，其中相干性阈值设置为0.6，强度阈值选为−1dB；然后，利用高分辨率的无人机光学影像进行确认，排除虚假滑坡隐患；最后，通过现场调查确定滑坡分布。

（1）Sentinel-1A Path 99 升轨数据：利用覆盖时间为 2015 年 6 月 9 日至 2020 年 6 月 30 日的 113 景 Path 99 升轨数据获取的平均形变速率及识别到的滑坡灾害如图 6.52 所示。从图 6.52 中可以看出，规划区平均形变速率变化范围为−15～10mm/a。根据前面介绍的方法共识别出七个潜在滑坡。

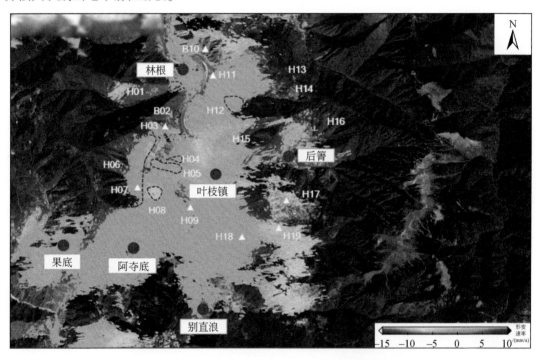

图 6.52　叶枝场镇滑坡 Sentinel-1A Path 99 升轨数据调查

（2）Sentinel-1A Path 33 降轨数据：利用覆盖时间为 2014 年 10 月 7 日至 2020 年 7 月 7 日的 121 景 Path 33 降轨数据获取的平均形变速率及识别到的滑坡灾害如图 6.53 所示。值得说明的是升降轨数据可以相互补充，从不同角度对变形区进行观测。从图中可以看出，规划区平均形变速率与 Path 99 相同，变化范围为−15～10mm/a。根据前面介绍的方法共识别出 11 个潜在滑坡。

（3）Sentinel-1A Path 172 升轨数据：利用覆盖时间为 2014 年 10 月 29 日至 2017 年 3 月 11 日的 56 景 Path172 升轨数据获取的平均形变速率及识别到的滑坡灾害如图 6.54 所示。与前两个轨道相同，规划区平均形变速率变化范围为−15～10mm/a。根据前面介绍的方法共识别出 10 个潜在的滑坡。

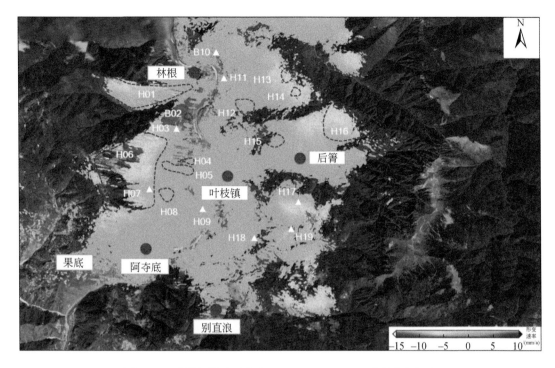

图 6.53　叶枝场镇地质灾害 Sentinel-1A Path 33 降轨数据调查

图 6.54　叶枝场镇地质灾害 Sentinel-1A Path 172 升轨数据调查

（4）规划区滑坡灾害：对三个不同轨道 SAR 数据识别到的潜在滑坡进行合并获取叶枝场镇滑坡灾害分布（图 6.55），共圈定 19 个滑坡隐患（表 6.2）。

图　例　▢ 滑坡、崩塌

图 6.55　叶枝场镇滑坡灾害分布

H01. 林根河滑坡；B02. 撒落科崩塌；H03. 撒落科滑坡；H04. 沧叶桥滑坡；H05. 俄咪洛滑坡；H06. 松洛村滑坡；
H07. 朵朵滑坡；H08. 阿尼比滑坡；H09. 各巴统滑坡；B10. 林根公路崩塌；H11. 银冲沟沟口以北 500m 处滑坡；
H12. 银冲沟沟口左岸滑坡；H13. 银冲沟 1 号滑坡；H14. 银冲沟 2 号滑坡；H15. 湾子河滑坡；H16. 后箐滑坡；
H17. 打俄底后山滑坡；H18. 则会干滑坡群；H19. 子贺嘎滑坡群

表 6.2　叶枝场镇滑坡信息表

灾害点	经度（°E）	纬度（°N）	长度/km	宽度/km	识别数据（道，Path）
H01	99.02527778	26.72444321	0.81	2.62	33、99、172
B02	99.04387564	26.71876956	0.012	0.008	33
H03	99.03863375	26.71344697	0.018	0.03	99
H04	99.03915303	26.70266107	0.45	0.08	99
H05	99.03505359	26.70198436	0.5	0.12	99、172
H06	99.02343344	26.70013675	1.96	2.61	33、172
H07	99.03023850	26.69656467	0.08	0.048	33
H08	99.03691889	26.69405079	0.45	0.41	99
H09	99.04694797	26.68789651	0.04	0.03	33
B10	99.05000088	26.73961971	0.14	0.035	33

续表

灾害点	经度（°E）	纬度（°N）	长度/km	宽度/km	识别数据 （道，Path）
H11	99.05509948	26.72694629	0.12	0.075	33
H12	99.06225732	26.72016211	0.76	0.3	172、99
H13	99.07424677	26.73166667	0.48	0.32	33、172
H14	99.07861109	26.72694443	0.49	0.32	33、172
H15	99.07227274	26.70972232	0.85	0.44	172
H16	99.09435689	26.71668554	2.05	1.41	33、172
H17	99.08144553	26.68747023	0.03	0.028	33
H18	99.0668247	26.68062563	0.025	0.045	172
	99.06614652	26.68041539	0.025	0.052	
	99.06755465	26.68099928	0.02	0.018	
	99.07256397	26.68095757	0.025	0.034	
H19	99.07632413	26.68156549	0.008	0.042	99、172
	99.07885011	26.68171316	0.035	0.015	
	99.07735923	26.68202408	0.03	0.02	

2）滑坡活动性分析

A. 林根河滑坡

林根河滑坡（H01）位于叶枝镇林根村澜沧江西侧，地理坐标为 99.02527778°E、26.72444321°N，高程为 2497m。滑坡长 0.81km、宽 2.62km。该处地势高差最大为 1040m，图 6.56 为 H01 滑坡体无人机影像图及时间序列图。从时间序列图可以看出该滑坡在 2016～2020 年处于持续形变状态，2017 年 6 月—2018 年 1 月及 2018 年 6 月—2019 年 1 月形变速率较大，2019 年后形变趋于平稳状态。

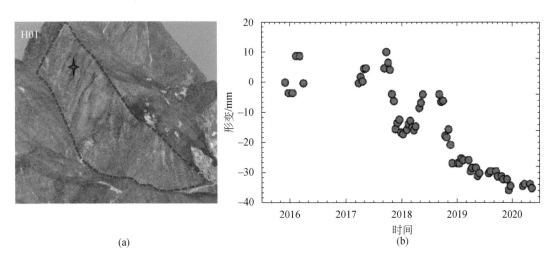

(a)

(b)

图 6.56　林根河滑坡（H01）无人机影像图（a）与时间序列图（b）

B. 撒落科滑坡

撒落科滑坡（H03）位于叶枝镇撒落科村澜沧江西侧，地理坐标为 99.03863375°E、26.71344697°N，高程为 2094m。滑坡长 0.018km、宽 0.03km。该处地势高差最大为 24m。图 6.57 为 H03 滑坡体无人机影像图及时间序列图。由时间序列形变图可以看出该滑坡在 2016~2020 年处于比较波动的状态。

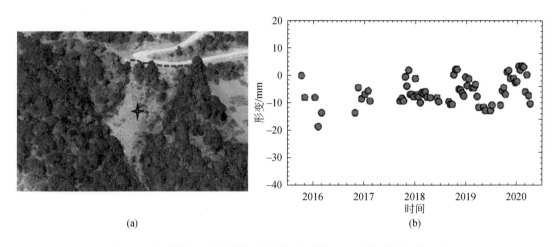

（a）　　　　　　　　　　　　　　　（b）

图 6.57　撒落科滑坡（H03）无人机影像图（a）与时间序列图（b）

C. 沧叶桥滑坡

沧叶桥滑坡（H04）位于叶枝镇沧叶桥村澜沧江西侧，地理坐标为 99.03915303°E、26.70266107°N，高程为 1843m。滑坡长 0.45km、宽 0.08km。该处地势高差最大为 177m。图 6.58 为 H04 滑坡体无人机影像图及时间序列图。由时间序列图可以看出，该滑坡在 2016~2020 年处于波动状态。该坡体下方有居民居住，若发生较大变形则会威胁居民安全。

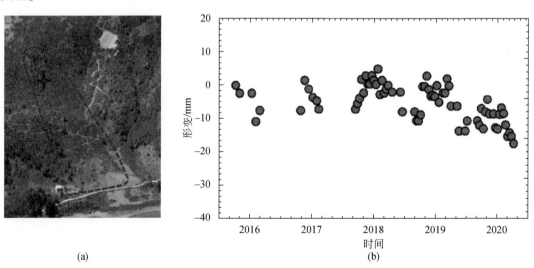

（a）　　　　　　　　　　　　　　　（b）

图 6.58　沧叶桥滑坡（H04）无人机影像图（a）与时间序列图（b）

D. 俄咪洛滑坡

俄咪洛滑坡（H05）位于叶枝镇松洛村澜沧江西侧，地理坐标为 99.03505359°E、26.70198436°N，高程为 1979m。滑坡长 0.5km、宽 0.12km。该处地势高差最大为 415m。图 6.59 为 H05 滑坡体无人机影像图及时间序列图，由时间序列图可知该滑坡在 2015 年 6 月至 2017 年 4 月处于缓慢变形状态。

图 6.59　俄咪洛滑坡（H05）无人机影像图（a）与时间序列图（b）

E. 松洛村滑坡

松洛村滑坡（H06）位于叶枝镇松洛村，地理坐标为 99.02343344°E、26.70013675°N，高程为 2626m。滑坡长 1.96km、宽 2.61km。该处地势高差最大为 1039m。图 6.60 为 H06 滑坡体无人机影像图及时间序列图。由时间序列图可知该滑坡在 2018 年 6 月至 2020 年形变较大，最大形变达到 40mm。

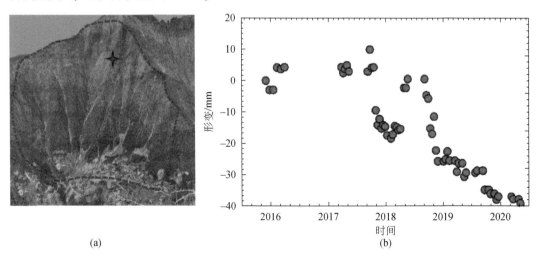

图 6.60　松洛村滑坡（H06）无人机影像图（a）与时间序列图（b）

F. 朵朵滑坡

朵朵滑坡 (H07) 位于叶枝镇朵朵村澜沧江西侧, 地理坐标为 99.03023850°E、26.69656467°N, 高程为 2143m。滑坡长 0.08km、宽 0.048km。该处地势高差最大为 46m。图 6.61 为 H07 滑坡体无人机影像图及时间序列图, 由时间序列图可知该滑坡在 2017 ~ 2019 年存在两次周期性变化, 并于 2018 年 10 月达到最大形变, 2019 年之后表现为持续形变。

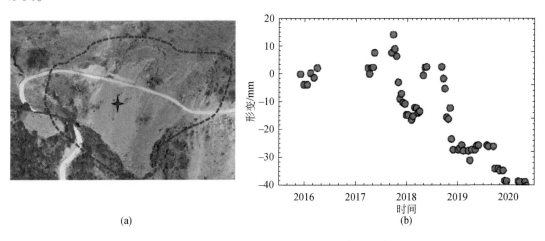

图 6.61 朵朵滑坡 (H07) 无人机影像图 (a) 与时间序列图 (b)

G. 阿尼比滑坡

阿尼比滑坡 (H08) 位于叶枝镇阿尼比村澜沧江西侧, 地理坐标为 99.03691889°E、26.69405079°N, 高程为 2071m。滑坡长 0.45km、宽 0.41km。该处地势高差最大为 280m。图 6.62 为 H08 滑坡体无人机影像图及时间序列图, 由时间序列图可知该滑坡在 2015 年 8 月至 2018 年 1 月形变微弱, 2018 年之后形变明显, 并在 2018 年 1 月至 2019 年 12 月呈现周期性变化。

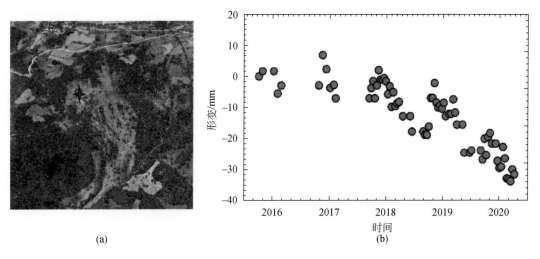

图 6.62 阿尼比滑坡 (H08) 无人机影像图 (a) 与时间序列图 (b)

H. 各巴统滑坡

各巴统滑坡（H09）位于叶枝镇松洛村澜沧江西侧，地理坐标为 99.04694797°E、26.68789651°N，高程为 1820m。滑坡长 0.04km、宽 0.03km。该处地势高差最大为 18m。图 6.63 为 H09 滑坡体无人机影像图及时间序列图，由时间序列图可知该滑坡在 2016～2020 年处于持续变形状态，但形变较小，最大形变为 10mm。

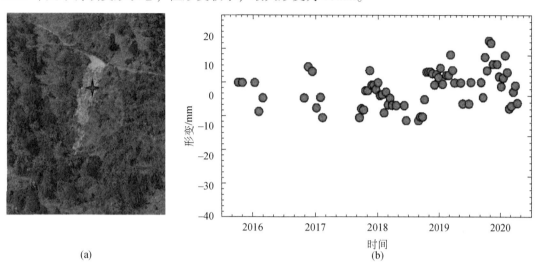

图 6.63　各巴统滑坡（H09）无人机影像图（a）与时间序列图（b）

I. 银冲沟沟口以北 500m 处滑坡

银冲沟沟口以北 500m 处滑坡（H11）位于叶枝镇林根村澜沧江东侧，地理坐标为 99.05509948°E、26.72694629°N，高程为 1833m。滑坡长 0.12km、宽 0.075km。该处地势高差最大为 78m。图 6.64 为 H11 滑坡体无人机影像图及时间序列图，由时间序列图可以看出该滑坡在 2016～2020 年处于持续变形状态，但形变较小，最大形变为 10mm。该滑坡下方主要为交通道路，若发生滑动，容易造成交通堵塞。

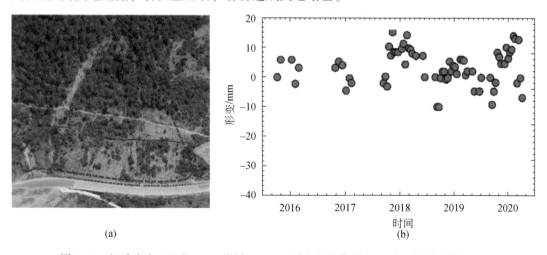

图 6.64　银冲沟沟口以北 500m 滑坡（H11）无人机影像图（a）与时间序列图（b）

J. 银冲沟沟口左岸滑坡

银冲沟沟口左岸滑坡（H12）位于叶枝镇林根村澜沧江东侧银冲沟左岸，地理坐标为 99.06225732°E、26.72016211°N，高程为 2032m。滑坡长 0.76km、宽 0.3km。该处地势高差最大为 298m。图 6.65 为 H12 滑坡体无人机影像图及时间序列图，由时间序列图可以看出该滑坡在 2015 年 6 月至 2017 年 10 月处于持续变形状态，且该滑坡处观测到的时间序列点较少，这可能是因为该地区树木较多，相干性较差。

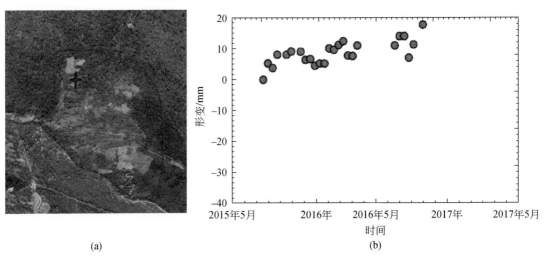

(a) (b)

图 6.65 银冲沟沟口左岸滑坡（H12）无人机影像图（a）与时间序列图（b）

K. 银冲沟 1 号滑坡

银冲沟 1 号滑坡（H13）位于叶枝镇银冲沟村，地理坐标为 99.07424677°E、26.73166667°N，高程为 2653m。滑坡长 0.48km、宽 0.32km。该处地势高差最大为 242m。图 6.66 为 H13 滑坡体无人机影像图及时间序列图，由时间序列图可以看出该滑坡在四年时间里处于持续变形状态，最大累积形变为 24mm，且后期具有持续形变的趋势。该滑坡位于银冲沟村，坡体下方有村庄分布，若发生滑动，会造成居民伤亡和较大经济损失。

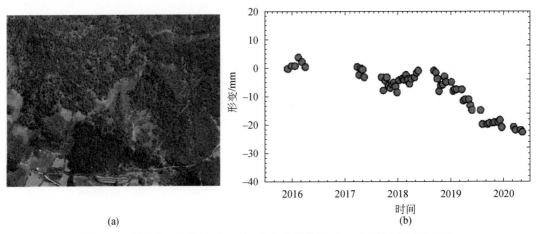

(a) (b)

图 6.66 银冲沟 1 号滑坡（H13）无人机影像图（a）与时间序列图（b）

L. 银冲沟 2 号滑坡

银冲沟 2 号滑坡（H14）位于叶枝镇银冲沟村，地理坐标为 99.07861109° E、26.72694443° N，高程为 2669m。滑坡长 0.49km、宽 0.32km。该处地势高差最大为 278m。图 6.67 为 H14 滑坡体无人机影像图及时间序列图，由时间序列图可以看出该滑坡在四年时间里处于持续变形状态，且后期具有持续形变的趋势。

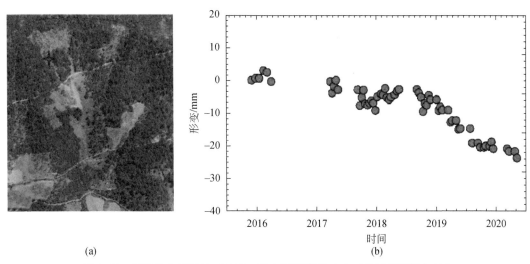

(a)　　　　　　　　　　　　　　　　　　(b)

图 6.67　银冲沟 2 号滑坡（H14）无人机影像图（a）与时间序列图（b）

M. 湾子河滑坡

湾子河滑坡（H15）位于叶枝镇湾子村，地理坐标为 99.07227274° E、26.70972232° N，高程为 2484m。滑坡长 0.85km、宽 0.44km。该处地势高差最大为 436m。图 6.68 为 H15 滑坡体无人机影像图及时间序列图，从时间序列图可以看出，该滑坡在监测期间持续缓慢变形状态，标志点最大累积形变为 14mm。

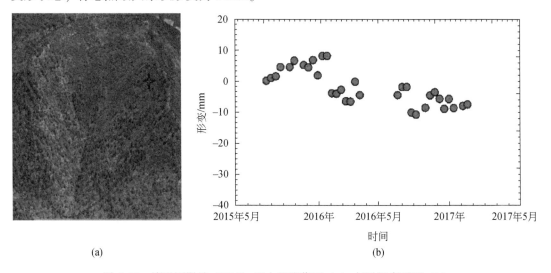

(a)　　　　　　　　　　　　　　　　　　(b)

图 6.68　湾子河滑坡（H15）无人机影像图（a）与时间序列图（b）

N. 后箐滑坡

后箐滑坡（H16）位于叶枝镇后箐村，地理坐标为 99.09435689°E、26.71668554°N，高程为 2978m。滑坡长 2.05km、宽 1.41km。该处地势高差最大为 1031m。图 6.69 为 H16 滑坡体无人机影像图及时间序列图。从时间序列图可以看出，该滑坡在 2017 年 2 月至 2018 年 10 月发生周期性形变且最大形变为 20mm，2018 年 10 月之后形变速率减小。

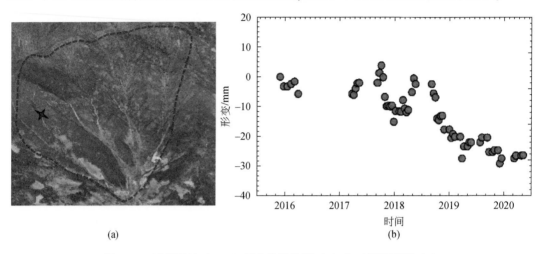

图 6.69　后箐滑坡（H16）无人机影像图（a）与时间序列图（b）

O. 打俄底后山滑坡

打俄底后山滑坡（H17）位于叶枝镇打俄底村，地理坐标为 99.08144553°E、26.68747023°N，高程为 2677m。滑坡长 0.03km、宽 0.028km。该处地势高差最大为 94m。图 6.70 为 H17 滑坡体无人机影像图及时间序列图，从时间序列图可以看出，该滑坡在两年期间形变微弱，最大形变达到 12mm。

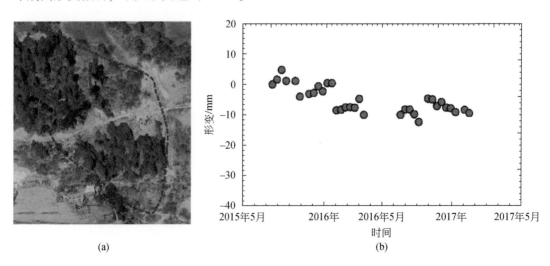

图 6.70　打俄底后山滑坡（H17）无人机影像图（a）与时间序列图（b）

P. 则会干滑坡群

则会干滑坡群（H18）位于叶枝镇姑腊村东南方向，该滑坡群包含四个滑坡（H1801、H1802、H1803、H1804）。H1801 地理坐标为 99.0668247°E、26.68062563°N，高程为2284m；滑坡长 0.025km、宽 0.045km；该处地势高差最大为 93m。H1802 地理坐标为99.06614652°E、26.68041539°N，高程为2281m。滑坡长 0.025km、宽 0.052km；该处地势高差最大为 66m。H1803 地理坐标为 99.06755465°E、26.68099928°N，高程为2251m；滑坡长 0.02km、宽 0.018km；该处地势高差最大为 127m。H1804 地理坐标为99.07256397°E、26.68095757°N，高程为2354m；滑坡长 0.025km、宽 0.034km；该处地势高差最大为17m。形变监测点位于滑坡 H1804，由图6.71 时间序列可以看出。该滑坡处于持续形变状态，最大形变为 18mm。

图6.71　则会干滑坡群（H18）无人机影像图 ［（a）~（c）］ 与时间序列图（d）

Q. 子贺嘎滑坡群

子贺嘎滑坡群（H19）位于叶枝镇子贺嘎村，该滑坡群包含三个滑坡（H1901、H1902、H1903）。H1901 地理坐标为 99.07632413°E、26.68156549°N，高程为2334m；滑坡长 0.008km、宽 0.042km；该处地势高差最大为 7m。H1902 地理坐标为 99.07885011°E、26.68171316°N，高程为2388m；滑坡长 0.035km、宽 0.015km；该处地势高差最大为

20m。H1903 地理坐标为 99.07735923° E、26.68202408° N，高程为 2319m；滑坡长 0.03km、宽 0.02km；该处地势高差最大为 36m。形变监测点位于滑坡 H1903，由图 6.72 时间序列可知，该滑坡在两年期间持续变形，最大形变达到 24mm。

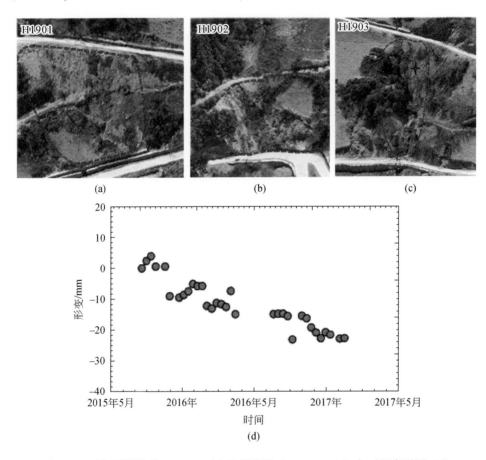

图 6.72　子贺嘎滑坡群（H19）无人机影像图［（a）~（c）］与时间序列图（d）

4. 泥石流物源活动性分析

1）泥石流分布

对泥石流及物源分布的分析主要依据现场调查、地形地貌、物质分布及 InSAR 形变。具体流程如下：首先，利用高分辨率的数字地表模型圈定出叶枝场镇主要的沟谷分布，初步筛选出泥石流分布；其次，基于高分辨率、现势性的无人机数字正射影像，分析泥石流分布区的物源组成，将冰雪、耕地、碎屑流以及滑坡覆盖区等作为泥石流的主要物源，判断泥石流的分布；然后，综合分析地形地貌、物源分布以及 InSAR 形变，圈定泥石流的物源分布；最后，通过现场调查确定泥石流及物源分布。最终获取得到的叶枝场镇泥石流及物源分布如图 6.73 ~ 图 6.75 所示。

（1）Sentinel-1A Path 99 升轨数据：利用覆盖时间为 2015 年 6 月 9 日至 2020 年 6 月

30 日的 113 景 Path 99 升轨数据获取的平均形变速率及圈定到的泥石流及物源分布如图
6.73 所示。根据前面介绍的方法共圈定出四个泥石流及物源分布区，分别为林根河、叶枝
河、迪马河和同乐河泥石流，编号为 N01、N06、N07 和 N08。

图 6.73　叶枝场镇泥石流及物源分布 Sentinel-1A Path 99 升轨数据调查

（2）Sentinel-1A Path 33 降轨数据：利用覆盖时间为 2014 年 10 月 7 日至 2020 年 7 月
7 日的 121 景 Path 33 降轨数据获取的平均形变速率及圈定到的泥石流及物源分布如图
6.74 所示。根据前面介绍的方法共圈定出七个泥石流及物源分布区，分别为林根河、松洛
沟、俄社、银冲沟、叶枝河、迪马河和同乐河泥石流，编号为 N01、N02、N03、N04、
N06、N07 和 N08。与 Path 99 相比较，除了 N02、N03 和 N04 为新识别区域外，其他与
Path 99 相同，表明两类数据观测结果的一致性。同时，新识别出的灾害点主要是由于升
降轨不同的观测角度引起的。

（3）Sentinel-1A Path 172 升轨数据：利用覆盖时间为 2014 年 10 月 29 日至 2017 年 3
月 11 日的共 56 景 Path 172 升轨数据获取的平均形变速率及圈定到的泥石流及物源分布如
图 6.75 所示。根据前面介绍的方法共圈定出八个泥石流及物源分布区，分别为林根河、
松洛沟、俄社、银冲沟、湾子河、叶枝河、迪马河和同乐河泥石流，编号为 N01 至 N08。
由于与 Path 99 具有相似的成像几何，识别的大部分泥石流与 Path 99 重合。同时，也识别
出了 N02—N05 这四个泥石流，这主要是由于不同的成像时间引起。

（4）城镇泥石流及物源：对三个不同轨道 SAR 数据圈定的泥石流及物源分布进行合
并获取叶枝场镇泥石流分布，如图 6.76 所示。共圈定八个泥石流分布，分别是林根河、
松洛沟、俄社、银冲沟、湾子河、叶枝河、迪马河和同乐河泥石流，编号为 N01 至 N08。
更加详细的编目信息如表 6.3 所示。

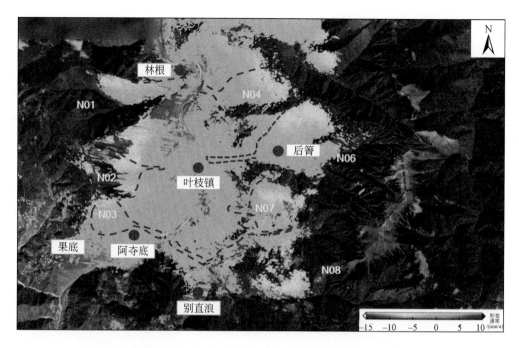

图 6.74　叶枝场镇泥石流及物源分布 Sentinel-1A Path 33 降轨数据调查

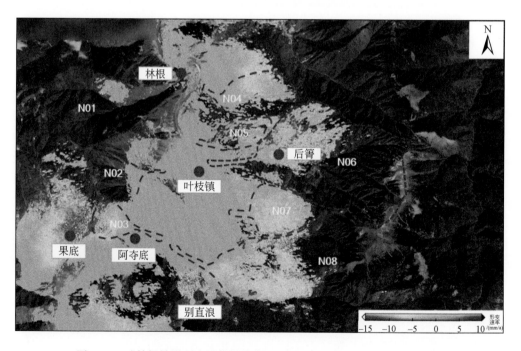

图 6.75　叶枝场镇泥石流及物源分布 Sentinel-1A Path 172 升轨数据调查

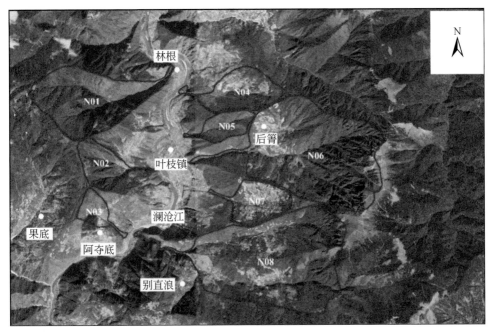

图　例　　⬭　泥石流

图 6.76　叶枝场镇泥石流分布图

N01. 林根河泥石流；N02. 松洛沟泥石流；N03. 俄社泥石流；N04. 银冲沟泥石流；
N05. 湾子河泥石流；N06. 叶枝河泥石流；N07. 迪马河泥石流；N08. 同乐河泥石流

表 6.3　叶枝场镇泥石流编目信息列表

灾害点	经度（°E）	纬度（°N）	长度/km	宽度/km	识别数据（道，Path）
N01	99.04730446	26.73199129	6.3	2.7	33、99、172
N02	99.03895419	26.69599918	2.8	2.2	33、172
N03	99.02780116	26.67300805	2.4	1.1	33、172
N04	99.05478452	26.72315745	3.8	1.7	33、172
N05	99.05598467	26.70810271	3.5	1.0	99、172
N06	99.05545743	26.69929081	9.4	4.0	33、99、172
N07	99.06181458	26.68736755	4.6	1.7	33、99、172
N08	99.03625711	26.67128259	12.32	3.5	33、99、172

2）泥石流物源活动性分析

A. 林根河泥石流

林根河泥石流（N01）位于叶枝镇松洛村林根社上方，地理坐标为 99.04730446°E、26.73199129°N，平均高程为 2852m。泥石流长为 6.3km、宽为 2.7km。地势高差最大为

1749m。该泥石流物源体地上无居民居住，泥石流左侧斜坡（北向斜坡）常年积雪，InSAR 监测出右侧斜坡（南向斜坡）具有较高形变速率的林根河滑坡（图 6.77）。从时间序列图可以看出标志点在 2017~2020 年地表形变存在两次周期性变化，由于冰雪消融和降雨导致边坡饱和，地表形变在雨季 8 月达到最大，2019 年以后表现为持续微小形变。物源区受寒冻作用影响，坡体破碎、三面环山，为冲沟提供了大量松散固体物源。地势比较陡峭且有充足的汇水地形条件，泥石流较易发生。

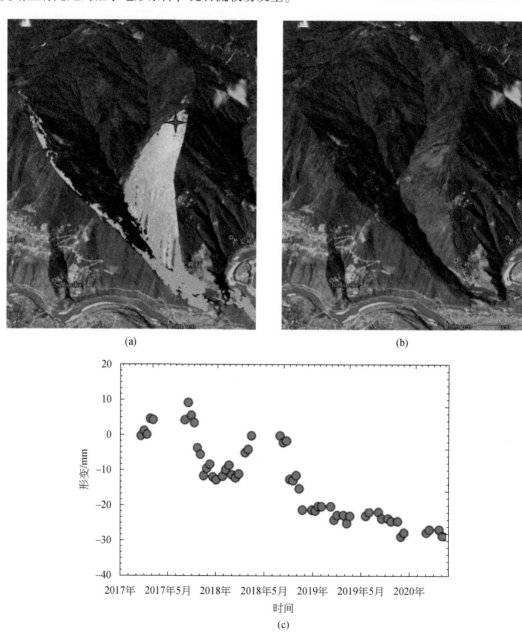

图 6.77　林根河泥石流（N01）地表形变速率（a）、谷歌影像图（b）以及时间序列图（c）

B. 松洛沟泥石流

松洛沟泥石流（N02）位于叶枝镇松洛村上方，地理坐标为 99.03895419° E、26.69599918°N，平均高程为 2728m。泥石流长 2.8km、宽 2.2km。该处地势高差最大为 1502m。该泥石流物源区上部覆盖大量冰雪，冻融风化作用使岩石土质破碎松散，斜坡表层土层较薄，易崩滑成为松散物源。容易形成大量频发性泥石流灾害，但同时因其崩滑量少、形成的松散物源相对较少，故一般多形成中小型泥石流。该物源区上方监测出松洛村滑坡以及朵朵滑坡（图 6.78）。从标志点的时间序列图可以看出，标志点形变存在周期性变化，每年 5~6 月形变增大，这是由于冰雪消融以及降雨导致地下含水量增大，从而导致边坡失稳发生形变。从总的时间序列趋势来看，监测期间存在持续形变。最大累积形变可达 40mm。物源区下方形变受人类工程作用影响显著，大量开垦耕地，造成植被破坏、修筑公路破坏斜坡自然平衡，人工堆积也为泥石流提供大量松散物源，从而提高泥石流发生频率、增大泥石流规模。

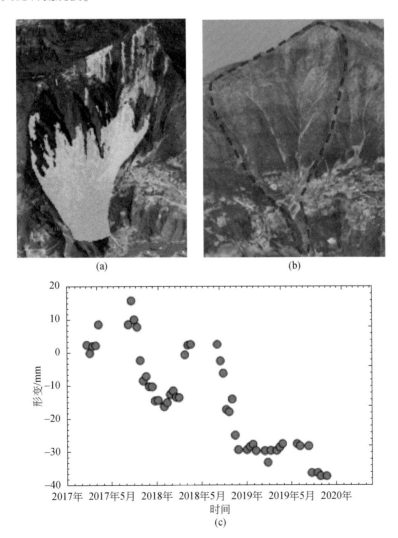

图 6.78　松洛沟泥石流（N02）地表形变速率（a）、谷歌影像图（b）以及时间序列图（c）

C. 俄社泥石流

俄社泥石流（N03）位于叶枝镇松洛村俄社，地理坐标为 99.02780116° E、26.67300805°N，平均高程为 2470m。泥石流长 2.4km、宽 1.1km。该处地势高差最大为1176m。从总的时间序列趋势来看（图 6.79），监测期间存在持续形变，最大累积形变为16mm。该泥石流物源区上部植被稀少，存在冰雪消融以及降雨冲刷斜坡痕迹，物源区下方具有大量耕地，坡体开挖严重，较易使坡体结构受到破坏，从而诱发滑坡等斜坡类不良地质现象，同时为泥石流带来大量的固体物源。另外农耕会使森林植被大量减少，导致水土流失愈发加剧，增加了泥石流发生的频率。

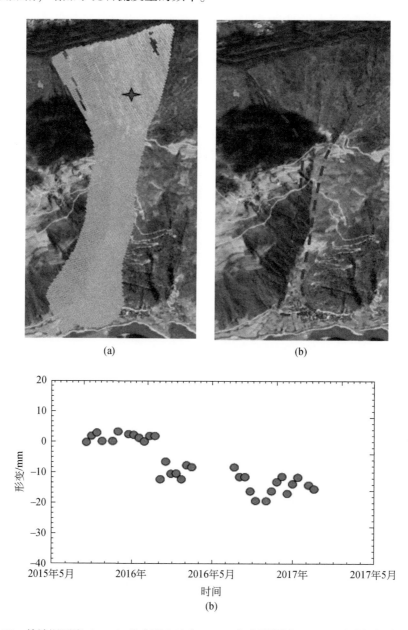

图 6.79　俄社泥石流（N03）地表形变速率（a）、谷歌影像图（b）以及时间序列图（c）

D. 银冲沟泥石流

银冲沟泥石流（N04）位于叶枝镇叶枝村银冲沟社，地理坐标为 99.05478452°E、26.72315745°N，平均高程为 2438m。泥石流长 3.8km、宽 1.7km。该处地势高差最大为 1345m。该物源体上分别有银冲沟沟口左岸滑坡、银冲沟 1 号滑坡和银冲沟 2 号滑坡（图 6.80）。从时间序列图来看，标志点在三年时间里处于持续变形状态，最大累积形变为 36mm，且后期具有持续形变的趋势。该泥石流物源区上方以及左侧具有大量耕地和居民，人类工程开垦耕地，开挖路基等都会破坏植被、改变原有斜坡结构，极易导致滑坡崩塌等灾害的发生。从而形成大量固体松散物源，为泥石流的形成提供便利条件。

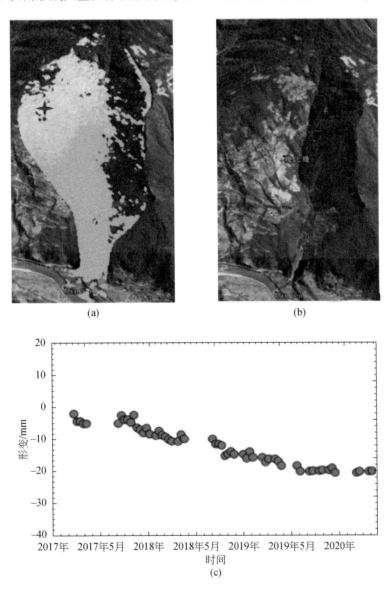

(a)　　　　　(b)

(c)

图 6.80　银冲沟泥石流（N04）地表形变速率（a）、谷歌影像图（b）以及时间序列图（c）

E. 湾子河泥石流

湾子河泥石流（N05）位于叶枝镇叶枝村黑边各社，地理坐标为 99.05598467°E、26.70810271°N，平均高程为 2237m。泥石流长 3.5km、宽 1.0km。该处地势高差最大为1055m。该物源体上具有湾子河滑坡（图 6.81）。从标志点时间序列图可以看出，2015 年8 月至 2016 年 8 月变形处于比较稳定状态，但是从 2016 年 8 月之后开始持续形变，六个月（2016 年 8 月—2017 年 2 月）时间内形变增加了 15mm。该物源区没有耕地和居民，顶部有积雪存在。从形变速率反演图上可以看出，该物源区上部变形较大，是因为冰雪季节性冻融以及降雨导致斜坡土体饱和，当降雨强度较高时，地表水流开始汇集，冲刷斜坡表面，形成坡面的土体流失。

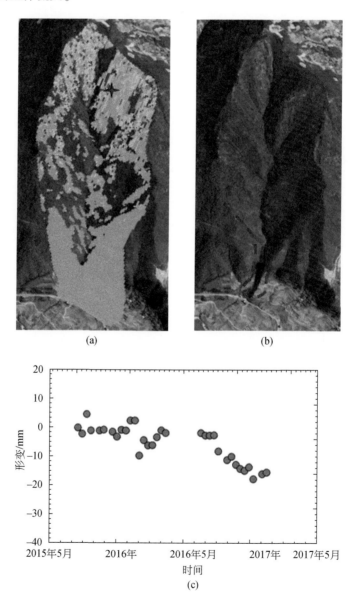

图 6.81　湾子河泥石流（N05）地表形变速率（a）、谷歌影像图（b）以及时间序列图（c）

F. 叶枝河泥石流

叶枝河泥石流（N06）位于叶枝镇叶枝村后箐社，地理坐标为 99.05545743° E、26.69929081°N，平均高程为 2603m。泥石流长 9.4km、宽 4.0km。该处地势高差最大为 2235m。该物源体上发育后箐滑坡（图 6.82）。在 InSAR 监测期间标志点的最大累积形变可达到 22mm，时间序列图显示 2017～2019 年处于持续形变状态，2019 年 4 月至 2020 年 6 月趋于比较稳定状态。该泥石流物源区体积很大，物源体上部海拔达到 4100m，具有部分基岩裸露区，受寒冻风化作用影响、岩体结构面发育、岩体破碎，在重力作用影响下，岩体逐渐风化、解体剥落滑下。在气温高、积雪快速融化的时节，加上降雨集中，进一步加剧泥石流暴发频率。该物源区下部两侧斜坡均有居民建筑和大量耕地存在，人类活动对斜坡稳定性产生严重影响，可以看出在这个区域变形比较大，后箐滑坡在居民聚集范围上方，强降雨以及人类在坡脚的开挖活动都会引起滑坡发生，为泥石流提供大量松散固体物源。

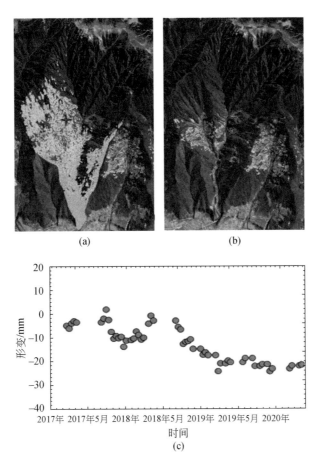

(a)　　　　　　　　　(b)

(c)

图 6.82　叶枝河泥石流（N06）地表形变速率（a）、谷歌影像图（b）以及时间序列图（c）

G. 迪马河泥石流

迪马河泥石流（N07）位于叶枝镇同乐村迪满社，地理坐标为 99.06181458° E、

26.68736755°N，平均高程为 2459m。泥石流长 4.6km、宽 1.7km。该处地势高差最大为 1251m（图 6.83）。在 2017 年至 2019 年 5 月地表处于持续变形状态，最大累积形变可达 20mm，在 2019 年以后变形相对平缓。该物源体上遍布耕地和居民建筑，人类工程活动频繁。物源体上有子贺嘎和则会干两大滑坡群，其位置均沿公路坡体存在，其是由于拓展、开挖路基，或切削斜坡、爆破岩石等改变斜坡自然结构，导致坡体应力变化、斜坡稳定性降低从而诱发小滑坡、崩塌等的发生，且修筑公路和开垦耕地形成的松散堆积体以及崩滑体等，均会沿斜坡自然滚落，或受雨水冲刷至沟谷，最终成为泥石流物源，并加剧泥石流灾害的危险性和危害程度。

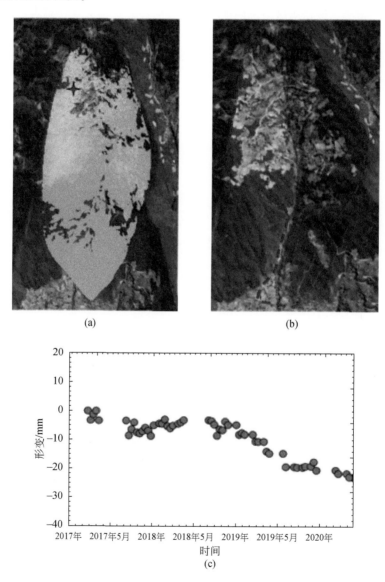

图 6.83　迪马河泥石流（N07）地表形变速率（a）、谷歌影像图（b）以及时间序列图（c）

H. 同乐河泥石流

同乐河泥石流（N08）位于叶枝镇同乐村新塘社，地理坐标为 99.03625711°E、26.67128259°N，平均高程为 3036m。泥石流长 12.32km、宽 3.5km。该处地势高差最大为 2305m（图 6.84）。该点在 2017～2019 年地表处于持续变形状态，最大累积形变可达 30mm。该物源体坡度相对较缓，土体较厚，三面环山，容易累积松散物源从而导致泥石流规模增大。且汇水面积较大，物源体上方有积雪存在，冻融作用明显，冰雪融水以及强降雨都会提供水动力冲刷斜坡表面，使山体破碎，形成大量松散固体物源堆积到坡脚。物源区中下方由居民和耕地组成，植被破坏、向沟谷内弃渣、陡坡开荒、陡坡切坡开挖等活动，都会影响斜坡稳定形成崩塌滑坡，从而加大泥石流形成风险。

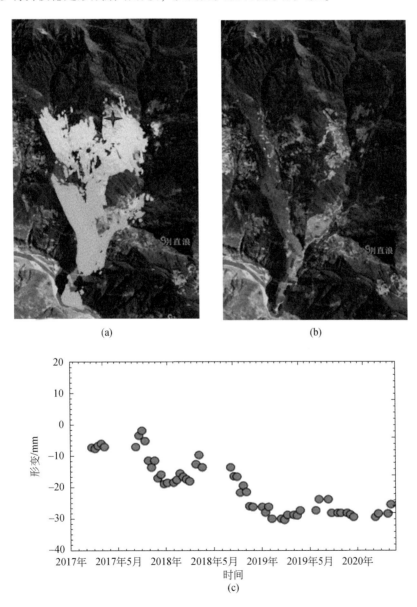

图 6.84　同乐河泥石流（N08）地表形变速率（a）、谷歌影像图（b）以及时间序列图（c）

6.1.3　漾濞地震灾区地质灾害稳定性动态评价

1. 概况

北京时间 2021 年 5 月 21 日 21 时 48 分,云南大理州漾濞县附近发生了 M_W 6.4 级地震。此次地震震中位于 99.87°E、25.67°N,震源深度为 8km。根据中国地震台网(CENC)测定,在主震发生前,该地区发生了多次 3~4 级前震。M_W 6.4 主震发生后,该地区的地壳活动并未停止。截至 2021 年 5 月 23 日,漾濞县附近发生余震 33 次,震级在 M_S 2.9 和 M_S 5.2 范围内,说明此次地震属于前震—主震—余震地震序列。由于距离震中 20km 范围内人口数约 6.2 万人,50km 范围内约 216 万人,而且本次地震位于活动构造的研究空白区域,因此研究此次地震的发震构造及断层活动趋势是非常必要的。

自 Massonnet 在 1993 年最早利用合成孔径雷达干涉测量技术(InSAR)提取了 1992 年 Landers 地震的同震形变场后,InSAR 技术被引入地震监测,并引起了地学界的轰动。之后,该技术以全天时、全天候、大范围、高精度地表形变监测的特点,在地震的震间、同震和震后形变监测以及震源机制研究中得到了广泛的应用。以 InSAR 同震形变场为约束反演地震运动学参数成为研究地震发震机理和破裂过程的重要手段之一,如 1997 年的 M_W 6.5 级玛尼地震、2001 年的昆仑地震、2008 年的汶川地震,以及 2010 年 M_S 6.1 玉树地震、2017 年九寨沟 M_S 6.1 级地震等。

漾濞县 M_W 6.4 级地震发生后,引起了许多学者的广泛关注。美国地质调查局(USGS)、全球矩心矩张量(GCMT)和中国地震台网中心(CENC)均给出的此次地震的震源参数(表6.4),王绍俊等(2021)以 SAR 影像为数据源,获取了此次地震的同震形变场;并以 SAR 形变场和 GNSS 数据为约束,设置了两个不同倾向的断层模型,反演了不同倾向模型的滑动分布,并进行了对比分析。李大虎等(2021)采用地震体波层析成像(TOMO3D)方法反演获得川滇区域的地壳速度结构特征,对云南漾濞 M_S 6.4 地震震区及周边的三维 P 波速度结构进行了剖析;然后获得漾濞震区壳内视密度的横向变化特征,最后综合分析漾濞 M_S 6.4 地震震区地壳结构特征与地震活动关系。杨九元等(2021)利用 Sentinel-1A、Sentinel-1B 影像和 InSAR 技术,得到了同震形变和断层的滑动分布,并计算了同震的库仑应力变化。但是关于地震的发震断层的详细几何参数并没有给出。由于发震断层几何参数对深入掌握漾濞县及其邻近区域的孕震及发震机理和构造活动特征具有十分重要的科学意义。为此,本节利用 InSAR 技术获取云南漾濞县地震的同震形变场,并对同震的震源参数以及发震断层的滑动分布进行了反演与分析讨论,希望为了解此次地震发震机理及区域构造活动特征提供参考。

2. 区域构造背景

云南地处印度板块与欧亚板块挤压碰撞带的北东边界。这两大板块长期相对运动,使得区域内新构造运动十分强烈,活动断裂带纵横交错。漾濞彝族自治县位于云南省中西部偏西北,横断山系滇西纵谷区,云岭山脉南段地质构造复杂,地质环境条件脆弱。在近年极端气候现象和地震活动频繁等因素的影响下，区域内地质灾害的发生呈上升态势，地质灾害类型较为丰富，主要有地震、泥石流、滑坡、崩塌、火山喷发、地裂缝等地质灾害。

表 6.4　不同机构给出的震源参数

机构	震级	震中位置		节面 1	节面 2	深度/km
		经度（°E）	纬度（°N）			
USGS	M_W 6.1	100.012	25.765	135/82/−165	43/75/−9	9
GCMT	M_W 6.1	100.02	25.61	46/78/4	315/86/168	15
CENC	M_W 6.4	99.87	25.67	—		8
中国地震局	—	—	—	138/80/−170		

2021 年 5 月在云南省漾濞县又一次发生 M_W 6.1 强震，位于川滇块体西南边界。新生代早期以来，青藏高原东缘向东挤出，从而形成的最强也是最具代表性的川滇菱形块体，该区域地质灾害频繁，是研究灾害预报预警的重点关注区域。区域发育的断裂复杂，有安定河断裂、红河断裂、安宁河-则木河断裂、澜沧江断裂等，断裂较为活跃，地震活动剧烈。例如，发生在 2018 年通海的两次 M_S 5.0 地震，位于川滇菱形地块东端；2019 年 6 月 24 日发生的楚雄 M 4.7 地震，位于南华-楚雄断裂附近；2020 年 5 月 18 日发生的巧家 M_S 5.0 地震，位于安宁河-则木河断裂带等。

从图 6.85 中看出，此次地震的震中区域主要有两条断裂，分别是维西-乔后-巍山断裂、红河断裂。其中，维西-乔后-巍山断裂与震中的距离最为接近，大约为 10km。段梦乔等（2021）认为此次地震序列的发展断层以南东走向的高倾角右旋走滑兼正断型断层为主，兼有多条北东走向的左旋走滑兼正断层的高倾角次级断层。杨九元等（2021）通过一系列研究认为，此次地震可能破裂在维西-乔后-巍山断裂的隐伏分支断层或一个独立的未知的隐伏主断层上。需着重注意维西-乔后-巍山断裂的巍山盆地段北端。龙锋等（2021）计算的区域构造应力场显示，发震构造受北北西-南南东向近水平主压应力作用发生右旋走滑运动，揭示主发震断层产状和错动类型与维西-乔后-巍山断裂基本一致。根据已有的研究得知，维西-乔后-巍山断裂具有明显的右旋走滑特征，沿线山脊和河流表现为同步右旋位错。维西-乔后-巍山断裂与红河、金沙江，以及德钦-中甸-大具等断裂一起共同构成川滇活动块体的西部边界。因此，相关研究者认为发震构造为维西-乔后-巍山断裂的平行伴生断裂，这一构造的形成可能与川滇块体南东向滑移和滇西南块体的顺时针旋转有关。

3. 数据及处理方法

为了获取此次地震的同震形变场，调查并选取了地震发生前后时间间隔最短的两景欧空局 Sentilnel-1 SAR 影像（图 6.85），影像参数见表 6.5。数据处理采用瑞士 GAMMA 遥感公司开发的专门用于干涉雷达数据处理的全功能平台 GAMMA 软件。采用 D-InSAR 进行数据处理，引入美国国家航空航天局（National Aeronautics and Space Administration，NASA）发布的 30m 空间分辨率的 SRTM 数字高程模型来消除 InSAR 干涉图中的地形起伏误差。基于加权功率谱算法的自适应滤波算法对干涉图进行滤波，以此来消除干涉图中的噪声相位。利用二次多项式拟合去除干涉图中残余的轨道误差，相位解缠采用最小费用流算法。为得到精确的形变场，基于大气延迟相位与地形间的相关关系对差分干涉图进行去除大气影响处理。最后得到视线向同震形变场，再进行地理编码，便获取了地理坐标系下高精度的同震形变场。

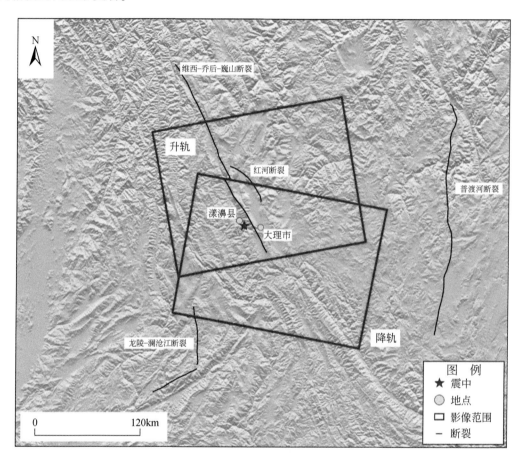

图 6.85　云南漾濞地区区域地质背景

表 6.5　研究中用到卫星影像基本信息

轨道号	轨道类型	主影像	从影像	时间基线/天	空间基线/m
Path 135，Frame 508	降轨	2021 年 5 月 10 日	2021 年 5 月 22 日	12	-48.24170
Path 99，Frame 1265	升轨	2021 年 5 月 20 日	2021 年 6 月 01 日	12	18.78840

注：Path：道；Frame：帧。

4. 结果与分析

根据以上处理，我们获取了漾濞县 M_W 6.4 级地震升、降轨的同震形变场，如图 6.86 所示。结果显示，此次地震造成断裂北东侧的最大隆升约 10cm，西南侧的最大下沉约

-10cm（雷达视线向），其中两个不同方向的水平位错的过渡带为发震断层所在的位置。两个形变区域间并没有由于地表破裂造成大面积的失相干，说明此次同震形变并未造成严重的地表破裂。并且，升、降轨影像的形变场上下盘的地表运动表现为相反的运动趋势，说明同震引起的形变以水平向为主。同震形变监测结果与王绍俊等（2021）的研究较为一致。

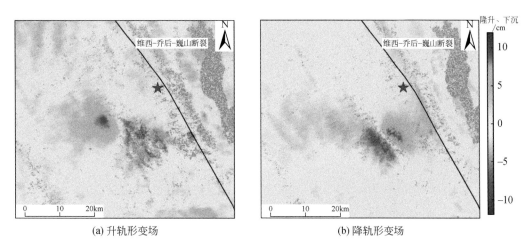

(a) 升轨形变场　　　　　　　　　　　　　　(b) 降轨形变场

图 6.86　漾濞县 M_W 6.4 级地震升、降轨的同震形变场

1）GBIS 均匀滑动反演

基于 InSAR 同震形变场开展发震断层的几何参数和运动学参数反演是认识发震机理的关键。为此我们采用 GBIS 开源软件（http：//comet. nerc. ac. uk/gbis）对本次地震同震形变场进行非线性反演，来获取发震断层的几何参数（断层长度、宽度、深度、走向倾角等）。GBIS 软件是通过断层几何参数的后验概率密度函数和观测值的先验知识确定断层的最优参数。目前，该方法在地震、火山等形变反演中得到了广泛的应用。首先，根据我们的 InSAR 形变监测的先验结果，选择 Okada 矩形弹性位错模型，通过设置断层几何参数（断层长度、宽度、深度、倾角、走向）和运动学参数（滑动量），并设置一定的搜索范围，对模型参数进行约束反演。由于 InSAR 的监测结果数据量较大，为提高反演计算效率，需要对形变结果进行降采样处理，即在保证形变特征的同时，减少点的数量。本书采用四叉树降采样方法，最终升、降轨的形变场分别保留了 2326 个、2655 个数据点。在迭代结束后，去掉 3×10^4 迭代的老化周期，最后便得到了断层的最优模拟结果，最优反演断层参数见表 6.6。模型参数直方图见图 6.87，反演结果对比见图 6.88。

由断层的后验概率密度函数分别获取了 2.5% 和 96.5% 的最大后验概率解。反演结果表明，同震地表形变是由一条长度约 12.2km、宽度为 5.0km、深度为 6.5km、倾角为 83°、走向为 134° 的断层滑动引起的（图 6.87，表 6.6）。由表 6.6 可知，发震断层以走滑为主，震中位置深度为 6.48km，明显大于宽度（约 5km），说明此次地震没有破裂至地表，且漾濞地震走滑分量为-68cm，倾滑分量为-9cm，表明同震断层活动以走滑为主。其走向为 132°，近似为北西西-南东东向，可见，断层走向与 USGS 给出的节面 1 的震源机制解基本一致，且同震形变观测结果和均匀滑动反演结果存在很好的相关性。

表 6.6 漾濞地震均匀滑动反演断层参数

断层长度/km	断层宽度/km	深度/km	倾角/(°)	走向/(°)	走滑分量/cm	倾滑分量/cm
12.2	5.00	6.5	83	132	−68	−9

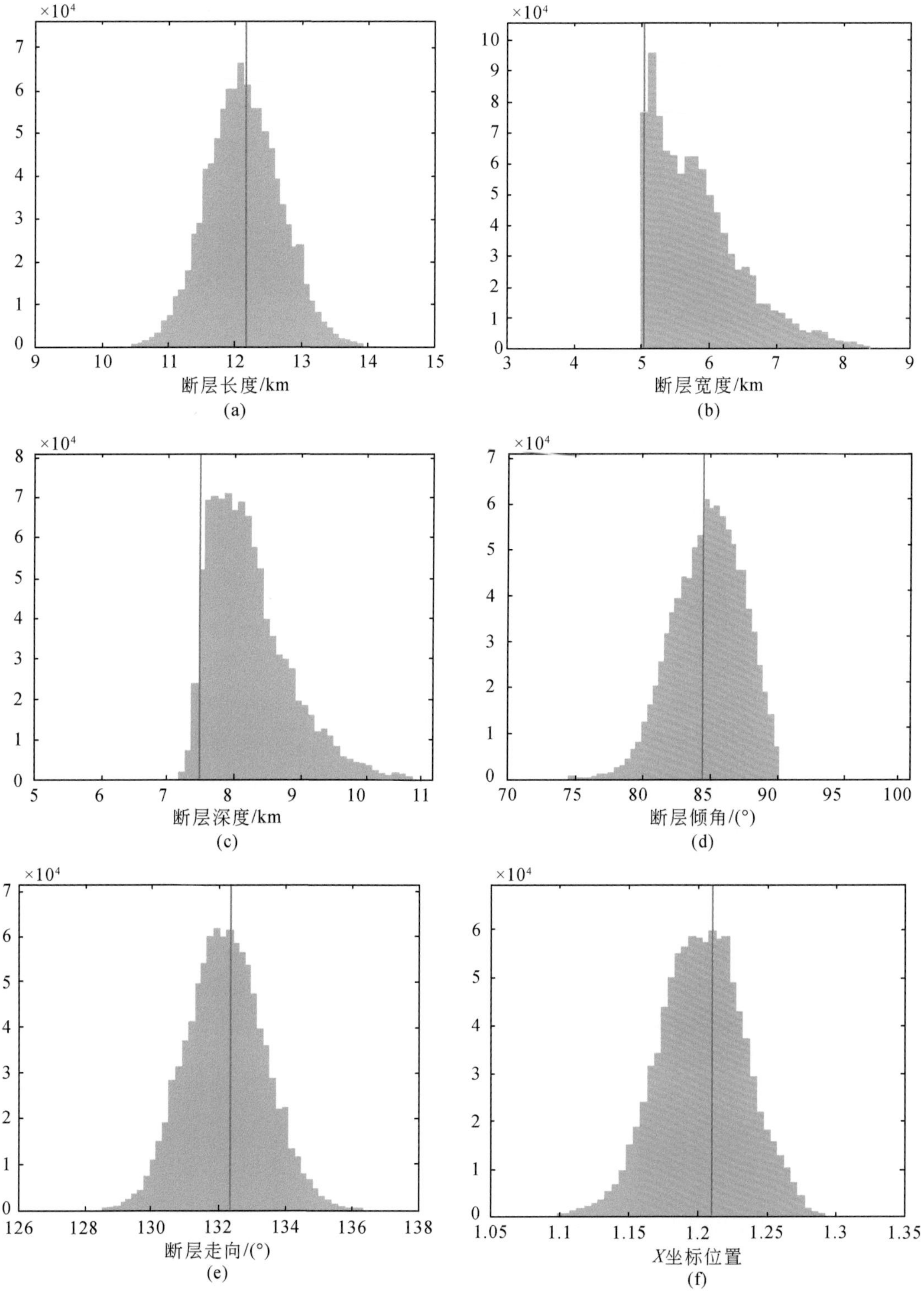

(a)

(b)

(c)

(d)

(e)

(f)

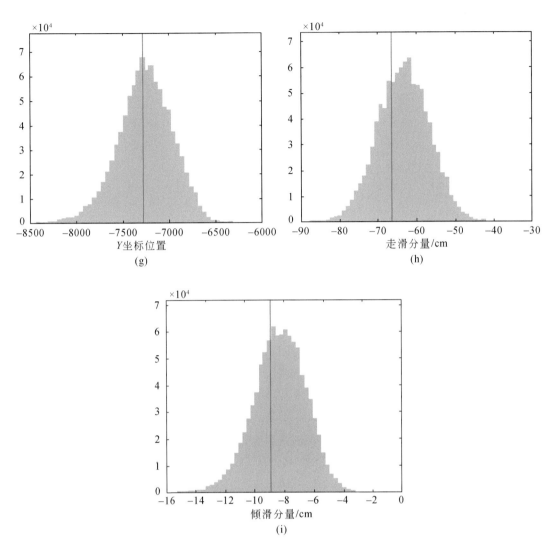

图 6.87　均匀滑动模型参数直方图

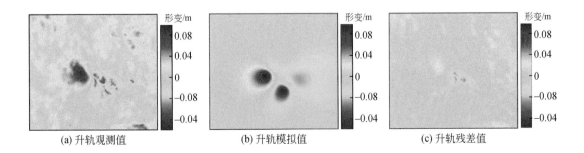

(a) 升轨观测值　　　　　　　　　(b) 升轨模拟值　　　　　　　　　(c) 升轨残差值

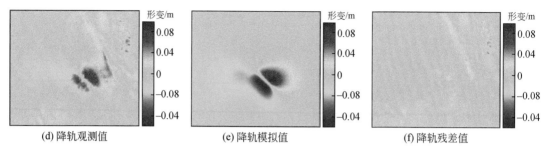

(d) 降轨观测值　　　　　　　(e) 降轨模拟值　　　　　　　(f) 降轨残差值

图 6.88　均匀滑动反演结果对比

2) 同震滑动分布反演

基于 GBIS 反演可以获取地震震源参数，为进一步分析断层的运动特征以及对地震的成因分析，还需对断层进行精细化的滑动分布反演。本书利用最速下降法（steepest descent method，SDM）反演滑动分布，其主要思想是利用负梯度方向来决定每次迭代的新的搜索方向，随着迭代步数的增加使待优化目标函数逐步减小，该方法基于 Okada 弹性半空间模型。实验中，我们参考 GBIS 计算得到的震源参数，进行最初的参数设置。为更全面的获取整个断层的滑动分布结果，将断层的长度和宽度分别沿走向和倾向进行延长，沿走向延长至 40km、沿倾向延长为 20km，分为 2km×2km 的小块，共 200 个小块，根据震源机制解和均匀滑动分布结果可知云南漾濞地震以走滑为主，故将断层滑动角区间设置为 $-180° \sim 0°$，然后计算每一块的滑动情况。为进一步保证反演结果的稳定性，引入滑动因子 α 进行约束，最优滑动因子通过权衡粗糙度和拟合残差二者的折中曲线求得，如图 6.89 所示，本次反演的滑动因子采用 0.025。

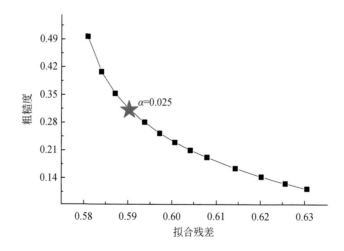

图 6.89　模型粗糙度与拟合残差的拟合曲线（红色五角星表示最优滑动因子）

断层模型的反演结果很好地反映了地震同震形变场，断层模型拟合度为 80%，不能拟合的形变主要是由于形变场北东方向地形起伏引起的误差造成的（图 6.90、图 6.91）。分布式滑动反演得到同震滑动分布结果如图6.91所示，断层的滑动分布在沿走向集中在8~24km，沿倾向主要集中在2~10km，平均滑动量为0.19m，平均滑动角为−153.6°，平均矩震级为$M_W6.1$，如表6.7所示。通过分析滑动分布结果，再一次判定此次地震是一次典型的走滑断层破裂事件。

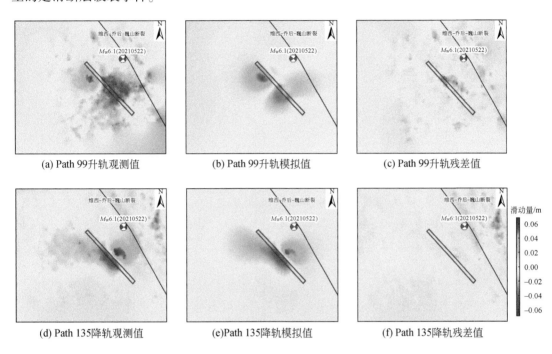

(a) Path 99升轨观测值 (b) Path 99升轨模拟值 (c) Path 99升轨残差值

(d) Path 135降轨观测值 (e)Path 135降轨模拟值 (f) Path 135降轨残差值

图6.90　同震形变观测结果与分布式滑动反演结果对比图

蓝线表示设置的断层模型在地面的投影；红色的震源球表示此次地震的震源机制解

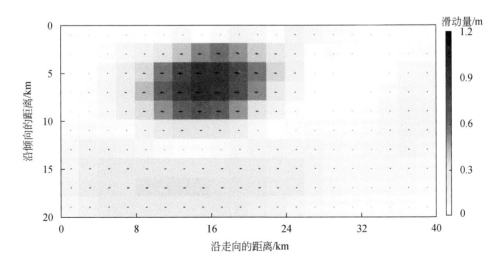

图6.91　断层的二维滑动分布结果（箭头表示块体的运动方向）

表 6.7　漾濞地震分布式滑动反演结果

震级	经度（°E）	纬度（°N）	深度/km	平均滑动角/（°）	平均滑动量/m
M_W 6.1	99.9	25.7	6.9	−153.6	0.2

5. 讨论

同震的破裂往往会对周围应力场产生变化，从而驱动或者抑制余震的发生。为了进一步揭示此次地震对周围地质构造产生的影响，我们分析了同震破裂对区域应力场的变化。以分布式滑动反演的断层滑动分布结果为依据，基于 Coulomb 3.3 软件平台，摩擦系数设置为 0.4，剪切模量设置为 30GPa，计算了深度分别为 6.5km 和 10km 的库仑应力分布。收集了从 2021 年 5 月 21 日至 2021 年 5 月 25 日 M_W>3 的余震结果，并进行联合分析。基于 Coulomb 3.3 得到的本次地震同震库仑应力变化结果如图 6.92 所示。将滑动分布结果与库仑应力结果，以及地质构造进行联合分析，发现余震的分布区域与断层模型迹线走向一致。且余震分布区域与断层主破裂区地面 6.5km 深度以下的库仑应力减小的展布一致，库仑应力为正值的区域，在地震发生后，容易发生余震，余震的发生使得区域构造应力逐渐释放。2021 年云南漾濞县地震在发震断层的主破裂区处于应力调节状态，在维西−乔后−巍山断裂附近造成了明显的应力加载，库仑应力在同震滑动分布量最大的区域处于应力加载状态。余震大部分分布在发震断层周围，但是远离主震震中，说明在主震后较短时间内，断层处于应力调节状态。同震形变场、同震滑动分布和库仑应力计算结果均显示，震中附近没有出现明显的形变特征和较大的滑动量，并且库仑应力状态显示为负值。震中与维西−乔后−巍山断裂距离较近，因此附近地区仍然需要持续的关注。

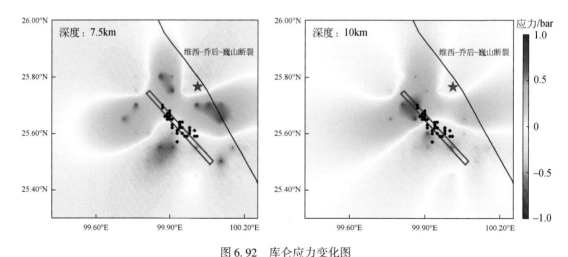

图 6.92　库仑应力变化图

蓝色的框表示断层在平面上的投影；黑色的圆圈表示从 2021 年 5 月 21 日至 2021 年 5 月 25 日的 M_W>3 的余震

本节基于 SAR 影像开展了对漾濞地震的研究，并利用 Okada 弹性位错模型对地震进行了构造反演，主要采用的是 GBIS 和 SDM 反演方法，通过反演和计算，我们发现，发震断层属于右旋走滑类型，与周围的维西–乔后–巍山断裂的运动学性质相同。根据同震破裂的运动特征分析，该断裂可能属于维西–乔后–巍山断裂的次级断层，该断层与周边断层的运动学关系还需进一步的探索。

6. 结论

本节以 Sentinel-1A SAR 数据作为数据源，利用两轨法 D-InSAR 技术获取了该地震的同震形变场，并以 InSAR 同震形变场为约束，基于 Okada 弹性位错模型，得到了断层的最优震源参数。反演结果显示，同震形变是由一条长 12.2km、宽 5.0km、深 6.5km，走向为 132°、倾角为 83°的断层引发的。发震断层的滑动主要分布在沿走向 4~28km、沿倾向 2~12km 的范围内，平均滑动角为 –154°，平均滑动量为 0.2m，且此次地震是以右旋走滑为主。最后，基于滑动分布结果，利用 Coulomb 3.3 平台，计算了库仑应力分布变化。实验中，建立的断层模型是矩形模型，这种情况是理想状态的，与真实的断层模型还有一些差距。在反演中，我们假定地壳介质在不同深度是均匀分布的，实际地壳介质分布并不是均匀的，一般采用 Crust 1.0 对地层介质进行分类，从而更好地模拟地震发生时地层介质的不同对地震演化的影响。

6.2　基于机载 LiDAR 的地质灾害稳定性动态评价

6.2.1　调查范围

本次机载 LiDAR 解译范围地理坐标为 99.019378° ~ 99.105449° E、26.662619° ~ 26.747500°N，总面积约 49km²，区内最高高程为 3020m、最低高程为 1760m，整体高差为 1260m，地形坡度为 5°~55°。调查区主体为云南省维西县叶枝场镇的核心区范围，测区山体为典型的高山地貌，山体之间的平原地区属洪积阶地，地形地貌复杂程度为复杂（图 6.93）。

图 6.93　叶枝场镇地形地貌图

6.2.2 机载 LiDAR 点云处理

对获取的机载 LiDAR 原始点云进行航带拼接、点云去噪等一系列预处理，再进行点云分类，获得地面点云和植被点云。本次获取约 49km² 的机载 LiDAR 点云数据，采集日期为 2020 年 7 月，点密度约为 24 个/m²，通过点云去燥、滤波等操作后去除植被获得的地面点，其中山体高植被覆盖区平均点密度为 4.5 个/m²，平均地面点密度为 4.9 个/m²，综合植被穿透率为 20%。通过对原始点云和地面点云进行处理，获得了调查区高分辨率数字正射影像图（DOM）（地面分辨率为 0.1m）（图 6.94）、数字表面模型（DSM）（图 6.95）和数字高程模型（DEM）（图 6.96）。

图 6.94 叶枝场镇正射影像图

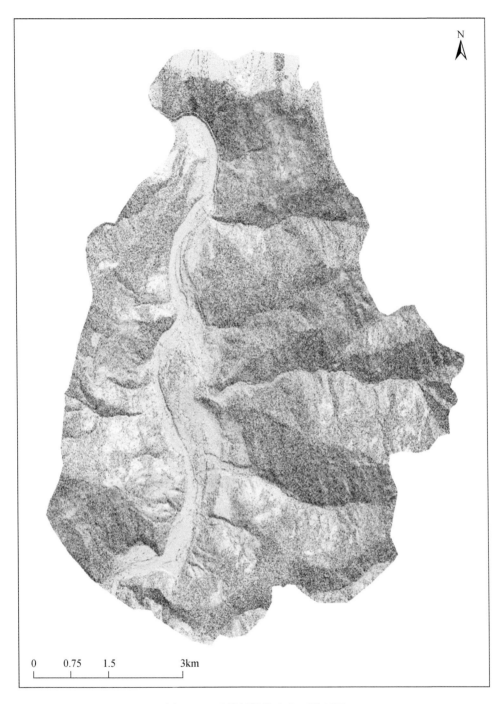

图 6.95　叶枝场镇数字表面模型图

　　本次机载 LiDAR 地质灾害遥感解译工作，充分运用了前期获取的叶枝场镇高精度倾斜三维模型，在此三维影像中开展相关地质灾害信息识别及提取工作，解译叶枝场镇域内历史或已有的地质灾害，并对潜在的隐患进行早期识别。

图 6.96 叶枝场镇数字高程模型图

6.2.3 解译标志

1. 解译内容

解译内容包括：地质信息（地层分界线等），地质构造（断层、断裂、褶皱等），地质灾害（滑坡、崩塌、危岩体、岩堆、岩屑坡、碎屑流、泥石流等）及其他潜在威胁对象。

2. 解译精度

本次机载 LiDAR 遥感调查范围为叶枝场镇核心区域，面积约 49km²。解译出的地质灾害，崩塌、滑坡、泥石流的最小上图精度为 5mm。图上面积大于最小上图精度的，勾绘出其范围和边界，小于最小上图精度的用规定的符号表示。定位时，滑坡点定在滑坡后缘中部，崩塌点定在崩塌发生的前沿，泥石流点定在堆积扇扇顶，地面塌陷和地裂缝定在变形区中部。

3. 断裂构造解译标志

在基于 LiDAR 的三维影像与数字高程模型上，可以发现地质构造的各种特征，按照其特点可分为如下两类。

1）直接解译标志

在三维模型上，突然出现了中断或者错位的岩性标志、地层标志，或者发现模型数据上出现地层重复或缺失的不连续地层，即岩性、地层、岩石的不连续性可作为该处有断层通过的证据。同时，如果沿某一界面，出现了构造形迹的中断或者突变的现象，则可视为构造不连续。对于断层而言，可以通过对地层的缺失、走向不连续使岩层走向斜交，也可作为明显的构造标志。

2）间接解译标志

A. 色调标志

主要通过色调异常在 DEM 山体阴影影像上出现直线状的标志来指示，在遥感解译中，色调标志是常用到的非常直观的标志。在构造地貌中，断裂的出现，使得断裂两侧出现的地物颜色深浅发生变化或者色调出现异常，通过色调的变化可以直观地指示断裂的存在。

B. 地貌标志

断裂的地貌标志在三维影像上可解译出的有：一是断层破碎带，是由断层造成的岩石强烈破碎的地段；二是断裂控制的山脊线发生错动；三是断层三角面，是由断层破碎带发育而成的近三角形坡面，一般呈直线状锯齿状的断续延伸，个别可能发展成断层崖，断层三角面是断层活动的标志，在构造运动强烈的山区或者山地与盆地平原地貌的分界处较为常见（图 6.97、图 6.98）。

4. 地质灾害解译标志

1）滑坡

自然界中的斜坡变形千姿万态，特别是经历长期变形的斜坡，往往是多种变形现象的综合体，这对已改造老滑坡特别是古滑坡尤其是巨型古滑坡来说，其特有的形态特征破坏殆尽，解译的难度更大，因此，在解译滑坡之前首先应对滑坡的形成规律进行研究，以避免解译时的盲目性，使解译工作更容易开展。不过对大部分滑坡来说，其独特的滑坡地貌是比较容易辨认的。典型的滑坡在三维模型上的一般解译特征包括簸箕形（舌形、不规则形等）的平面形态、滑坡壁、滑坡台阶、滑坡舌、滑坡裂缝、滑坡鼓丘、封闭洼地等。除

图 6.97　断层光学影像（山脊错断）

图 6.98　断层 LiDAR 影像（山脊错断）

了局部识别外，还应从大范围的地貌形态进行判断，如滑坡多在峡谷中的缓坡，分水岭地段的阴坡，侵蚀基准面急剧变化的主、支沟交会地段及其源头等处发育。

　　在此次的调查中，大部分滑坡形态是相对完整的，部分改造主要发生在堆积体区域。图 6.99（a）是调查区滑坡的三维光学影像，从模型地物表面形态及光谱信息来看，该处滑坡植被覆盖率较高，滑坡整体边界不太清晰，仅滑源区稍稍可见。在基于 LiDAR 点云并作植被房屋的滤波处理后，获得了如图 6.99（b）所示的三维数字高程影像，模型中滑源区的物质损失与堆积区的物质增加构成了滑坡最明显的特征，滑源区圈椅状形态、堆积区边界地形变化、滑源区表面光滑等均是该区域滑坡解译的典型标志。

对于调查区滑坡而言，植被较多，无法进行滑坡识别；此时滤波之后的数字高程模型则能够去除表面的干扰信息，很好地表达滑坡滑源区物质损失和堆积区物质增加。从滑源区圈椅状地貌、滑坡下错迹象和滑坡表面粗糙度的差异等特征可以清楚地判断滑坡边界，这是机载 LiDAR 数据区别于传统影像滑坡解译的优势所在。

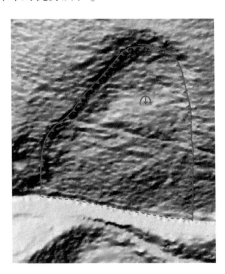

(a) 滑坡三维光学影像　　　　　　　　(b) 滑坡 LiDAR 三维数字高程影像

图 6.99　不同数据源典型滑坡对比

2）崩塌

崩塌在三维影像上的一般表现为上部地形陡立、坡表岩体破碎、粗糙不平、基岩多裸露、堆积呈现三角锥形、处于地形低处、有颗粒分选。尚在发展的崩塌在岩块脱落山体的槽状凹陷部分色调较浅，且无植被生长，其上部较陡峻，有时呈突出的参差状，有时崩塌壁呈深色调，是崩塌壁岩石色调本身较深所致。趋向于稳定的崩塌，其崩塌壁色调呈灰暗色调，或在浅色调中具浅色斑点，生长少量植物，其上方陡坡仍明显存在，崩塌体以粗颗粒碎石土为主；稳定的崩塌，其崩塌壁色调较深，植被生长较密，其上方陡坡已明显变缓，崩塌体岩层主要由细颗粒土组成，植被生长较密，有时开辟为耕地。崩塌纵坡大都是直线形或弧形，坡表生长较稀植物，且坡体色调较浅而均一，具粗糙感及深色点状感，物质组成以碎石和大块石为主。崩塌堆积单个出现时，其平面形态多呈舌形、梨形等，稳定岩堆多呈崩塌裙；其表面色调较深，呈不均匀色调及斑点；纵断面呈直线形和凹形，横断面突起不明显，崩塌边界受植被覆盖而不清楚，呈渐过渡状态。

调查区为典型的构造侵蚀中高山地貌，崩塌灾害多发育在河流两侧地形陡峭之处。图 6.100（a）所示的崩塌三维光学影像中可以看到崩塌坡体陡峭有部分内凹，同时堆积区坡度变缓，坡度变化交界明显；在图 6.100（b）中堆积区更加明显，堆积表面粗糙度更大，颗粒感突出，但由于单个测区投影面积较小，机载 LiDAR 采集数据时落在陡立面上的点通常较少，同时无法测得内凹地形，在室内处理点云数据构建 DEM 时，地形较陡部位往往由于点数量较少或没有而出现拉花现象。

调查区的崩塌发育的位置一般发育在陡峭山体处，其崩塌源区与堆积区交接处明显。在 LiDAR 数据上的表现则是滑源区坡度较大并可能伴随局部拉花现象，向堆积区过渡时则坡度突然变缓，有明显的陡缓交界线；堆积区呈现三角锥形或梨形，处于地形低处，表面粗糙度特征与环境差异较大，但新近堆积粗糙度大颗粒感明显，古老堆积则粗糙度较小且光滑。

 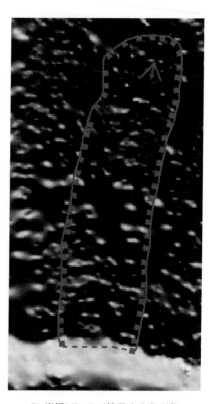

(a) 崩塌三维光学影像   (b) 崩塌LiDAR三维数字高程影像

图 6.100　不同数据源典型崩塌对比

3）泥石流

A. 沟谷型泥石流

沟谷型泥石流可清楚地看到物源区、流通区和堆积区三个区。物源区面积较大，山坡陡峻，岩石风化严重，松散固体物质丰富，常有滑坡、崩塌发育；流通区一般为泥石流沟床，呈直线或曲线条带状，纵坡较物源区地段缓，但较堆积区地段陡；堆积区位于沟谷出口处，纵坡平缓，呈扇状，浅色色调，扇面上可见固定沟槽或漫流状沟槽，还可见到导流堤等人工建筑物；泥石流堆积扇与一般河流冲洪积扇的主要区别是，前者有较大的堆积扇纵坡，一般为 5°～9°，部分达 9°～12°，后者一般在 1°～4°。

B. 坡面型泥石流

坡面型泥石流是指发育在尚未形成明显沟谷山体上的小型或微型泥石流，通常发育在坡度陡峻（20°~40°）、坡面较长、较为平整、坡积层较薄（<3m），下伏基岩透水性较差的斜坡上。泥石流形成区发育在斜坡的中上部有一定汇水条件的凹形坡面，故其流域常呈斗状，其面积一般小于 1km²，无明显流通区，形成区与堆积区直接相连，泥沙常堆积在斜坡脚，形成倒石锥状的堆积体或直接进入支沟转化为沟谷型泥石流（图 6.101）。

(a) 泥石流三维光学影像　　　　　　　　　　(b) 泥石流 LiDAR 三维数字高程影像

图 6.101　不同数据源典型泥石流对比

6.2.4　地层岩性复核

由于调查区植被茂密，裸露地面非常少，本区域地层岩性解译存在较大困难，而且地层岩性遥感判译本身就存在随机性、模糊性和多解性的特点。对于岩性解译标志变化主要决定于内在因素和外在因素两种。内在因素主要为岩石地层的成分、结构和构造。成分较大程度上决定了岩石地层的颜色和风化剥蚀作用特征。岩石地层的结构和构造，如颗粒大小、均匀度、有无定向或层理构造，这些将影响岩石地层的抗风化能力，是影响微地貌发育的一个重要因素。影响岩石地层解译的外部因素包括岩体结构产状、裂隙、人类活动、气候条件、水流冲刷等。

6.2.5　地质构造识别

调查区所处区域地处三江地槽褶皱系与扬子准台地的衔接部位，群山耸立，澜沧江纵贯全境，地质构造复杂。以仅发育南北向深大断裂和褶皱为其特点，叶枝-雪龙山断裂、康普断裂、秋多-鲁甸断裂等深大断裂纵贯全境。

调查区内植被茂密，主要为高大林地。传统的光学遥感和地面的构造调查都存在较大困难，对于机载激光雷达技术，利用其激光多回波技术，可有效剔除地表植被影响，清晰准确地反映地面三维形貌特征，对区域构造断裂的识别效果佳，可有效识别大、中、小型各类地质构造，弥补光学遥感难以识别小型构造的缺陷。利用机载雷达激光点云生成的数字高程模型确定构造的类型、位置和性质、破裂带规模等,可以大大提高识别的准确性和效率。构造解译过程遵循先宏观后微观,光学影像与 DEM 融合识别的原则。需注意构造与地层关系,特别关注岩层层序和连续性,以便识别岩层的不整合接触关系及褶皱构造,本次研究区范围较小,褶皱等构造现象不发育,主要以断裂构造解译为主。断裂构造形态解译标志一般呈条带状展布,这些线性构造的形态特征大多可直接作为解译标志,但有些情况只能作为间接标志,需根据实际情况做具体判断。

调查区断裂构造形态直接解译特征包括:①地质体不完整被切断或者错开,表现在岩层、岩脉、褶皱、不整合面、侵入体等迹象;另外,断裂活动往往造成两侧地层牵引错动、河流转向,这也是反映断裂活动、构造应力特征的主要表征。②断裂构造形态的间接构造标志较多,需要细心甄别,如线性负地形出现,断层三角面、断层崖、断层垭口、串珠状盆地等间接地面形态,这些特征往往具有明显的方向性和延续性,而且与附近的地形和水系不相协调,岩层产状沿着特定方向剧烈变化,侵入体、松散沉积物等线性或带状分布,山脊线、夷平面错动、水系变化及串珠状泉水发育等。本次依据以上方法解译地层及断层四条(图 6.102)。

6.2.6　地质灾害解译成果

1. 地质灾害解译情况

本次主要利用机载 LiDAR 数据和倾斜三维影像联合解译地质灾害,根据云南省维西县叶枝测区地质灾害发育特点,本次解译工作主要分为三个层次:①利用三维影像,识别出由于人为因素或自然因素引起的山体形变,为地质灾害解译提供直接依据;②利用机载 LiDAR 的植被"穿透"能力,主要识别已经发生的不良地质现象,如古滑坡堆积体、崩塌堆积体、泥石流物源;③综合应用机载 LiDAR、倾斜三维影像联合解译重大地质灾害隐患。

2. 典型地质灾害分析

1)滑坡地质灾害

A. 银冲沟沟口以北 500m 处滑坡

银冲沟沟口以北 500m 处滑坡(XH006)位于叶枝镇银冲沟沟口以北 500m 德维线旁,地理坐标为 99.0551°E、26.7269°N。滑坡前缘高程为 460m、后缘高程为 715m,整体高差约 245m,主滑方向约 280°,整体坡度约 35°。滑坡纵向长约 120m、横向宽约 75m,分布面积约 8600m,为一小型滑坡。

从光学影像上看,该处曾经发生过滑坡,为一古滑坡,发育于河流东侧,坡体植被茂密,滑坡体后缘局部基岩出露,现坡体残留坡积物较薄,后缘壁略呈圈椅状,有错坎。坡体后缘及北侧裂缝在高程模型上表现尤为明显,滑坡体后缘及北侧形成滑坡台坎,东西向呈舌形,与 DOM 和三维影像极度吻合(图 6.103)。

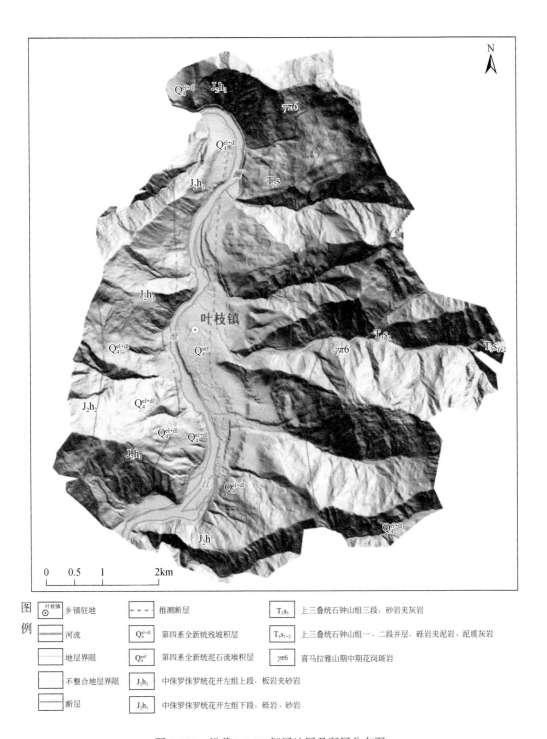

图 6.102　机载 LiDAR 解译地层及断层分布图

(a) XH006光学影像

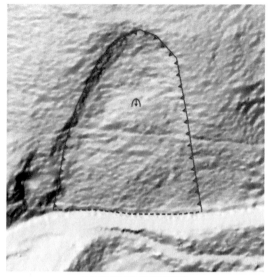

(b) XH006数字高程模型

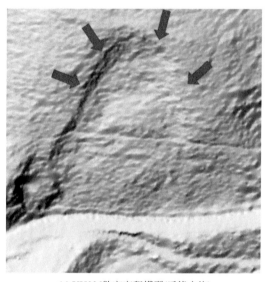

(c) XH006数字高程模型(后缘台坎)

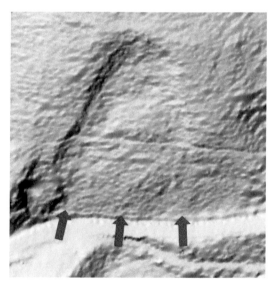

(d) XH006数字高程模型(前缘堆积体)

图 6.103　银冲沟沟口以北 500m 处滑坡（XH006）影像

B. 各巴统滑坡

各巴统滑坡（H005）位于叶枝镇松洛村各巴统社，地理坐标为 99.0469°E、26.6879°N，方向 80°，滑坡长 40m、宽 30m，面积 1200m²，为一小型古滑坡，主要威胁后缘农田和前缘的公路。该滑坡呈不稳定状态，主要是修建公路开挖形成高陡坡面，坡脚失稳后造成局部坡面下滑。机载 LiDAR 点云数据经滤除植被处理后，各巴统滑坡体在高程模型上表现明显，滑坡体边界清晰，后缘形成滑坡台坎，南北向呈圈椅状，与 DOM 和三维影像极度吻合。该滑坡体北西侧也有一处明显的滑坡塌陷区域，范围较小，因其地表植被覆盖较多，正射影像及三维影像不明显；在滑坡体南西侧也有一小处滑坡形成的陡坎，因其地表被植被覆盖，正射影像及三维影像不明显（图 6.104）。

(a) H005光学影像

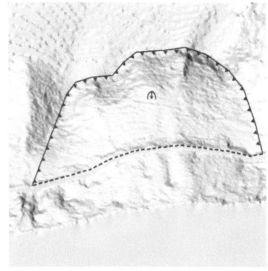

(b) H005数字高程模型

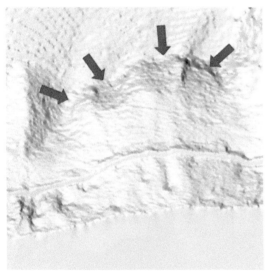

(c) H005数字高程模型(后缘台坎)

(d) H005数字高程模型(前缘堆积体)

图 6.104　各巴统滑坡（H005）影像

C. 俄咪洛滑坡

俄咪洛滑坡（H006）位于叶枝镇松洛村娃咪老社，地理坐标为 99.0351°E、26.7020°N，方向为 100°，滑坡长 500m、宽 120m，面积为 57500m^2，厚约 15m，方量约 862500m^3，为一中型古滑坡，主要威胁居民点（85 人）、农田和公路，坡表多为人为改造梯田，该滑坡相对较为稳定。

从光学影像上看，该滑坡植被覆盖率较高，前缘植被覆盖相对较多，后缘局部植被相对较少，局部有基岩出露。机载 LiDAR 点云数据经滤除植被处理后，俄咪洛滑坡体在高程模型上表现明显，滑坡整体边界清晰，坡表局部区域存在小面积滑塌下沉，对滑坡的稳定造成一定影响。滑坡体后缘形成断崖式滑坡台坎，呈现出明显的错坎或裂缝的特点，呈不规则舌形（图 6.105）。

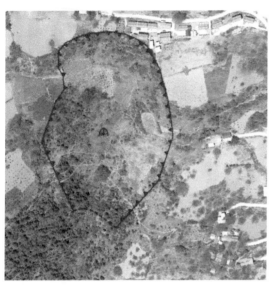

(a) H006光学影像

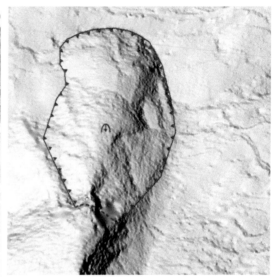

(b) H006数字高程模型

(c) H006数字高程模型(后缘台坎)

(d) H006数字高程模型(前缘堆积体)

图 6.105　俄咪洛滑坡（H006）影像

D. 阿尼比滑坡

阿尼比滑坡（H007）位于叶枝镇阿尼比村，地理坐标为 99.0369°E、26.6941°N，方向为 9°，滑坡长 450m、宽 410m，面积为 63000m²，厚约 8m，方量约 504000m³，为一中型滑坡，主要威胁居民（192 人）及其周边、农田和公路。呈不稳定状态，主要是修建公路开挖形成高陡坡面，坡脚失稳后造成局部坡面下滑所致。

从光学影像上看，该滑坡体左侧植被覆盖较多，右侧植被覆盖较少，滑坡呈现明显的错坎。机载 LiDAR 点云数据经滤除植被处理后，阿尼比滑坡体后缘及侧裂缝在高程模型上表现明显，滑坡体边界清晰，后缘明显形成滑坡台坎，呈舌形，且向北方向具有明显的滑塌痕迹，呈弧形，与 DOM 和三维影像极度吻合。暂未发现该滑坡体周边其他地方出现沉降下滑趋势（图 6.106）。

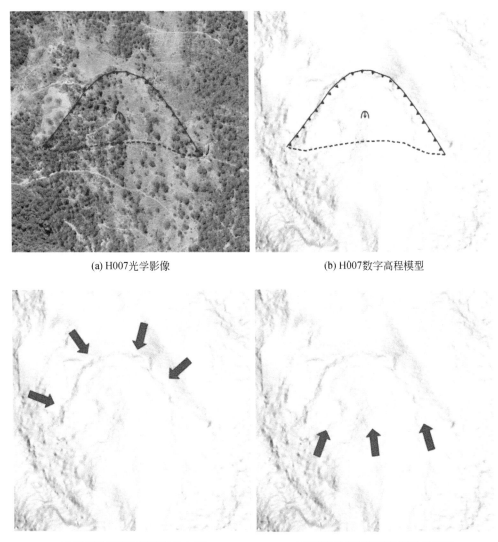

(a) H007光学影像 (b) H007数字高程模型

(c) H007数字高程模型(后缘台坎) (d) H007数字高程模型(前缘堆积体)

图 6.106 阿尼比滑坡（H007）影像

E. 则会干 1 号滑坡

则会干 1 号滑坡（H008）位于叶枝镇同乐村达尼洛社，地理坐标为 99.0668°E、26.6806°N，方向为 330°，滑坡长 25m、宽 45m，面积为 1125m²，厚约 8m，方量约 9000m³，为一小型滑坡，主要威胁居民点（9 人）、农田、饮灌渠道和公路。该滑坡呈不稳定状态，主要是修建公路开挖形成高陡坡面，坡脚失稳后造成局部坡面下滑所致。

从光学影像上看，该滑坡体局部植被较少，局部已经滑塌，出露的多为表层坡表堆积物，主要为第四系滑坡堆积物及碎石黏土。机载 LiDAR 点云数据经滤除植被处理后，则会干 1 号滑坡体在高程模型上表现明显，滑坡体边界清晰，后缘形成滑坡台坎，呈舌形。在人类不当的工程活动影响或短时强降水作用下，滑坡体可能会局部失稳，对坡脚的公路造成一定的威胁（图 6.107）。

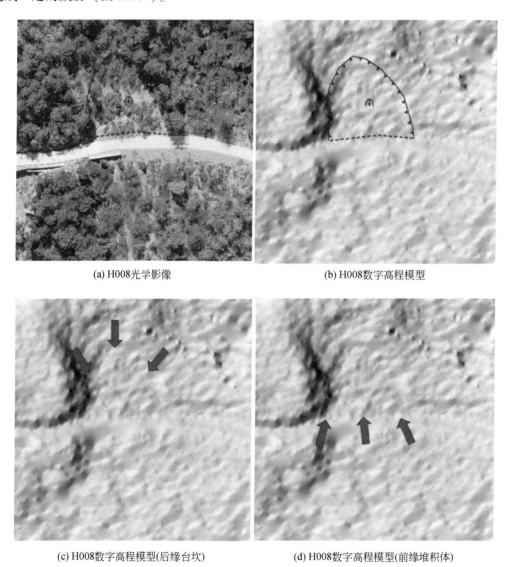

(a) H008光学影像　　　　　　　　(b) H008数字高程模型

(c) H008数字高程模型(后缘台坎)　　　　　　(d) H008数字高程模型(前缘堆积体)

图 6.107　则会干 1 号滑坡（H008）影像

F. 则会干 2 号滑坡

则会干 2 号滑坡（H009）位于叶枝镇同乐村达尼洛社，地理坐标为 99.0661°E、26.6804°N，方向为 352°，滑坡长 25m、宽 52m，面积为 1300m²，厚约 6m，方量约 7800m³，为一小型滑坡，主要威胁居民点（6 人）、农田和公路。该滑坡呈不稳定状态，主要是修建公路开挖形成高陡坡面，坡脚失稳后造成局部坡面下滑所致。

从光学影像上看，该滑坡体后缘及前缘基本无植被覆盖，仅中间有少量植被覆盖，坡表出现局部下沉塌陷，出露的多为表层坡表堆积物，主要为第四系滑坡堆积物及碎石黏土。机载 LiDAR 点云数据经滤除植被处理后，则会干 2 号滑坡体在高程模型上表现比较明显，滑坡体边界清晰，后缘形成滑坡台坎，呈不规则舌形。在人类不当的工程活动影响或短时强降水作用下，滑坡体可能会局部失稳，对坡脚的公路造成一定的威胁（图 6.108）。

(a) H009光学影像

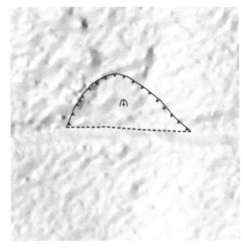
(b) H009数字高程模型

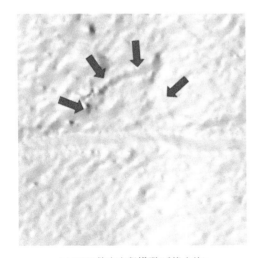
(c) H009数字高程模型(后缘台坎)

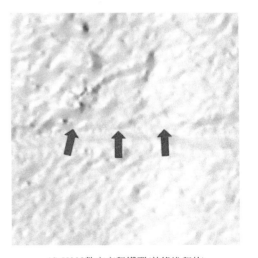
(d) H009数字高程模型(前缘堆积体)

图 6.108　则会干 2 号滑坡（H009）影像

G. 银冲沟沟口左岸滑坡

银冲沟沟口左岸滑坡（H015）位于叶枝镇村根村，地理坐标为 99.0623°E、26.7202°N，方向为 345°，滑坡长 760m、宽 300m，面积为 226500m²，厚约 12m，方量约 2718000m³，为一大型古滑坡，主要威胁居民（3 人）及其周边、农田和公路，险情等级为小型，目前较为稳定。

从光学影像上看，该滑坡体植被覆盖较多，前缘局部为人工改造的梯田，植被覆盖相对稀少，坡表出现局部下沉塌陷。机载 LiDAR 点云数据经滤除植被处理后，银冲沟沟口左岸滑坡体后缘及侧边在高程模型上表现较为明显，滑坡体边界清晰，后缘形成滑坡台坎，呈不规则圈椅状。暂未发现该滑坡体周边其他地方出现沉降下滑趋势（图6.109）。

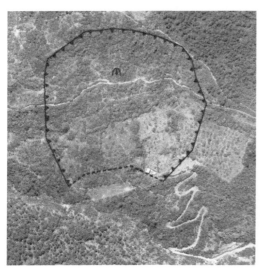

(a) H015光学影像

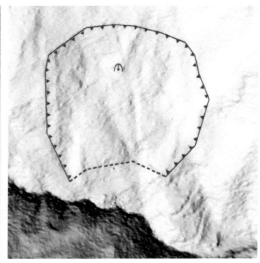

(b) H015数字高程模型

(c) H015数字高程模型(后缘台坎)

(d) H015数字高程模型(前缘堆积体)

图6.109　银冲沟沟口左岸滑坡（H015）影像

H. 则会干 3 号滑坡

则会干 3 号滑坡（XH001）位于叶枝镇同乐村达尼洛社，地理坐标为 99.0676°E、26.6810°N，方向为 328°，滑坡长 20m、宽 18m，面积为 360m²，厚约 5m，方量约 1800m³，为一中型滑坡，主要威胁前缘的公路。该滑坡呈不稳定状态，主要是修建公路开挖形成高陡坡面，坡脚失稳后造成局部坡面下滑所致。

从光学影像上看，该滑坡体基本无植被覆盖，坡表出现下沉塌陷，出露的多为坡表堆积物，主要为第四系滑坡堆积物及碎石黏土。机载 LiDAR 点云数据经滤除植被处理后，则会干 3 号滑坡体在高程模型上表现明显，滑坡体边界清晰，后缘形成滑坡台坎，呈不规则舌形。前缘已修建的挡墙过于短小，无法有效防挡上部滑坡体的坍塌，挡墙顶部已被土石覆盖。在人类不当的工程活动影响或短时强降水作用下，滑坡体可能会进一步失稳，对坡脚的公路造成一定的威胁（图 6.110）。

(a) XH001光学影像　　　　　　　　　(b) XH001数字高程模型

(c) XH001数字高程模型(后缘台坎)　　　(d) XH001数字高程模型(前缘堆积体)

图 6.110　则会干 3 号滑坡（XH001）影像

I. 则会干 4 号滑坡

则会干 4 号滑坡（XH002）位于叶枝镇同乐村达尼洛社，地理坐标为 99.0726°E、26.6810°N，方向为 322°，滑坡长 25m、宽 34m，面积为 850m²，厚约 8m，方量约 6800m³，为一小型滑坡，主要威胁前缘的公路。该滑坡呈不稳定状态，主要是修建公路开挖形成高陡坡面，坡脚失稳后造成局部坡面下滑所致。

从光学影像上看，该滑坡体基本无植被覆盖，坡表出现下沉塌陷，出露的多为坡表堆积物，主要为第四系滑坡堆积物及碎石黏土。机载 LiDAR 点云数据经滤除植被处理后，则会干 4 号滑坡体在高程模型上表现明显，滑坡体边界清晰，后缘形成滑坡台坎，呈不规则舌形，前缘形成陡坎，坡脚已经临空。在人类不当的工程活动影响或短时强降水作用下，滑坡体可能会进一步失稳，对坡脚的公路造成一定的威胁（图 6.111）。

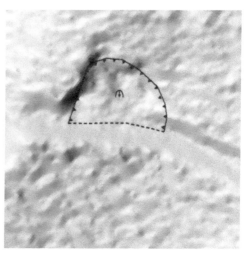

(a) XH002光学影像　　　　　　　　　　　(b) XH002数字高程模型

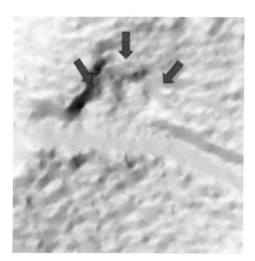
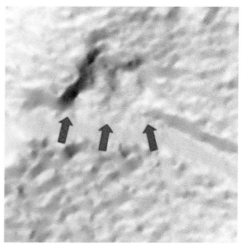

(c) XH002数字高程模型(后缘台坎)　　　　(d) XH002数字高程模型(前缘堆积体)

图 6.111　则会干 4 号滑坡（XH002）影像

J. 朵朵滑坡

朵朵滑坡（XH004）位于叶枝镇朵朵村，地理坐标为 99.0302°E、26.6966°N，方向为 198°，滑坡长 80m、宽 48m，面积为 3840m²，厚约 8m，方量约 3720m³，为一小型滑坡，主要威胁村公路，呈不稳定状态，主要是修建公路开挖形成高陡坡面，坡脚失稳后造成局部坡面下滑所致。

从光学影像上看，该滑坡体前缘基本无植被覆盖，坡表出现局部下沉塌陷，出露的多为坡表堆积物，主要为第四系滑坡堆积物及碎石黏土。机载 LiDAR 点云数据经滤除植被处理后，朵朵滑坡体在高程模型上表现明显，滑坡体边界清晰，后缘形成滑坡台坎，呈圈椅状。前缘已经塌陷形成临空区。在人类不当的工程活动影响或短时强降水作用下，滑坡体可能会进一步失稳，对坡脚的公路造成一定的威胁（图 6.112）。

(a) XH004光学影像

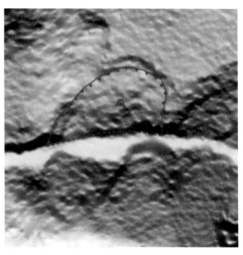
(b) XH004数字高程模型

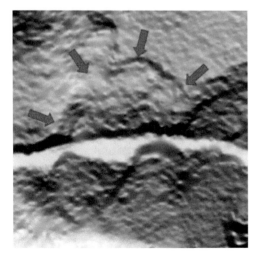
(c) XH004数字高程模型(后缘台坎)

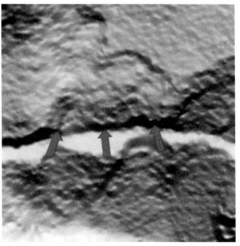
(d) XH004数字高程模型(前缘堆积体)

图 6.112　朵朵滑坡（XH004）影像

2) 林根公路崩塌地质灾害

林根公路崩塌（XB001）位于叶枝镇村根村，地理坐标为99.0500°E、26.7396°N，方向为186°，崩塌区域长140m、宽35m，面积为4900m²，厚约3m，方量约14700m³，为一中型崩塌灾害，主要威胁前缘的公路。该崩塌处于不稳定状态。

从光学影像上看，该处崩塌植被较茂密，局部有基岩出露，受新构造运动影响强烈，岩体破碎，节理裂隙发育。前缘坡脚有公路通过。斜坡地形坡度较陡。微地貌显示为陡崖和陡坡，崩塌由下部堆积体和上部危岩区两部分组成，崩塌危岩区临空条件较好，地形陡峭，接近直立。崩塌堆积体的坡度较陡，堆积体内存在多处次生灾害的可能性。机载LiDAR点云数据经滤除植被处理后，崩塌危岩区整体呈不规则形，整体变形迹象明显，坡顶崩塌源区发生垮塌，形成台坎，中部大面积出露基岩，地形陡峻。坡表堆积物主要为第四系崩坡积物及碎石黏土，块碎石大小混杂。堆积区坡表存在局部下滑。在人类不当的工程活动影响下，斜坡可能会局部失稳，对坡脚的公路造成一定威胁（图6.113）。

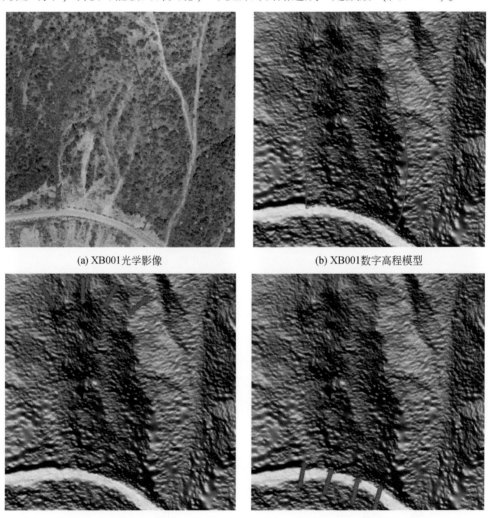

(a) XB001光学影像　　　　　　　　　　(b) XB001数字高程模型

(c) XB001数字高程模型(物缘区)　　　　(d) XB001数字高程模型(堆积区)

图6.113　林根对面公路崩塌（XB001）影像

3）泥石流地质灾害

A. 林根河泥石流

林根河泥石流（N007）位于叶枝镇松洛村林根社，地理坐标为 99.0473°E、26.7320°N，方向为 30°，泥石流后缘及中部呈东西向、中部至前缘呈北东–南西向，总体呈"Y"形，长 6300m，面积为 9150000m²，汇聚方量约 20000m³，为一中型泥石流，主要威胁 12 户居民及周边农田和公路。该泥石流处于易发状态，险情等级为小型。

从光学影像上可以看出，泥石流后缘北侧植被覆盖少，坡面较为陡峻，坡面岩石出露较多，风化较为严重，地表松散物质丰富，提供了丰富的物源。流通区沟道比较平直，纵坡较形成区要平缓，但较下部堆积区要陡，沟道相对较窄。从机载 LiDAR 点云数据经滤除植被处理后，林根河泥石流在高程模型上表现明显，堆积区位于沟口出口部位，呈扇形散开，堆积物质轮廓明显，植被发育相对较少（图 6.114）。

(a) DEM (b) 三维模型

图 6.114 林根河泥石流（N007）影像对比

B. 叶枝河泥石流

叶枝河泥石流（N011）位于叶枝镇叶枝村后箐社，地理坐标为 99.0555°E、26.6993°N，方向为 238°，泥石流沟呈东西向，呈"Y"形，长 9400m，面积为 19900000m²，汇聚方量约 200000m³，为一大型泥石流，主要威胁村镇、学校、农田、公路、输电线路和通信设施，直接威胁居民 2362 名。该泥石流处于易发状态，险情等级为特大型级。

从光学影像上可以看出，泥石流区整体呈瓢形，泥石流后缘植被覆盖少，坡面岩石出露较多，风化较为严重，两侧山坡陡峻，坡表树木稀疏，地表松散物质丰富，后缘大面积被积雪覆盖，为泥石流提供了丰富的水源和物源；流通区沟道比较平直，纵坡较形成区要平缓，但较下部堆积区要陡，沟道相对较窄。从机载 LiDAR 点云数据经滤除植被处理后，叶枝河泥石流在高程模型上表现明显，泥石流沟中部区域两侧为居民聚居区和农田耕作区，大片区域地表裸露无植被。流通区沟道比较平直，高差大，沟道相对较窄。堆积区位于沟口出口部位，呈扇形散开，堆积物质轮廓明显，植被发育相对较少。遇短时强降雨或其他极端天气，易形成泥石流，将影响中部及前缘居民、公路及农田等（图 6.115）。

(a) DEM   (b) 三维模型

图 6.115　叶枝河泥石流（N011）影像对比

C. 湾子河泥石流

湾子河泥石流（N012）位于叶枝镇叶枝村黑边各社，地理坐标为 99.0560°E、26.7081°N，方向为 268°，泥石流呈北东 – 南西向 “Y” 形，长 3500m，面积为 2210000m²，汇聚方量约 5000m³，为一小型泥石流，主要威胁 75 名居民及周边农田和公路。该泥石流处于轻度易发状态，险情等级为中级。

从光学影像上可以看出，泥石流前缘和后缘均为居民聚居区和农田耕作区，后缘大片区域地表裸露无植被；泥石流区呈瓢形，两侧山坡陡峻，坡表树木稀疏，地表松散物质丰富，流通区沟道比较平直，前缘后缘高差大，沟道相对较窄。从机载 LiDAR 点云数据经滤除植被处理后，湾子河泥石流在高程模型上表现明显，堆积区位于沟口出口部位，呈扇形散开，堆积物质轮廓明显（图 6.116）。

(a) DEM   (b) 三维模型

图 6.116　湾子河泥石流（N012）影像对比

D. 迪马河泥石流

迪马河泥石流（N013）位于叶枝镇同乐村迪满社，地理坐标为 99.0618°E、26.6874°N，方向为 271°，泥石流沟呈东西向，长 4600m，面积为 4930000m²，汇聚方量约 3000m³，为一小型泥石流，主要威胁 130 名居民及周边农田和公路。该泥石流处于轻度易发状态，险情等级为中级。

从光学影像上可以看出，泥石流后缘及两侧为居民聚居区和农田耕作区，大片区域地表裸露无植被；泥石流区呈瓢形，两侧山坡陡峻，坡表树木较多，但地表松散物质丰富，流通区沟道比较平直，纵坡较形成区要平缓，但较下部堆积区要陡，沟道相对较窄。从机载 LiDAR 点云数据经滤除植被处理后，迪马河泥石流在高程模型上表现明显，堆积区位于沟口出口部位，呈扇形散开，堆积物质轮廓明显，植被发育相对较少（图 6.117）。

(a) DEM　　　　　　　　　　　　　　　　(b) 三维模型

图 6.117　迪马河泥石流（N013）影像对比

E. 银冲沟泥石流

银冲沟泥石流（N014）位于叶枝镇叶枝村银冲沟社，地理坐标为 99.0548°E、26.7232°N，方向为 287°，泥石流呈东西走向，长 3800m，面积为 4000000m²，汇聚方量约 4000m³，为一小型泥石流，主要威胁 10 户居民及其周边农田和公路。该泥石流处于轻度易发状态，险情等级为小型。

从光学影像上可以看出，泥石流后缘及北侧中部为居民聚居区和农田耕作区，后缘大片区域地表裸露无植被；泥石流区呈瓢形，两侧山坡陡峻，坡表树木稀疏，地表松散物质丰富，流通区沟道比较平直，沟道相对较窄。从机载 LiDAR 点云数据经滤除植被处理后，银冲沟泥石流在高程模型上表现明显，堆积区位于沟口出口部位，呈扇形散开，堆积物质轮廓明显，植被发育相对较少（图 6.118）。

F. 松洛沟泥石流

松洛沟泥石流（N019）位于叶枝镇松洛村启迪嘎社，地理坐标为 99.0390°E、26.6960°N，方向为 61°，泥石流呈东西向“Y”形，长 2800m，面积为 3600000m²，汇聚方量约 15000m³，为一小型泥石流，主要威胁 100 户居民及其周边农田和公路。该泥石流处于轻度极易发状态，险情等级为中型。

从光学影像上可以看出，泥石流后缘植被稀疏，表层岩石风化较重，为泥石流提供了丰富的物源，泥石流区呈瓢形，两侧山坡陡峻，中部坡表树木较多，但地表松散物质丰富，流通区沟道比较平直，后缘至前缘高差大，沟道相对较窄。从机载 LiDAR 点云数据

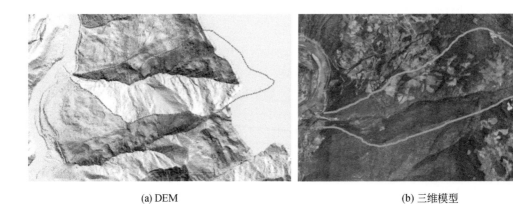

(a) DEM　　　　　　　　　　　　　　　(b) 三维模型

图 6.118　银冲沟泥石流（N014）影像对比

经滤除植被处理后，迪马河泥石流在高程模型上表现明显，堆积区位于沟口出口部位，呈扇形散开，堆积物质轮廓明显，植被发育相对较少（图 6.119）。

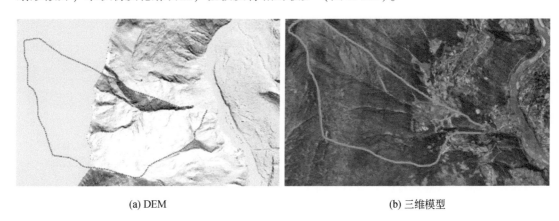

(a) DEM　　　　　　　　　　　　　　　(b) 三维模型

图 6.119　松洛沟泥石流（N019）影像对比

6.2.7　地质灾害隐患早期识别

1. 滑坡（QZH001）

滑坡（QZH001）位于叶枝镇迪姑村，地理坐标为 99.033495°E、26.685133°N，方向为 150°，滑坡长 160m、宽 160m，面积为 19000m²，厚约 5m，方量约 90000m³，为一中型古滑坡，主要威胁前缘农田和公路。该滑坡相对较为稳定。

从光学影像上看，该滑坡体植被覆盖相对稀少，坡面出现局部下沉塌陷，但光学影像上未发现明显的滑坡迹象。机载 LiDAR 点云数据经滤除植被处理后，QZH001 滑坡体后缘及侧边在高程模型上表现较为明显，滑坡体边界清晰，滑坡体后缘北东侧及东侧壁形成滑坡台坎，坡面局部有明显的下沉塌陷，坡体呈舌形。暂未发现该滑坡体周边其他地方出现沉降下滑趋势（图 6.120）。

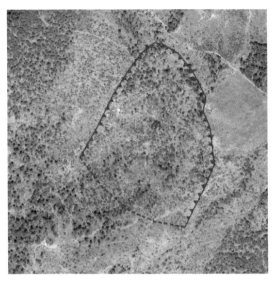

(a) QZH001光学影像

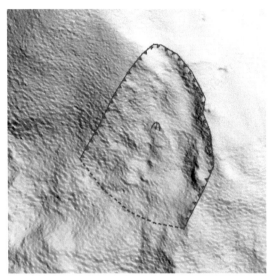

(b) QZH001数字高程模型

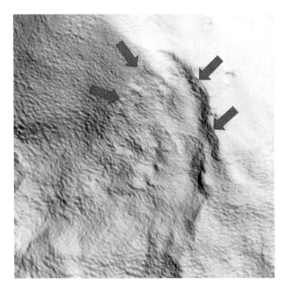

(c) QZH001数字高程模型(后缘台坎)

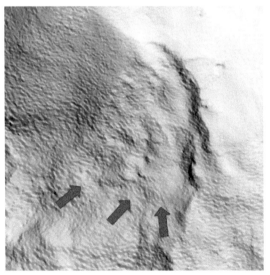

(d) QZH001数字高程模型(前缘堆积体)

图 6.120　滑坡（QZH001）影像

2. 滑坡（QZH002）

滑坡（QZH002）位于叶枝镇各巴统村，地理坐标为 99.058987°E、26.730357°N，方向为 270°，滑坡长 290m、宽 255m，面积为 65700m²，厚约 5m，方量约 330000m³，为一

中型古滑坡，主要威胁前缘的公路。该滑坡呈不稳定状态，主要是修建公路开挖形成高陡坡面，坡脚失稳后造成局部坡面下滑所致。

从光学影像上看，该滑坡体植被覆盖较多，正射影像无法辨别，倾斜三维影像则可以看出该区域明显下沉。机载 LiDAR 点云数据经滤除植被处理后，QZH002 滑坡体在高程模型上表现明显，滑坡边界较为明显，后缘发育有一拉张裂缝，滑坡体后缘形成滑坡台坎，局部存在次级滑动迹象，受地形影响前缘局部出现鼓胀（图 6.121）。

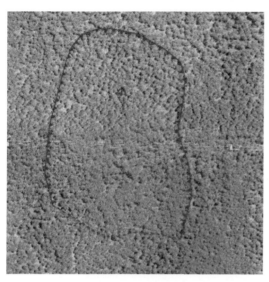

(a) QZH002光学影像

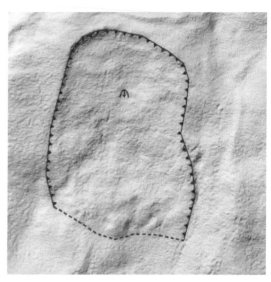

(b) QZH002数字高程模型

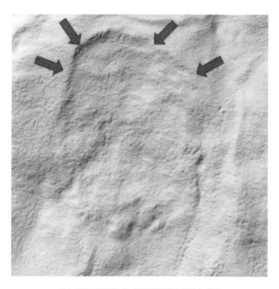

(c) QZH002数字高程模型(后缘台坎)

(d) QZH002数字高程模型(前缘堆积体)

图 6.121　滑坡（QZH002）影像

第7章 典型地质灾害成灾机理研究

本章分别以澜沧江德钦县拉金神谷滑坡、德钦县水磨房河泥石流、叶枝场镇迪马河泥石流等灾害点为例，分别研究高位堵江滑坡、高位滑坡—泥石流、滑坡—泥石流等链式地质灾害的成灾机理，为类似地质灾害防治提供理论依据和实例参考。

7.1 澜沧江德钦县拉金神谷滑坡成灾机理分析

目前围绕古滑坡灾害研究，主要是围绕古滑坡形成原因和复活机制等方面开展的，大量研究成果表明古滑坡形成主要是由于地震诱发形成，多分布在地质构造活动带的中高山地区，强烈地震容易诱发大型滑坡（王桂林等，2003；黄润秋和许强，2008；葛肖虹等，2009；Yin et al.，2015；谢正团等，2016；汪发武，2019）。近年来，受极端天气和降雨等因素的影响，古滑坡复活的事件常有发生，对人民生命财产造成巨大威胁。围绕古滑坡复活机制，主要是通过野外地质调查、勘探和地质测年等方式进行，丰富了古滑坡机制研究方法（曾裕平等，2006；张永双等，2020），研究表明软弱夹层等易滑地层结构也是造成滑坡失稳的重要因素之一（项伟等，2016；殷跃平等，2017；张家明，2020），但是对于澜沧江、三峡等地区，涉水古滑坡的形成机制较为复杂（Yin et al.，2016；周家文等，2019；Yin，2020），一旦发生滑坡复活运动险情，常规研究方法在应急抢险阶段难以发挥作用（魏云杰等，2016；何思明等，2017；许强等，2018；冯文凯等，2019；许强，2020）。综上，古滑坡形成类型多样，成灾背景及失稳复活机制复杂，同时很多古滑坡受长期地表改造或堆积物覆盖影响，隐蔽性较强，加之地质构造及地质生态环境转变，很多古滑坡失稳复活还未及时监测，造成巨大威胁。殷跃平等专家提出把握地质灾害体的三维空间展布状态以及时间变化过程，这就要求将 InSAR 等遥感监测技术与常规监测技术、野外地质调查等方法结合起来（殷跃平等，2017）。

通过澜沧江德钦段高位堵江滑坡遥感调查，该区域沿江 153km 河谷段共发育堵江滑坡 13 处，其中 6 处曾经发生过堵江、7 处为潜在堵江滑坡（图 7.1）。2019 年 6 月 7 日，受库水位上升及降雨的影响，德钦县燕门乡拉金神谷村村民发现后山小路处出现张拉裂缝，并自后缘向两侧发展，2019 年 6 月 9 日燕门乡相关部门向德钦县国土资源局上报险情，至 7 月 9 日，滑坡后缘及两侧边界明显，裂缝横向宽 15~80cm，上下错动 5~380cm，沿两侧及后缘延伸长约 1200m，滑坡后缘及北侧裂缝已全部贯通，南侧裂缝已延伸至中下部。滑坡前缘悬索吊桥受挤压桥面发生变形，桥面中部向上隆起，桥两侧护栏挤压发生弯曲，滑坡前缘有向江心方向的滑移变形，表明拉金神谷古滑坡已复活。

基于此，本节以澜沧江地区拉金神谷滑坡为例，研究发现随着滑坡体前缘库水位抬升和坡脚侵蚀，在降雨等不利因素共同作用下，古滑坡出现了复活的迹象。在该段澜沧江左右岸，构造复杂，河谷深切，发育有较多的堆积体，在电站蓄水、降雨的影响下，可能诱发类似的灾害体复活，采用 InSAR 对该区域进行解译分析，找出变形区，再进行详细的灾害地质调查及全过程分析，并对灾害体全过程链式灾害过程进行风险评价是必要和紧迫的。所以对拉金神谷滑坡的发展全过程进行深入研究，总结此类滑坡的变形机理、滑坡模式及发展全过程，为这类滑坡科学防灾、应急抢险提供经验和理论依据。

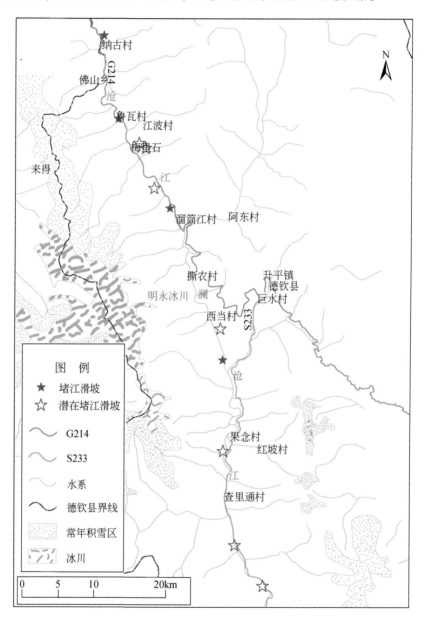

图 7.1　澜沧江德钦段堵江滑坡分布图

7.1.1　滑坡工程地质环境条件

研究区地处横断山脉澜沧江深切峡谷段，为三江并流腹心地带，河谷为"V"型，滑坡发育于澜沧江右岸山脊处，距下游德钦县燕门乡约 4km、距下游乌弄龙水库大坝约 26km。区内海拔为 1890～2290m，垂直高差达 400m，属高山峡谷、构造侵蚀–剥蚀斜坡地貌。

滑坡区所在大地构造单元为三江地槽的唐古拉–兰坪思茅地槽褶皱系，区内基岩为下二叠统吉东龙组（P_1j）砂质页岩、凝灰岩及上二叠统沙木组下段（P_2sh_1）凝灰岩夹页岩及少量灰岩（苏鹏程等，2014）（图 7.2）。

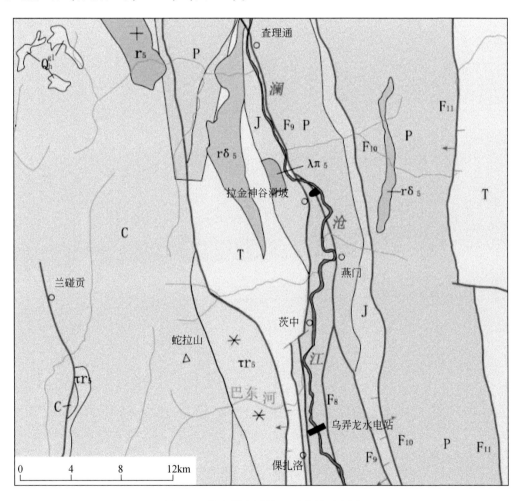

图 7.2　拉金神谷滑坡地质背景示意图

　　滑坡区坡体未见明显的地下水露头，滑坡南侧分布两条冲沟，冲沟后缘无地表水汇入，冲沟沟道水流主要来自于基岩裂隙水和孔隙水。区内地下水类型主要有第四系松散层孔隙潜水和基岩裂隙水。孔隙水主要分布于坡体第四系松散堆积层中，基岩裂隙孔隙水主要靠大气降水和上部土层孔隙水下渗补给，由于岩体破碎，地下水大多排至冲沟和澜沧江。收集的燕门乡观测站 2011 ~ 2018 年降雨量统计，研究区的降雨一年中分布不均匀，显现少有的双峰状态，3 月和 7 ~ 8 月两个时间段降雨量较为集中，占全年降雨量的 61.4%，4 ~ 6 月降雨量为 30 ~ 40mm/月，变化幅度不大，降雨时间较长，为雨水入渗坡体创造了条件，11 月至次年 1 月降雨量最少。2019 年 5 月 1 日至 2019 年 7 月 31 日降雨量（图 7.3）。

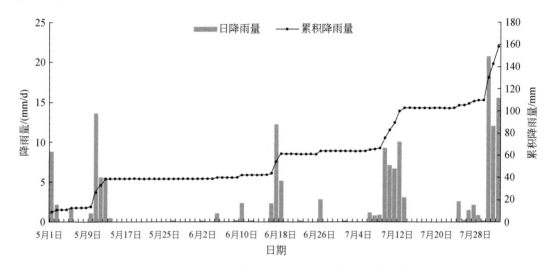

图 7.3　2019 年 5 月 1 日至 2019 年 7 月 31 日降雨量

7.1.2　滑坡基本特征

　　滑坡平面形态呈"舌"形，北侧以山脊为界，南侧发育一冲沟，东侧坡脚为澜沧江，西侧为滑塌陡壁。后缘滑塌陡壁坡度为 45°，为松林区；中部拉金神谷村附近地形稍缓，为 20° ~ 35°，为耕作台地区；前缘受水流侧蚀作用，地形较陡约 40°，灌木丛区；滑坡前缘剪出口位于坡脚。滑坡后缘高程为 2289m、前缘高程为 1885m，相对高差为 404m。滑坡西东长 780m、南北宽 500m，滑体平均厚度为 15 ~ 35m，滑体体积约 1000 万 m^3。滑坡遥感全貌见图 7.4。滑坡体主要由碎块石组成，结构松散-稍密，无分选，局部含水率较高。中下部滑坡堆积物呈棕褐色，稍密，干燥-稍湿，块碎石含量超过 60%，且分布不均匀，粒径为 2 ~ 50cm，局部见大于 1m 块石。充填物为粉质黏土，稍湿，无光泽。推测滑带基本位于基覆界面位置，厚度约 80cm 的粉质黏土，呈可塑至软塑状，基本无碎石等杂质。滑床主要为上侏罗统花开左组（J_2h）紫红、灰色页岩，岩层产状为 95°∠32°，顺坡向。

　　2018 年 11 月开始蓄水以来，至 2019 年 5 月，水库蓄水缓慢进行，进入 5 月以来，水

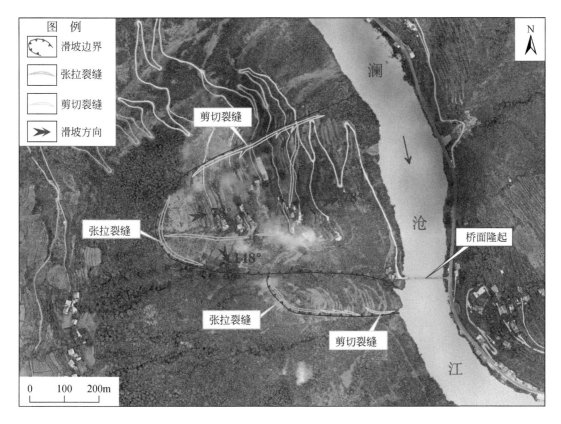

图 7.4 滑坡遥感全貌图

库蓄水基本达到最大蓄水位。对该滑坡变形调查表明，受水库蓄水的影响，首先在滑坡体的前缘发生小规模的滑塌，2019 年 6 月 7 日前后，受蓄水和降雨影响，在滑坡体的后缘村民小组后山小路处出现张拉裂缝 [图 7.5 (a)]，并自后缘向两侧发展，随着时间的推移，滑坡后缘及两侧边界明显，裂缝横向宽 15 ~ 80cm，上下错动 5 ~ 380cm [图 7.5 (b)]，沿两侧及后缘延伸长约 1200m，滑坡后缘及北侧裂缝已全部贯通，南侧裂缝已延伸至中下部。滑坡前缘蓝青西古悬索吊桥受挤压桥面发生变形，桥面中部向上隆起，桥两侧护栏挤压发生弯曲，表明滑坡向江心方向的滑移变形 [图 7.5 (c)、(d)]。

滑坡出现大变形后，当地政府地质灾害防治部门首先对滑坡的浅表变形进行了巡视监测，对裂缝的宽度、下错等进行监测，随后水电站又对整个滑坡进行专业监测，主要采用自动化 GNSS 及裂缝监测仪器对地表变形和裂缝进行连续监测。在加强监测的同时启动应急治理措施，采取的主要措施是对滑坡体裂缝的封填，修建应急排水沟，及时排除地表水。监测结果表明：

（1）滑坡变形呈现出中上部较下部大，上部的整体形变超过 3m，下部形变约 1m，上部形变主要表现为下错变形较大，下部临江形变主要表现为水平方向上的变形；

（2）滑坡中后缘变形的形变速率由缓变快，滑坡变形启动，后由快向缓，转为蠕滑阶段。其形变速率变化见图 7.6，应急措施的实施在一定程度上改变了坡体的地质环境条件，

(a) 后缘裂缝（6月13日）

(b) 后缘裂缝（7月9日；镜向192°）

(c) 桥面隆起早期（6月13日；镜向320°）

(d) 桥面大面积隆起（7月9日；镜向227°）

图7.5　滑坡变形特征

提高了坡体的稳定性；

（3）在降雨和水库蓄水耦合作用下发生滑动，从变形历史来看，水库蓄水是诱发本次滑坡变形的主要诱因。

7.1.3　滑坡 InSAR 动态监测

滑坡变形后，为了更好地探索滑坡的变形机理，选取 2019 年 5 月 8 日—6 月 21 日间的 44 天内的五次 TSX 数据的精细 InSAR 观测发现。该滑坡从 2019 年 5 月 8 ~ 19 日共 11 天的变形可见，滑坡整体未出现变形，仅有前缘临江的局部微弱变化，表明滑坡尚未整体滑动，处于滑坡蠕变前的临界阶段。从 2019 年 5 月 19 ~ 30 日共 11 天变形可见，滑坡中后部出现了整体变形（红色为主），其后的 5 月 30 日—6 月 10 日和 6 月 10 ~ 21 日各 11 天的监测显示变形在加强，内部出现不均匀变形（红蓝相间），说明滑动在加剧，这与现场调查、监测的情况相一致，说明采用 InSAR 技术寻找类似变形体方面是可行的（图 7.7）。

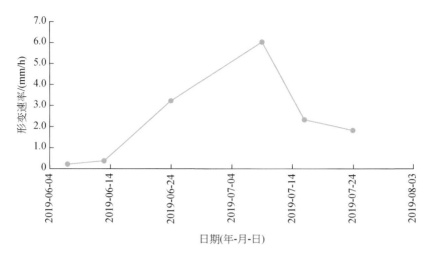

图 7.6　滑坡中后缘形变速率简图

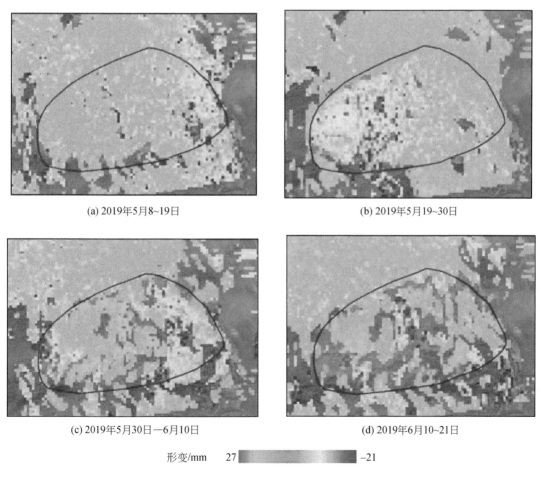

(a) 2019年5月8~19日　　　　　　　　　　(b) 2019年5月19~30日

(c) 2019年5月30日—6月10日　　　　　　　(d) 2019年6月10~21日

形变/mm　　27 ████████████ −21

图 7.7　滑坡多时段形变图

7.1.4　滑坡成灾机理分析

拉金神谷滑坡形成的发展演化大致可分为四个阶段：前缘局部变形阶段→蠕滑拉裂大变形阶段→整体大规模滑动阶段→堰塞湖溃决阶段（图7.8）。

（1）前缘局部变形阶段：在乌弄龙水库水位持续抬升影响下，在滑坡体的前缘局部出现变形，前缘坡体整体变形的量值还较小，地表裂缝较小，江上的吊桥未出现大的变形，只是前缘临江局部出现了滑塌，这个阶段表明以库水位上升影响着滑坡的地质环境条件向差的方面发展。滑坡前缘发生局部滑动［图7.8（a）］。

（2）蠕滑拉裂大变形阶段：当库水位上升至最高水位，坡体前缘的水文地质条件有了较大的改变，一方面水位上升使得大幅度地增加滑面浸水面的长度，软化了滑面的抗剪强度，另一方面前缘的压重减少，阻滑力进一步减少，这使得滑坡前期小变形没有终止，继续向大变形方向发展，在滑坡的后缘出现了长大拉张裂缝，在降雨等环境因素的叠加下，滑坡体进入持续的蠕滑拉裂大变形阶段，目前滑坡正处于该阶段［图7.8（b）］（魏云杰等，2017）。若环境条件改善，滑坡的变形将变缓或终止，这个阶段与第一阶段可能交替发展，但滑坡的整体稳定性呈下降趋势。

（3）整体大规模滑动阶段：若在蠕滑拉裂大变形阶段过程中，地质环境条件持续恶化，则滑面整体贯通，下滑力大于阻滑力，则坡体整体大规模滑坡启动，堵塞河道，形成堰塞湖［图7.8（c）］。

（4）堰塞湖溃决阶段：滑坡整体滑动后滑体入江，根据滑坡的"雪橇模型"估算，预测水面将壅高23m，堰塞体上游回淤8.5km；自然溃决后，下游26km将受洪水、涌浪影响［图7.8（d）］。

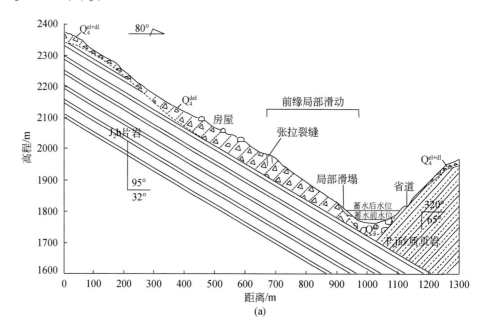

(a)

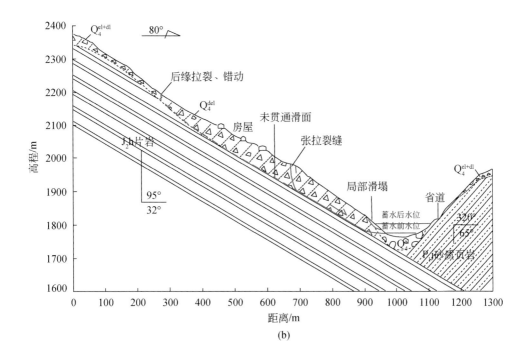

(b)

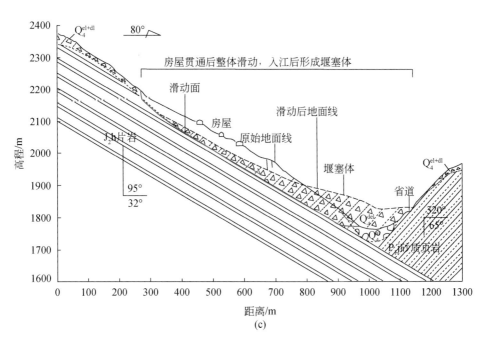

(c)

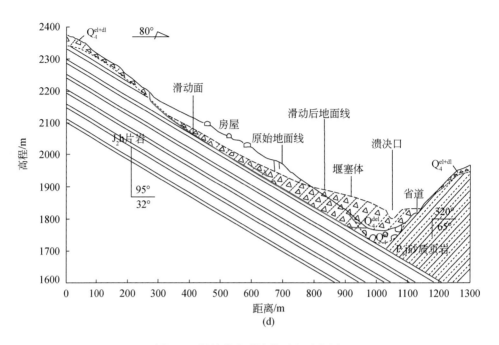

图 7.8　滑坡体变形演化过程示意图

　　根据现场调查和监测数据综合分析，目前滑坡体处于第二阶段，即蠕滑拉裂大变形阶段，前缘发生小规模滑塌。

　　利用 GeoStudio 中的 Slope 模块来研究拉金神谷滑坡的稳定性。滑坡稳定性采用 Morgenstern-Price 方法进行计算分析。

　　在计算稳定性过程中，坡体采用非饱和-饱和进行渗流数值模拟，考虑库水位上升及降雨入渗综合影响，获得在不同水位条件下坡体中暂态孔隙水压力情况，再采用 Morgenstern-Price 法对滑坡体稳定性进行计算，以期获得不同水位条件下滑坡的稳定性情况，计算参数见表 7.1（参数系该区域类似滑坡经验值），分析结果见图 7.9。

表 7.1　滑坡体物理力学参数取值

地层	重度（γ）/(kN/m³)		黏聚力（c）/kPa		内摩擦角（φ）/(°)	
	天然	饱和	天然	饱和	天然	饱和
滑坡体	20.2	21.5	40.0	38.0	35.0	33.6
滑带土	19.5	20.5	35.3	30	32.8	28.7

　　结果表明，2019 年 5 月，多日连续降雨，库水位持续升高，滑坡稳定性下降，在库水位升至 1902m 时，降雨不但增加了坡体的重度，而且滑面中的含水量急增，且坡体内的潜水面继续向上延伸，较大幅度降低了坡体的稳定性，滑坡前缘发生局部滑动和后缘拉裂变形（图 7.9）。

　　综上，拉金神谷滑坡形成及堵溃模式为：前缘局部变形阶段→蠕滑拉裂大变形阶段→

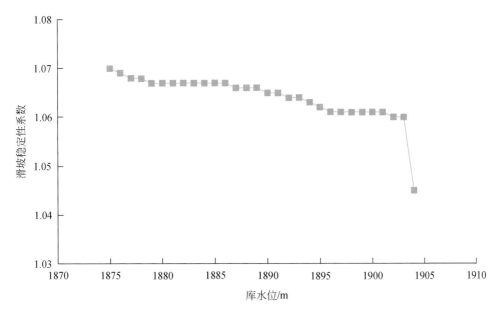

图 7.9　滑坡稳定性系数与库水位关系曲线

整体大规模滑动阶段→堰塞湖溃决阶段。一旦溃决,就形成链式灾害;降雨和库水上升是导致滑坡形成的直接因素,降雨及库水入渗后并转化为地下水,滑体土含水达到饱和,孔隙水压力增高,滑坡稳定性系数逐渐降低;滑坡监测中采用各种手段做到优势互补,能更好地揭示滑坡体的变化规律,进而判断滑坡体的稳定状态。InSAR 在大规模变形体监测中监测的时间长、范围广,更能揭示变形体的变形过程,并且通过 InSAR 寻找类似变形体是可行的。通过现场调查和成灾机理研究,滑坡所在的乌弄龙水库库区还存在大量类似的滑坡隐患。若遇持续降雨、暴雨及库水位强烈升降和不利条件叠加耦合情况下,诱发滑坡的可能性大。因此,建议加强此类滑坡的排查,将专业监测、群测群防相结合,降低类似灾害造成的风险。

7.2　德钦县水磨房河泥石流灾害成灾机理分析

7.2.1　基本特征

水磨房河泥石流位于德钦县城(升平镇)北侧(图 7.10),主沟长 1.33km,前后缘高差达 460m(沟口海拔为 3330m、沟头海拔为 3790m),平均纵比降为 346‰,最陡处纵比降达 385‰(海拔 3570 ~ 3790m)。陡峭的地形为泥石流的形成、暴发提供了有利的地形条件。

水磨房河泥石流区岩性主要为中三叠统(T_2)的变质砂岩、板岩和片岩,两者平行接触,产状为 230°∠40°。受构造活动和风化作用的影响,沟谷两岸岩体节理发育、表层破

图 7.10　水磨房河流域地形地貌图

碎，形成多处崩塌和滑坡，为泥石流提供大量物源。水磨房河流域面积为 33.9km²，流量为 0.54m³/s，主要受融雪和降雨补给（德钦县多年平均降水量为 662.0mm，6～9 月为雨季，降雨占全年降水量的 67%，降雨相对集中在 7～8 月）。

经过详细调查发现，水磨房河泥石流海拔 3790m 以上沟谷两侧植被茂盛，覆盖较好（图 7.11），崩坡积物整体上较为稳定，仅发育一处小型滑坡（图 7.12）；沟谷底部主要为经河流冲刷改造的冰碛物，以大块石为主，经过多年流水冲刷已基本稳定。因此，海拔 3790m 以上沟谷无物源分布。

图 7.11　海拔 3790m 以上河谷两侧植被

图 7.12　板岩崩坡积物中发育的小型滑坡

水磨房河泥石流沟物源主要分布在海拔 3600~3790m 段沟谷，主要为沟谷两岸的变质砂岩和板岩、片岩崩坡积物，以及沟道中的冲积物。根据物源的特征，可将海拔 3600~3790m 段沟谷分为六段（图 7.13）。

图 7.13　水磨房河泥石流物源分布图

水磨房河泥石流沟物源总量共计 47.5 万 m³, 主要由沟内砂岩和板岩、片岩风化形成的崩坡积物构成。其中, 砂岩崩坡积物主要分布在第一段和第二段右岸; 板岩、片岩崩坡积物主要分布在第一段左岸、第四段右岸及第六段左岸。此外, 沟道中的冲积物也为泥石流提供了少量物源。泥石流沟内设置一级、二级、三级和四级拦挡坝 (库容分别为 1.0 万 m³、7800m³、3800m³ 和 1.0 万 m³), 目前, 除一级拦挡坝还有些许库容外, 其余三座拦挡坝均已满库 (图 7.14 ~ 图 7.17), 基本失去拦挡泥石流的功能; 修建的导流槽横截面积仅 15m², 导流能力有限 (图 7.18)。水磨房河属于中高频发生的泥石流, 自 1950 年以来, 已暴发过四次稀性泥石流, 均发生在雨季, 10 年左右一次, 以 1998 年 7 月 29 日规模大, 危害重, 经济损失达 40 多万元。调查发现, 在一级拦挡坝附近残留的老泥石流堆积物位置高出坝顶约 8m, 表明历史上曾发生过超越坝顶 8m 的大规模泥石流。因此, 一旦水磨房河泥石流沟发生大规模泥石流, 目前的拦挡措施和导流槽发挥的效果有限。

图 7.14　水磨房河泥石流一级拦挡坝库区

图 7.15　水磨房河泥石流二级拦挡坝库区

图 7.16　水磨房河泥石流三级拦挡坝库区

图 7.17　水磨房河泥石流四级拦挡坝库区

7.2.2　泥石流启动机理数值模拟

采用 FLAC3D-PFC3D 耦合的数值方法模拟不同降雨工况下水磨房河泥石流的启动和运移过程, 获取在不同降雨工况下其失稳方量、运移速度等参数, 研究水磨房河泥石流的失稳启动和运移过程，揭示其成灾机理，为危险性评价提供依据。

以水磨房河泥石流等高线图，提取该泥石流的地形数据，利用基岩与松散堆积物提取岩性数据，建立有限元与离散元的耦合数值模型（图7.19）。

 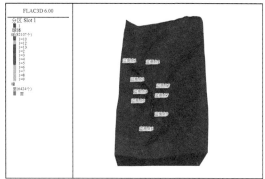

图7.18　水磨房河泥石流导流槽　　　　图7.19　FLAC3D-PFC3D 三维泥石流模型及
　　　　　　　　　　　　　　　　　　　　　　　监测点布设位置

1. 数值模型

水磨房河泥石流模型长约4km、宽约2km、高约1.5km，其中物源区主要位于泥石流沟的中部。根据物源类型，将物源区分为三组，分别为砂岩堆积物区（红色区域）、板岩堆积物区（洋红色区域）以及冲洪积物区（绿色区域），并根据室内颗分试验用颗粒填充。考虑到计算速度和结果可靠性之间的平衡，本次模拟采用的颗粒最小半径为0.25m、最大半径为1m，颗粒总数为82107个，采用高斯分布。为了更好地模拟物源区散体物质的特征，颗粒之间的接触模型选用接触黏结模型。另外，在物源区上布设九个监测点（图7.19），以监测物源区不同部位在泥石流启动和运移过程中的速度、位移变化情况。

数值模型的底面和两侧均选取固定边界，通过约束位移来控制这些边界的变形，而坡表选择为自由边界。利用离散元与有限元耦合分析可以模拟岩土体大变形及大位移的特点，采用FLAC3D-PFC3D 耦合分析技术模拟水磨房河泥石流的启动和运移过程。

2. 参数选取

本次数值模拟采用墙（wall）和球（ball）的计算参数（表7.2）。墙的参数包括法向和切向刚度，摩擦系数取常用值，固定下来。球体用接触黏结模型，模型中需要的八个参数中，密度、法向刚度、切向刚度、半径系数取经验值固定下来，而法向抗拉强度、切向抗拉强度、黏聚力和内摩擦角用来反演。

3. 工况设计

由于FLAC3D-PFC3D 耦合分析技术不能模拟降雨入渗的过程，本次数值模拟不能模拟不同降雨工况下沟谷两岸松散物质的渗流场变化。为了简化模拟，将松散物质剪切试验所得的不同含水率的剪切强度参数直接赋给数值模型中的松散物质，用来模拟不同降雨工况下松散物质剪切强度的劣化。另外，根据室内实验结果，在海拔 3300～3790m 的物源区中，两岸沟谷中潜在泥石流物源的松散物质粒径分布范围比较狭窄，且各物源处颗粒级配相差不大，因此，为了简化数值模型，本次模拟利用沟口处板岩样品所得出的剪切强度参数作为整个沟谷中各处物源的剪切强度参数。

表 7.2　接触黏结模型参数取值

墙的参数			球的参数							
法向刚度/MPa	切向刚度/MPa	摩擦系数	密度/(kg/m³)	法向刚度/MPa	切向刚度/MPa	法向抗拉强度/kPa	切向抗拉强度/kPa	黏聚力/kPa	内摩擦角/(°)	半径系数
25	25	0.5	1800	3	0.5	反演	反演	反演	反演	1

工况 1：岩土体含水率 $=15\%$，$c=13.8\mathrm{kPa}$，$\varphi=26.6°$；

工况 2：岩土体含水率 $=19\%$，$c=7.1\mathrm{kPa}$，$\varphi=26.1°$；

工况 3：岩土体含水率 $=23\%$，$c=4.8\mathrm{kPa}$，$\varphi=24.5°$（饱和状态）。

4. 工况计算

1）工况 1

通过三轴压缩数值试验来模拟实际力学试验，使数值试验的宏观响应与实际力学试验的结果相匹配。用反演所得的球体的微观参数和表 7.2 所示的其他参数，代入水磨房河数值模型进行计算，可以得到泥石流物源区岩土体在含水率为 15% 时的启动和运移过程，以及速度和位移特征、失稳方量等参数变化情况。

图 7.20～图 7.27 为水磨房河泥石流在松散物质含水量为 15% 时的运动全过程。计算结果显示，在此工况下，失稳的物源仅为河道中粒径较小的冲洪积物，以及板岩崩坡积物坡脚处的少量土体，失稳方量仅为 0.57 万 m^3，且运移距离较短，最终沿河道堆积，并没有运移出海拔 3300m 的沟口。而砂岩崩坡积物（红色）和大部分板岩崩坡积物（洋红色）仍保留在河道两岸，块径较大的冲积物（绿色）仍堆积在河道中，并未启动转化为泥石流。

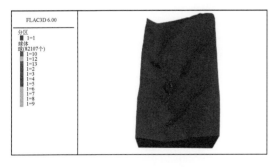

图 7.20　工况 1 泥石流物源形态（2min）

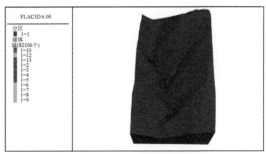

图 7.21　工况 1 泥石流物源形态（4min）

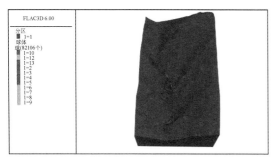

图 7.22 工况 1 泥石流物源形态（6min）

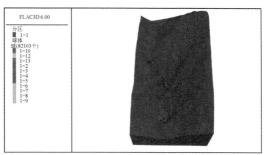

图 7.23 工况 1 泥石流物源形态（8min）

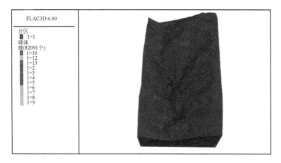

图 7.24 工况 1 泥石流物源形态（10min）

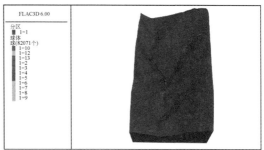

图 7.25 工况 1 泥石流物源形态（12min）

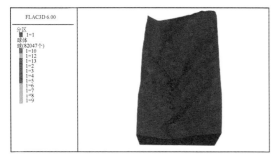

图 7.26 工况 1 泥石流物源形态（14min）

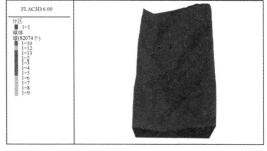

图 7.27 工况 1 泥石流物源形态（16min）

图 7.28～图 7.59 为水磨房河泥石流物源区岩土体在含水率为 15% 时启动和运移过程中速度和位移的监测曲线及云图。结果显示，在此工况下，泥石流的启动和运移过程持续了 16min。沟道上游的板岩崩坡积物最先启动，约 2min 后，它们的平均速度约为 0.7m/s，最大速度约 4.5m/s（图 7.29 中曲线 6、9），平均位移约为 6m，最大位移为 13m（图 7.30 中曲线 14、17、20）。而河道两岸砂岩崩坡积物和板岩崩坡积物的运移速度和位移非常小，几乎可以忽略不计（图 7.29 中曲线 1、4、5 为砂岩崩坡积物速度曲线，曲线 2、7 曲线冲洪积物速度曲线；图 7.31 中曲线 12、15、16 为砂岩崩坡积物位移曲线，曲线 13、18、19 为冲洪积物位移曲线），说明此时河道中冲洪积物和砂岩的崩坡积物还没有失稳启动。时间为 4～6min 时，除了上游的板岩崩坡积物继续在沟内运动，最大速

度达到 9m/s，最大位移达到 90m；下游的板岩的崩坡积物和沟道内的冲洪积物在上游板岩的侵蚀和铲刮之下开始失稳启动，平均速度约为 3m/s，最大位移达到 5m/s，最大位移为 35m；同时砂岩崩坡积物的少量土体在泥石流的侵蚀作用下也开始启动，最大速度约为 1m/s，最大位移约 10m（图 7.32～图 7.39）。当时间为 8～12min 的时候，除了少量的砂岩在运动外，大部分的泥石流包括已经逐渐停止运动，速度逐渐变为 0（图 7.40～图 7.51）。当时间为 12～16min，除了沟谷中部分冲洪积物在砂岩的碰撞下开始运动并保持一定的速度，其余的板岩、砂岩崩坡积物及绝大多数的冲洪积物速度逐渐变为 0，几乎可以忽略不计。泥石流停止运动后，上游的板岩崩坡积物的位移最大，仅约为 105m；中下游板岩崩坡积物约 70m；砂岩崩坡积物的位移为 5～40m；冲洪积物的位移为 20～50m（图 7.52～图 7.59）。

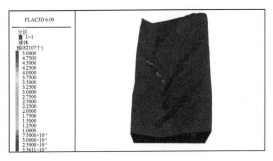

图 7.28　工况 1 泥石流速度云图（2min）

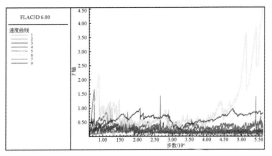

图 7.29　工况 1 监测点速度曲线（2min）

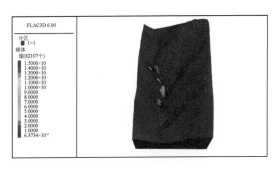

图 7.30　工况 1 泥石流位移云图（2min）

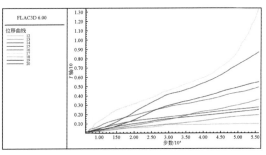

图 7.31　工况 1 监测点位移曲线（2min）

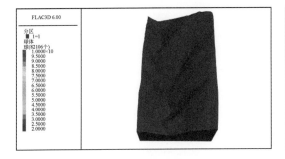

图 7.32　工况 1 泥石流速度云图（4min）

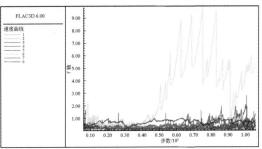

图 7.33　工况 1 监测点速度曲线（4min）

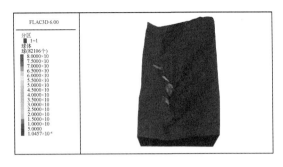

图 7.34　工况 1 泥石流位移云图（4min）

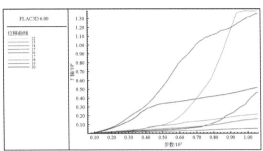

图 7.35　工况 1 监测点位移曲线（4min）

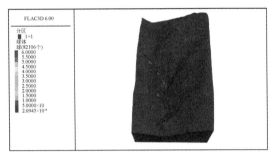

图 7.36　工况 1 泥石流速度云图（6min）

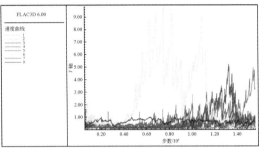

图 7.37　工况 1 监测点速度曲线（6min）

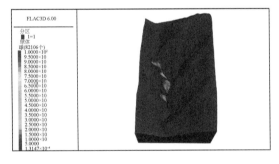

图 7.38　工况 1 泥石流位移云图（6min）

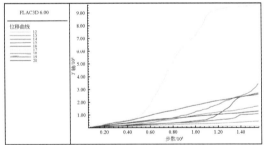

图 7.39　工况 1 监测点位移曲线（6min）

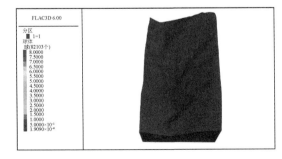

图 7.40　工况 1 泥石流速度云图（8min）

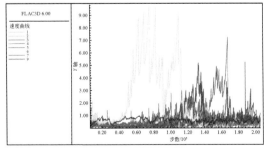

图 7.41　工况 1 监测点速度曲线（8min）

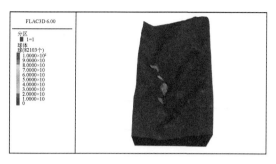

图 7.42 工况 1 泥石流位移云图（8min）

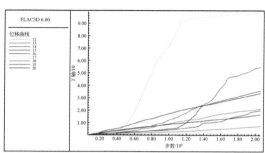

图 7.43 工况 1 监测点位移曲线（8min）

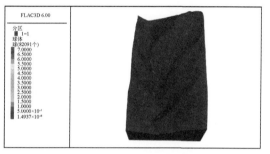

图 7.44 工况 1 泥石流速度云图（10min）

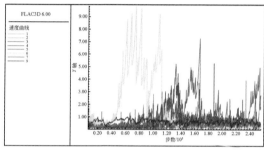

图 7.45 工况 1 监测点速度曲线（10min）

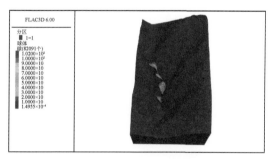

图 7.46 工况 1 泥石流位移云图（10min）

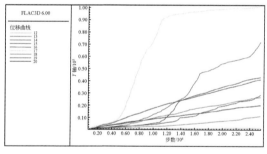

图 7.47 工况 1 监测点位移曲线（10min）

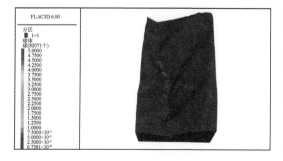

图 7.48 工况 1 泥石流速度云图（12min）

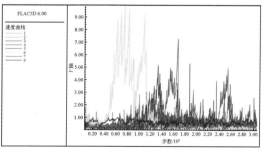

图 7.49 工况 1 监测点速度曲线（12min）

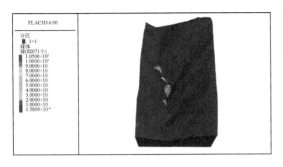

图 7.50　工况 1 泥石流位移云图（12min）

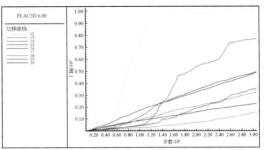

图 7.51　工况 1 监测点位移曲线（12min）

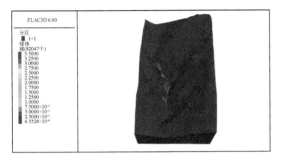

图 7.52　工况 1 泥石流速度云图（14min）

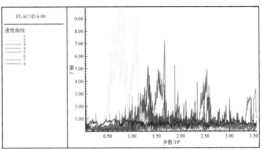

图 7.53　工况 1 监测点速度曲线（14min）

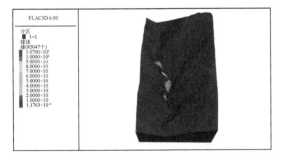

图 7.54　工况 1 泥石流位移云图（14min）

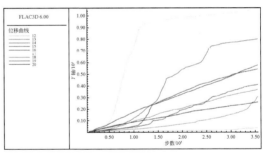

图 7.55　工况 1 监测点位移曲线（14min）

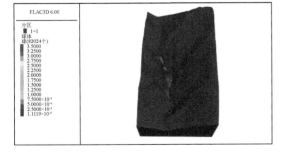

图 7.56　工况 1 泥石流速度云图（16min）

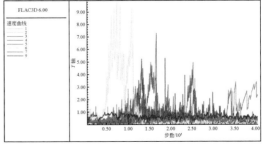

图 7.57　工况 1 监测点速度曲线（16min）

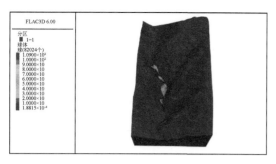
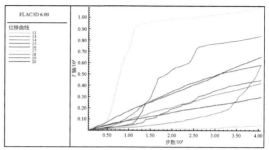

图 7.58　工况 1 泥石流位移云图（16min）　　　　图 7.59　工况 1 监测点位移曲线（16min）

2）工况 2

继续利用图 7.19 中的值模型，根据表 7.2 中已确定的参数设置三轴压缩试验颗粒的细观参数并将其带入水磨房河数值模型进行数值模拟，可以得到泥石流物源区岩土体含水率为 19% 时水磨房河泥石流的失稳、启动和运移过程以及速度、位移和失稳方量等动力学参数（图 7.60 ~ 图 7.67）。

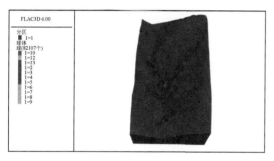
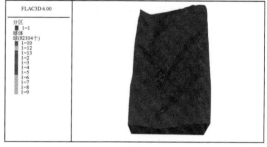

图 7.60　工况 2 泥石流物源形态（3min）　　　　图 7.61　工况 2 泥石流物源形态（6min）

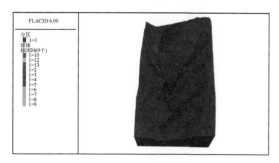
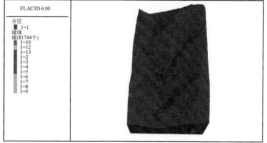

图 7.62　工况 2 泥石流物源形态（9min）　　　　图 7.63　工况 2 泥石流物源形态（12min）

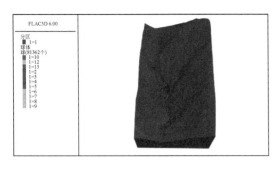

图 7.64 工况 2 泥石流物源形态（15min）

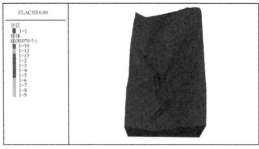

图 7.65 工况 2 泥石流物源形态（18min）

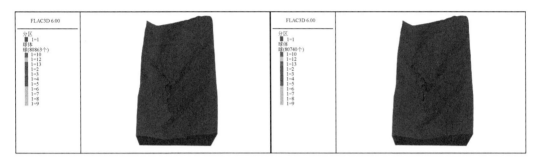

图 7.66 工况 2 泥石流物源形态（21min）　　　图 7.67 工况 2 泥石流物源形态（24min）

图 7.68～图 7.99 为数值模拟计算得到的水磨房河泥石流启动与运移过程中速度和位移的监测曲线及云图，整个过程持续了 24min（从启动到流出海拔 3300m 的沟口）。时间为 3min 时，最大速度和最大位移均出现在沟道上游的板岩崩坡积区，最大速度和位移分别为 12m/s 和 65m（图 7.69 中曲线 9，图 7.71 中曲线 20），河道中的冲洪积物由于上游板岩崩坡积物的铲刮作用开始启动和运移，最大速度达到 3～6m/s（图 7.69 中的曲线 2、7），最大位移达到 8～12m（图 7.71 中的曲线 13、18）。而河道两岸砂岩崩坡积物的运移速度（图 7.69 中曲线 1、4、5）和位移（图 7.71 中曲线 12、15、16）几乎为 0，说明泥石流物源区启动的初始阶段，上游板岩崩坡积物率先失稳启动，并刮铲沟谷底部的冲洪积物一起运动，而砂岩崩坡积物较为稳定。时间在 6～9min 时，上游的板岩崩坡积物转化的泥石流继续运动，但是由于铲刮和碰撞沟谷底部的冲洪积物和沟谷两岸的崩坡积物，速度逐渐降低，最大速度减小至 6～10m/s，最大位移约 170m。沟道中冲洪积物的速度逐渐增大，最大速度达到 24m/s，最大位移约 140m。下游的板岩崩坡积物也在这一阶段开始启动，速度逐渐增加，最大速度达到 16m/s，最大位移约 60m（图 7.72～图 7.79）。时间为 9～12min 时，下游的少量砂岩在铲刮作用下逐渐启动，但是速度一直较小（图 7.80～图 7.83）。时间为 12～24min，所有的泥石流速度逐渐降为几乎为零，均停止下来，仅有少量的泥石流（0.37 万 m³）冲出海拔 3300m 的沟口（图 7.84～图 7.99）。

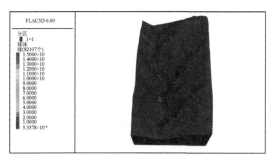

图 7.68　工况 2 泥石流速度云图（3min）

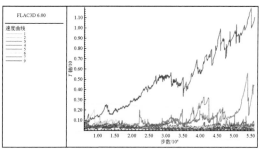

图 7.69　工况 2 监测点速度曲线（3min）

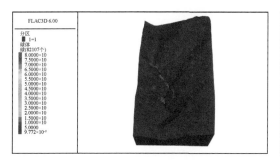

图 7.70　工况 2 泥石流位移云图（3min）

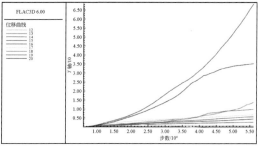

图 7.71　工况 2 监测点位移曲线（3min）

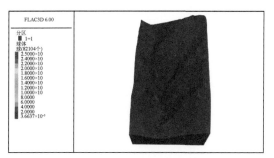

图 7.72　工况 2 泥石流速度云图（6min）

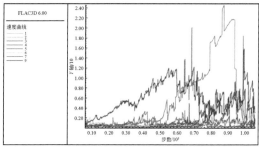

图 7.73　工况 2 监测点速度曲线（6min）

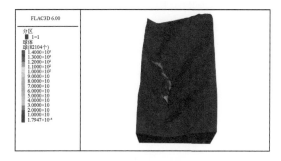

图 7.74　工况 2 泥石流位移云图（6min）

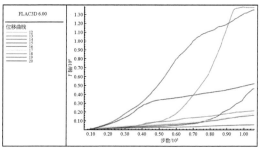

图 7.75　工况 2 监测点位移曲线（6min）

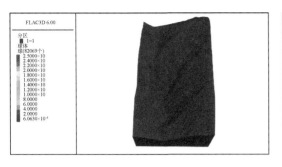

图 7.76　工况 2 泥石流速度云图（9min）

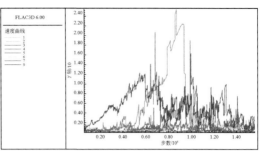

图 7.77　工况 2 监测点速度曲线（9min）

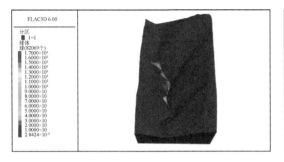

图 7.78　工况 2 泥石流位移云图（9min）

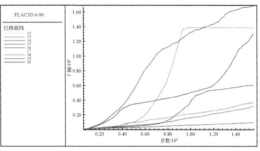

图 7.79　工况 2 监测点位移曲线（9min）

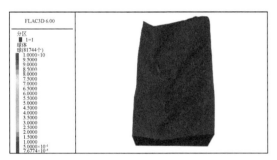

图 7.80　工况 2 泥石流速度云图（12min）

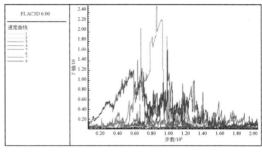

图 7.81　工况 2 监测点速度曲线（12min）

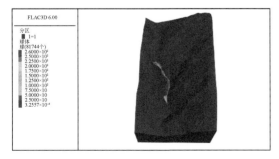

图 7.82　工况 2 泥石流位移云图（12min）

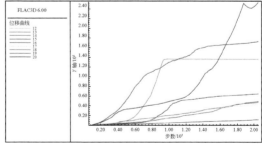

图 7.83　工况 2 监测点位移曲线（12min）

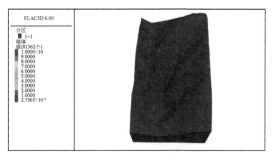

图 7.84　工况 2 泥石流速度云图（15min）

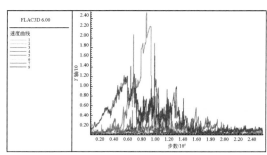

图 7.85　工况 2 监测点速度曲线（15min）

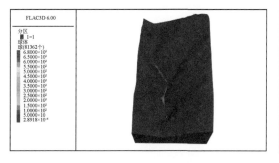

图 7.86　工况 2 泥石流位移云图（15min）

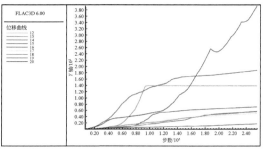

图 7.87　工况 2 监测点位移曲线（15min）

图 7.88　工况 2 泥石流速度云图（18min）

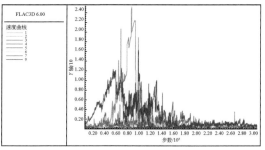

图 7.89　工况 2 监测点速度曲线（18min）

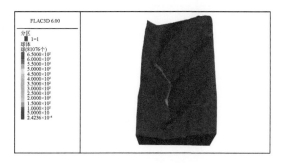

图 7.90　工况 2 泥石流位移云图（18min）

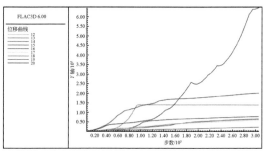

图 7.91　工况 2 监测点位移曲线（18min）

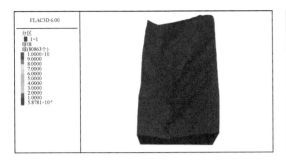

图 7.92　工况 2 泥石流速度云图（21min）

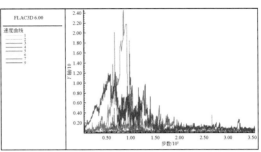

图 7.93　工况 2 监测点速度曲线（21min）

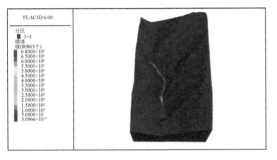

图 7.94　工况 2 泥石流位移云图（21min）

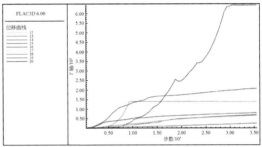

图 7.95　工况 2 监测点位移曲线（21min）

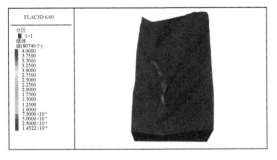

图 7.96　工况 2 泥石流速度云图（24min）

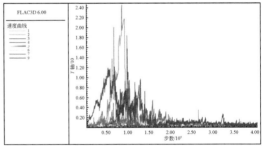

图 7.97　工况 2 监测点速度曲线（24min）

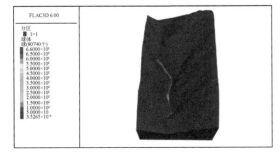

图 7.98　工况 2 泥石流位移云图（24min）

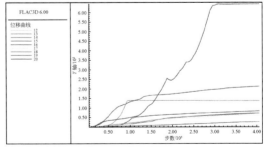

图 7.99　工况 2 监测点位移曲线（24min）

3）工况 3

通过三轴压缩数值试验来模拟实际力学试验，使数值试验的宏观响应与实际力学试验的结果相匹配。用反演所得的球体的微观参数，代入水磨房河数值模型进行计算，可以得到泥石流物源区岩土体在饱和状态下的启动和运移过程、速度和位移特征、失稳方量等参数。

图 7.100～图 7.107 为数值模拟中水磨房河泥石流的运移过程，直观地展示了物源区岩土体从失稳、运移到动能耗尽并最终停积下来的全过程，整个过程持续了 32min（从启动到流出海拔 3300m 的沟口）。数值模拟结果显示，当物源区岩土体为饱和状态时，失稳的物源主要为板岩崩坡积物、粒径较小的冲洪积物以及砂岩崩坡积物坡脚处的松散堆积物，失稳方量约为 4.2 万 m^3，且几乎全部失稳岩土体沿河道运移出海拔 3300m 的沟口，而大部分砂岩崩坡积物（红色区域）保留在河道两岸，少量块径较大的冲洪积物（绿色区域）堆积在河道中，并未转化为泥石流物源。

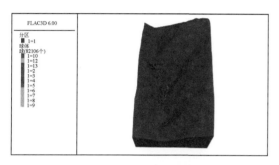

图 7.100　工况 3 泥石流物源形态（4min）

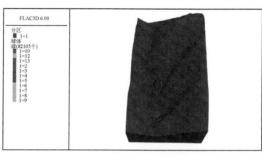

图 7.101　工况 3 泥石流物源形态（8min）

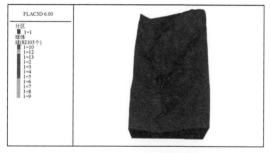

图 7.102　工况 3 泥石流物源形态（12min）

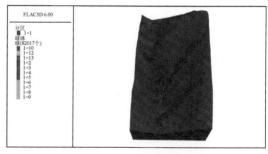

图 7.103　工况 3 泥石流物源形态（16min）

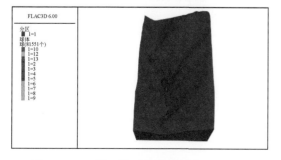

图 7.104　工况 3 泥石流物源形态（20min）

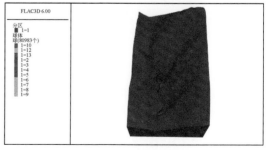

图 7.105　工况 3 泥石流物源形态（24min）

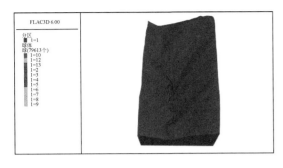

图 7.106 工况 3 泥石流物源形态 (28min)

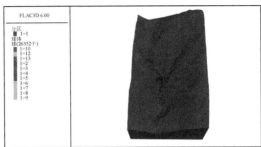

图 7.107 工况 3 泥石流物源形态 (32min)

图 7.108 ~ 图 7.139 为数值模拟计算得到的水磨房河泥石流物源区岩土体在饱和状态下的启动和运移过程中速度和位移的监测曲线及云图。整个泥石流的过程持续了 32min（从启动到流出海拔 3300m 的沟口）。时间为 4min 时，中上游的板岩崩坡积物以及上游的冲洪积物先启动，板岩崩坡积物的最大速度达到 20m/s（图 7.109 中曲线 3），最大位移达到 85m（图 7.111 中曲线 14），冲洪积物最大速度为 10m/s（图 7.109 中曲线 9），最大位移为 32m（图 7.111 中曲线 19）。时间为 4 ~ 12min 时，中上游板岩碰撞和铲刮河道中的冲洪积物，板岩崩坡积物速度逐渐降低（图 7.117 中曲线 9），冲洪积物速度逐渐增加（图 7.117 中曲线 2），最大速度为 44m/s，板岩崩坡积物的位移为 90 ~ 140m（图 7.119 中曲线 14、20），冲洪积物位移为 160m（图 7.119 中曲线 13）；时间为 12 ~ 20min 时，上游冲洪积物冲击碰撞下游冲洪积物，上游冲洪积物速度逐渐降为 0m/s（图 7.125 中曲线 2），位移为 160m（图 7.127 中曲线 13），下游冲洪积物速度逐渐增大（图 7.125 中曲线 7），最大为 20m/s，位移为 270m（图 7.127 中曲线 18）。时间为 20 ~ 32min 时，下游板岩开始运动，并碰撞铲刮下游冲洪积物，板岩崩坡积物最大速度为 25m/s（图 7.137 中曲线 3），位移为 150 ~ 480m（图 7.139 中曲线 14、17、20），砂岩崩坡积物最大速度为 10m/s（图 7.137 中曲线 4），位移为 5 ~ 20m（图 7.139 中曲线 12、15、16），冲洪积物最大速度为 10m/s（图 7.137 中曲线 7），位移为 300 ~ 800m（图 7.139 中曲线 13、18、19）。

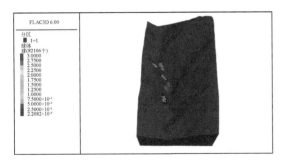

图 7.108 工况 3 泥石流速度云图 (4min)

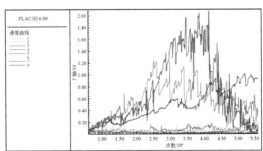

图 7.109 工况 3 监测点速度曲线 (4min)

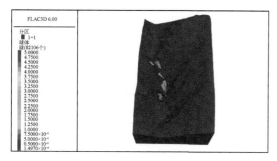

图 7.110　工况 3 泥石流位移云图（4min）

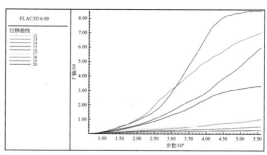

图 7.111　工况 3 监测点位移曲线（4min）

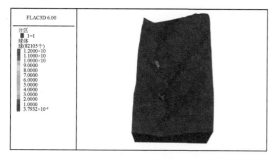

图 7.112　工况 3 泥石流速度云图（8min）

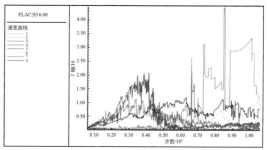

图 7.113　工况 3 监测点速度曲线（8min）

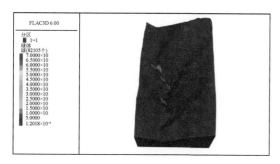

图 7.114　工况 3 泥石流位移云图（8min）

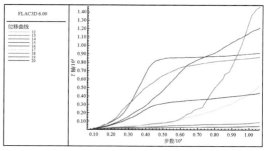

图 7.115　工况 3 监测点位移曲线（8min）

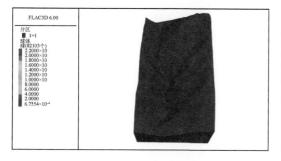

图 7.116　工况 3 泥石流速度云图（12min）

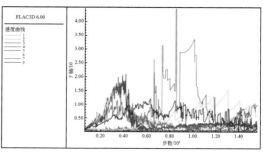

图 7.117　工况 3 监测点速度曲线（12min）

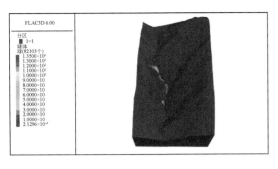
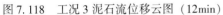

图 7.118　工况 3 泥石流位移云图（12min）

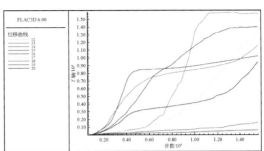

图 7.119　工况 3 监测点位移曲线（12min）

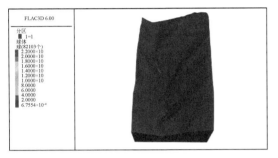

图 7.120　工况 3 泥石流速度云图（16min）

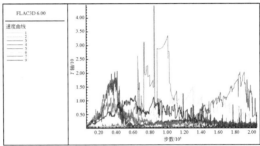

图 7.121　工况 3 监测点速度曲线（16min）

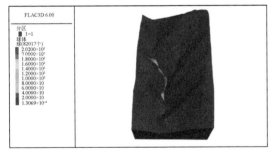

图 7.122　工况 3 泥石流位移云图（16min）

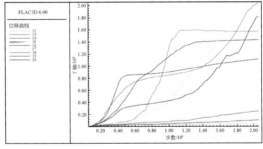

图 7.123　工况 3 监测点位移曲线（16min）

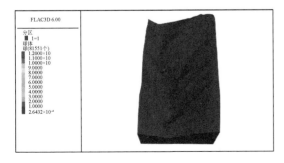

图 7.124　工况 3 泥石流速度云图（20min）

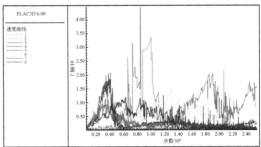

图 7.125　工况 3 监测点速度曲线（20min）

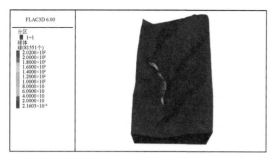

图 7.126　工况 3 泥石流位移云图（20min）

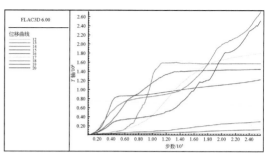

图 7.127　工况 3 监测点位移曲线（20min）

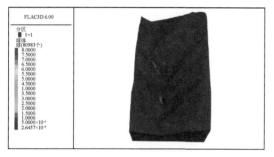

图 7.128　工况 3 泥石流速度云图（24min）

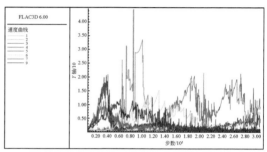

图 7.129　工况 3 监测点速度曲线（24min）

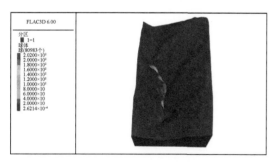

图 7.130　工况 3 泥石流位移云图（24min）

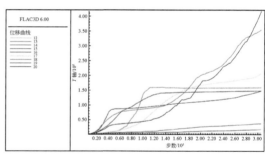

图 7.131　工况 3 监测点位移曲线（24min）

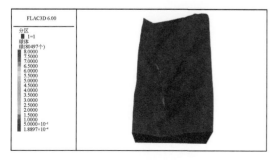

图 7.132　工况 3 泥石流速度云图（28min）

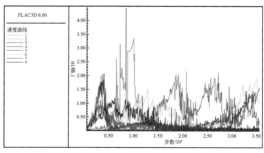

图 7.133　工况 3 监测点速度曲线（28min）

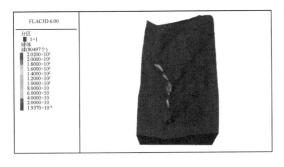

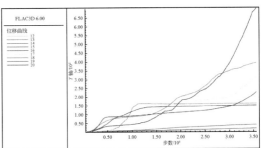

图 7.134　工况 3 泥石流位移云图（28min）　　　图 7.135　工况 3 监测点位移曲线（28min）

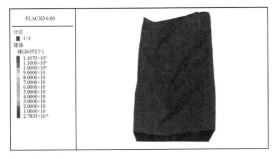

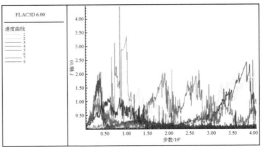

图 7.136　工况 3 泥石流速度云图（32min）　　　图 7.137　工况 3 监测点速度曲线（32min）

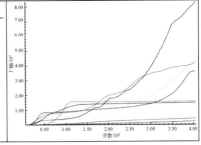

图 7.138　工况 3 泥石流位移云图（32min）　　　图 7.139　工况 3 监测点位移曲线（32min）

利用不同含水率岩土体的剪切强度参数模拟了不同降雨工况下水磨房河泥石流的动力学过程，获取了其失稳方量、启动和运移过程中的速度和位移等动力学参数，从以上模拟结果可以看出。

（1）三种不同含水率工况下，均是水磨房河泥石流沟谷上游的板岩崩坡积物首先失稳启动转化为泥石流，然后铲刮沟道中的冲洪积物，侵蚀下游砂板岩崩坡积物的坡脚，致使沟道中的冲洪积物和下游的砂板岩崩坡积物转化为泥石流。

（2）在降雨量较小时（物源区岩土体的含水率为 15%），仅上游的板岩崩坡积物和粒径较小的冲洪积物以及少量的砂岩崩坡积物转化为泥石流，方量仅约 0.57 万 m³，且运移距离较短，最终沿河道堆积，并没有运移出海拔 3300m 沟口至人工导流槽；当物源区岩土体的含水率为19%时，沟谷上游的板岩崩坡积物以及河道中的冲洪积物转化为泥石流，总方量约1.8万m^3，但是大部分都沿途堆积在河道中，仅约0.37万m^3泥石流运移至人工导流槽；当极端降雨工况（物源区岩土体为饱和状态）时，河道中的板岩崩坡积物、冲洪积物和砂岩崩坡积物坡脚处的少量土体转化为泥石流，方量约4.2万m^3，最大速度约42m/s，且几乎全部都运移出海拔3300m的沟口至人工导流槽。

7.3　叶枝场镇迪马河泥石流成灾机理分析

迪马河沟口即为同乐村迪满组，沟口地理位置坐标99°3′43.2″E、27°41′14.2″N。迪马河泥石流流域总面积为4.56km²，平面形态呈葫芦形。迪马河全貌见图7.140。

图7.140　迪马河全貌照片

7.3.1　泥石流形成条件

1. 地形地貌条件

主沟总体流向近似呈东西向，流域最高点高程为3308m、沟口高程为1710m，相对高差为1598m，主沟平均纵坡降为213.8‰，沟段上部植被较发育，强风化易产生崩塌、滑坡等，沟道中上游两岸山坡坡度陡峭，沟谷多为"V"型，沟宽5~30m，沟谷两岸山体坡度较陡，平均坡度可达30°以上，植被较好，中下游两岸山坡相对较缓。总体上迪马河汇流面积较大，沟床坡度陡，为泥石流的暴发提供了动力条件。

2. 物源条件

1) 滑坡堆积物源

滑坡堆积物是迪马河泥石流主要的物源之一，在形成区沟道两岸共发育有八处滑坡，均为小型，且全部为修建公路人为开挖导致，规模较小，进入沟道参与泥石流活动的可能性较低（图 7.141、图 7.142）。

图 7.141　形成区地貌特征　　　　　　　图 7.142　形成区滑坡潜在物源

2) 崩塌堆积物源

崩塌堆积物源主要分布在迪马河流通区右岸，岩性以灰岩为主。山体受到构造和降雨的影响，形成了多处不稳定危岩体，在后期外界条件的改变下失稳形成崩塌堆积物。岩块的运移距离的不同，其破碎程度也存在差异，在靠近斜坡的下方为大尺寸完成的岩块堆积，最大粒径可达 20cm，向坡体下方，其粒径逐渐变小，松散堆积体稳定的堆积于斜坡的凹槽部位。虽然暂时处于稳定状态，但由于整体松散，斜坡坡度较陡，易再次失稳形成碎屑流。

3) 沟道堆积物源

迪马河沟域内沟道物源比较丰富，主要为早期的泥石流堆积物、岸坡坍滑的堆积体停滞于沟道内，从堆积区上游至流通区段连续分布，总长度约 2.2km，平均长度为 8m，厚度约 2m，总方量 3.52 万 m^3。

4) 坡面侵蚀物源

迪马河流域内植被覆盖程度较好，但大面积斜坡带被人为开垦用作耕地，缺少常年植被的保水固土作用，在暴雨的冲刷侵蚀下，坡面细颗粒物质会随雨水进入主沟道，并在沟岸缓坡带或沟道内停留，沟道水流激涨下冲刷裹挟这些侵蚀物质参与泥石流活动。据现场调查，迪马河泥石流松散物源总储量为 46.3 万 m^3，动储量为 5.56 万 m^3，动静比为 12%（表 7.3）。

表 7.3　迪马河泥石流物源统计表

物源分类	总储量/万 m³	动储量/万 m³	动静比/%
滑坡堆积物源	3.5	0.77	22
崩塌堆积物源	1.22	0.22	18
沟道堆积物源	3.52	1.62	46
坡面侵蚀物源	38.06	3.04	8
合计	46.3	5.65	12

3. 水源条件

工作区属西藏华西类康滇区的亚热带与温带季风高原山地气候，其特点为冬长无夏，春秋相连，仅有冷暖、干湿和大小雨季之分。又由于地质结构复杂，海拔悬殊，光照、温度、降水分布皆不均匀，形成立体气候。迪马河流域年平均降水量为 764.1mm，降水日数为 129 ~ 171 天，平均年降水天数为 146 天，年平均霜期为 169 天，年平均降雪为 11 天，年平均相对湿度 70%。根据近 10 年降水资料统计，迪马河流域年最大降水量为 1032.1mm（2010 年），月最大降水量为 302.9mm（2010 年 4 月），日最大降水量为 68.6mm（2017 年 8 月 9 日），10min 最大降水量为 8.2mm。连续降雨和单点暴雨是当地产生泥石流的主要诱发因素。

7.3.2　泥石流基本特征

1. 流域分区特征

根据迪马河泥石流的形成、运动和堆积特征，可将迪马河流域划分为三个区，即形成区、流通区和堆积区。

1）形成区

形成区位于沟道上游，流域顶点为 3308 ~ 2138m，高差为 1103m，沟道长度为 2205m，形成区沟道平均纵坡降为 457‰，沟段上部植被较发育，强风化易产生崩塌、滑坡等，同时该区为泥石流形成汇集提供水动力条件。总体来看，形成区面积广大，沟床坡度陡，为泥石流的暴发提供了物源条件和动力条件。

2）流通区

流通区谷底高程为 1878 ~ 2138m，长度为 1295m，沟床平均纵坡为 167.7‰，沟道右岸平均坡度为 48°，左岸平均坡度为 32°，沟道平均宽度为 32m，沟道中分布有大量松散堆积物，可为泥石流在运动过程中提供物源。总体来看，流通区较短且沟道狭窄，沟床纵坡虽然没有形成区大，但弯道较少，没有跌水缓解动能，因而泥石流的流速和冲击力较大。

3）堆积区

迪马河泥石流堆积区位于沟口澜沧江交汇处至上游出口段沟道，长度为 1365m，平均纵坡降为119.2‰，地形较为平缓开阔，有利于泥石流堆积。堆积区形状呈扇形，堆积物总体特征以碎石土堆积为主，碎石比例可达70%～90%，物质成分以板岩、千枚岩为主，片岩为辅，与沟谷形成区中岩性一致。碎石分选、磨圆度差。据现场调查，堆积区堆积了大量固体物质，现场可见很多大树的树干已被堆积物埋没。现状条件下，堆积区下部有村民及耕地，泥石流严重威胁其生命财产安全。

2. 泥石流灾害史及灾情

迪马河为一老泥石流，最近一次在2017年8月10日暴发了泥石流（高含砂稀性泥石流），据叶枝站气象站记录数据，2017年8月8～9日24h降雨量达59.8mm，原本沟道被村道挤占，过流断面较小，这次泥石流造成沿线村道公路连续淤埋，部分堆积物、洪水涌上德钦—维西公路，估算造成的经济损失达50万元。其次，2014年7月以来，除7月6日外每日均有中雨量级以上降雨，达到大雨以上有5天，达到暴雨以上降水1天，最大日降水出现在9日20时至10日10时，14h降雨达到96.9mm，最大小时降水达到33.6mm，相当于20年一遇重现期降雨量。迪马河在本轮强降雨过程中发生泥石流灾害，冲出方量约10000m³。

7.3.3　物源活动性分析

泥石流长4.6km、宽1.7km。该处地势高差最大为1251m。图7.143为2017～2020年6月地表形变速率（a）、谷歌影像图（b）以及标志点时间序列图（c）。在2017～2019年5月地表处于持续形变状态，最大累积形变可达20mm，2019年以后变形相对平缓。该物源体上遍布耕地和居民建筑，人类工程活动频繁。物源体上有子贺嘎和则会干两大滑坡群，

(a) 地表形变速率

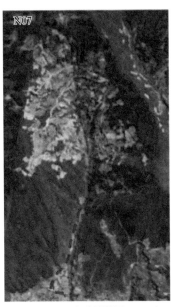

(b) 谷歌影像图

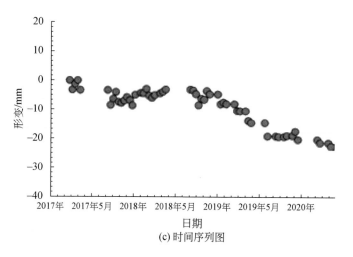

(c) 时间序列图

图 7.143　迪马河泥石流变形序列图

其位置均沿公路坡体存在，由于拓展、开挖路基，或切削斜坡、爆破岩石等改变斜坡自然结构，导致坡体应力变化、斜坡稳定性降低从而诱发小滑坡、崩塌等的发生，且修筑公路和开垦耕地形成的松散堆积体及崩滑体等，均会沿斜坡自然滚落，或受雨水冲刷至沟谷，最终成为泥石流物源，并加剧泥石流灾害的危险性和危害程度。

7.3.4　迪马河泥石流成灾机理分析

1）计算模型

模型采用 DEM 数据及 Rhinoceros 软件建立三维 STL 模型。数值模拟模型尺寸按 10∶1 建立几何模型，图 7.144 为迪马河泥石流沟三维模型。

经过 FLOW-3D 软件的 FAVOR 和 VOF 数值方法计算得到的三维模型（图 7.145）。图中 X 轴的正向为正东方向，Y 轴的正向为正北方向，Z 轴的正向为竖直向上。

不同容重泥石流流体参数根据见表 7.4 计算。

表 7.4　泥石流数值模拟参数

容重/(kN/m³)	屈服应力/Pa	黏滞系数/(Pa·s)
21	304.770	1.463
18	75.900	0.364
15	18.900	0.091
12	4.706	0.023

计算区域两侧、底部和下部均为墙固壁边界，上部为大气压，设置为压力边界（图

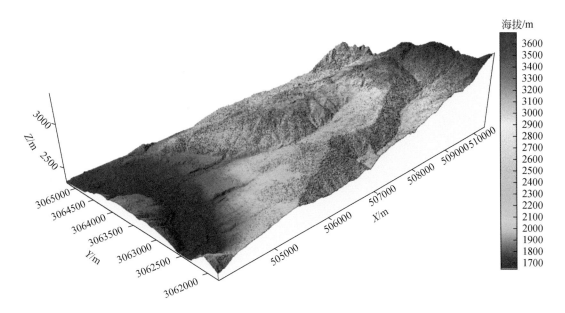

图 7.144　迪马河泥石流沟三维模型

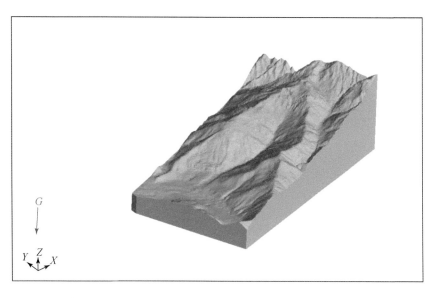

图 7.145　基于 FAVOR 和 VOF 数值方法计算得到的三维模型

7.146）。该计算软件采用规则正方体网格，模型网格划分如图 7.147 所示，共 44 万个网格。初始条件主要在设置初始流体，使其在初速度为 0 的情况下沿着沟道运动。初始流体域根据沟道形状建立初始流体模型 $v=0\mathrm{m/s}$。

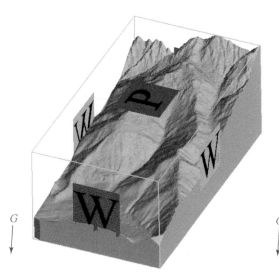

图 7.146　模型边界条件
W. 墙；P. 压力

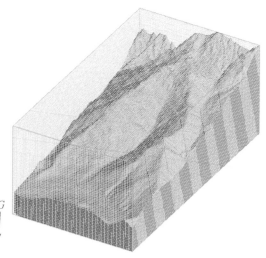

图 7.147　模型网格划分

2）计算结果分析

本次共计模拟两种工况，分别为 10 年一遇暴雨工况下泥石流暴发特征和 100 年一遇暴雨工况下泥石流暴发特征。

A. 10 年一遇暴雨工况下泥石流暴发特征

根据本次泥石流沟现场调查，泥石流物源主要为沟道内堆积的松散堆积体，本工况泥石流容重取 15kN/m³，通过数值模拟得出不同时刻泥石流的运动形态（图 7.148）。

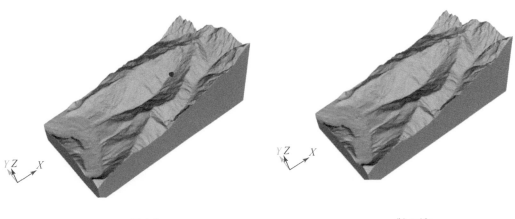

(a) t=0s　　　　　　　　　　　　　　　　　(b) t=10s

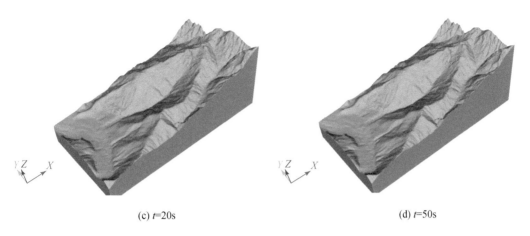

(c) $t=20$s　　　　　　　　　　　　　(d) $t=50$s

图 7.148　10 年一遇泥石流运动形态

　　泥石流平均泥深沿着沟道变化情况见图 7.149。由图可知，泥石流沿沟道运动过程中，龙头部分和尾部泥深较小，中部泥深较大，最大泥深 2.5m 左右。

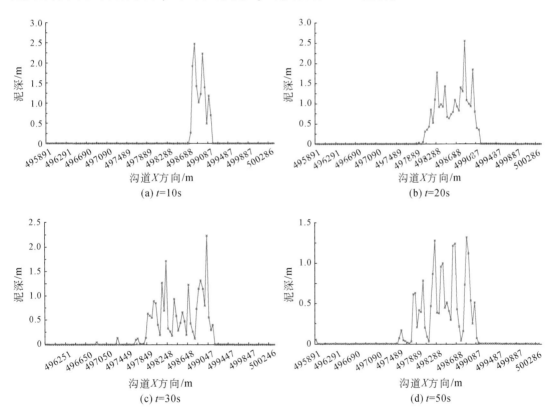

(a) $t=10$s　　　　　　　　　　　　　(b) $t=20$s

(c) $t=30$s　　　　　　　　　　　　　(d) $t=50$s

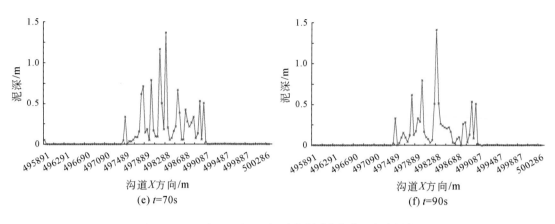

(e) t=70s

(f) t=90s

图 7.149　10 年一遇泥石流不同时刻沿沟道 X 方向泥深

泥石流平均泥深沿着沟道变化情况见图 7.150。从泥石流深度平均流速变化曲线可以看出，泥石流沿沟道运动方向，泥石流流速最大值位于流体中部，不同时刻下最大值范围为 2~10.8m/s。从泥石流运动形态表面流速云图及深度平均流速变化曲线可以看出，泥石流沿沟道运动方向，泥石流流速随流动距离逐渐增大，到达堆积区后逐渐减小后停淤。

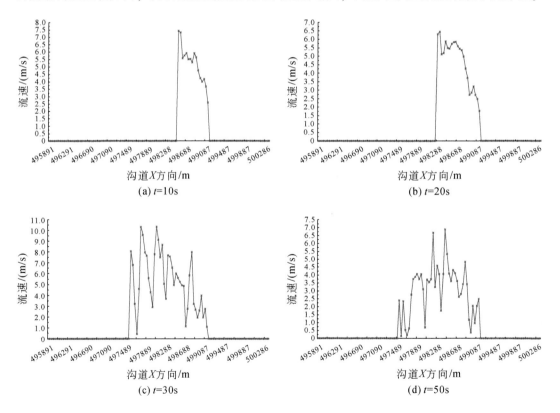

(a) t=10s

(b) t=20s

(c) t=30s

(d) t=50s

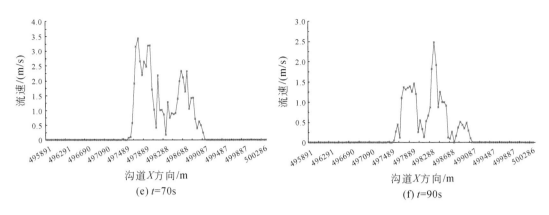

图 7.150　10 年一遇泥石流不同时刻沿沟道 X 方向流速

B. 100 年一遇暴雨工况下泥石流暴发特征

根据本次泥石流沟现场调查，在 100 年一遇极端暴雨条件下，泥石流物源主要为沟道内堆积的松散堆积体、沟道上游的高位隐性崩滑体以及沟道两岸的不稳定崩塌体，本工况泥石流容重取 18kN/m³，通过数值模拟得出不同时刻泥石流的运动形态（图 7.151）。

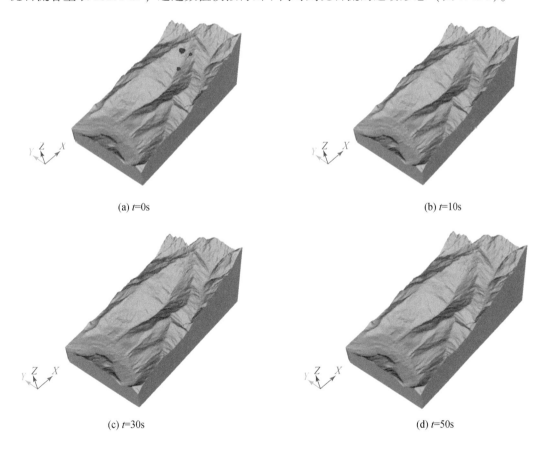

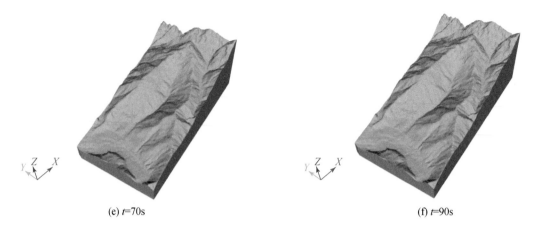

(e) *t*=70s　　　　　　　　　　　　　　　　(f) *t*=90s

图 7. 151　100 年一遇泥石流运动形态

　　泥石流平均泥深沿着沟道变化情况见图 7. 152。由图可知，泥石流沿沟道运动过程中，龙头部分和尾部泥深较小，中部泥深较大，最大泥深 4. 0m 左右。

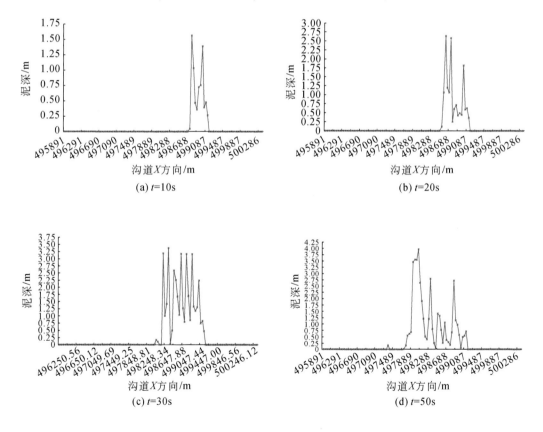

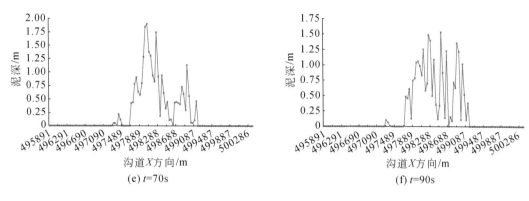

图 7.152　100 年一遇泥石流不同时刻沿沟道 X 方向泥深

　　泥石流平均泥深沿着沟道变化情况见图 7.153。从泥石流深度平均流速变化曲线可以看出，泥石流沿沟道运动方向，泥石流流速最大值位于流体中部，不同时刻下最大值范围为 2~17.6m/s。从泥石流运动形态表面流速云图及深度平均流速变化曲线可以看出，泥石流沿沟道运动方向，泥石流流速随流动距离逐渐增大，到达堆积区以后逐渐减小后停淤。利用 FLOW-3D 模型对迪马河沟泥石流进行动力学模拟，结果表示 10 年一遇暴雨情况下迪马河泥石流的运动速度最大达到 10.8m/s，100 年一遇暴雨情况下迪马河泥石流的运动速度最大达到 17.6m/s，其速度呈现出急剧加速、波动性增长、衰减等三个阶段，将危害到下游居民的生命财产安全。

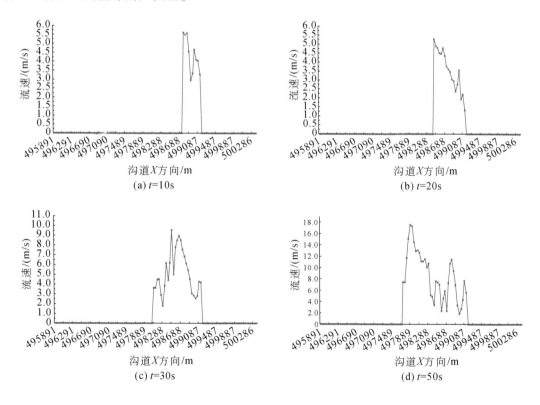

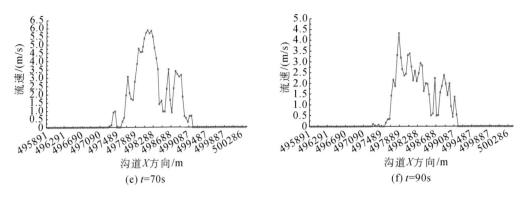

(e) $t=70s$　　　　　　　　　　　　　　　(f) $t=90s$

图 7.153　100 年一遇泥石流不同时刻沿沟道 X 方向流速分布

3）滑坡—泥石流成灾机理

经过前述分析，迪马河滑坡—泥石流成灾模式可总结为：

（1）前期的崩塌、滑坡和坡积物在坡体中部停留、堆积，由于斜坡中部的坡度仍旧较陡，加之土岩不良地质界面的控制，在降雨等不利作用下会发生松散堆积层–基岩接触面滑坡，为泥石流提供物源，在强降雨作用下松散堆积物沿泥石流沟冲出形成泥石流灾害。

（2）由于前期的不良地质作用以及前期泥石流堆积，在沟道两侧形成了较厚的松散堆积体，在降雨和坡脚沟谷冲刷的作用下，易整体失稳下滑成为泥石流物源，在强降雨作用下松散堆积物启动形成泥石流灾害。

7.4　小　　结

本章以澜沧江德钦县拉金神谷滑坡、德钦县水磨房河泥石流、叶枝场镇迪马河泥石流分别代表滑坡—堰塞湖、滑坡—泥石流（碎屑流），开展链式地质灾害的成灾机理研究，得出结论如下。

（1）云南省德钦县燕门乡拉金神谷滑坡是一处较为典型的涉水型滑坡，2019 年 6～7 月，受库水位上升和降雨共同作用下，拉金神谷滑坡出现了复活迹象，发生大变形，损坏了过江吊桥，若发生大规模滑坡，可能发生堵溃型链式灾害，将直接威胁下游水电站及上下游人员的安全。基于野外现场地质调查、InSAR 监测和数值模拟研究，结合滑坡区工程地质条件，分析了滑坡的变形特征和破坏演化全过程。研究结果表明：①拉金神谷滑坡成灾过程为：前缘局部变形阶段→蠕滑拉裂大变形阶段→整体大规模滑动阶段→堰塞湖溃决阶段；②库水位上升和降雨的共同作用是诱发滑坡大变形的直接原因。通过对拉金神谷古滑坡的成灾机理研究，并建议引入 InSAR 等监测调查技术手段开展类似涉水滑坡的排查，对防范类似的高位链式地质灾害具有重要意义。

（2）水磨房河泥石流为典型的沟谷型泥石流，沟谷两岸的崩坡积物在降雨作用下失稳启动转化为泥石流并加速运动，铲刮沟道中的冲洪积物和下游崩坡积物的坡脚，使它们转化为泥石流；水磨房河泥石流沟上游两岸的细粒板岩崩坡积物在降雨作用下剪切强度降低，最先失稳启动转化为泥石流，由于上游泥石流沟纵坡降和水量大，泥石流流速逐渐增加，冲击力强，铲刮河道中的冲洪积物，侵蚀下游的板岩和砂岩崩坡积物，最终导致沟谷中的冲洪积物、下游的板岩崩坡积物和砂岩崩坡积物坡脚处土体转化为泥石流。因此，水磨房河泥石流的主要组成物质为板岩崩坡积物、冲洪积物和砂岩崩坡积物坡脚处的细粒堆积物；利用数值模拟和规范中规定的经验公式对水磨房河泥石流进行危险性评价，结果显示，在极端降雨工况下，水磨房河泥石流的最大冲出量为（1.3~4.2）万 m^3，最大流速为 42m/s，属于小型泥石流。考虑到目前水磨房河泥石流沟道中四道拦挡坝已满库、坝体的破坏较为严重，且下游人工导流槽的流量较小，水磨房河泥石流对下游的德钦县城威胁较大，但可采用相应措施消除威胁。

（3）迪马河滑坡—泥石流成灾模式可总结为：前期的崩塌、滑坡和坡积物在坡体中部停留、堆积，由于斜坡中部的坡度仍旧较陡，加之土岩不良地质界面的控制，在降雨等不利作用下会发生松散堆积层–基岩接触面滑坡，为泥石流提供物源，在强降雨作用下松散堆积物沿泥石流沟冲出形成泥石流灾害；由于前期的不良地质作用及前期泥石流堆积，在沟道两侧形成了较厚的松散堆积体，在降雨和坡脚沟谷冲刷的作用下，易整体失稳下滑成为泥石流物源，在强降雨作用下松散堆积物启动形成泥石流灾害。

第8章 高位滑坡碎屑流运动堆积模式物理模型试验研究

高位滑坡碎屑流在运动过程中凭借强大的冲击力,对地表松散堆积物、房屋建筑和桥梁等都具有毁灭性破坏。目前对于地质灾害的冲击力研究主要集中在雪崩、泥石流和落石等方面,这些对于滑坡碎屑流冲击力研究具有重要的借鉴意义。在雪崩冲击力方面,Hákonardóttir 等(2003)基于滑槽试验模拟了护堤对雪崩的阻碍效果;Favier 等(2009)利用物理模型试验和数值模拟方法对雪崩碎屑流障碍物的冲击力进行分析,并研究了障碍物尺寸和间距等因素对计算结果的影响。在泥石流冲击力方面,Armanini(1997)、Hungr 等(1984)、Hubl 和 Holzinger(2003)等学者基于物理模型试验、理论推导和数值仿真等方法分别给出了泥石流撞击力计算公式。Kim 和 Kwak(2021)利用 FLOW-2D 计算了韩国忠清北道地区泥石流对房屋建筑等的冲击力大小。国内对于泥石流冲击力的研究也是成果斐然,胡凯衡等(2006)在云南蒋家沟开展原位泥石流冲击力测试试验,发现连续流冲击力比阵性流冲击力大,且与其包含的固体物质成分有关。陈洪凯等(2011)基于小波分析方法对泥石流冲击信号进行分析,结果表明稀性泥石流的波动能信号以低频为主。王东坡和张小梅(2020)通过泥石流冲击拦挡物理模型试验,建立泥石流爬升和冲击力计算公式。此外,我国也制定了《泥石流灾害防治工程勘查规范》(2006 年)等技术标准,其中也明确给出了泥石流冲击力计算公式,这对泥石流灾害防治设计具有重要意义。在落石冲击力方面,叶四桥和陈洪凯(2010)对落石冲击力方法进行总结和对比,研究表明计算参数取值主要依靠经验法,计算结果存在不确定性。雪崩、泥石流、落石冲击力与碎屑流冲击力相似,其区别在于冲击物的物质状态不同。目前围绕滑坡碎屑流冲击力的研究主要是对于房屋建筑、拦挡结构等的冲击破坏研究,这些为高山峡谷区防治工程等设计提供了技术支撑。

本章以德钦县直溪河所在的澜沧江流域为工程地质背景,采用物理模型试验方法,并利用高速摄像机器记录滑坡运动全过程,分析滑体运动速度、堆积形态范围和远程运动模式,探讨坡度、块体粒径和滑坡质量等对滑坡运动堆积的影响,通过研究高位滑坡堆积及运动模式,为地区高位滑坡灾害风险防控提供支撑。

8.1 滑槽物理模型试验概况

8.1.1 试验装置

在试验装置布置上,滑坡碎屑流堆积试验装置主体结构主要由料仓(即滑源区)、碎屑流上段、碎屑流下段和堆积区底板等组成（图 8.1）。在坡度设置方面，碎屑流上段的角度可以通过千斤顶来调节，调整范围为 25°~45°，碎屑流下段的角度固定为 20°。各运动板之间设置连接枢纽，防止出现较大落差陡坎。在本次研究中，碎屑流上段坡度分别设定为 25°、35° 和 45°。同时，为了观察记录碎屑流的运动过程情况，滑槽两侧由钢化玻璃组成，并标准化网格尺寸，其刻度为 10cm。由于本次试验模拟滑坡真实碎屑状态，选用的碎屑块石未经打磨，需在运动路径底板覆盖薄膜，防止运动摩擦过大。

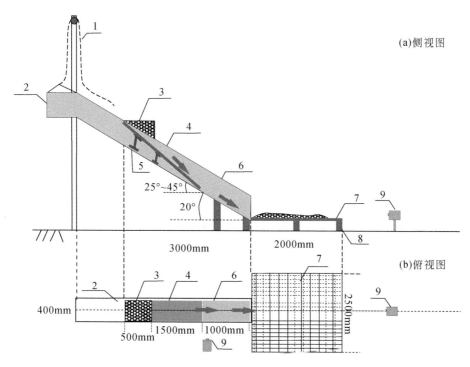

图 8.1　滑坡碎屑流试验装置侧视图及俯视图
1. 手动拉升装置；2. 滑槽；3. 料仓；4. 滑源区和碎屑流上段底板；5. 液压千斤顶；
6. 碎屑流下段底板；7. 堆积区底板；8. 支架；9. 高速摄像机

在试验数据记录方面，根据滑坡碎屑流物理模型试验方案对试验现场开展布置工作（图 8.2）：①在滑槽出口处放置 200cm×250cm 的堆积平板，其刻度间隔为 10cm×10cm，方便观察滑坡碎屑流堆积形态范围；②在滑槽口正对向和侧向分别布置高速摄像机，以此观察滑坡碎屑流的运动特征；③利用滑槽手动拉伸装置，将碎屑流下段的角度调整至 20°，再根据试验变角角度需要，调整好千斤顶高度，调整滑源区和碎屑流上段角度（25°~45°），然后在千斤顶上放置滑动路径底板；称量好碎屑粒径质量，将碎屑块石放置在料仓区，固定挡板，等待试验开始。

8.1.2　试验样品

根据德钦县直溪河研究区现场野外地质调查，碎屑岩性主要为砂岩、板岩等；由于本

图 8.2　滑槽模型试验装置正视图（a），装置侧视图（b）以及高速摄像机-侧向图（c）

次物理模型尺度小，在试验滑坡碎屑流运动过程中无法模拟滑体破碎现象。同时为了研究不同粒径对滑坡碎屑流的运动堆积影响，结合滑坡堆积体粒径特征，滑坡碎屑流粒径颗粒尺寸分别选用了四组：5～10mm、10～20mm、20～30mm 和 30～50mm（图 8.3）。

图 8.3　滑坡碎屑流粒径

8.1.3　试验工况

本试验研究主要采用三组试验来进行滑坡碎屑流运动堆积规律分析研究，结合松坪沟地区的地形地貌特征，试验坡度分别为 25°、35° 和 45°，研究不同坡度情况下滑体碎屑流的运动堆积特征（表 8.1）。

表 8.1　滑坡碎屑流动力侵蚀运动堆积试验工况

方案	滑源区坡度/(°)	碎屑流粒径/mm	碎屑流的物质质量/kg
第一组	25	5~10、10~20、20~30、30~50	20、30、40
第二组	35	5~10、10~20、20~30、30~50	20、30、40
第三组	45	5~10、10~20、20~30、30~50	20、30、40

根据表 8.1，在每一大组试验中，又细分六个小组，其中当碎屑流的物质质量为 20kg 时，其块体粒径则为四组粒径；当质量分别为 30kg、40kg 时，其粒径只为 5~10mm 这一组，则合计为六组，由此也可以分析碎屑流质量对滑体运动堆积特征的影响。

8.1.4　试验步骤

（1）试验早期准备：整理并改进滑槽物理模型试验箱，设计碎屑流的运动路径，筛选目标粒径的碎屑流样品。

（2）运动路径底板安装：碎屑流运动路径主要由滑源区和碎屑流上段底板、碎屑流下段底板和堆积区底板组成，其中滑源区和碎屑流上段为同一个连续底板。将碎屑流下段底板放置在滑槽底部上，二者之间不能有孔隙存在。碎屑流上段底板末端与碎屑流下段底板相连接，连接处用内置铁钉绑定，碎屑流上段底板由两个千斤顶支撑，通过调整千斤顶高度，来实现调整滑源区的角度变化。

（3）物料加仓：在启动区放置有一铁板（闸门），按照试验方案将已称量好的物料放置在料仓里，并将物料表面整平。

（4）仪器安装：在滑槽的正面和侧面，各布置一台高速摄像机，以此观测滑坡的运动情况。

（5）运动堆积试验：对运动区底板及堆积区底板进行整理，保持上述区域表面光滑，向料仓装填物料。然后打开闸门，开展运动堆积试验。同时记录运动堆积体的平面形态特征和堆积体厚度，对高速摄像机影像资料进行分组整理。

（6）试验结束阶段：待步骤（5）全部结束后，整理并对试验装置进行清洁工作，对试验样品进行收集整理，整理好相关试验数据记录。

（7）数据处理与规律分析：首先通过高速摄像机和测量记录，整理堆积体厚度数据和堆积体成灾范围，并通过高速影像数据得到时间-速度曲线，分析碎屑流质量、粒径大小和坡度对速度、堆积体厚度和平面形态等的影响，最后得出远程滑坡碎屑流的运动模式。

8.2　试验结果分析

8.2.1　滑坡碎屑流运动过程分析

滑坡碎屑流运动全过程耗时较短，其运动特征无法通过目视直接捕捉，因此需要利用高速摄像机记录整个运动过程，然后将影像一帧一帧读取，其频率达到 500 帧/s。由于各组试验运动状态相似，故对其运动过程分析，以表 8.1 中的第二组方案中的滑源区坡度为 35°、碎屑流粒径为 5~10mm、碎屑流质量为 40kg 这组试验为例对滑坡碎屑流的运动堆积特征进行分析 [图 8.4（a）]。通过高速摄像机记录，整个试验从料仓启动至碎屑流运动堆积停止，整个全过程历约 6s。碎屑流启动后，约 1.2s 时进入碎屑流下段 [图 8.4（b）]，速度约 1.4m/s，加速度约 1.15m/s²。碎屑流继续运动，在 1.6s 时前缘已到达滑槽口 [图 8.4（c）]，速度达到 2.16m/s，其加速度约 1.33m/s²。碎屑流最远运动至 3.094m 处停止，其堆积形态呈现扇形，堆积体的宽度达到了 0.89m，最大堆积厚度约 7cm，碎屑流堆积状态呈现两翼薄而中间厚的特点 [图 8.4（d）]。

(a) *t*=0s

(b) *t*=1.2s

(c) *t*=1.6s

(d) *t*=6s

图 8.4　滑坡碎屑流运动堆积过程图

8.2.2　堆积体形态特征分析

图 8.5~图 8.7 分别展示了三组不同变角坡度下的堆积体形态示意图，从中可以看出，对于碎屑流粒径为 5~10mm 时，堆积体呈现出连续性；当碎屑流质量依次增大时，其碎屑流宽度越大，形态越趋向扇形，堆积厚度也越大；当坡度越陡时，其堆积覆盖面积也就越大。对于粒径在 10~50m 的碎屑流，其在堆积板上向四周呈弧形状散落堆积，同时利用高速摄像机观察到当大块石运动至堆积区平板停止时，后续块体运动至堆积体平板处，会撞击已停止的块石，并产生撞击-跳跃现象（王峻才等，2017）。

图 8.5　坡度为 25°时的滑坡碎屑流堆积物

（c）粒径：20~30mm；质量：20kg　　（d）粒径：30~50mm；质量：20kg

（e）粒径：5~10mm；质量：30kg　　（f）粒径：5~10mm；质量：40kg

图 8.6　坡度为 35°时的滑坡碎屑流堆积物形态

（a）粒径：5~10mm；质量：20kg　　（b）粒径：10~20mm；质量：20kg

（c）粒径：20~30mm；质量：20kg　　（d）粒径：30~50mm；质量：20kg

粒径：5~10mm；质量：30kg　　　　　　　　粒径：5~10mm；质量：40kg
　　　　　(e)　　　　　　　　　　　　　　　　　　　(f)

图 8.7　坡度为 45°时的滑坡碎屑流堆积物形态

　　以表 8.1 中第二组方案滑源区坡度为 35°为例，对于碎屑流堆积区的堆积剖面进行分析（图 8.8），当粒径为 5 ~ 10mm 时，质量分别为 20kg、30kg 和 40kg 时 [图 8.8（a）、（e）、（f）]，其碎屑流堆积具有连续性，且最大堆积体厚度分别为 30mm、42mm 和 50mm，最大堆积体厚度位于滑槽与堆积板平板连接处附近，这主要是由于碎屑流从滑槽中运动至堆积平板瞬间，由于运动从两侧边界受限至无侧限状态，且坡度变缓，由 35°、20°和 0°依次转化，进而开始散落堆积。对于质量为 20kg，但是块体粒径不同的情况，由图 8.8（a）~（d）可看出，随着滑坡碎屑流粒径增大，其堆积体的平均堆积高度相近。同时由于大块石粒径的撞击–跳跃行为，导致大粒径块石碎屑流也会出现不连续现象，如图 8.6（d）和图 8.7（d）所示。此外，从平面形态来看（图 8.9），对于粒径为 5 ~ 10mm 的碎屑流堆积形态比较相似，堆积体的形态呈现"扇形"，其宽度为 400 ~ 840mm。对于粒径为 10 ~ 50mm 大块石的碎屑流堆积体，其形态呈现"箭头形"，其堆积宽度为 200 ~ 400mm，这主要是由于大块石粒径之间相互碰撞，运动堆积方向主要沿着滑动主轴方向运动。

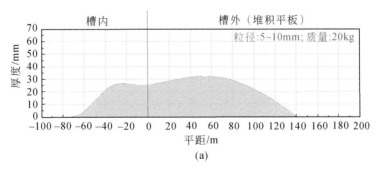

(a)

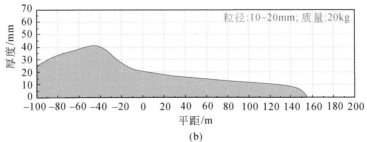

(b)

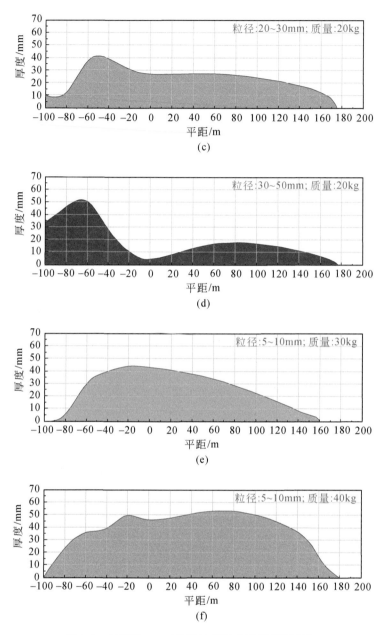

图 8.8　坡度为 35°时的滑坡碎屑流堆积剖面形态

8.2.3　运动速度分析

在大型滑坡灾害事件中，很少能直接捕捉到滑坡运动过程。为了研究滑体在运动过程中的速度变化情况，利用高速摄像机记录碎屑流的演化过程，并根据基本的物理运动公式计算出滑体的运动速度，进而分析粒径、坡度和质量对滑坡碎屑流的运动速度的影响，具

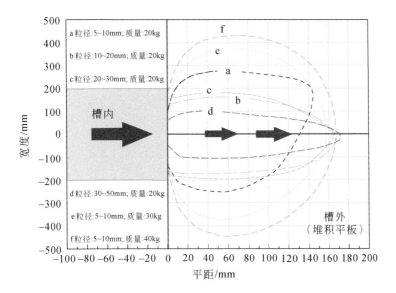

图 8.9　坡度为 35°时的滑坡碎屑流堆积平面形态

体分析如下。

首先,由图 8.10 分析可知,当碎屑流启动后,先后经过碎屑流上段区域、碎屑流下段区域,最后运动堆积至堆积区平板上,其速度变化规律可分为三个阶段:先急剧增大、短暂波动性平缓和急剧降低三个阶段,这也是由于运动路径上坡度变化造成的,与第 7 章数值模拟规律类似。

对于不同坡度对滑坡碎屑流速度的影响(图 8.10),当碎屑流粒径和碎屑流质量相同时,碎屑流的运动速度随着坡度变陡而变大,其中坡度为 45°时,速度变化波动较大,趋势呈现“M”形,当粒径为 5~10mm 时,在水平距离 175cm 处取得最大速度为 272cm/s;

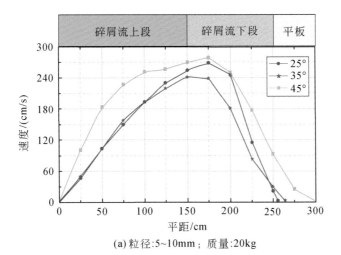

(a) 粒径:5~10mm;质量:20kg

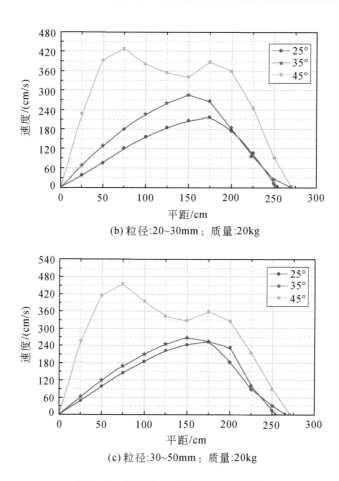

(b) 粒径:20~30mm；质量:20kg

(c) 粒径:30~50mm；质量:20kg

图 8.10　不同坡度下滑坡碎屑流速度

当粒径为 20 ~ 30mm 时，在水平距离 75cm 处取得最大速度为 420cm/s；当粒径为 30 ~ 50mm 时，在水平距离 75cm 处取得最大速度为 450cm/s。从图 8.10 可知，对于粒径和质量相同时，坡度为 45°时的速度明显高于其他两种坡度时的速度，且 25°和 35°两种坡度的运动速度相对接近，这表明坡度越陡，速度变化越大。

对于不同粒径对滑坡碎屑流速度的影响（图 8.11），当坡度为 25°时，粒径为 5 ~ 10mm 的速度大于粒径分别为 20 ~ 30mm、30 ~ 50mm 的运动速度；而当坡度分别为 35°和 45°时，粒径分别为 5 ~ 10mm 的速度小于粒径分别为 20 ~ 30mm、30 ~ 50mm 的运动速度。这是由于大颗粒粒径棱角突出，当坡度较陡时，其运动方式以滚动为主，速度更大。而当坡度较缓时，大颗粒由于受到的摩擦力较大，其运动较缓，粒径为 5 ~ 10mm 的小粒径的滑体在运动过程中，形成密集层流，故当坡度为小坡度时，小粒径的运动速度明显大于大粒径的碎屑流速度。

对于不同质量对碎屑流运动速度的影响（图 8.12），以粒径为 5 ~ 10mm 为例，当坡度为 35°时，物质质量分别为 20kg、30kg 和 40kg 来开展分析。三种质量的运动变化规律相同，都是在碎屑流上段区域加速、在碎屑流下段区域减速和在堆积平板上运动停止。三种

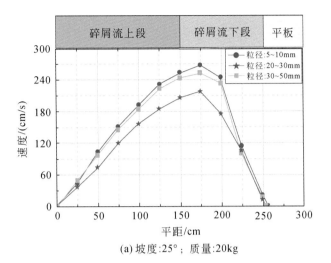

(a) 坡度:25°；质量:20kg

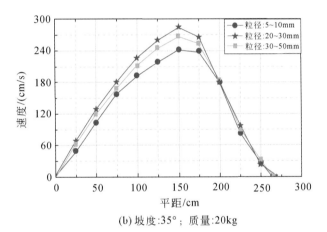

(b) 坡度:35°；质量:20kg

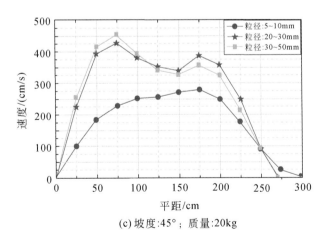

(c) 坡度:45°；质量:20kg

图 8.11　不同块体粒径下的滑坡碎屑流速度

不同质量都是在碎屑流上段和碎屑流下端交会处取得峰值加速度,其范围为 210～240cm/s,这主要是由于碎屑流上段坡度较陡,而碎屑流下段坡度较缓,则碎屑流粒径经历了加速和缓速的过程。在碎屑流上段,20kg 的运动速度大于 30kg、40kg,而碎屑流下段,20kg 的运动速度小于 30kg、40kg,这是由于刚启动时,滑体质量越大,其密实度越高,颗粒之间的碰撞也会增多,速度相对较小,随着滑体整体运动逐渐加快,质量优势才会逐渐显现,质量越大其运动速度也相对较大。

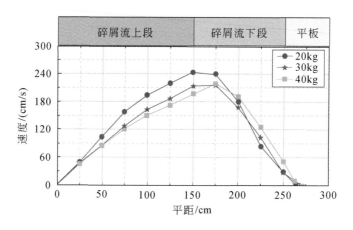

图 8.12　粒径 5～10mm、坡度为 35° 工况下不同质量下碎屑流运动速度

8.3　远程运动模式探讨

高位远程滑坡运动及堆积形态受块石粒径、坡度和体积等因素影响,结合物理模型试验结果分析,可以将远程滑坡碎屑流运动模式分为两类:碎屑层流运动模式和碎屑块石撞击模式等。碎屑层流主要是指碎屑流颗粒粒径较小,颗粒接触紧密,其运动状态呈现"流态化",在分析过程中可采用连续体法中的基底剪切阻力运动模型来计算;碎屑块石撞击模式主要是指滑块粒径较大,运动过程中块体之间碰撞作用显著,在分析过程中采用离散元法中的剪切阻力运动模型来计算。

8.3.1　碎屑层流运动模型

碎屑层流运动模型主要适用于块体粒径相对小、块体接触紧密且在运动过程中形成层流的情形 [图 8.13（a）]。滑体内部之间相互碰撞频率减小,高位滑坡碎屑流基于势能和动能转化,运动距离更远,易形成扇形堆积体。碎屑层流可视为"等效流体",且碎屑流的高速运动体现在滑坡上层块石碎屑的运动速度相对较大,上层块石多为滑源区碎石,粒径比下层大。滑体在运动过程中受到的剪切阻力与其速度呈正相关关系 [图 8.13（b）],剪切阻力值可以采用连续体方法中的 Frictional 模型、Voellmy 模型和 Bingham 模型等来计算。该类型的典型滑坡有北美洲洛基山地区的 Tetsa 碎屑流 [图

8. 13 （d）］（Geertsema et al., 2006）。

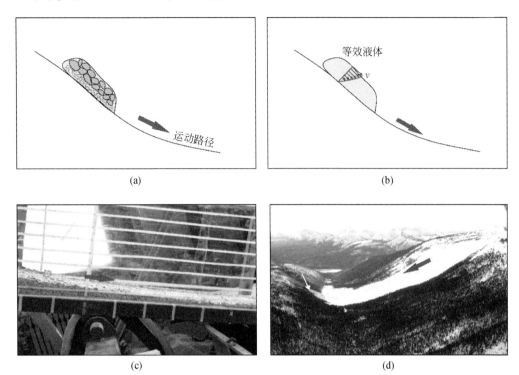

图 8.13　碎屑层流运动地质模型 （a）、剪切阻力与速度分布 （b）、碎屑层流试验现象 （c）以及 Tetsa 滑坡碎屑流 （d）示意图

8.3.2　块石撞击流运动模型

　　块石撞击流主要是由于滑块相互撞击，解体成粒径较大块石的碎屑流。块石运动方式主要以滚动为主，运动过程中碰撞耗能，水平运动距离小，在堆积区可见大块石定向排列，且"丘体块石"（hummocky）等堆积地貌特征发育 ［图 8.14 （a）］。滑体在运动过程中，由于块体之间碰撞剧烈，块体运动主要利用离散元法的接触刚度、滑动和黏结等模型来计算，通过力链来表征颗粒之间的作用力 ［图 8.14 （b）］。块石撞击流运动模型多发育在滑体运动停积过程中，如"重庆鸡尾山滑坡"［图 8.14 （d）］。

　　根据高位滑坡动力学过程和运动堆积特征，认为高位滑坡溃曲启动后，滑体在滑源区和碎屑流区的运动过程中，呈现出碎屑层流运动模式；在堆积区中，由于坡度变缓，碎屑流从管道流变成散落堆积，块石呈现出定向排列和丘状体地貌，表现出块石撞击流运动模式。由此可见，高位滑坡是从碎屑层流运动模式向块石撞击流运动模式转化的复合型类型。

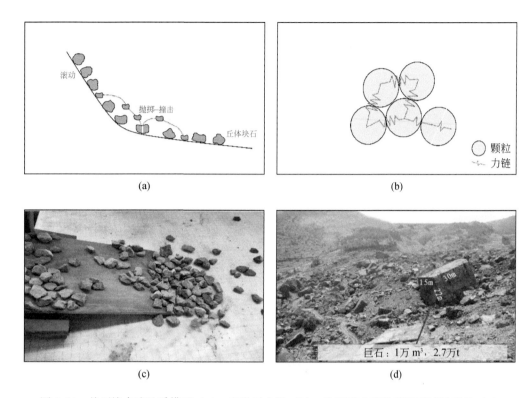

图 8.14 块石撞击流地质模型（a）、离散元力链（b）、块石撞击流物理模型试验现象（c）以及重庆鸡尾山滑坡（d）示意图

8.4 小　结

本章主要利用物理模型试验开展了滑坡碎屑流的远程运动堆积试验，讨论了坡度、粒径和碎屑质量等因素的影响，并提出了两种远程滑坡碎屑流运动模式，得到以下主要结论。

（1）滑坡碎屑流启动后，先后经过碎屑流上段区域、碎屑流下段区域，最后停积在堆积区平板上，其速度变化规律可以分为三个阶段：先急剧增大、短暂性波动和急剧降低三个阶段，这也是运动路径上坡度变化造成的，与第 7 章数值模拟规律类似。

（2）滑坡坡度和碎屑流质量越大，滑体的运动速度相对增大。对于块体粒径的影响，当坡度较小时，小粒径的运动速度大于大粒径的碎屑流。另外，块体粒径越小，堆积体形状呈现扇形；块体粒径越大，其形状呈现长条形。

（3）远程滑坡碎屑流运的运动模式主要分为两种：①碎屑层流运动模型，适用于块体粒径相对小、块体接触紧密，且在运动过程中形成层流的情形，其运动分析方法主要是连续体法的基底剪切模型；②块石撞击流运动模型，适用于滑块相互撞击，解体成粒径较大块石的碎屑流，其运动分析主要是离散元法的颗粒接触模型。高位滑坡属于从碎屑层流运动模式向块石撞击流运动模式转化的复合型类型。

第9章　典型城镇地质灾害风险评估研究

9.1　概　　述

风险概念最早是由西方经济学家于 19 世纪提出的，直到 20 世纪 70 年代，定量风险评价（quantitative risk assessment，QRA）引起了灾害学家、地貌学家和工程地质学家的巨大兴趣，风险概念及风险评价技术已经开始广泛应用于环境科学、自然灾害、经济学、社会学、建筑工程学等多个领域，其内涵也得到不断的充实和发展（宋超，2008）。

关于风险的定义，不同学科领域有不同的认识，至今尚未统一，它的定量表达方法仍在探索之中。风险在韦氏字典中的原意是"possibility of loss or injury"，表示遭受损失或伤害的可能性（Anon，1989）。在牛津辞典中解释为：possibility of chance of meeting danger，suffering loss and injury；在汉语词典中解释为：可能发生的危险（刘希林，2000）。保险业中则定义为人们在生产劳动和日常生活中，因自然灾害和意外事故侵袭导致的人身伤亡、财产破坏与利润损失（国家科委国家计委国家经贸委自然灾害综合研究组，1998）。

国际土力学及岩土工程协会（ISSMGE）风险评估与管理技术委员会（TC32）根据 IUGS（1997）、ICOLD（2003），以及英国（BS8444）、澳大利亚/新西兰（AS/NZS4360）、加南大（CAN/CSA-Q634-91）等国家标准，制定了一个风险评估术语表（中国地质调查局水环部，2005）。主要的术语及其定义如下。

年超越概率：一年中超过特定规模的灾害的估计概率。

危害：在风险分析中使用的、表示正在发生的某一种灾害的影响。

地质灾害（威胁）：可能导致突发灾害的地质现象，根据地质体的几何、力学及其他特征来描述。灾害可以是正在发生的（如正在蠕滑的边坡），也可以是潜在的（如危岩体）。对某种灾害体或威胁的判定不包含任何预测。

承灾体：某一地区内受灾害影响的人、建筑物、工程设施、基础设施、环境和经济活动。

频率：是一种可能性的度量，可表示为在给定时间内或在给定实验次数内，一个事件发生的次数（参见可能性和概率）。

危险性：在某一给定的时间内，某一特定的地质灾害（威胁）发生的概率。

个体风险：由于危险性存在，在某个特定个体上的风险增量。这一增量是假设该个体本身不存在风险的情况下，个体生命背景风险基础的一个附加量。

可能性：在给定一系列数据、假设和信息条件下，一个危害发生的条件概率，也作为概率和频率的一种定性描述。

概率：确定性程度的一个度量。这个值在 0（不可能）和 1（确定）之间，是对不确定量，或是对未来不确定事件发生的可能性的一种估计。

风险：是对生命、健康、财产或环境产生的不利影响的概率和严重程度的度量。定量地表达为风险＝危险性×潜在的价值损失。它还可以表达为"如果事件发生，以不利事件发生的概率乘以事件的危害"。

风险分析：利用可靠的信息，估计因地质灾害对个人、群体、财产或环境造成的风险。

定性风险分析：使用文字描述或者数字等形式，描述潜在危害发生的可能性。

定量风险分析：基于概率、易损性及危害的数值量的一种分析，给出风险的量化结果。

风险评估：就现存的风险是否可以容许，以及目前的风险控制措施是否完备做出判断，包括风险分析和风险评价两个阶段。

风险控制：为了控制风险进行的弥补和加固工作，以及对这些行动效果定期的再评估。

风险评价：它是各种量化值和判断进入决策过程的阶段。

风险管理：将管理政策、过程和经验系统地应用到风险鉴定、分析、评价、减缓和监测的过程。

风险缓解：选择性地运用适当的技术和管理方法，以减少风险发生的可能性，或减少不利的后果，或两者都用。

社会风险：由于某种风险的出现，所引起的广泛或大规模损失的风险。它隐含着如此规模的风险结果，会引起社会或者政治的反应。

时间（空间）概率：灾害发生时，承灾体在影响地区的概率。

容许风险：为保证一定的净利益，社会能容许某一范围内的风险。

易损性：危险区内单个或者一系列承灾体受损失的难易程度，程度范围在 0（没有损失）和 1（总损失）之间。

另外，由于一些自然、社会、经济和环境因素，也可以增大某一承灾体受灾害影响的程度。

地质灾害（这里主要指崩塌、滑坡、泥石流，相当于国际上广义的滑坡）风险评估与管理在国际上越来越流行、越来越普及，已经成为国际减灾防灾战略的重要成分（Dai et al.，2002；Fell et al.，2005），特别是进入 21 世纪以来，国际上滑坡风险管理的推广应用成为热点，每年至少召开一次相关的国际专题讨论会和推广培训会议，积极宣传讨论滑坡风险评估与管理的成熟经验、技术方法和热点问题（Cascini，2005；Roberds，2005；Hungr et al.，2005）。

20 世纪 80 年代初国内在易发性区划方面主要采取两种方法：一种是根据地质灾害分布图和各类定量、半定量化的影响因素图确定地质灾害敏感性指标，再对各敏感性指标进行叠加分析；另一种是通过对地质灾害影响因素的理论分析，采用打分或评级的方法赋予各因素权重，对因素取值与权重进行计算得到地质灾害区划的定量依据（王哲等，2012）。1996 年，殷跃平等针对区域地质灾害预测的地质灾害研究的难题，运用基于地理信息系统的风险评价方法对这一问题进行了探讨。将全国剖分为 2700 个单元，对地质灾害进行现状评价，并与已数字化的地质灾害图件进行单要素叠加，编制了全国地质现状等值线图，在现状评价基础上，对地质灾害进行趋势预测，将降雨条件、区域地震活动、区域地壳稳定程度、区域岩组条件和人类工程活动等作为区域地质灾害演变的因素，运用模糊综合评判模型进行综合评判，编制了 1∶600 万中国地质灾害趋势预测图（殷跃平和张颖，1996）。1996 年，赵克勤（1996，2000）创立处理系统不确定性问题的"集对分析"理论，利用集对态势分析方法，探讨地震次生地质灾害风险评估新的技术途径，以助于提高防灾抗灾减灾的综合能力，并为地震灾害研究提供有益借鉴。利用集对分析原理与方法，对地震次生地质灾害进行同异反态势分析，拟定了风险评估的集对分析同一度、差异度、对立度等指标体系的构建原则与赋值标准，对承灾体系统的不确定性及其作用作了刻画与分析，建立了不同风险分区代表性的集对分析联系度表达式，为地震灾害研究提供了可资借鉴的新思路和技术方法。2000 年，向喜琼和黄润秋（2000）在总结和回顾风险评价和风险管理基本概念、方法步骤和应用于地质灾害评价预测现状的基础上，阐述在地质环境评价和地质灾害预测的 GIS 系统的基础上进行地质灾害风险评价、管理的总体思路和具体步骤，认为这种思路有效，具有较好的发展前景。2004 年，马寅生等（2004）提出地质灾害风险评估技术是对风险区发生不同强度的地质灾害活动的可能性及其可能造成的损失进行的定量化分析与评估。地质灾害风险评价是一个多因子、多层次、多标度的动态和非线性系统，要重视该系统运作和发展规律。朱良峰等（2004）、提出基于信息论发展起来的信息量模型是进行区域滑坡灾害风险评估的一种有效方法。GIS 技术为滑坡灾害在不同模型条件下的风险评估提供了有效的技术支持。经过研究开发出基于 MapGIS 软件平台的滑坡灾害风险分析系统。在该系统支持下采用信息量模型对中国范围内的滑坡灾害进行危险性分析进而进行区域社会经济易损性分析，并在此基础上进行最终的滑坡灾害风险评估。2007 年，薛强和祖彪（2007）提出地质灾害风险评估的主要方法有模糊综合评判法、人工神经网络法、GIS 技术、信息量模型、层次分析法等。单独使用一种方法进行地质灾害风险评价会存在很多缺点。在现实工作中，往往采用多种方法的组合，如层次分析模糊评判法、信息模糊评判法、基于 GIS 的人工神经网络法和基于 GIS 的信息量叠加法等。2008 年，宋强辉等（2008）针对当前地质灾害风险评估学科研究中基本术语（或概念）混淆使用的现状，结合国内外地质灾害风险评估的最新研究进展，考察和辨析了国内外有关地质灾害风险、风险评价、风险准则、风险评估及风险管理等几个重要基本术语的定义，旨在对这些基本术语进行完善与统一，以利于地质灾害风险评估与管理的科学研究与工程应用的发展。2009 年，吴树仁等（2009）初步提出地质灾害风险评估应该遵循的 6 条基本原则、结构层次及核心内容；初步提出定性分析-定量化评价相结合的地质灾害风险评估技术方法，提倡实用性技术方法和 GIS 技术的推广应用；初步提出地质灾害易发性、危险性和风险评估区划的基本工作流程。最后，简要讨论地质灾害风险评估的一些主要难点和易于混淆的问题，为地质灾害风险评估技术指南的编制和修改完善提供参考依据。2010 年，徐为等（2010）针对我国地质灾害风险评估研究现状，着重讨论了对我国地质灾害风险评估的理解，提出了中国地质灾害风险评估为灾害体易发性、承灾体的易损性及这两者耦合关系评估的结构组成及结构公式，并根据其研究对象、内容、目的等方面提出了地质灾害风险评估的完整概念。2011 年，谭艺渊（2011）在构建城市灾害风险评估指标体系的基础上，对上海市进行灾害风险评估，并提出与之相适应的城市灾害风险管理对策，为推动我国城市应急管理工作更好、更快地发展建议献策。孟庆华（2011）根据秦岭山区地质灾害特点，提出了传统的基于统计的地质灾害易发性评价方法的改进方法，将地质灾害分灾种进行危险性评价的技术方法，并且对区域崩滑灾害和对泥石流灾害危险性进行评估，结合秦岭山区地质灾害特点，提出了对区域崩滑灾害和对泥石流灾害危险性进行评估的技术方法。2012 年，齐信等（2012）系统阐述了风险的定义、地质灾害风险评价研究现状、地质灾害风险评价内容与评价系统，在此基础上总结归纳了地质灾害风险评价的方法、类型及评价模型与实施，最后探讨了存在的问题和展望了地质灾害风险评价的发展趋向。2013 年，徐善初等（2013）运用模糊层次评价法对椿树垭隧道施工中可能遇到的地质灾害风险进行了评估。采用德尔菲法建立了椿树垭隧道地质灾害风险评价指标体系；运用层次分析法计算各风险因素的相对权重；以问卷调查的形式对各风险因素进行单因素评价并建立模糊关系矩阵；采用模糊综合评价法计算出椿树垭隧道地质灾害的风险等级及风险值。2015 年，唐亚明等（2015）在了解国内外地质灾害管理背景的基础上，阐述了国际上开展地质灾害风险管理有代表性的国家或地区在地质灾害管理上的经验和方法，总结了国内地质灾害风险管理的研究现状。结合实际工作，对我国现阶段的地质灾害调查、评价、防治工作体系进行了说明。在此基础上，将国内外地质灾害管理方法做了对比和评述，最后对如何开展地质灾害风险管理提出了建议。2021 年，黄波林等（2021）构建了以潜在涌浪源调查、变形破坏研究、涌浪危险性分析、脆弱性调查、风险评价和减灾对策分析等六个步骤为主的山区水库城镇滑坡涌浪风险评价技术框架流程。以三峡库区巫山县城为例，遴选离县城最近的龙门寨危岩体进行技术示范。本章阐述了地质灾害风险评估方法，开展了澜沧江流域德钦县城、叶枝场镇、营盘镇的地质灾害风险评估研究。

9.2　地质灾害风险评估方法

地质灾害风险性划分方法可以分为定性分析评价和定量分析评价两种。在进行地质灾害风险性评价时定性评价和定量评价的选择与评价区域的大小、评价精度及获取数据的详细情况相关。

1. 地质灾害风险定性评价

地质灾害风险性从概念上是指地质灾害发生的可能性以及发生后造成损失的大小，其可以表达为危险性和易损性两个因素的函数，1992 年联合国提出的自然灾害风险表达式为风险（risk）= 危险性（hazard）×易损性（vulnerability），该函数可以用风险三角形表达，地质灾害风险三角形中危险性和易损性为三角形的两条直角边，地质灾害风险的值为三角形面积。这个三角形体现了当危险性、易损性越大，风险性的值也就越大；当无危险性或易损性时，则不存在风险性。

刘希林（2000）在进行邵通地区泥石流风险性区划研究时，提出区域地质灾害风险性等级划分由危险性等级和易损性等级自动生成，经证明该方法比较合理，在风险性定性评价中得到广泛的应用。

2. 地质灾害风险定量评价

当评价区域的评价精度要求较高及获取数据较详细时可以进行定量风险评价。地质灾害的定量风险评价通常是在单体地质灾害风险性评价或者面积较小且重要的研究区，由于资料的限制，在大区域地质灾害风险性评价中很少进行定量风险评价。在地质灾害的定量风险评价中，风险也同样通过危险性和易损性的乘积获得，但危险性和易损性的表达与定性表达中危险性等级和易损性等级有所区别。国内外常用的地质灾害定量风险性评价方法如表 9.1 所示。

表 9.1　国内外常用地质灾害定量风险性评价公式

资料来源	风险公式	说明
Jones	$$R_s = P(H_i) \times \sum (E \times V \times E_x)$$ $$R_t = \sum R_s$$	R_t 为总风险；R_s 为单向风险；$P(H_i)$ 为危险性；E 为承载体价值；V 为易损性；E_x 为受灾体价值
Morgan	$$R = P(H) \times P(S/H) \times V(P/S) \times E$$	$P(H)$ 为滑坡事件的年概率；$P(S/H)$ 为滑坡事件的空间概率；$V(P/S)$ 为易损性；E 为承载体价值
张业成	$$ZR = R_1 + Z_w + Z_s$$ $$ZJ = J_1 + Z_w + Z_s$$	ZR、ZJ 分别为人员伤亡和经济损失；R_1、J_1 分别为人口死亡率和经济死亡率；Z_w 为危险性；Z_s 为易损性
张春山	$$D(S) = (D_{wi}, D_{yn}) \times L(D_{wi}, D_{yn}) \times (1 - D_f)$$	$D(S)$ 为损失值；D_{wi} 为危险等级；D_{yn} 为受灾类型；D_f 为减灾有效度
金江军	风险 = 危险性×易损性÷防灾减灾能力	—

从上述方法中可以看出对于危险性可以表达为地质灾害发生的概率，而承载体的价值及其损失率统计较为详细，当研究区较小时可以使用，大的研究区难以收集完备资料。

地质灾害的基础底图为 1:1 万的遥感卫星图，采用定性分析方法进行地质灾害风险性评价。参考前人研究成果，利用危险性和易损性等级自动生成风险性等级的方法，在前文地质灾害危险性与易损性等级划分的基础上，建立地质灾害风险性定性分级矩阵（图 9.1）。

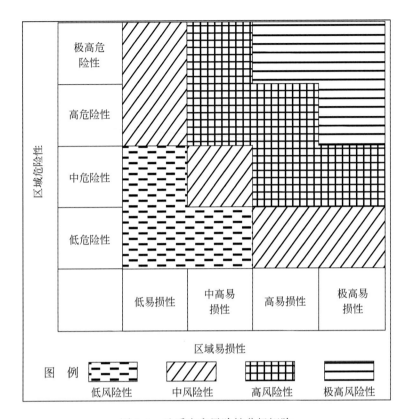

图 9.1　地质灾害风险性分级矩阵

9.3　德钦县城地质灾害风险评估

9.3.1　地质灾害易发性评价

根据定量和定性划分结果，并结合实际情况综合划分地质灾害易发区，将德钦县城区域地质灾害的易发程度分区划分为高易发区（Ⅰ）、中易发区（Ⅱ）、低易发区（Ⅲ）和不易发区（Ⅳ）四个大区 11 个亚区（表 9.2，图 9.2）。

表 9.2　德钦县城评价区地质灾害易发分区统计表

大区	亚区	面积/km²	地质灾害数量/个			合计
			滑坡	崩塌	泥石流	
Ⅰ	Ⅰ₁	17.8	15	6	4	25
	Ⅰ₂	16.1	14	25	2	41

续表

大区	亚区	面积/km²	地质灾害数量/个			合计
			滑坡	崩塌	泥石流	
Ⅱ	Ⅱ₁	3.8	0	0	0	0
	Ⅱ₂	3.1	0	0	1	1
	Ⅱ₃	13.6	0	0	0	0
Ⅲ	Ⅲ₁	5.7	0	0	0	0
	Ⅲ₂	5.4	0	0	0	0
Ⅳ	Ⅳ₁	4.6	0	0	0	0
	Ⅳ₂	2.2	0	0	0	0
	Ⅳ₃	0.5	0	0	0	0
	Ⅳ₄	6.5	0	0	0	0

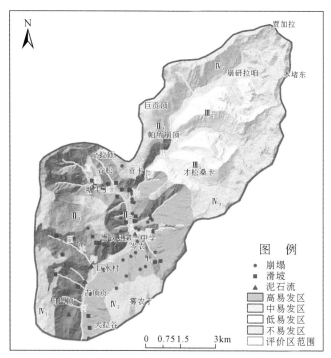

图9.2 德钦县城评价区地质灾害易发性分区图

1. 地质灾害高易发区 (Ⅰ)

德钦县城评价区地质灾害高易发区主要位于芝曲河及其支流两岸沟底及其两岸斜坡,面积为33.8km²,区内共发育地质灾害点66处。根据所处的流域和地质灾害分布特征将高易发区划分为两个亚区,其中Ⅰ₁区面积为17.8km²、Ⅰ₂区面积为16.1km²。

2. 地质灾害中易发区 (Ⅱ)

德钦县城评价区地质灾害中易发区主要分布在高易发区外围的斜坡中上部,面积为

20.5km²。区内共发育地质灾害隐患点 1 处，为滑坡。根据所处部位及地质灾害发育特征将中易发划分为三个亚区，其中 II₁ 区面积为 3.8km²、II₂ 区面积为 3.1km²、II₃ 区面积为 13.6km²。

3. 地质灾害低易发区 （III）

地质灾害低易发区主要分布在区内的近分水岭处的高山区，区内人类工程活动少，根据空间位置及地貌特征，区内目前未发育地质灾害。德钦县城评价区低易发区又划分为两个亚区，III₁ 区面积为 5.7km²、III₂ 区面积为 5.4km²。

4. 地质灾害不易发区 （IV）

地质灾害不易发区为区内飞来寺缓坡地带及水磨坊河流域后缘，面积为 13.8km²。地质灾害不易发。

地质灾害危险性分区是在地质灾害易发指数的基础上叠加降水量、地质构造、人类工程活动等因子进行综合评判（表 9.3）。

表 9.3　地质灾害危险性影响因子权重取值表

影响因子	权重	赋值		
		3	2	1
地质灾害易发指数分区	0.5	高易发	中易发	低易发
地质构造	0.15	强烈抬升区，主要断裂及岩层破碎区	其他分支断裂及褶皱核部，岩体节理裂隙发育	受构造作用较小，岩体较完整区
降水量	0.15	年均降水量大于 400mm	年均降水量为 200～400mm	年均降水量小于 200mm
人类工程活动	0.3	县城、省道、主要场镇、大中型工矿企业、水电站	县道、聚居区、小型工矿企业、旅游景区	少人区，人类工程活动微弱区

9.3.2　地质灾害危险性评价

根据地质灾害易发程度及受威胁对象进行危险性分区评估，采用地质灾害危险性指数（$W_危$）划分危险性等级，根据区内实际情况做局部调整再综合评估，将德钦县城评价区地质灾害危险性划分为极高危险区、高危险区、中危险区、低危险区四个区（表 9.4、图 9.3）。

表 9.4　德钦县城评价区地质灾害危险性分区统计表

序号	危险性等级	面积/km²	占比/%
1	极高危险区	9.13	11.11
2	高危险区	12.56	15.29
3	中危险区	20.63	25.11

续表

序号	危险性等级	面积/km²	占比/%
4	低危险区	39.83	48.49
合计		82.15	100

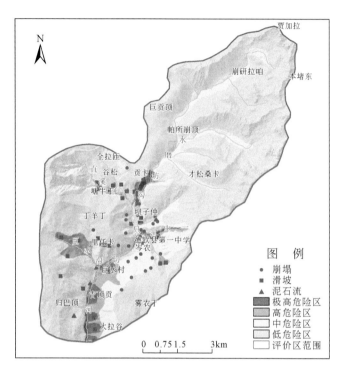

图 9.3 德钦县城评价区地质灾害危险性分区图

　　地质灾害极高危险区主要分布在直溪河泥石流沟、水磨坊泥石流沟和一中河泥石流沟中下部流通堆积区和芝曲河梅里小学至大拉谷段左岸斜坡中下部；该区域地质灾害发育，属地质灾害高易发区，人口相对密集，一旦发生地质灾害，人员伤亡及财产损失较大，特别是直溪河泥石流、水磨坊河泥石流和一中河泥石流直接危险县城聚居区，流域物源极其丰富，可能形成大量堵沟的崩滑堆积体，危险性极高；该区面积为 9.13km²，占评价区面积的 11.11%。高危险区主要分布在直溪河泥石流沟、水磨坊泥石流沟和一中河泥石流沟、巨水河泥石流流域中下部和芝曲河梅里小学至大拉谷段左岸斜坡中上部；受断裂构造和风化作用的严重影响，四条泥石流沟中下部斜坡两侧发育大量的高位崩塌和滑坡，为泥石流活动提供了丰富的松散物源，斜坡破碎、稳定性差、区域危险性高；该区面积为 12.56km²，占评价区面积的 15.29%。中危险区主要分布在芝曲河两岸斜坡和四条泥石流形成流通区的沟道内；受断裂构造和地层岩性的影响，巨水村以下两侧斜坡破碎，右侧受断裂影响，坡体破碎易发生大型滑坡，左侧主要为薄层砂岩、板岩和灰岩，岩体倾倒变形严重，坡体破碎，发育大量的滑坡、崩塌灾害，严重威胁了部分居民和省道；该区面积为 20.63km²，占评价区面积的 25.11%。地质灾害低危险区，地质灾害危险性小，流域后部大量无人或少人区内偶有工程活动；该区面积为 $39.83km^2$，占评价区面积的 48.48%。

9.3.3 地质灾害风险评价

在前文易损性评价因子选取、量化及评价模型确定的基础上，使用 ArcGIS 软件栅格计算器工具，进行各评价因子的栅格计算，完成德钦县城评价区地质灾害易损性评价。本次选择几何间距分级法进行易损性分区，共分为四个易损性等级：极高易损区、高易损区、中易损区和低易损区。

1. 德钦县城评价区地质灾害易损性评价结果分析

利用 ArcGIS 中的统计分析功能将德钦县城评价区地质灾害易损性评价区划图进行统计分析（表9.5，图9.4）。

表 9.5 德钦县城评价区地质灾害易损性区划统计表

序号	易损性等级	面积/km²	占比/%
1	极高易损区	0.86	1.05
2	高易损区	1.02	1.24
3	中易损区	7.58	9.23
4	低易损区	72.69	88.48
合计		82.15	100

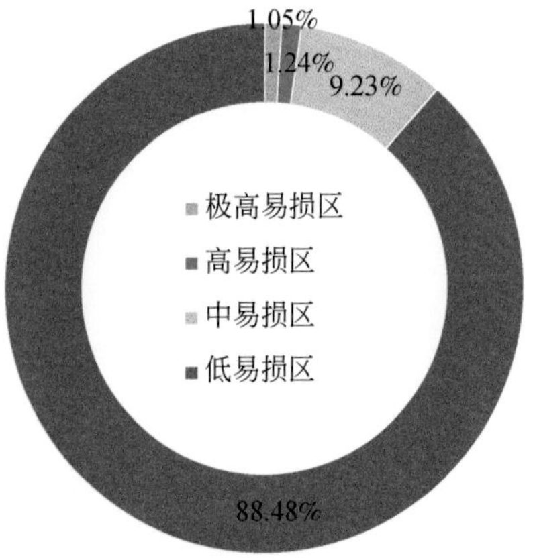

本次对德钦县城评价区地质灾害易损性评价的区划图中可以看出，地质灾害易损性总体分布于芝曲河流两岸。由于沿河谷带是县城主要聚居区，两岸缓坡地带分布大量居民区和公路，其余地区地广人稀，这就造成了德钦县城评价区易损性评价结果河流两岸较高的情况。根据表 9.5 和图 9.4 和分析结果对各易损性分区分述如下。

1）极高易损区

德钦县城评价区地质灾害极高易损区面积为 $0.86km^2$，占总面积的 1.05%。主要分布于德钦县古城区至巨水村河谷一带的县城建设区，区内极高易损性是由于分布了大量的人口聚居区、学校、广场等，日常生活人们聚集于此，且道路密度较大，人类活动十分活跃，人类密度大，且交通发达。

2）高易损区

德钦县城评价区地质灾害高易损区面积为 $1.02km^2$，占总面积的 1.24%。主要分布在城区边缘和村镇聚居区一带，包括日因卡、巨水村、归巴顶和谷松一带，区内高易损性是

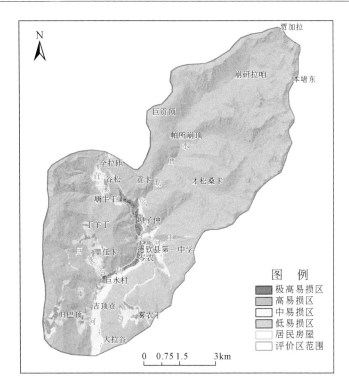

图9.4 德钦县城评价区地质灾害易损性分级图

由于该区域人类工程活动强烈，分布大量居民区，游客流动人口大，车辆及行人较多。

3）中易损区

德钦县城评价区地质灾害中损区面积为7.58km²，占总面积的9.23%。主要分布在公路沿线、分散农户和农业耕种区、矿山开采区等，区内人类工程活动中等。

4）低易损区

德钦县城评价区地质灾害低易损区面积为72.69km²，占总面积的88.48%。主要分布在斜坡上部和沟谷流域中后部，主要为有林地、灌木林、草地裸地及荒地，本区基本处于未开发状态，无房屋和人员流动，因此承载体易损性极低。

在前面已经完成的德钦县城评价区地质灾害危险性评价、易损性评价和构建风险性评价分级矩阵的基础上，进行德钦县城评价区地质灾害风险性评价。首先将危险性区划和易损性区划进行赋值，将低危险性、中危险性、高危险性和极高危险性分别赋值1、2、3、4，将低易损性、中易损性、高易损性和极高易损性分别赋值1、2、3、4。使用ArcGIS软件栅格计算器工具对危险性区划和易损性区划进行栅格乘运算，完成德钦县城评价区地质灾害风险性评价。根据风险性分级矩阵将风险性评价结果进行分区，对德钦县城评价区地质灾害风险性区划图的属性表进行统计分析得到的结果如表9.6和图9.5所示。

表9.6　德钦县城评价区地质灾害风险性统计结果

序号	易损性等级	面积/km²	占比/%
1	极高风险区	0.44	0.54
2	高风险区	3.59	4.37
3	中风险区	7.5	9.13
4	低风险区	70.62	85.96
合计		82.15	100

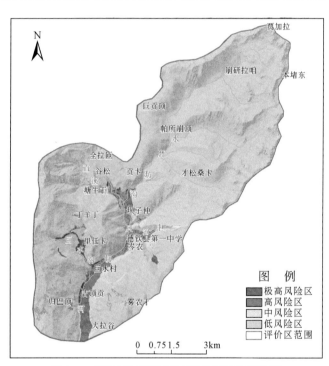

图9.5　德钦县城评价区地质灾害风险评估图

2. 德钦县城评价区地质灾害风险性评价结果分析

从表9.6和图9.5中可以看出，地质灾害风险性总体分布于芝曲河两岸。由于河谷两侧斜坡起伏较大，城区和居民区主要沿沟底和中下部缓坡地带分布，人类活动较集中，其余地区地广人稀，这就造成了德钦县城评价区风险性评价结果河流两岸较高的情况。将各风险性分区分述如下。

1）极高风险区

德钦县城评价区地质灾害极高风险区面积为 0.44km²，占总面积的 0.54%。主要分布于直溪河下游堆积区、水磨坊河下游堆积区、一中河下游流通堆积区和梅里小学一带，区内属于城镇聚居区和学校，人类活动较活跃，人口密度大，且交通较好，受到滑坡和泥石流影响较大。

2）高风险区

德钦县城评价区地质灾害高风险区面积为 3.59km²，占总面积的 4.37%。主要分布于沿河谷一带谷底至斜坡中下部和 4 条泥石流的流通堆积区一带，区内高风险性是由于此处分布城镇聚居区，过往人员较多，车辆及行人较多。

3）中风险区

德钦县城评价区地质灾害中风险区面积为 7.5km²，占总面积的 9.13%。主要分布于国道公路沿线、流域缓坡一带，区内中风险性是由于此分散农户分布多，道路建设、矿山开采和农工业耕种人类工程活动较强烈。

4）低风险区

德钦县城评价区地质灾害低风险区面积为 70.62km²，占总面积的 85.96%。区内海拔较高，人口密度较小，主要为裸地，本区基本处于未开发状态，无房屋，因此承载体风险性极低。

9.4　叶枝场镇地质灾害风险评估

9.4.1　地质灾害易发性评价

根据定量和定性划分结果，并结合实际情况综合划分地质灾害易发区，将叶枝场镇地质灾害的易发程度分区划分为高易发区（Ⅰ）、中易发区（Ⅱ）、低易发区（Ⅲ）三个大区七个亚区（表9.7，图9.6）。

表 9.7　叶枝场镇评价区地质灾害易发分区统计表

大区	亚区	面积/km²	地质灾害数量/个			合计
			滑坡	崩塌	泥石流	
Ⅰ	Ⅰ	2.17	3	1	1	5
Ⅱ	Ⅱ₁	1.18	4	0	0	4
	Ⅱ₂	2.70	2	0	1	3
	Ⅱ₃	14.31	0	0	1	1
	Ⅱ₄	3.14	2	0	0	2

续表

大区	亚区	面积/km²	地质灾害数量/个			合计
			滑坡	崩塌	泥石流	
Ⅲ	Ⅲ₁	17.50	1	0	1	2
	Ⅲ₂	13.70	0	0	1	1

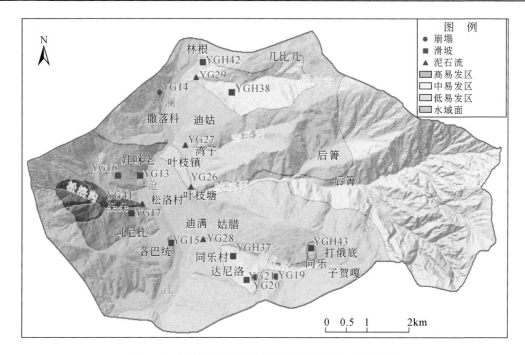

图9.6 叶枝场镇评价区地质灾害易发性初步分区图

1. 地质灾害高易发区 (Ⅰ)

叶枝场镇评价地质灾害高易发区主要位于松洛沟及其支流两岸沟底及其两岸斜坡，面积为2.17km²，占全区面积的3.97%，区内共发育地质灾害点5处。

2. 地质灾害中易发区 (Ⅱ)

叶枝场镇评价区地质灾害中易发区主要分布在银冲沟中下部、叶枝河沟道及后缘、迪扎吉沟中部和哇米老地区，面积为21.33km²，占全区面积的39%。区内共发育地质灾害隐患点10处，其中滑坡8处、泥石流2处。根据所处部位及地质灾害发育特征将中易发划分为四个亚区，其中Ⅱ₁区面积为1.18km²、Ⅱ₂区面积为2.70km²、Ⅱ₃区面积为14.31km²、Ⅱ₄区面积为3.14km²。

3. 地质灾害低易发区 (Ⅲ)

地质灾害低易发区主要分布在区内的缓坡、高植被覆盖区，区内人类工程活动少，根据空间位置及地貌特征，区内发育地质灾3处，其中滑坡1处、泥石流2处。叶枝场镇评价区低易发区又划分为两个亚区，III_1 区面积为 $17.50\mathrm{km}^2$、III_2 区面积为 $13.70\mathrm{km}^2$。

9.4.2　地质灾害危险性评价

根据地质灾害易发程度及受威胁对象进行危险性分区评估，采用地质灾害危险性指数 ($W_{危}$) 划分危险性等级，根据区内实际情况局部调整再综合评估，将叶枝场镇评价区地质灾害危险性划分为高危险区、中危险区和低危险区三个区（图9.7，表9.8）。

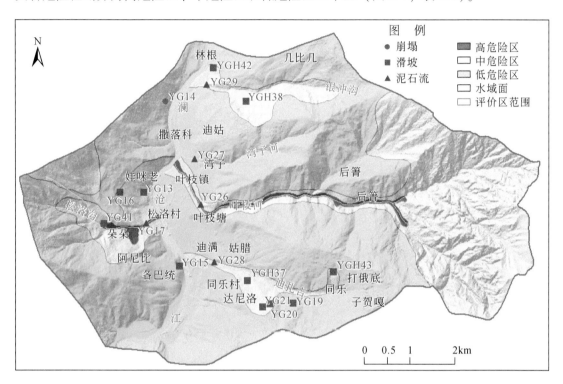

图 9.7　叶枝场镇评价区地质灾害危险性分区图

表 9.8　叶枝场镇评价区地质灾害危险性分区统计表

序号	危险性等级	面积/km²	占比/%
1	高危险区	0.66	1.21
2	中危险区	19.19	35.15
3	低危险区	34.75	63.64
合计		54.6	100

地质灾害高危险区域主要分布在叶枝河泥石流沟、松洛沟泥石流沟沟中下部流通堆积区；该区域地质灾害发育，属地质灾害高易发区，人口相对密集，一旦发生地质灾害，人员伤亡及财产损失较大，特别是松洛沟泥石流，直接威胁松洛村，流域物源极其丰富，可能形成大量堵沟的崩滑堆积体，危险性极高；该区面积为 $0.66\mathrm{km}^2$，占评价区面积的

1.21%。中危险区主要分布在迪扎吉沟中下部、叶枝河沟道中下部和后缘、银冲沟中下部和松洛沟至娃咪老一带区域；受到断裂构造和地层岩性的影响，松洛沟和叶枝河流域斜坡岩体破碎，形成大量的崩塌物源加剧了泥石流灾害；该区面积为 19.19km²，占评价区面积的 35.15%。区内澜沧江两岸阶地平台、两岸基岩斜坡和高植被覆盖的缓坡区，斜坡稳定，地质灾害不发育，为地质灾害低易发区，地质灾害危险性小；该区面积为 34.75km²，占评价区面积的 63.64%。

9.4.3　地质灾害风险评估

对于区域的大比例尺风险评价中，承灾体体现场量化调查难度大，工作程序烦琐，调查误差大。因此充分发挥高分无人机航空影像的优势，针对房屋、道路和土地利用等方面的承灾体进行精细解译，结合现场核查，能够很大程度提高调查精度和效率。

对房屋等开展精细解译，统计房屋面积，分析房屋结构（图9.8），通过野外调查房屋层数，可以计算房屋建筑面积，采用类似方法解译其他承灾体，并进行统计分析。

图9.8　叶枝场镇房屋和道路精细解译图

采用2020年无人机航空影像（分辨率0.2m）开展评价区居民房屋解译，共解译房屋1323处，房屋主要为砖混结构、框架结构，少量钢架结构和木质结构，房屋建筑总面积为

450600m² （图 9.9）, 主要包括叶枝场镇场镇建筑区、村落聚居区和分散农户。

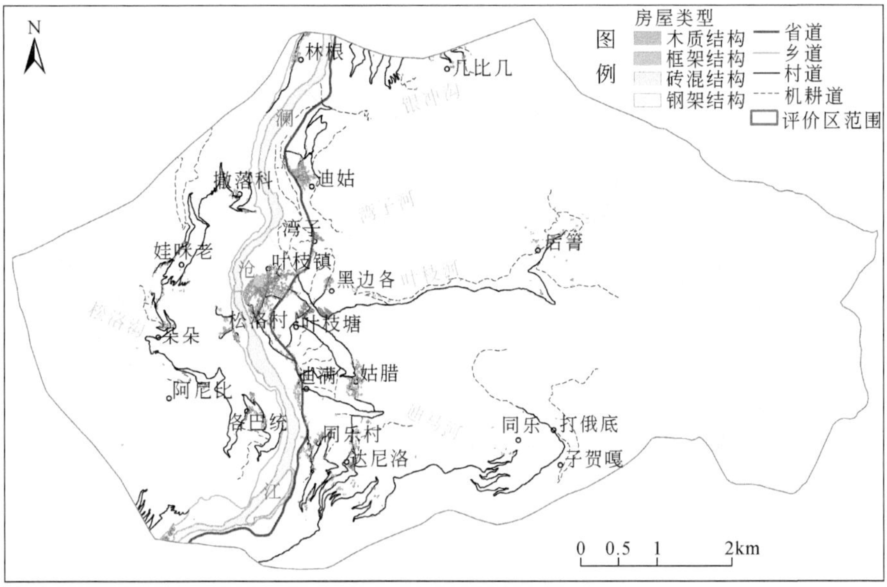

图 9.9 叶枝场镇房屋和道路精细解译图

对研究区人口及其结构进行评价, 本着"以人为本"的原则, 在进行灾害易损性评价中, 人口指标一直是易损性评价的一个最主要内容。由于人的价值很难通过货币来衡量, 因此常用的人口易损性评价方法是通过获取人口分布情况获取人口密度信息, 然后利用人口的年龄结构、性别及受教育程度对人口密度进行修正, 获得人口易损性值。本章选择人口密度作为易损性评价的因子。人口密度是一个区域易损性评价的重要的指标, 反映了一个地区的人口密集程度及人类的活跃程度, 是地质灾害评价的主体对象, 人口密度越大, 地质灾害发生时, 造成的损失就越严重, 人口密度与地质灾害易损性成正相关关系。在对叶枝场镇进行勘察时, 获得了叶枝场镇的人口总数。人口的空间分布情况难以获取, 人的生活习性, 人主要以建筑物为活动中心, 大多数人一天之中多半时间是在房屋中度过的, 因此用房屋用地计算得到的人口面密度作为易损性评价指标更合理。将人口总数均分到相应的房屋用地区域内, 作为叶枝场镇人口密度的空间表达, 得到人口易损性分级图（表 9.9, 图 9.10）。

表 9.9 叶枝场镇面积及人口统计表

名称	人口数量/人	房屋用地面积/m²	人口密度/(人/km²)
评价区	6911	450600	126

1. 建筑物易损性

建筑物易损性主要考虑研究区的基础设施, 主要包括交通设施、建筑物、设备和室内财产等有形资产。由于无法获得叶枝场镇建筑物的结构且在环境易损性评价中居民地也是

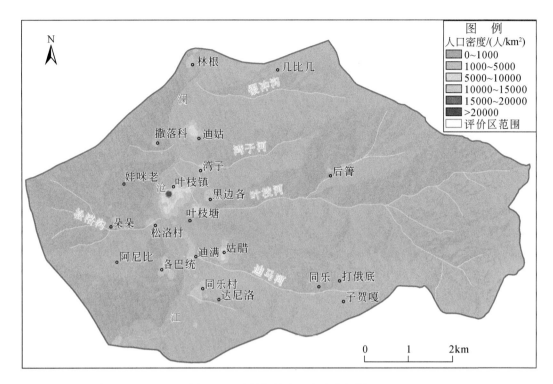

图 9.10　叶枝场镇人口密度分级图

一种土地利用类型，所以未选择建筑物及室内财产作为物质易损性评价的因子。叶枝场镇地处偏远，修路成本高，同时公路两旁都是灾害体易发区，地质灾害发生损毁公路，影响交通生命线，导致人们出行不便，造成的损失远远大于地质灾害直接导致的损害，故本书选取公路交通密度来衡量物质经济易损性的大小。不同等级公路由于结构的不同而具有不同的受损概率，具体数值参考前人研究成果及当地情况确定。利用 ArcGIS 软件以 0.2km 为搜索半径对叶枝场镇公路线密度进行分析后进行分级，统计单位面积上公路的易损性值（表 9.10，图 9.11）。

表 9.10　叶枝场镇公路易损性统计表

公路等级	单价/(元/m)	受损概率/%	受损值/(元/m)
国道、省道	12000	38	4500
县乡道	5000	42	2100
机耕道	1000	58	550

2. 资源环境易损性

资源环境易损性主要包括空气、水资源和土地资源等，叶枝场镇地质灾害的发生对空气和水资源影响较小，因此，在进行叶枝场镇地质灾害易损性评价时资源环境易损性主要考虑土地资源易损性。由于各种土地资源类型的价值和受损概率不一样，土地资源类型之间的易损性不

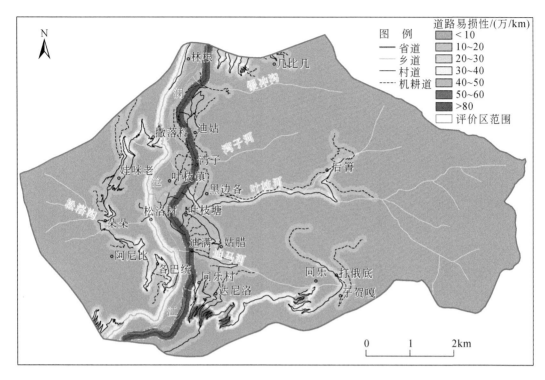

图 9.11　叶枝场镇公路易损性分级图

一样，本节土地资源价格和受损概率参照以往的研究成果和维西县实际情况而定。将各类土地
资源单位面积的价格（受损值）作为评价单元易损性的量化指标（图 9.12，表 9.11）。

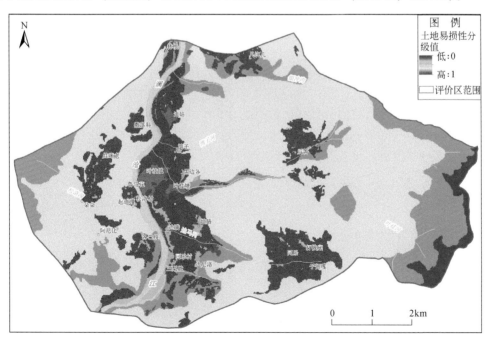

图 9.12　叶枝场镇土地利用现状

表 9.11　叶枝场镇土地利用现状统计表

大类	类别	面积/km²	占比/%	单元/(元/m²)	受损概率/%	受损值/(元/m²)
森林植被	有林地	32.10	58.68	300	20	60
	灌木林	9.44	17.26	200	30	40
	草地	0.14	0.26	100	35	30
人类工程经济活动	农村宅基地	0.71	1.30	800	65	300
	城镇住宅用地	0.48	0.88	1200	50	600
	耕地	9.54	17.44	300	30	90
	园地	0.11	0.20	500	20	100
	基础设施用地	0.04	0.07	800	25	200
水域面	湖泊水面	1.06	1.94	100	15	20
其他	裸地	1.08	1.97	50	10	5
合计		54.7	100			

区内森林植被主要以有林地为主，占总面积的 58.68%。其次为灌木林，占总面积的 17.26%，草地占 0.26%；人类工程经济活动以耕作为主，其中耕地占总面积的 17.44%，城镇住宅用地和农村宅基地分别占 0.88%、1.30%，基础设施用地面积占 0.07%。水域面主要为澜沧江河水面和少量湖泊、坑塘水面，占总面积的 1.94%。裸地分布在河漫滩和山脊基岩光壁，占 1.97%。

3. 确定易损性评价因子权重

由于社会易损性、物质经济易损性、资源环境易损性对叶枝场镇地质灾害易损性的贡献率不一样，需要确定各评价指标的权重，本书采用层次分析法计算易损性评价指标的权重，具体操作如下。

通过查询以往资料文献和咨询专家意见，对叶枝场镇建立人口、公路、土地资源三种易损性评价指标的判断矩阵，利用 MATLAB 软件计算得到矩阵的最大特征值 $\gamma = 3$，将矩阵最大特征值进行一致性检验，计算得到判断矩阵随机一致性比率 CR = 0 < 1，矩阵一致性较好，权重分配较合理。$\gamma = 3$ 对应的特征向量为（0.8846，0.4763，0.2645），将特征向量归一化处理后作为各评价指标对应的权重值（表 9.12）。

表 9.12　叶枝场镇地质灾害易损性评价指标判断矩阵及其权重值

易损性指标	人口	公路	土地资源	权重值
人口	1	3	2	0.56
公路	1/2	1	3/2	0.27
土地资源	1/3	2/3	1	0.17

在前文易损性评价因子选取、量化及评价模型确定的基础上，使用 ArcGIS 软件栅格计算器工具，进行各评价因子的栅格计算，完成叶枝场镇地质灾害易损性评价。本次选择几何间距分级法进行易损性分区，共分为四个易损性等级：极高易损区、高易损区、中易

损区和低易损区。

4. 叶枝场镇评价区地质灾害易损性评价结果分析

利用 ArcGIS 中的统计分析功能将叶枝场镇地质灾害易损性评价区划图进行统计分析（表9.13，图9.13）。

表 9.13　叶枝场镇评价区地质灾害易损性区划统计表

序号	易损性等级	面积/km²	占比/%
1	高易损区	0.45	0.82
2	中易损区	1.55	2.84
3	低易损区	52.60	96.34
合计		54.60	100

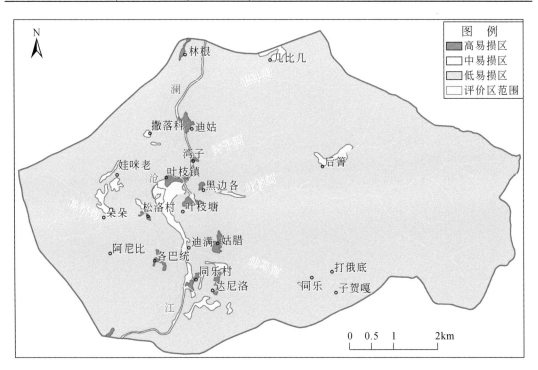

图9.13　叶枝场镇评价区地质灾害易损性分级图

本次对叶枝场镇地质灾害易损性评价的区划图中可以看出，地质灾害易损性总体分布于只切河流两岸。由于沿河谷带是县城的主要聚居区，两岸缓坡地带分布大量居民区和公路，其余地区地广人稀，这就造成了叶枝场镇易损性评价结果河流两岸较高的情况。根据叶枝场镇地质灾害易损性区划图及统计分析结果对各易损性分区分述如下。

1）高易损区

叶枝场镇地质灾害高易损区面积为0.45km²，占总面积的0.82%。主要分布在城区边缘和村镇聚居区一带，包括迪姑、叶枝塘、松洛村和同乐村一带，区内易损性高是由于该区域人类工程活动强烈，分布大量居民区，流动人口大，车辆及行人较多。

2）中易损区

叶枝场镇地质灾害中损区面积为1.55km²，占总面积的2.84%。主要分布在公路沿线、分散农户和农业耕种区、矿山开采区等，区内人类工程活动中等。

3）低易损区

叶枝场镇地质灾害低易损区面积为52.6km²，占总面积的96.34%。主要分布在斜坡上部和沟谷流域中后部，主要为有林地、灌木林、草地裸地以及荒地，本区基本处于未开发状态，无房屋和人员流动，因此承载体易损性极低。

从表9.14和图9.14中可以看出，地质灾害高风险和中风险区总体分布于叶枝河流域中下部和松洛沟中下部。由于河谷两侧斜坡起伏较大，城区和居民区主要沿沟底和中下部缓坡地带分布，人类活动较集中，其余地区地广人稀，这就造成了叶枝场镇风险性评价结果主要集中在两条泥石流沟内的情况。

表9.14 叶枝场镇评价区地质灾害风险性统计结果

序号	易损性等级	面积/km²	占比/%
1	高风险区	0.12	0.22
2	中风险区	1.25	2.29
3	低风险区	53.23	97.49
合计		54.60	100

1）高风险区

叶枝场镇地质灾害高风险区面积为0.12km²，占总面积的0.22%。主要分布于叶枝河泥石流沟口和松洛沟沟口一带，区内风险性高是由于此处分布村镇聚居区，过往人员较多，车辆及行人较多，而泥石流活动强，泥石流危险性大。

2）中风险区

叶枝场镇地质灾害中风险区面积为1.25km²，占总面积的2.29%。主要分布于叶枝河和松洛沟中下部、澜沧江两岸部分斜坡，区内风险性中等是由于此分散农户分布多，道路建设、矿山开采和农工业耕种人类工程活动较强烈，地质灾害危险性中等。

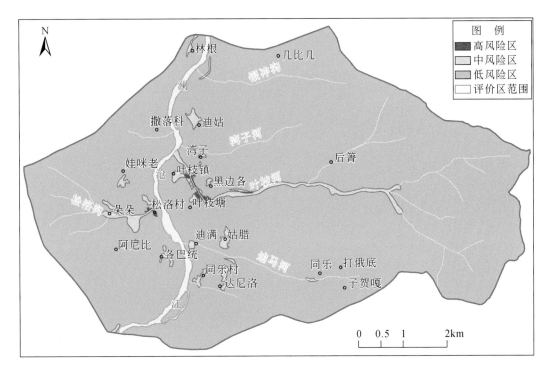

图 9.14　叶枝场镇评价区地质灾害风险初步评估图

3）低风险区

叶枝场镇地质灾害低风险区面积为 53.23km²，占总面积的 97.49%。区内海拔较高，人口密度较小，主要为裸地，本区基本处于未开发状态，无房屋，因此承载体风险性极低。

9.5　营盘镇地质灾害风险评估

9.5.1　地质灾害易发性评价

通过对营盘镇历史灾害数据及其他行业各部门灾害数据的收集分析，结合地质灾害发育分布规律、主控因素分析以及野外调查结果，初步确定采用坡度、高程、地层岩性、斜坡结构、距构造距离、距水系距离、距道路距离等七个指标作为地质灾害易发性评价指标（图 9.15）。

针对崩塌、泥石流与滑坡灾害孕灾条件的差异，前面分别对崩塌、滑坡、泥石流灾害的易发性进行了分析评价，为了综合反映地质灾害易发性大小，将区内的崩塌、滑坡易发性进行综合合成。

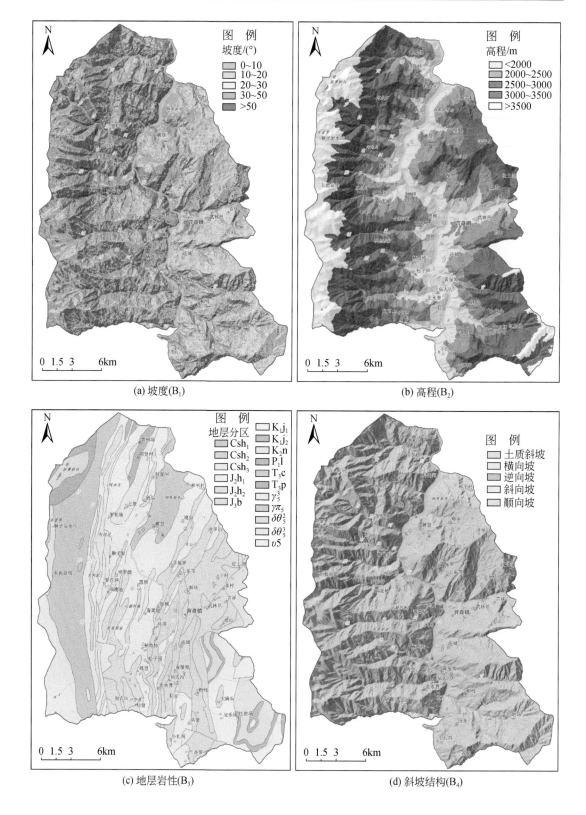

(a) 坡度(B₁)

(b) 高程(B₂)

(c) 地层岩性(B₃)

(d) 斜坡结构(B₄)

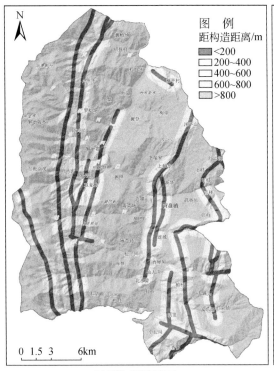

(e) 距构造距离(B₅)

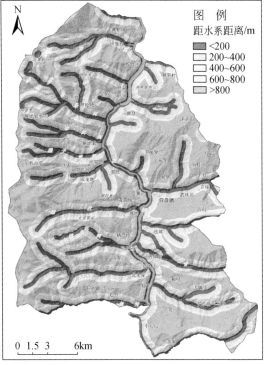

(f) 距水系距离(B₆)

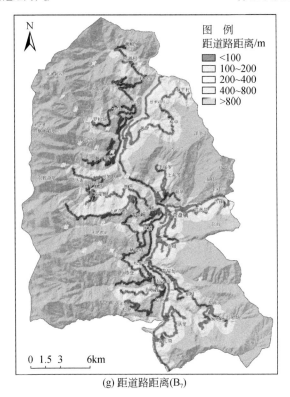

(g) 距道路距离(B₇)

图 9.15　营盘镇滑坡易发性评价指标体系

在获取滑坡、崩塌、泥石流地质灾害易发性评价结果后,将两者采用相比取大值的方法获取综合地质灾害易发性评价图,即同一个栅格单元的易发性值为滑坡灾害易发值、崩塌灾害易发值、泥石流灾害易发值的大值。计算公式如下:

综合地质灾害易发值=max(滑坡灾害易发值,崩塌灾害易发值,泥石流灾害易发值)

这里并不采用直接叠加的原因是,直接叠加会导致处于高易发栅格单元叠加低易发栅格之后综合易发值位于中位值左右,在叠加之后采用自然间断法分级时,中位值附近的数值被分为中易发或高易发,这就与实际情况产生了偏离,因此,采用取大值叠加的方法求取综合易发性更合理。

分别统计出各个地质灾害易发区基本特征,其中地质灾害极高易发区面积为 8.5km^2,占全区总面积的 1.51%,共发育 14 处灾害点;地质灾害高易发区面积为 87.5km^2,占全区总面积的 15.58%,共发育 28 处灾害点;地质灾害中易发区面积为 169.5km^2,占全区总面积的 30.19%,共发育 8 处灾害点;地质灾害低易发区面积为 296km^2,占全区总面积的 52.72%,无灾害点发育(图 9.16,表 9.15)。

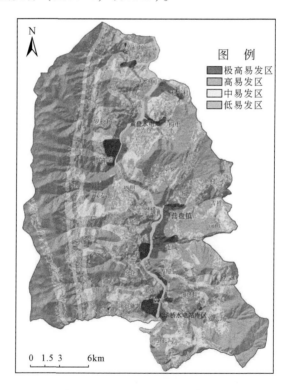

图 9.16　营盘镇评价区地质灾害综合易发性分区图

表 9.15　营盘镇评价区地质灾害综合易发性分区统计表

地质灾害综合易发性分级	面积/km^2	占比/%	灾害数量/处
极高易发区	8.5	1.51	14
高易发区	87.5	15.58	28

地质灾害综合易发性分级	面积/km²	占比/%	灾害数量/处
中易发区	169.5	30.19	8
中低发区	296	52.72	0
合计	561.5	100	50

9.5.2　地质灾害危险性评价

营盘镇地处四川盆地中部,降雨量有明显的时空差异。5~10 月受西南季风气流控制,降雨充沛,雨量占全年的 90% 以上,其中 6~8 月降雨量占这一时期的 64% 以上;11 月至次年 4 月受南支西风气流控制,雨量稀少,降水量仅占全年 10% 左右。营盘镇降雨特征在一定程度上决定了崩塌、滑坡等斜坡灾害发生的时间和规模等。

根据收集到的营盘镇年平均降雨量数据,利用各雨量站的年均降雨量值进行插值分析,得到降雨等值线图,分级为 300~400mm、400~500mm、500~600mm、600~700mm 以及 >700mm 等五级,分别统计各级范围内的灾害个数及面积,利用信息量计算公式,得到各级的信息量值。

在降雨图层量化后,将其与前文评价得到地质灾害易发性进行叠加,采用自然间断法将叠加计算的值分为四个等级。它们分别对应地质灾害极高危险区、高危险区、中危险区、低危险区四个等级,形成营盘镇地质灾害危险性评价图。

将地质灾害危险性评价图划分为极高危险区、高危险区、中危险区和低危险区,结果表明,极高危险区面积为 4.5km²,占全区总面积的 0.8%,包含现有灾害点 7 处;高危险区面积为 27.5km²,占全区总面积的 4.9%,包含现有灾害点 16 处;中危险区面积为 115.5km²,占全区总面积的 20.57%,包含现有灾害点 20 处;低危险区面积为 414km²,占全区总面积的 73.73%,包含现有灾害点 7 处(表 9.16,图 9.17)。

表 9.16　营盘镇评价区地质灾害危险性分区统计表

地质灾害综合易发性分级	面积/km²	占比/%	灾害数量/处
极高危险区	4.5	0.8	7
高危险区	27.5	4.9	16
中危险区	115.5	20.57	20
低危险区	414	73.73	7
合计	561.5	100	50

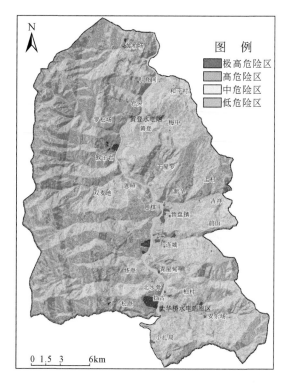

图 9.17　营盘镇评价区地质灾害危险性分区图

9.5.3　地质灾害风险评价

针对 1∶1 万易损性评价，主要开展人口易损、建筑物易损、道路易损评价，最后叠加获取评价范围内的综合易损。

1. 人口易损性评价

通过对已有收集的三调数据资料分析，获得每个乡镇城镇、村庄占地面积，营盘镇总人口为 4.34 万人，根据收集到各个村人口数量及各村面积，得到村人口密度。再利用各乡镇建筑物面积乘以各乡镇人口密度，得到各建筑物的人口总人数，对各级人口进行易损性赋值，获取人口易损性图（图 9.18）。

2. 建筑物易损性评价

按照《地质灾害风险调查评价技术要求（试行）》，房屋的易损性评价主要是通过其面积大小来概化其易损值，根据收集到第三次全国国土调查数据，房屋面积归一化处理后，将其归一化值作为其易损值，得到建筑物易损性图（图 9.19）。

图 9.18 营盘镇人口易损评价图

图 9.19 营盘镇建筑物易损性评价图

3. 道路易损性评价

通过资料收集，获取营盘镇内的主要道路、省道及一般村道的数据，利用 ArcGIS 缓冲分析功能，以主要宽度 20m 为缓冲距离、省道路 30m 为缓冲距离，形成道路的面文件，再根据《地质灾害风险调查评价技术要求（试行）》中的一般调查区承灾体易损性赋值建议表，按不同类型的道路进行赋值，形成栅格文件，得到道路易损分布图（图 9.20）。

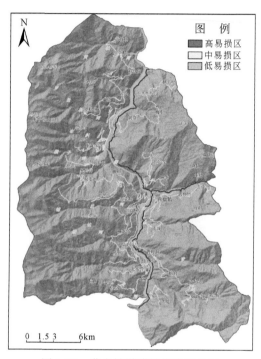

图 9.20　营盘镇道路易损性评价图

4. 综合易损性评价

1）综合易损性叠加权重

本书通过层次分析法确定各个易损性因子的权重，对人口易损性（A_1）、建筑物易损性（A_2）、交通设施易损性（A_3）通过专家打分法来判断各个指标的相对重要性，构造判断矩阵，利用层次分析法确定三个因子的权重（表 9.17）。

表 9.17　层次分析法确定易损性评价因子权重值

评价因子	A_1	A_2	A_3	权重
A_1	1	3	7	0.6024
A_2	1/3	1	2	0.2451
A_3	1/7	1/2	1	0.1103

2）综合易损性评价

　　将受地质灾害威胁人口的易损性、建筑物易损性、道路易损性，以及其他生活设施易损性按上述层次分析法得到的权重因子进行叠加，获取综合易损性值，然后进行分级分类，将其划分为极高易损区、高易损区、中易损区和低易损区，得到综合易损性分区评价图（图9.21）。

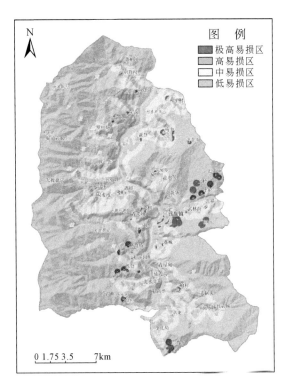

图9.21　营盘镇评价区地质灾害综合易损性分区评价图

　　由于营盘镇前期开展了地质灾害防治工程，本次风险区划在收集分析前期防治工程效果的基础上，结合历史地质灾害事件的发生情况，对风险评价结果进行修正，得到营盘镇地质灾害风险区划图，本次营盘镇地质灾害风险区划划分为极高风险区、高风险区、中风险区和低风险区四个区，结果表明，极高风险区面积为2.6km²，占全区总面积的0.46%，包含现有灾害点6处；高风险区面积为17.5km²，占全区总面积的3.12%，包含现有灾害点16处；中风险区面积为139.4km²，占全区总面积的24.83%，包含现有灾害点26处；低风险区面积为402km²，占全区总面积的71.59%，包含现有灾害点2处（表9.18，图9.22）。

表9.18　营盘镇评价区地质灾害风险区划表（1:5万）

地质灾害综合易发性分级	面积/km²	占比/%	灾害数量/处
极高风险区	2.6	0.46	6

续表

地质灾害综合易发性分级	面积/km²	占比/%	灾害数量/处
高风险区	17.5	3.12	16
中风险区	139.4	24.83	26
低风险区	402	71.59	2
合计	561.5	100	50

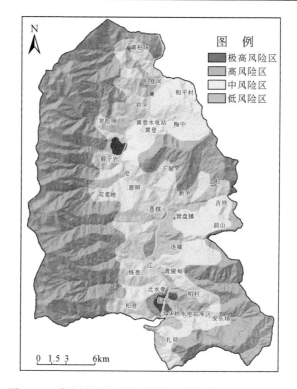

图 9.22　营盘镇评价区地质灾害风险区划图（1∶5万）

9.6　小　　结

　　开展高山、极高山区城镇地质灾害风险评价研究，符合我国防灾减灾的迫切需要，要切合我国城镇化建设和边疆地区移民搬迁的重大需求，具有重要的现实意义。本章首先回顾了国内外对风险相关概念的理解和定义，其次在总结国内外地质灾害风险评价研究现状综述的基础上，开展了我国高山、极高山区德钦县城、叶枝场镇、营盘镇的地质灾害风险评估工作，通过本项研究，取得如下认识：

　　（1）提出了基于多期次遥感动态变化的高山、极高山区城镇地质灾害风险评价方法。首先获取高山、极高山区城镇动态遥感影响资料，利用动态影响资料分析、获取地质灾害风险评价所需的定量化指标数据。其次，采用联合国提出的自然灾害风险表达式为：风险＝危险×易损性，开展高山、极高山区城镇地质灾害风险评价。最后，建立了高山、极高山区德钦县城、叶枝场镇、营盘镇地质灾害风险评价数据库，支撑服务城镇化建设和边疆地区移民搬迁的重大需求。

（2）开展了德钦县城地质灾害风险评估工作。将德钦县城地质灾害的易发程度分区划分为高易发区（Ⅰ）、中易发区（Ⅱ）、低易发区（Ⅲ）和不易发区（Ⅳ）四个大区 11 个亚区；采用地质灾害危险性指数（$W_{危}$）划分危险性等级，将评价区地质灾害危险性划分为极高危险区、高危险区、中危险区、低危险区四个区；将评价区地质灾害易损性区划为高易损区、中易损区、低易损区；最终，德钦县城地质灾害风险性评价结果为地质灾害极高风险区面积为 0.44km^2，占总面积的 0.54%，高风险区面积为 3.59km^2，占总面积的 4.37%，中风险区面积为 7.5km^2，占总面积的 9.13%，低风险区面积为 70.62km^2，占总面积的 85.96%。

（3）开展了叶枝场镇地质灾害风险评估工作。将叶枝场镇地质灾害的易发程度分区划分为高易发区（Ⅰ）、中易发区（Ⅱ）、低易发区（Ⅲ）三个大区七个亚区；采用地质灾害危险性指数（$W_{危}$）划分危险性等级，将评价区地质灾害危险性划分为高危险区、中危险区、低危险区三个区；将评价区地质灾害易损性区划为高易损区、中易损区、低易损区；最终，叶枝场镇地质灾害风险性评价结果为地质灾害高风险区面积为 0.12km^2，占总面积的 0.22%，中风险区面积为 1.25km^2，占总面积的 2.29%，低风险区面积为 53.23km^2，占总面积的 97.49%。

（4）开展了营盘镇地质灾害风险评估工作。将营盘镇地质灾害的易发程度分区划分为地质灾害极高易发区、高易发区、中易发区、低易发区；采用地质灾害危险性指数（$W_{危}$）划分危险性等级，将评价区地质灾害危险性划分为极高危险区、高危险区、中危险区、低危险区；将评价区地质灾害易损性区划为极高易损区、高易损区、中易损区、低易损区；最终，营盘镇地质灾害风险性评价结果为地质灾害极高风险区面积为 2.6km^2，占全区总面积的 0.46%，高风险区面积为 17.5km^2，占全区总面积的 3.12%，中风险区面积为 139.4km^2，占全区总面积的 24.83%，低风险区面积为 402km^2，占全区总面积的 71.59%。

第10章 典型地质灾害防治方案研究

10.1 概　　述

随着对地质灾害研究的不断深入，我国在地质灾害防治方面取得了大量的成果。针对崩塌滑坡源区的防治技术逐渐趋于成熟，目前的研究成果主要集中在新型结构的设计以及对新型防治理论的提出。闫金凯（2010）对微型桩结构开展大型物理模拟试验，获得了微型桩所受滑坡推力的分布形式，以及变形破坏特征，为滑坡防治设计提供了依据；闫金凯等（2011）根据不同位置的微型桩破坏模式不同，分别设计了桩周配筋和桩心配筋两种微型桩加固形式进行对比研究；Wang 等（2020）在考虑结构体合理受力的前提下，将小口径组合桩群以"品"字形分布的拱圈形式，在防治结构抗滑的同时充分发挥了滑体自身的抗滑稳定性作用；闫金凯和殷跃平（2018）等提出在滑坡的适当位置打入多排微型桩，微型桩在平面上按一定的弧度布设，从而与侧壁的地层共同形成微型组合桩群拱圈，依靠拱圈的抗滑力和侧壁的阻滑力共同抵抗滑坡推力，同时设置一定比例的排水空心桩，通过在地表抽水的方式排出滑体内部的水，以进一步提高滑体稳定性。

汶川大地震以来，我国相继发生了多次强烈地震，受到地震波对山体放大效应的影响，山脊甚至分水岭位置形成了大量松散堆积体和震裂山体，在极端气候的影响下，高位地质灾害频发。高位地质灾害除了具有隐蔽性强、冲击力巨大、易形成"链式灾害"等特征。由于高位地质灾害孕灾位置往往不易直接开展工程防治，目前国内外学者主要针对其运动过程开展理论及防治研究。

在理论研究方面，高位远程灾害在运动过程中往往会经撞击和动力侵蚀后导致滑体解体碎化，从而转化为高速的碎屑流或泥石流滑动，具有高离散性、高破碎性和高流动性的特点，对人类活动和基础设施造成严重威胁。基于简化的水动力学理论，Gray 等（2003）模拟分析了三维等深流在遇到障碍物时的流动特性，并结合实验对该方法的适用性进行了对比验证；基于 SH 理论，Chiou 等（2005）利用三角锥形和挡板式障碍物对碎屑流运动的影响进行了数值模拟分析；Valentino 等（2008）通过斜槽实验，研究了薄板式挡墙和立方柱这两种障碍物对碎屑流运动特性的影响；Teufelsbauer 等（2009）通过数值模拟探讨了碎屑流与单一障碍物间的相互作用特征，并借助物理模型实验，对数值分析结果进行了对比验证；Li 等（2010）运用 PFC2D 软件，对不同工况下，碎屑流与挡土墙间的相互作用情况进行了模拟分析；Faug 等（2011）开展斜槽实验，研究了不同初始流速情况下，碎屑流沿光滑和粗糙两种运动路径上的运动特征和耗能情况，以及碎屑流与运动路径上挡墙的相互作用特征；Ng 等（2014，2015）则通过斜槽实验观察了桩林式障碍物作用下碎屑流的运动特性，定性探讨了桩林式障碍物对碎屑流运动的阻挡耗能效果；Choi 等（2014）通过自行设计的大型斜槽实验，对运动路径上设置有挡板式障碍物情况下的滑坡–碎屑流运动规律进行了研究，定量化揭示了挡板高度、挡板排列数和挡板间间距变化对碎屑流的耗能力。在防治技术方面，研究成果则主要体现在提高结构的抗冲击性能上。王秀丽等（2015b）以"前坝耗能，后坝承载"的新理念为基础提出弹簧格构泥石流拦挡坝，研究表明新型坝较普通坝有优越的抗冲击性能，新型坝后坝的应力分布比普通坝更均匀且应力水平明显降低，弹簧格构坝的冲击力、位移较普通坝有显著降低；李俊杰等（2015）提出了一种带钢支撑的钢–混凝土组合式拦挡结构，这种结构具有抑制坝身裂缝出现和减小裂缝宽度的作用，有效减轻了撞击区域的破坏程度；相较于常规坝体，带支撑坝体动应变及加速度峰值均显著减小，坝体变形及振动受到了支撑的限制，结构刚度得到了大幅度增强，抗冲击性能明显提高；张楠（2018）等研发新型钢筋混凝土砼桩梁结构并对其研究后表明，新型结构可过流细运动过程中的小块石拦截巨大块石，并可在桩前形成拱圈结构，降低块石对结构冲击力，进一步提高结构巨大块石的拦截功能；王东坡等（2021）对坝后淤积情况研究后发现，保持坝前淤积半库的情况下，坝体所受的冲击力明显小于坝体在空库时所受的冲击力。

西部高山峡谷区由于地形高陡、地质构造复杂，除了一般性地质灾害外，还可能存在大量高位地质灾害，因此在开展防治设计时，要充分考虑灾害的不同工况下可能发生灾害的类型、规模、冲击力及是否会形成灾害链、影响范围等，为防治设计提供依据。

10.2　德钦县城地质灾害防治方案

对德钦县城危害最大的四条泥石流沟，除一中河泥石流现有拦挡工程基本满足防治需求外，直溪河泥石流、水磨坊河泥石流及巨水河泥石流均对县城构成重大威胁并需重新进行防治工程设计。为了最大限度地保障目前德钦县城的安全，均按照 50 年一遇标准进行设计，100 年一遇标准进行校核（图 10.1）。

10.2.1　拦挡工程

直溪河泥石流经调查属于高位泥石流，流域后缘具有高势能的震裂山体型物源一旦失稳，便会形成高位崩滑—碎屑流—泥石流灾害，严重威胁德钦县城安全。虽然目前已有诸如舟曲三眼峪沟、汶川震区七盘沟、文家沟等高位泥石流的成功防治经验，并设计高标准的钢筋混凝土重力坝以及新型拦挡结构钢筋混凝土桩梁组合结构对可能出现的碎屑流及泥石流进行拦挡，但 InSAR 调查结果并未直接反映出震裂山体型物源的方量，设计时也仅按最大深度 12m 进行计算，一旦震裂山体型物源深度超过估算深度，下游拦挡工程不仅无法发挥拦挡作用，还会因溃坝放大效应对下游德钦县城造成更大的危害，因此需对直溪河流域物源进行更加深入的勘查，同时也应对直溪河泥石流可能造成的最大威胁进行充分考虑。

水磨坊河泥石流流域面积达 32km²，流域范围内存在大量的物源。由于改沟道为上缓下陡型沟道，同时绝大部分物源位于上部宽缓沟道中，因此拦挡坝均设计修建在流域中上游的形成区，部分坝体的海拔在 3500m 以上，不仅施工条件极差，也为拦挡坝的正常运行及后期的维护造成了极大困难；此外流通区及堆积区沟道过于狭窄，不适宜修建拦挡坝，

图 10.1　德钦县泥石流灾害防治工程布设图

因此设计时需充分考虑排导槽的过流量。

巨水河泥石流沟道整体短而狭窄，形成区面积占到了流域总面积的84.5%，但沟道长度仅1500m，沟底平均宽4m，纵坡降达到了333‰，且形成区物源类型多以滑坡为主，一旦在沟底开挖势必会影响滑坡稳定性，因此在形成区不适宜修建拦挡工程，而适宜拦挡工程的流通区沟段仅为长约750m的流通区，因此紧靠拦挡工程无法满足防治需求，因此与水磨坊河类似，设计时需充分考虑排导槽的过流量。

10.2.2　排导工程

排导工程则依据德钦县现有排导系统重新进行设计。由计算及设计可以看出，由于可排泄泥石流洪峰的芝曲河距各沟口较远，本次排导槽设计总长度达9400m，同时为了满足各泥石流沟的排导需求，排导槽需要进行不同程度的拓宽，按照最新设计，排导槽所需的占地面积达0.33km²，不仅占现有德钦县城建筑面积的20%，初步统计，还会造成111栋楼房拆迁。此外，也需防止沟道同时暴发泥石流，固体物质堵塞芝曲河时，回水淹没德钦县城。

10.2.3　监测预警方案

本次监测预警系统覆盖德钦县主要泥石流沟全流域，其主要监测目的是对即将可能发生或正在发生并会对下游城镇造成威胁的泥石流灾害进行提早预报，以最大限度地降低泥石流造成人员伤亡的可能性，同时在修建防治工程后，还可对防治工程的运行过程进行监测，这样既可以确保防治工程的安全有效运行，还可进一步提高监测预警的成功率。

为提高监测预警成功率，保障德钦县城安全，根据泥石流的发生、运动特征，并结合泥石流灾害的防治方案，本次设计的泥石流监测预警系统共包含四种监测类型，即雨量监测、泥石流监测（高清视频监测、泥位监测、次声监测）以及坝体监测（坝体侧向压力监测及坝体内部应变监测）。

雨量监测主要是监测各泥石流沟流域内不同位置的降雨量，为泥石流的降雨量启动阈值提供预警依据。值得注意的是，部分特大型泥石流灾害以及高位泥石流灾害是由局地的强降雨引发的，如甘肃舟曲三眼峪沟引发灾害的降雨分布在海拔 3500m 以上，而县城（海拔 1400m）内几乎无雨量记录。因此，德钦县城泥石流雨量监测应覆盖泥石流全流域。在高位地区降雨达到预设阈值并发出警报后，下游群众便可有充足的时间开展避险撤离，同时也可有充足时间启动复式排导槽中的上部复式断面以增加过流量，以真正提高泥石流的风险管理水平，降低泥石流的危害性。

泥石流监测系统主要针对三种信息进行监测，其中泥石流高清视频监控主要以机器视觉技术为核心，重点实现视觉传感技术、智能控制监测技术及激光可视化智能感知技术。视觉传感是整个机器视觉系统信息的直接来源，视觉传感可兼具图像采集、图像处理和信息传递功能，采用嵌入式低功耗视觉系统，将图像传感器、数字处理器、通信模块和其他外设集成到单一视觉传感器内，与后台监测预警分析平台可实现双向智能控制，利用激光夜视可视化视觉传感器可实现对灾害体图像的快速感知与识别，通过内置的雷达测距或定位，与视觉传感器实现实时联动，一旦雷达发现灾害体形变发生变化，联动夜视视觉传感器对形变区域进行快速锁定及图像分析，有效判别形变区域发展趋势，及时发出报警信号，达到预警目的；泥位监测主要是开展对泥石流堆积物厚度及水位高低变化的监测；次声监测是捕捉泥石流在运动过程中发出的低频次声信号来实现预警。由于三眼峪沟几乎无清水区，泥石流为沿途补给，形成区、流通区覆盖流域大范围，故泥石流监测系统也应覆盖流域全范围。

坝体监测系统主要是对坝体的侧向土压力以及内部应变开展监测，通过坝体上游侧向土压力监测，不仅可监测泥石流对坝体的侧向土压力，同时还可监测坝体的可靠性；坝体内部应力监测则主要对拦挡坝的有效性进行监测。

针对崩滑型物源的监测，在崩滑型地质灾害监测方案中体现。仪器的型号选择需通过市场对比和调研最终确定（表 10.1，图 10.2）。

表 10.1　德钦县泥石流灾害监测预警系统布设一览表

监测系统	监测对象	布设位置	监测目的	监测点数量/个
雨量监测系统	降雨量	直溪河流域 4 个，水磨坊河流域 7 个，巨水河流域 3 个	监测各泥石流沟上、中、下游不同位置的降雨量，为泥石流启动降雨量阈值预警提供依据	14

续表

监测系统	监测对象	布设位置	监测目的	监测点数量/个
泥石流监测系统	次声	直溪河流域 3 个，水磨坊河流域 5 个，巨水河流域 2 个	通过捕捉泥石流源地的次声信号而实现报警	10
	泥位	直溪河流域 3 个，水磨坊河流域 7 个，巨水河流域 2 个	监测沟道水位涨落信息和泥石流物堆积厚度变化	12
坝体监测系统	坝体内部应变及土压力	直溪河流域 3 套，水磨坊河流域 8 套，巨水河流域 1 套	通过监测坝体内部应变情况以及坝体上游方向侧向来预警坝体的破坏，进而对拦挡工程的有效性进行土压力，对坝体安全性做出评估，并对泥石流进行预警	12

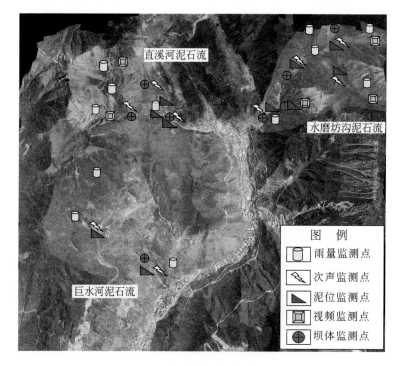

图 10.2　德钦县城泥石流灾害监测预警布设图

10.3　维西县叶枝场镇地质灾害防治方案

10.3.1　叶枝场镇地质灾害发育概况

叶枝场镇地质灾害以泥石流为主，在澜沧江叶枝场镇段两岸分布有五条泥石流，分别是叶枝河泥石流、迪马河泥石流、湾子河泥石流、银冲沟泥石流及松洛沟泥石流（图 10.3）。

该五条泥石流对叶枝场镇危害较大，尤其是叶枝河泥石流中上游地段崩塌等不良地质现象发育程度高，沟道内汇集了大量松散物质，为泥石流的形成提供了丰富的物源。虽然叶枝河已采用缝隙坝、排导槽进行了防治，但已有的防治工程存在防治标准较低、拦蓄库容过小、排导断面偏小等缺陷，因此需对叶枝河泥石流进行补充设计，其余四条泥石流均未开展工程防治，需要增加防治工程设计。

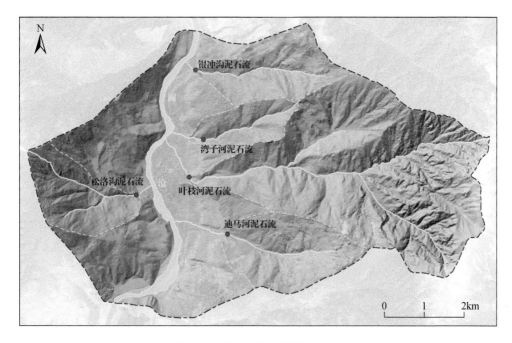

图 10.3　叶枝场镇泥石流分布图

10.3.2　叶枝场镇地质灾害防治方案

1. 防治工程设计标准

叶枝河曾经大规模暴发泥石流，并造成严重的财产损失，叶枝河泥石流历来是维西县叶枝场镇地质灾害防治工作的重点。虽然维西县政府对该泥石流进行了多次治理，但在 2017 年泥石流还是对公路、房屋、耕地等造成了危害。随着德钦新县城规划建设，经济的发展和人口的激增会导致威胁对象增加，加之通过无人机及遥感解译发现后缘仍存在大量松散堆积物，一旦遭遇强降雨或融雪将会失稳，便会形成远超现有设计标准的特大型泥石流灾害。因此，本次灾害防治工程设计的主要目标是保护叶枝河沟道下游居民、省道及德钦新县城规划区的安全，防治工程安全等级为一级，设计标准按照 100 年一遇标准进行设计，200 年一遇标准校核。

迪马河、松洛沟泥石流目前未开展任何泥石流防治工程。湾子河泥石流主威胁沟口聚居区耕地及公路，银冲沟目前威胁对象主要为居民点及公路，本次灾害防治工程设计的主要目标是保护银冲沟道下游居民及德钦新县城规划区的安全，设计标准按照50年一遇标准进行设计，100年一遇标准进行校核。

2. 防治工程设计方案

1）叶枝河泥石流治理方案

叶枝河堆积区长度为1.85km，作为德钦新县城的主要建设区，由于城区及村民大量建筑占据泄洪通道，虽然沟道内已修建有防护工程，但标准偏低，一旦遭遇50年一遇以上规模的泥石流，势必会造成重大人员伤亡及经济财产损失。工作区城市建设用地十分紧张，县城扩展到泥石流行洪通道是不得已而为之。在防治方案中，若仅以排导措施为主，会占用大量城市建设用地；而仅以拦挡工程为主，弱化排导，则极大地增加了县城的风险，同时为工程的后续维护带来巨大的压力。因此，在新的防治设计方案中，应采取以拦为主，拦排结合的措施，以形成完整的泥石流防灾体系，在充分保证德钦新县城规划区整体安全的同时，论证土地资源能否满足防治工程的需求。

根据叶枝河泥石流流量、泥石流整体冲压力及巨石冲击力，结合其他泥石流防治经验，采用单一的重力坝治理效果较差，圬工量巨大，且安全性、可靠性程度低，需要采用抗剪切、抗冲击力强的桩梁结构与重力实体坝结合，以增加其安全可靠程度。

通过叶枝河泥石流灾害调查，根据流域内工程地质条件、固体松散物源的分布及补给方式、泥石流形成特征、原有工程现状，结合威胁对象分布情况，提出以下治理方案。

A. 拦挡工程

a. 桩板式缝隙坝工程

缝隙坝主要作用是拦粗排细、降低容重，减低泥沙输出沟道，减少进入排导沟中的泥沙，防止排导沟淤积。目前沟域内已设一座缝隙坝，拦蓄库容有限，计划在沟道内补充设置两座桩板式缝隙坝，分别位于形成区下段和流通区中上段，其主要功能在于拦沙，也兼有固沟稳岸的作用。

为增强本次拦挡坝抗冲击力，缝隙坝设为桩板式，总计两座。具有防治效果良好，抗剪切、抗冲击力强，安全性、可靠性更高的特点。而且采用桩板式缝隙坝可以大幅度增加坝高，最大限度地拦蓄泥沙，达到很好的拦沙效果。

由于叶枝河流域内布置的部分拦挡坝坝基有松散堆积物覆盖，为防止非基岩区坝基冲刷和保护主坝而修建的防冲设施，在缝隙坝下游设置副坝。

根据上述原则，设计的桩板式缝隙坝工程的实际参数见图10.4。

b. 重力式拦挡坝工程

重力式拦挡坝布置在流通区下段、堆积区上段的宽缓沟道处，作为接下游排导槽的最后一道拦挡工程。重力式拦挡工程主要作用是拦蓄泥石流中固体物质，降低容重，减低泥沙输出沟道，减少进入排导沟中的泥沙，防止排导沟淤积。由于坝体较高，为防止坝基冲刷需修建护坦，长度为1.5倍坝高，末端设垂裙，深入护坦底以下2m，两侧设边墙（图10.5）。

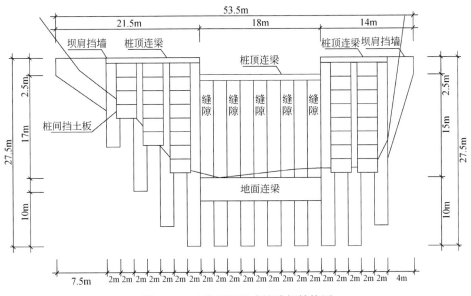

图 10.4　叶枝河桩板式缝隙坝结构图

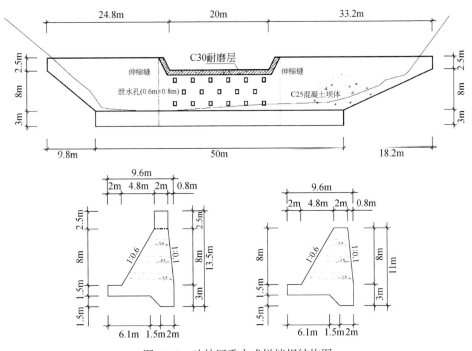

图 10.5　叶枝河重力式拦挡坝结构图

c. 钢筋混凝土桩梁组合结构

钢筋混凝土桩梁组合结构主要作用是拦截流域内的巨大块石，保护下游重力式拦挡坝的安全运行。该结构的主要特点是抗冲剪性能明显高于一般坝型，能够抵抗巨大块石的冲击力将巨大块石进行拦截，同时还具有较强的透水性。这种作为一种拦截巨大块石的新型结构（下文简称"桩梁坝"），已在甘肃舟曲三眼峪沟、汶川震区七盘沟等高位泥石流灾害防治工程中得到应用，并获得了良好的防治效果（图 10.6）。

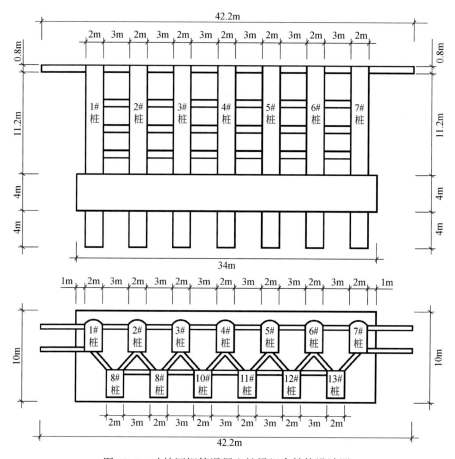

图 10.6　叶枝河钢筋混凝土桩梁组合结构设计图

钢筋混凝土桩梁组合结构是以桩林为基础设计出的一种新型结构，主要由桩与桩之间的连接梁组成，目的是加强桩体之间的协同能力，提高结构的整体抗冲击性能，以达到对三眼峪沟内巨石进行拦挡。结构设计思路为将桩林结构中各单桩通过连接梁成为整体，用以提高抵抗泥石流的冲击能力，同时为了进一步降低结构所受的整体冲压力，将迎水面桩型截面设计为马蹄形（下文简称Ⅰ型桩）。

根据叶枝河流域内物源分布特征以及沟道内地质环境条件，同时考虑到防治成本以及防治工程修建的便利性，本次桩截面统一设计为长 3.5m（至弧顶距离）桩宽 2m，单桩净间距为 3m，中对中间距 5m，单桩之间在迎水面处以钢筋混凝土框架梁连接，连接梁截面为矩形，其规格为 0.8m×0.5m；为了进一步增强结构的抗冲击性能，在前排桩后部继续设计一排矩形桩，宽×高为 2m×3m（下文简称Ⅱ型桩），单桩间距与Ⅰ型桩相同，单桩间在迎水面用同规格框架梁相连，且前后排桩之间采用"人"字梁连接，使结构形式上设计呈"品"字形，并且利用同规格框架将桩体与基岩相连。

根据桩梁坝所需发挥的实际功能及设计经验，桩梁坝布设原则主要为：①流域内沟道纵比降大、冲蚀强烈的激流地段；②流域内大石块集中，冲击力大的沟段；③沟道两侧工程地质条件较好，地形较为狭窄，沟道条件对布设桩群有利的沟段。单桩的设计高度按照以下综合原则确定：①回淤后能够稳定上游侧崩塌、滑坡及沟岸不稳定体；②考虑桩群所在地段工程地质条件、地形条件；③增大库容，大幅度拦蓄泥沙。

在叶枝河泥石流防治设计中，采用这种新型拦挡结构对巨石进行拦挡。根据流域内后缘分布高位侵蚀物源以及巨大块石的分布，建议在形成区中部两沟交汇处以下 400m 处设置 1 座桩梁坝。上述沟段沟道纵比降大，大石块密集分布，沟道冲蚀强烈，泥沙补给集中，布设桩群对抵制大石块强大冲击力、阻断大石块启动条件，以及对拦石稳坡、控制重要输砂地段起到良好的作用。根据桩群所在地段工程地质条件、地形条件及修筑砼桩梁结构处块石大小及所需库容，桩群设置高度（高出地面）建议为 12m，埋置深度 8m，单桩总长 20m，同排桩数根据沟道的宽度和巨石的大小来确定（表 10.2）。

表 10.2　叶枝河钢筋混凝土桩梁组合结构设计参数

坝名	沟床比降/‰	结构设计参数			库容量/$10^4 m^3$
		前排桩/根	后排桩/根	桩高/m	
桩梁坝	306	7	6	12	5.2

B. 排导工程

在进行叶枝河泥石流流量计算后可知，目前沟口的排导系统标准偏低，应重新对过流断面进行设计，以满足设计降雨频率下泥石流排导需求。目前已建排导槽沟道弯曲凌乱，在本次设计中宜截弯取直，并考虑建成后整体效果美观。

按 100 年一遇泥石流流量 $154.97 m^3/s$ 进行设计，200 年一遇泥石流流量 $175.47 m^3/s$ 进行校核。排导槽过流断面设为梯形，全段铺底，底部设为"V"型，铺底厚 0.8m，过流断面高 3m，底宽 8m、顶宽 9.2m，设计纵坡沟床比降为 95‰，设计流速为 8.1m/s。排导槽及铺底均采用 C25 埋石混凝土浇筑（表 10.3，图 10.7）。

表 10.3　排导槽设计参数

工程名称	沟床比降/‰	结构设计参数/m						最大过流量/(m^3/s)
		槽底宽	槽顶宽	过流深度	墙顶宽	墙底宽	铺底厚	
叶枝河排导槽	95	8	9.2	3	1	1.2	0.8	225.2

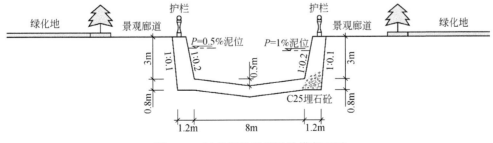

图 10.7　叶枝河排导槽设计横断面图

C. 生物工程

泥石流的泥沙固体物质一部分来源于坡面的水土流失和滑坡等，应治理水土流失和滑坡进而扼制泥石流，在沟坡上采用植树造林、封山育林、退耕还林等大面积的生物措施，通过控制和减少沟坡泥沙进入沟道的量，来减缓或消除沟岸坡面侵蚀形成的物质条件，达到防治泥石流的目的。

2) 迪马河泥石流治理方案

迪马河堆积区为德钦新县城主要规划区，泥石流灾害对规划区的压力是巨大的，单一排导工程首先会占用大量城市建设用地，而仅以拦挡工程为主，弱化排导，则极大增加了县城的风险，同时为工程的后续维护带来巨大的压力。因此，在新的防治设计方案中，应采取以拦为主，拦排结合的措施，以形成完整的泥石流防灾体系。

在沟道流通区内采用拦挡坝拦蓄上游的泥石流物质，调节流量，同时抬高沟床，稳定沟岸，从而减少其对泥石流的固体物质补给，这是泥石流治理中常用的措施。

通过针对迪马河泥石流灾害调查，根据流域内工程地质条件、固体松散物源的分布及补给方式、泥石流形成特征、原有工程现状，结合威胁对象分布情况，提出以下治理方案：1座拦砂坝+排导槽。

A. 拦挡工程

重力式拦挡坝布置在流通区下段、堆积区上段的宽缓沟道处。主要作用是拦蓄泥石流中固体物质，降低容重，减低泥沙输出沟道，减少进入排导沟中的泥沙，防止排导沟淤积。由于坝体较高，为防止坝基冲刷需修建护坦，长度为1.5倍坝高，末端设垂裙，深入护坦底以下2m，两侧设边墙，并与下游排导槽相接（表10.4，图10.8）。

表 10.4　迪马河拦挡坝设计参数

坝名	沟床比降/‰	结构设计参数/m						库容量/万 m³
		坝总长	坝总高	基础埋深	溢流口深	溢流口宽	有效坝高	
拦砂坝	140	40	9.5	2.5	2	8	5	1.2

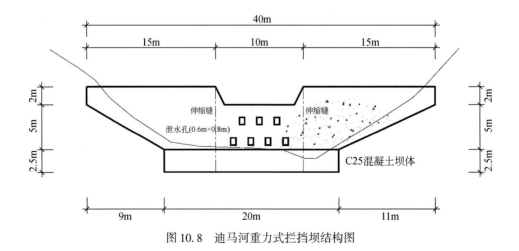

图 10.8　迪马河重力式拦挡坝结构图

B. 排导工程

在进行迪马河泥石流流量计算后可知，目前天然沟口不能满足泥石流排导要求，应重新对过流断面进行设计，以满足设计降雨频率下泥石流的排导需求。目前已建排导槽沟道弯曲凌乱，在本次设计中宜截弯取直，并考虑建成后整体效果美观。

按 100 年一遇泥石流流量 44.12m³/s 进行设计，200 年一遇泥石流流量 50.23m³/s 进行校核。排导槽过流断面设为梯形，全段铺底，底部设为"V"型，铺底厚 0.5m，过流断面高 2.2m，底宽 4m、顶宽 4.9m，设计纵坡沟床比降为 120‰，设计流速为 6.9m/s。排导槽及铺底均采用 C25 埋石混凝土浇筑（表 10.5，图 10.9）。

表 10.5 迪马河排导槽设计参数

工程名称	沟床比降 /‰	结构设计参数/m						最大过流量 /(m³/s)
		槽底宽	槽顶宽	过流深度	墙顶宽	墙底宽	铺底厚	
迪马河排导槽	120	4	4.9	2.2	0.8	1	0.5	71.5

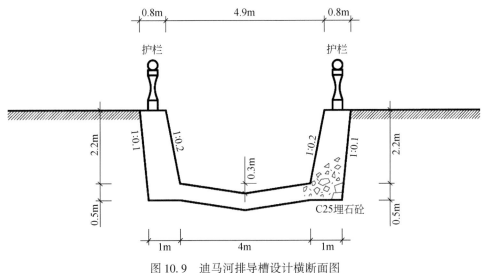

图 10.9 迪马河排导槽设计横断面图

3）湾子河泥石流治理方案

湾子河堆积区长度为 0.8km，作为德钦新县城的主要建设区，若不治理，一旦遭遇大规模泥石流，势必会造成重大人员伤亡及经济财产损失。工作区城市建设用地十分紧张，县城扩展到泥石流行洪通道是不得已而为之。在防治方案中，若仅以排导措施为主，会占用大量城市建设用地；而仅以拦挡工程为主，弱化排导，则极大地增加了县城的风险，同时为工程的后续维护带来巨大的压力。因此，在新的防治设计方案中，应采取以拦为主、拦排结合的措施，形成完整的泥石流防灾体系，在充分保证德钦新县城规划区整体安全的同时，论证土地资源能否满足防治工程的需求。

在沟道内采用拦挡坝抬高沟床，稳定沟岸，进而稳定流域内滑坡、崩塌及沟道堆积物质，从而减少其对泥石流的固体物质补给，这是泥石流治理中常用的措施。

通过对湾子河泥石流灾害调查，根据流域内工程地质条件、固体松散物源的分布及补给方式、泥石流形成特征、原有工程现状，结合威胁对象分布情况，提出以下治理方案：1 座拦砂坝+排导槽。

A. 拦挡工程

重力式拦挡坝布置在流通区下段、堆积区上段的宽缓沟道处，下接排导槽。重力式拦挡工程主要作用是拦蓄泥石流中固体物质，降低容重，减低泥沙输出沟道，减少进入排导沟中的泥沙，防止排导沟淤积。由于坝体较高，为防止坝基冲刷需修建护坦，长度为 1.5 倍坝高，末端设垂裙，深入护坦底以下 2m，两侧设边墙，并与下游排导槽相接（图 10.10）。

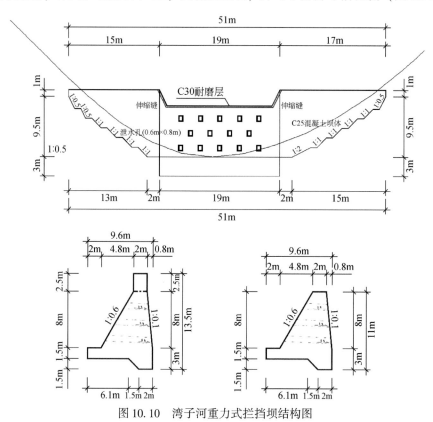

图 10.10　湾子河重力式拦挡坝结构图

B. 排导工程

湾子河泥石流流量计算后可知，目前沟口自然沟道排导能力偏低，宜截弯取直设置排导槽，将泥石流排入澜沧江。

按 100 年一遇泥石流流量 39.28m³/s 进行设计，200 年一遇泥石流流量 44.84m³/s 进行校核。排导槽过流断面设为梯形，全段铺底，底部设为 "V" 型，铺底厚 0.8m，过流断面高 2.2m，底宽 4m、顶宽 4.9m，设计纵坡沟床比降为 126‰，设计流速为 6.8m/s。排导槽及铺底均采用 C25 埋石混凝土浇筑（图 10.11）。

4）银冲沟泥石流治理方案

在沟道内采用浆砌块石重力坝以抬高沟床，稳定沟岸，进而稳定流域内滑坡、崩塌及沟道堆积物质，从而减少其对泥石流的固体物质补给，这是泥石流治理中常用的措施。

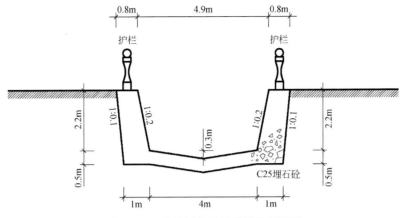

图 10.11　湾子河排导槽设计横断面图

通过针对银冲沟泥石流灾害调查，根据流域内工程地质条件、固体松散物源的分布及补给方式、泥石流形成特征、原有工程现状，结合威胁对象分布情况，提出以下治理方案：1 座拦砂坝+排导槽。

A. 拦挡工程

重力式拦挡坝布置在流通区下段、堆积区上段的宽缓沟道处，下接排导槽的最。重力式拦挡工程主要作用是拦蓄泥石流中固体物质，降低容重，减低泥沙输出沟道，减少进入排导沟中的泥沙，防止排导沟淤积（图 10.12）。

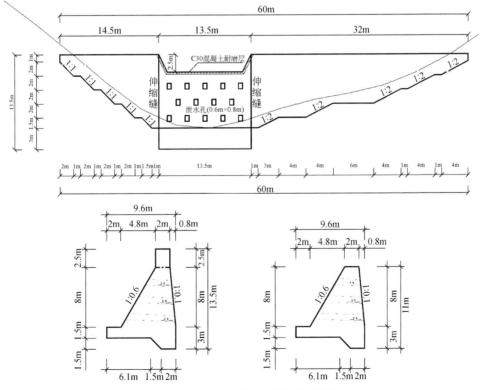

图 10.12　银冲沟重力式拦挡坝结构图

B. 排导工程

在进行银冲沟泥石流流量计算后可知,目前沟口的排导系统标准偏低,应重新对过流断面进行设计,以满足设计降雨频率下泥石流排导需求。目前已建排导槽沟道弯曲凌乱,在本次设计中宜截弯取直,并考虑建成后整体效果美观。

按 100 年一遇泥石流流量 82.66m³/s 进行设计,200 年一遇泥石流流量 94.15m³/s 进行校核。排导槽过流断面设为梯形,全段铺底,底部设为"V"型,铺底厚 0.8m,过流断面高 2.5m,底宽 5m、顶宽 6m,设计纵坡沟床比降为 128‰,设计流速为 8.2m/s。排导槽及铺底均采用 C25 埋石混凝土浇筑(图 10.13)。

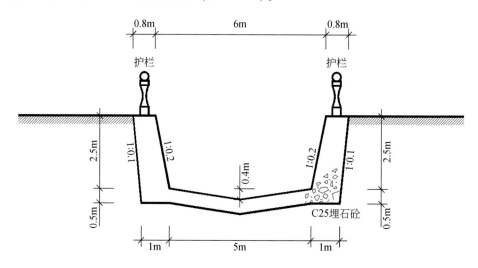

图 10.13　银冲沟排导槽设计横断面图

5)松洛沟泥石流治理方案

松洛沟堆积区为德钦新县城规划区之一,泥石流灾害对规划区的压力是巨大的,单一排导工程首先会占用大量城市建设用地,且沟域内发育一处中等规模滑坡,受水流侵蚀易发生牵引式变形,参与泥石流活动的可能性极大,单一排导压力过大;而仅以拦挡工程为主,弱化排导,则极大地增加了县城的风险,同时为工程的后续维护带来巨大的压力。因此,在新的防治设计方案中,应采取以固源为主,拦排结合的措施,以形成完整的泥石流防灾体系。

在沟道流通区内采用拦挡坝拦蓄上游的泥石流物质,调节流量,同时抬高沟床,稳定沟岸,从而减少其对泥石流的固体物质补给,这是泥石流治理中常用的措施。

通过针对松洛沟泥石流灾害调查,根据流域内工程地质条件、固体松散物源的分布及补给方式、泥石流形成特征、原有工程现状,结合威胁对象分布情况,提出以下治理方案:1 座拦砂坝+2 座谷坊坝+桩板墙+排导槽。

A. 拦挡工程

a. 拦砂坝

重力式拦挡坝布置在流通区下段、堆积区上段的宽缓沟道处。重力式拦挡工程主要作用是拦蓄泥石流中固体物质,降低容重,减低泥沙输出沟道,减少进入排导沟中的泥沙,防止排导沟淤积(表 10.6,图 10.14)。

表 10.6 松洛沟拦挡坝设计参数

坝名	沟床比降 /‰	结构设计参数/m					库容量 /万 m³
		坝总长	坝总高	基础埋深	溢流口深	溢流口宽	有效坝高	

坝名	沟床比降 /‰	坝总长	坝总高	基础埋深	溢流口深	溢流口宽	有效坝高	库容量 /万 m³
拦砂坝	210	40	9.5	2.5	2	8	5	0.7
谷坊坝	380	30	—	—	—	—	5	0.5

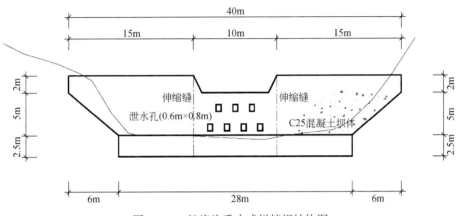

图 10.14 松洛沟重力式拦挡坝结构图

由于坝体较高，为防止坝基冲刷需修建护坦，长度为 1.5 倍坝高，末端设垂裙，深入护坦底以下 2m，两侧设边墙，并与下游排导槽相接。

b. 谷坊坝

谷坊坝布置在形成流通区中段，主要滑坡、岸坡及沟道物源分布段，主要起回淤压脚、防冲固源的作用，同时具备一定的拦蓄能力，降低泥石流容重，缓解下游拦挡坝及排导槽压力。在形成流通区中段岸坡物源、沟道堆积物源集中分布区布置两道谷坊工程，主要起拦固沟道物源、岸坡物源的作用（图 10.15）。

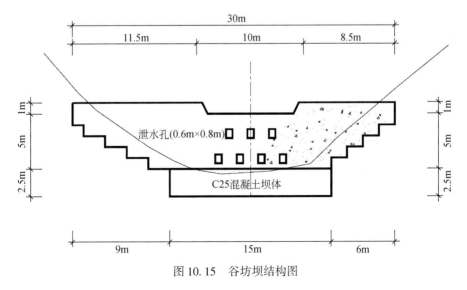

图 10.15 谷坊坝结构图

B. 抗滑工程

阿尼比滑坡是松洛沟的主要物源之一，规模大、稳定性差，前缘受水流侵蚀发生局部滑移参与泥石流活动可能性大，若不加以处置，前缘变形可能逐级牵引并形成整体滑塌，危害巨大。因此本次考虑采用桩板墙进行支挡兼顾防冲（表10.7，图10.16）。

表10.7　桩板墙设计参数

工程名称	结构设计参数/m						桩根数
	桩径	桩长	嵌固深度	桩间距	板尺寸	板总高	
桩板墙	1.8×2.5	16	8	5	0.3×3.2	8	25

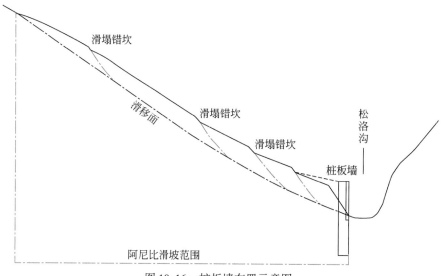

图10.16　桩板墙布置示意图

C. 排导工程

在进行松洛沟泥石流流量计算后可知，目前天然沟口不能满足泥石流排导要求，应重新对过流断面进行设计，以满足设计降雨频率下泥石流排导需求。目前已建排导槽沟道弯曲凌乱，在本次设计中宜截弯取直，并考虑建成后整体效果美观。

按100年一遇泥石流流量67.56m³/s进行设计，200年一遇泥石流流量76.97m³/s进行校核。排导槽过流断面设为梯形，全段铺底，底部设为"V"型，铺底厚0.5m，过流断面高2.5m，底宽4m、顶宽5m，设计纵坡沟床比降为150‰，设计流速为8.2m/s。排导槽及铺底均采用C25埋石混凝土浇筑（表10.8，图10.17）。

表10.8　松洛沟排导槽设计参数

工程名称	沟床比降/‰	结构设计参数/m						最大过流量/(m³/s)
		槽底宽	槽顶宽	过流深度	墙顶宽	墙底宽	铺底厚	
松洛沟排导槽	150	4	5	2.5	0.8	1	0.5	97.2

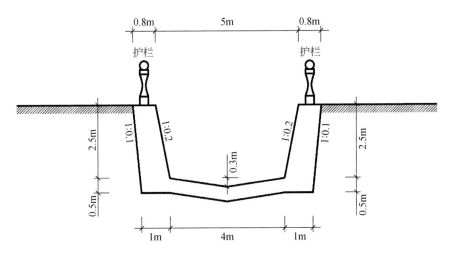

图 10.17　松洛沟排导槽设计横断面图

6）叶枝场镇泥石流监测预警方案

为了保障叶枝场镇的地质安全，对威胁场镇的泥石流灾害开展监测预警工作。根据叶枝场镇泥石流灾害的发生、运动特征，设计并布设了监测预警系统（图 10.18，表 10.9）。

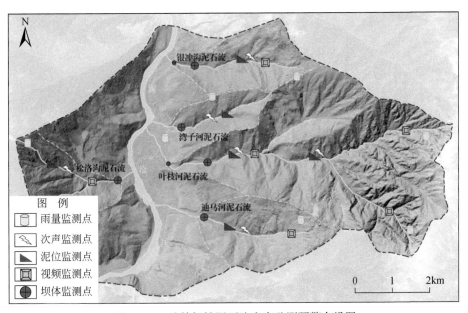

图 10.18　叶枝场镇泥石流灾害监测预警布设图

表 10.9　叶枝场镇泥石流灾害监测预警系统布设一览表

监测系统	监测对象	布设位置	监测目的	监测点数量
雨量监测系统	降雨量	流域上、中、下游不同位置	监测各泥石流沟流域各位置的降雨量，为泥石流启动降雨量阈值预警提供依据	7个

续表

监测系统	监测对象	布设位置	监测目的	监测点数量
泥石流监测系统	次声	银冲沟流域 1 个，湾子河流域 1 个，叶枝河流域 2 个，迪马河流域 1 个，松洛沟流域 1 个	通过捕捉泥石流源地的次声信号而实现报警	6 个
	泥位	银冲沟流域 1 个，湾子河流域 1 个，叶枝河流域 2 个，迪马河流域 1 个，松洛沟流域 1 个	监测沟道水位涨落信息和泥石流物堆积厚度变化	6 个
坝体监测系统	坝体内部应变及土压力	银冲沟流域 1 个，湾子河流域 1 个，叶枝河流域 1 个，迪马河流域 1 个，松洛沟流域 1 个	通过监测坝体内部应变情况以及坝体上游方向侧向压力来预警坝体的破坏，进而对拦挡工程的有效性进行土压力监测，对坝体安全性做出评估，并对泥石流进行预警	5 套
远程视频监测系统	泥石流流体	银冲沟流域 1 个，叶枝河流域 3 个，迪马河流域 1 个，松洛沟流域 1 个	通过远程红外视频捕捉系统监测沟道内的流量，进而第一时间发出预警	6 套

10.3.3　叶枝场镇防治工程量

　　根据前文对直接威胁德钦新县城规划区的五条泥石流防治方案综合论证，针对每条泥石流的发育特征、威胁对象、危害方式等，结合沟道地形条件，采用拦挡坝、排导槽等一系列措施进行综合治理，满足设计标准下泥石流的防治要求。总体治理工程平面部署见图 10.19，治理工程主要指标见表 10.10。

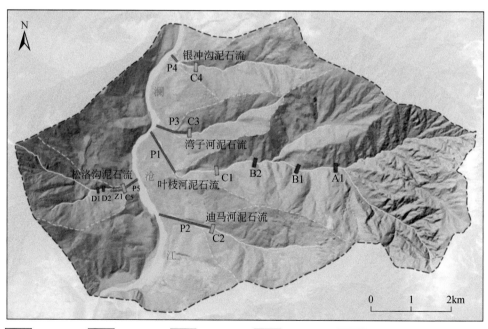

图　例 ■ 拟设桩梁坝　■ 拟设缝隙坝　■ 拟设拦砂坝　■ 拟设谷坊坝　▥ 拟设桩板墙　— 拟设排导槽

图 10.19　治理工程平面部署图

表 10.10　治理工程主要指标表

序号	地质灾害名称	治理措施
1	叶枝河泥石流	一座桩梁坝+两座桩板式缝隙坝+一座拦砂坝+排导槽 1070m
2	迪马河泥石流	一座拦砂坝+排导槽 1350m
3	湾子河泥石流	一座拦砂坝+排导槽 725m
4	银冲沟泥石流	一座拦砂坝+排导槽 230m
5	松洛沟泥石流	一座拦砂坝+两座谷坊坝+桩板墙 25 根+排导槽 370m

10.4　小　　结

通过上述研究，得出以下结论：

（1）德钦县城主要受到四条泥石流沟的威胁，其中直溪河泥石流、水磨磨沟泥石流以及巨水河泥石流需要重新进行防治工程设计。三条沟按照 50 年一遇标准进行设计，100 年一遇标准进行校核的标准进行拦挡+排导防治工程设计后，能满足防治需求。但也存在一定的问题及风险：①直溪河泥石流属高位泥石流，由于后缘震裂山体型物源实际方量难以评估，一旦遭遇极端工况，震裂山体型物源深度超过估算深度，其成灾规模便会远超防治标准，并对德钦县城造成毁灭性破坏；②水磨坊河泥石流流域面积大，同时物源分布位置较高，不仅部分坝体的施工条件极差，也为拦挡坝的正常运行以及后期的维护造成了极大困难；③排导槽所需的占地面积达 0.33km^2，不仅占现有德钦县城建筑面积的 20%，还会造成大量房屋拆迁。此外，也需防止若沟道同时暴发泥石流，固体物质堵塞芝曲河时，回水淹没德钦县城。

（2）叶枝场镇主要发育五条泥石流，对叶枝河、迪马河、湾子河、银冲沟、松洛沟五条泥石流进行防治工程初步设计。以 100 年一遇降雨标准进行设计、200 年一遇降雨标准进行校核，针对各沟域特点，设计防治工程措施如下：①叶枝河泥石流易发程度最高、危险性最大，现有的排导槽及拦挡坝工程不能满足设计降雨频率下泥石流的拦挡或排导过流要求，因此在沟域内新增了桩梁坝、桩板式缝隙坝、重力式拦砂坝工程，在沟口堆积区对现有排导槽进行改造，截弯取直后扩大过流断面并铺底，满足设计降雨标准下泥石流的防治要求。其余 4 条泥石流发育程度与危险性相对较低，目前未开展任何防治工程措施，采用拦排结合、辅以固源的治理思路，新增了拦挡坝、排导槽及谷坊坝、桩板墙等措施，满足设计降雨标准下泥石流的防治要求。②除工程措施外，有必要开展地质灾害自动化监测预警，本次采用雨量计、泥位计、土壤含水率计、视频监测仪等设备对威胁场址规划区的地质灾害开展综合自动化监测预警。

第 11 章 典型城镇工程建设
适宜性评价研究

11.1 概 述

在高山峡谷地区开展城镇建设适宜性评价工作，对于山区土地利用规划和土地利用管理具有基础性作用。随着人口不断增长和经济社会持续发展，城市化、工业化进程加速推进，工业用地和城镇用地逐年显著增加，使得经济建设所需用地与农业生产耕地用地之间存在的矛盾凸显，这一情况在西南高山峡谷区更为显著（傅伯杰，1991；何英彬等，2009）。云南省的山地和高原占全省土地面积的94%，可用于农业生产、城镇建设和工业生产所需用地的"坝子"只占6%，坝子是云贵高原当地的方言，是指高原上的局部平原地区（谢应齐等，1994；陈百明，1996；刘传正，2012）。在保护农业生产和保证粮食产量安全的前提下，可用于城镇建设的平原地带较少，使得西南山区很多城镇集镇大多数建立在高山峡谷区地带，这样做虽然可以不用挤占农业用地，但是在高山峡谷区开展城镇建设，面临一系列的科学研究问题，需要制订详细的评价方案（Store and Kangas，2001；Zheng et al.，2005）。针对高山峡谷区城镇建设适宜性评价的需求，需要在深入探讨山区建设用地适宜性基本流程，系统分析高山峡谷区建设用地适宜性影响因素，科学构建评价指标体系，合理制定山区建设用地的适宜性评价系统与实用模型的基础上，结合云南地区的实际情况，探索山区建设用地的适宜性评价成果。本章以云南省维西县叶枝场镇为例，介绍建设场地地质环境适宜性评价方法。

11.2 评 价 方 法

根据《地质灾害危险性评估规范》（DZ/T 0286—2015）、《地质灾害调查技术要求（1∶5万）》（DD 2019—08）、《城市地质调查规范》（DZ/T 2017）、《集镇滑坡崩塌泥石流勘查规范》（DZ/T 0262—2014）、自然资源部2020年《资源环境承载能力和国土空间开发适宜性评价指南（试行）》和重庆市国土资源和房屋管理局2010年《地质环境影响评估技术规定》（试行）等规范和技术要求，对区内开展建设用地适宜性分区评价。分区的划分是以地形地貌条件、地质环境条件、地质灾害发育程度及危险性、场地稳定性及人类工程活动等众多因素相结合综合判定为原则，以宏观分析和定量评价为原则，开展现状场地城镇建设适宜性分区评价。

11.2.1　定性评价方法

1. 评价思路

建设适宜性定性评价是以斜坡单元为评价单元，以地形地貌、工程地质、地质灾害及生态环境为评价指标，在地形地貌因素初步评价基础上，重点依托于地质灾害危险性和地质灾害风险性评价结果，开展叶枝场镇工程建设适宜性定性评价（图 11.1）。

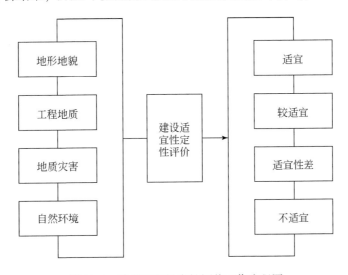

图 11.1　建设适宜性定性评价工作流程图

参考现行的《资源环境承载能力和国土空间开发适宜性评价技术指南》（试行）、《城乡规划工程地质勘察规范》（CJJT 57—2012）及《城乡建设用地适宜性评价技术规程》（DB50T 475—2012）等主要规范及技术规程，综合确定本次工程建设适宜性等级分为四级分别为适宜区、基本适宜区、适宜性差区和不适宜区（表 11.1）。

表 11.1　建设用地适宜性评价表

级别	分级依据
适宜区	地质环境复杂程度简单，工程建设遭受地质灾害的可能性小，引发、加剧地质灾害的可能性小，危险性小，工程容易处理
基本适宜区	不良地质现象中等发育，地质构造、地层岩性变化较大，工程建设遭受地质灾害的可能性中等，引发、加剧地质灾害的可能性中等，危险性中等，可采取工程措施进行处理
适宜性差区	地质灾害发育强烈，地质构造复杂，软弱结构发育，工程建设遭受地质灾害的可能性大，引发、加剧地质灾害的可能性大，危险性大，防治难度大，工程治理投入大
不适宜区	地质灾害发育极强烈，活动断裂发育，地形条件极其复杂，工程建设遭受地质灾害可能性极大，引发、加剧地质灾害的可能性极大，危险性极大，防治工程难度极大，投入的工程治理费用极大

2. 评价指标

1) 地形地貌

(1) 按地面坡度建设适宜性分为四级：第一级为适宜，地形坡度 $i \leqslant 10\%$；第二级为基本适宜，地形坡度 $10\% \leqslant i < 25\%$；第三级为适宜性差，地形坡度 $25\% \leqslant i < 50\%$；第四级为不适宜，地形坡度 $i \geqslant 50\%$。

(2) 按海拔建设适宜性分为四级：第一级为适宜，海拔 $H \leqslant 2500\mathrm{m}$；第二级为基本适宜，海拔 $2500\mathrm{m} \leqslant H < 3500\mathrm{m}$；第三级为适宜性差，海拔 $3500\mathrm{m} \leqslant H < 5000\mathrm{m}$；第四级为不适宜，海拔 $H \geqslant 5000\mathrm{m}$。

(3) 按地形起伏度建设适宜性分为四级：第一级为适宜，地形起伏 $R \leqslant 50\mathrm{m}$；第二级为基本适宜，地形起伏 $50\mathrm{m} \leqslant R < 100\mathrm{m}$；第三级为适宜性差，地形起伏 $100\mathrm{m} \leqslant R < 200\mathrm{m}$；第四级为不适宜，地形起伏 $R \geqslant 200\mathrm{m}$。

2) 工程地质

评价区内岩土体工程地质差异性较大，本次定性评价主要以工程地质岩组作为评价指标。按工程地质岩组差异性主要分为四级：第一级为坚硬碎屑岩、侵入岩岩组区；第二级为较坚硬变质岩岩组、碳酸盐岩岩组区；第三级为软硬相间层状泥岩、砂岩岩组区；第四级为松散冲洪积、泥石流堆积、残坡积土层。

由于评价区内缓坡地带多为松散冲洪积，因此不宜将第四级定为不适宜建设区，综合考虑将工程地质因子作为浮动评价指标，不作为刚性限制因素。

3) 地质灾害

一般地，建设用地适宜性评价宜将地质灾害风险评价结论作为评价指标，但目前场址内大部分地块土地利用现状为耕地，基于现状的地质灾害风险评价时易损因子不能反映建设区未来建成后的实际易损性。因此，本次将地质灾害危险性区划评价结果作为建设适宜性评价指标。

按照地质灾害危险性分级，建设适宜性分为四级，地质灾害危险性低对应适宜、基本适宜分级，地质灾害危险性中等对应适宜性差分级，地质灾害危险性高对应不适宜分级。

4) 生态环境

评价区涉及国家级自然保护区一处，白马雪山国家级自然保护区位于云南省迪庆藏族自治州德钦、维西两县区内，属"三江并流"世界自然遗产的核心地带，是我国低纬度高海拔地区生物多样性保存比较完整的原始高山针叶林区，也是我国特有、世界稀有的濒危动物滇金丝猴的核心栖息地。

因此，本次将自然保护区边界缓冲区范围作为评价指标，基于生态环境因素的建设适宜性分为四级，距离>5km 对应适宜，1km<距离≤5km 对应基本适宜，500m<距离≤1km 对应适宜性差，距离≤500m 对应不适宜。

11.2.2 定量评价方法

本次工作是通过对叶枝场镇地质环境承载能力评价，讨论其作为城镇建设适宜性是在依据资料收集及基础调查工作的基础上，全面分析叶枝场镇资源环境本底情况，包括地形地貌、气候、水资源、土地资源、地质环境、生态保护、环境安全、经济与社会发展等方面，梳理出资源环境要素特点及存在的突出问题。本次对叶枝场镇资源环境承载能力评价从土地资源、水资源、环境、灾害四个要素八个指标构建指标体系，定量评价场区建设适宜性。

首先对各要素进行资源环境承载能力单要素评价；再依据主成分分析法、限制因子修正法等原理构建资源环境承载能力综合评价方法，划分出资源环境承载能力等级类型；然后结合叶枝场镇的区位、交通、服务设施等情况整体评价其建设适宜性。

1. 评价原则

（1）尊重自然和科学规律，评价应体现尊重自然、顺应自然、保护自然的生态文明理念，充分考虑土地、水、环境、生态等资源环境禀赋条件，统筹把握自然生态整体性和系统性，集成反应各要素间的相互作用关系，客观全面的评价资源环境的本底情况。

（2）要紧紧围绕叶枝场镇国土空间规划和社会发展的目标，确定评价路线，选择相应指标，设置能够凸显地理区位特征、资源环境禀赋等区位差异的关键参数，因地制宜地确定指标、算法和分级生产阈值。

（3）按照生态文明建设要求，落实新发展理念和"以人民为中心"的发展思想，满足高质量、高品质生活对空间发展和治理的现实需求。

（4）可操作性评价应尽可能简化，选择最少最有代表性的指标，加强与相关数据基础的统筹衔接，做到评价数可获取、评价方法可操作、评价结果可检验，确保管用、好用、适用。

2. 指标体系

根据对叶枝场镇建设用地资源的综合分析，采用模糊综合评价模型，选取强限制性因子（永久基本农田、生态红线、行洪通道和难以利用土地）和较强限制性因子（活动断裂、地基基础、地形坡度、地质灾害和蓄滞洪区）构建适宜性分区评价指标。根据建设开发适宜性程度对评价因子进行量化分级（表 11.2）。

表 11.2　资源环境承载能力状态指标体系

目标层	系统层	要素层	指数层		指标层	
资源环境承载能力状态指标（A）	基础评价系统（B₁）	土地资源（C₁）	D_1	城镇建设条件	E_1	坡度
					E_2	高程
		水资源（C₂）	D_2	降水量	E_3	多年平均降水量
			D_3	水资源可利用量	E_4	可供利用最大水量
	修正评价系统（B₂）	环境质量（C₃）	D_4	大气环境质量指数	E_5	空气质量二级以上天气指数
			D_5	水环境质量指数	E_6	劣五类水体比例
		地质灾害（C₄）	D_6	地震危险性	E_7	断层距离
					E_8	地震动峰值加速度
			D_7	地质灾害危险性	E_9	危险性

3. 技术流程

严格遵循评价原则，围绕城镇建设要求，构建差异化评价指标体系，以定量方法为主，定性方法为辅，全面摸清并分析区域土地空间本底条件，评价过程中应确保数据可靠、运算准确、操作规范及统筹协调。

第一步，资源环境承载力单要素评价。按照评价对象和尺度差异遴选评价指标，从土地资源、水资源、环境、灾害等陆域自然要素单项评价。

第二步，资源环境承载力集成评价。根据资源环境要素单项评价结果，开展陆域集成评价，城镇功能指向下的资源环境承载等级，综合反映区域土地空间自然本底条件对人类生活生产活动的支撑能力（图11.2）。

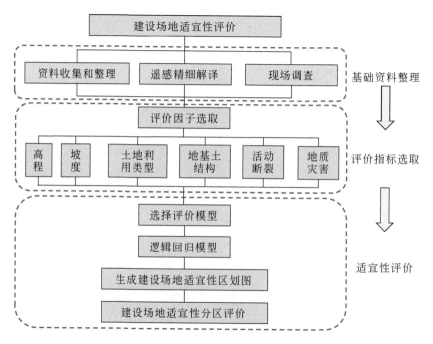

图11.2　资源环境承载力评价体系图

11.3　工程建设适宜性定性评价

根据地质灾害危险性和风险评价结果，将叶枝场镇分为适宜区、基本适宜区和适宜性差区三个等级，评价区分布在澜沧江两侧（图11.3，表11.3），适宜区主要为河流两岸阶地或冲击平台，面积为3.117km²，占总面积的21.77%；基本适宜区主要为缓坡区，面积为4.072km²，占总面积的28.44%；适宜性差区主要为地质灾害危险区和地质条件复杂的陡坡区，面积为6.273km²，占总面积的43.82%；澜沧江水域面积为0.854km²，占总面积的5.97%。

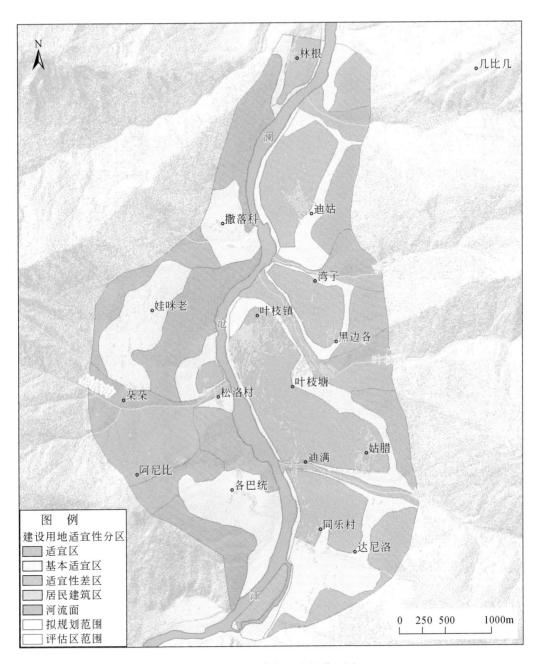

图 11.3　叶枝场镇适宜性分区图

表 11.3　叶枝场镇适宜性分区统计

分区	分区代号	分区面积/km²	占比/%
适宜区	A	3.117	21.77
基本适宜区	B	4.072	28.44
适宜性差区	C	6.273	43.82

续表

分区	分区代号	分区面积/km²	占比/%
水域面	D	0.854	5.97
合计		14.316	100

11.4　工程建设适宜性定量评价

11.4.1　资源环境承载能力单要素评价

1. 土地资源评价

土地资源评价主要表征区域土地资源对城镇建设的可利用程度，采用城镇建设条件作为评价指标，通过坡度、高程综合反映（表11.4）。

表 11.4　土地资源等级划分标准

坡度分线	<10°	10°~15°	15°~25°	≥25°
土地资源等级	高	较高	中	低

1）评价方法

$$城镇建设土地资源 = f(坡度, 高程)$$

2）评价步骤

第一步：图件制备与叠加处理。将数字地形图转换为栅格图，栅格大小可根据实际情况确定。将数字地形图以土地利用现状图为参照进行投影转换，对每幅图进行修边处理，供数据提取和空间分析使用。

第二步：地形要素空间分析。基于航拍地形图，计算栅格单元的坡度，按<5°、5°~10°、10°~15°、15°~25°、>25°生成坡度分级图。

第三步：土地资源评价与分级。以坡度分级结果为基础，结合高程，将土地资源的可利用程度划分为高、较高、中等、较低、低五种类型。高程>4000m的区域，将坡度分级降两级作为城镇土地资源等级；高程为3000~4000m的，降一级作为城镇土地资源等级。

第四步：地形复杂地区评价结果修正。在地形起伏剧烈的地区，进一步通过地形起伏度指标对城镇土地资源等级进行修正。通过栅格与邻域栅格的高程差计算地形起伏度，各地可根据地形地貌特点进行调整。对于地形起伏度大于200m的区域，将坡度分级降两级作为城镇土地资源等级；地形起伏度为100~200m的，将坡度分级降一级作为城镇土地资源等级。

3) 评价成果

根据对叶枝场镇航拍地形图的解译分析，叶枝场镇评价区土地资源等级包括高、较高、中、低四个等级，其中等级为高的区域面积为 2.05km²，占总面积的 14.32%；等级为较高的区域面积为 2.012km²，占总面积的 14.05%；等级为中的区域面积为 3.025km²，占总面积的 21.13%；等级为低的区域面积为 6.376km²，占总面积的 44.53%。综合评定叶枝场镇建设土地资源等级为中–较高（图 11.4 ~ 图 11.6）。

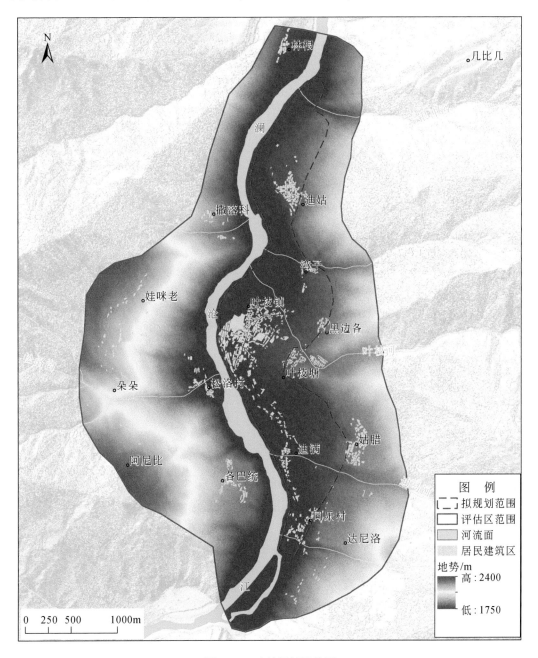

图 11.4　叶枝场镇地势图

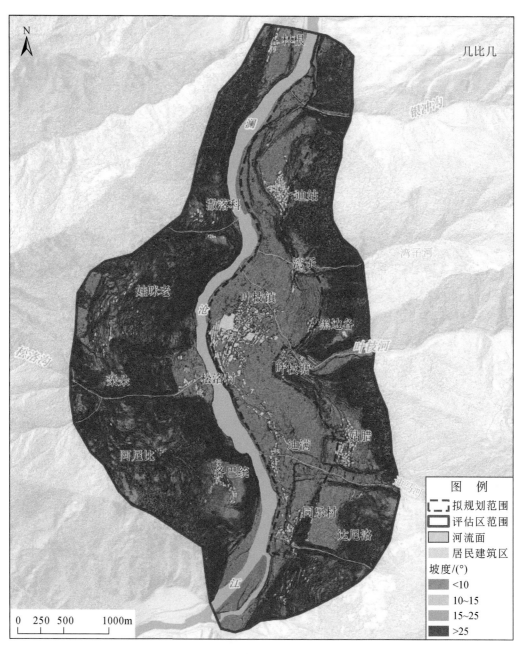

图 11.5　叶枝场镇坡度分级图

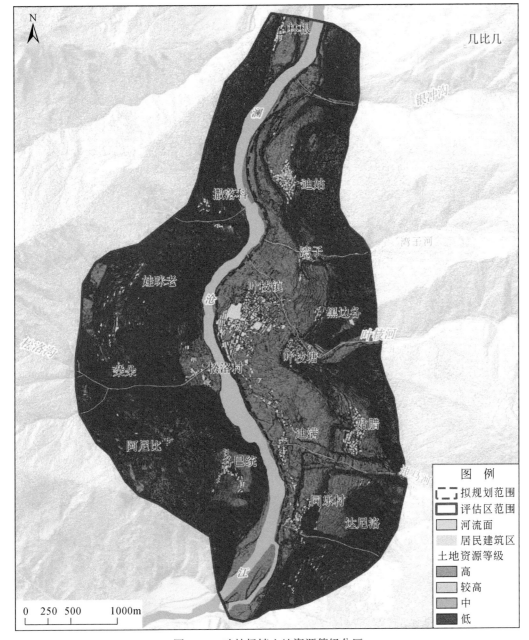

图 11.6　叶枝场镇土地资源等级分区

2. 水资源评价

水资源评价主要表征区域水资源对城市建设的保障能力，通过区域水资源的丰富程度来反映。

1）评价方法

$$水资源丰度 = f(降水量, 水资源可利用量)$$

水资源丰度是指区域水资源的丰富程度，通过降水量和水资源可利用量综合反映。

2）评价步骤

第一步：降水量评价。基于区域内及邻近地区气象站点长时间序列降水观测资料，通过空间插值得到格网尺度的多年平均降水量数据，按照>1200mm、800~1200mm、400~800mm、200~400mm、<200mm划分为湿润、半湿润、半干旱、干旱四个等级。

第二步：水资源可利用量评价。以重要河流水系为评价单元，计算水资源可利用量，通过生态环境保护和水资源可持续利用前提下可供河道外经济社会系统开发利用消耗的最大水量反映，划分为丰富、较丰富、一般、不丰富四个等级。

第三步：水资源评价与分级。取降水量、水资源可利用量两项指标中相对较好的结果，确定水资源丰富、较丰富、一般、不丰富四个等级。评价中可根据实际需要，选取差异化的分级阈值标准。已有大中型蓄引提调等水资源开发利用工程的，可根据工程规模和能力适度提高受水区水资源评价等级。同时，考虑不同区域的水资源配置条件和管控要求，结合流域水资源供给保障状况对评价结果进行调整。

3）评价成果

叶枝场镇澜沧江上游属康滇区的亚热带与温带季风高原山地气候，其特点是冬长无夏，春秋相连，仅有冷暖、干湿和大小雨季之分。又由于地质结构复杂，海拔高低悬殊，光照、温度、降水分布皆不均匀，形成立体气候。综合评价叶枝场镇水资源丰度为丰富，供水条件较好。叶枝场镇年平均降水量为764.1mm，降水天数在129~171天，平均年降水天数为146天，年平均相对湿度为70%。主要风向为西北风，年平均风速为1.2m/s，最大风速为12~19m/s。根据近10年降水资料统计，叶枝场镇年最大降水量为1032.1mm（2010年），月最大降水量为302.9mm（2010年4月），日最大降水量为68.6mm（2017年8月9日）（图11.7）。

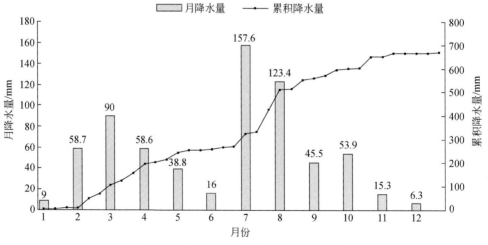

图11.7　叶枝场镇2019年降水分布图

区域内主河为澜沧江，近南北向延伸，两岸分布多条支沟，包括叶枝河、林根沟、银冲沟、湾子沟、迪马河、松洛沟等。水资源可利用量等级为丰富（图11.8）。

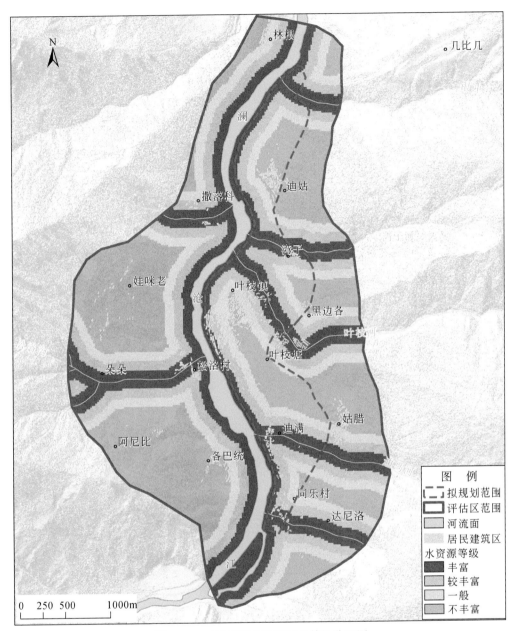

图 11.8 叶枝场镇水资源评价等级分区图

3. 岩土体类型

岩土体类型是场地稳定性的重要基础，对工程建设有重要影响，选择岩土体类型作为城镇建设用地适宜性评价的因子，按照岩土体结构、物理力学参数等将其分为坚硬岩组、半坚硬岩组、碎石土堆积层和砂卵石堆积层四种类型，其中分布最多的为砂卵石堆积层，其次为半坚硬岩组，再次为碎石土堆积层，坚硬岩组少量分布。坚硬岩组、半坚硬岩组、砂卵石堆积层和碎石土堆积层对应建设用地适宜性为适宜、基本适宜、适宜性差和不适宜区（图 11.9）。

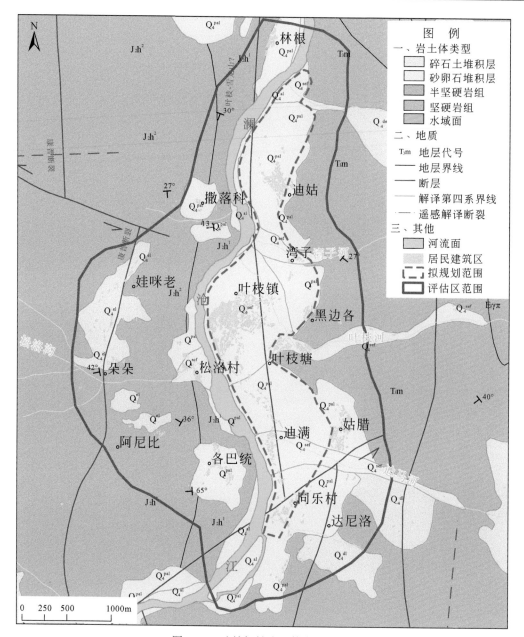

图 11.9　叶枝场镇岩土体类因子图

4. 活动断裂

活动断层距离分析。明确区域内距今 12 万年与 1 万年以来活动的活动断裂分布情况，应依据《中国地震动参数区划图》（GB 18306—2015），确定地震动峰值加速度的具体数值。活动断裂一般是指距今 12 万年以来有充分位移证据证明曾活动过，或现今正在活动，并在未来一定时期内仍有可能活动的断裂。根据 shp 格式活动断层分布图，利用 GIS 距离分析，按照活动断层距离划分为极高（<50m）、高（50～100m）、中（100～200m）、低（>200m）风险四个等级，评价区发育三条活动断裂，主要分布在南侧和西侧，从分级图来看，区内主要属于低风险区（图 11.10）。

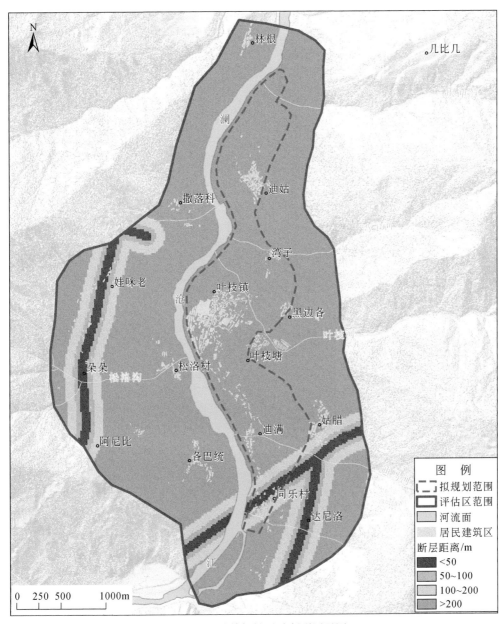

图 11.10 叶枝场镇活动断裂因子图

5. 地质灾害易发性

地质灾害易发性主要表征区域城镇建设可能遭受和加剧地质灾害影响的程度。选择地质灾害易发性作为城镇建设影响评价指标，分别通过崩塌、滑坡、泥石流等地质灾害发生的大小和可能性综合反映。地质灾害易发性采用地形坡度、地形起伏度、地貌类型、工程地质岩组、斜坡结构类型、地震动峰值加速度、历史地质灾害发育程度等主要指标计算确定。评价模型采用信息量模型、证据权模型方法，进行崩塌、滑坡、流石流易发程度评价，将易发程度分为极高易发、高易发、中易发、低易发四个等级。评价区主要为低易发区，其次为中易发区，少量高易发区（图 11.11）。

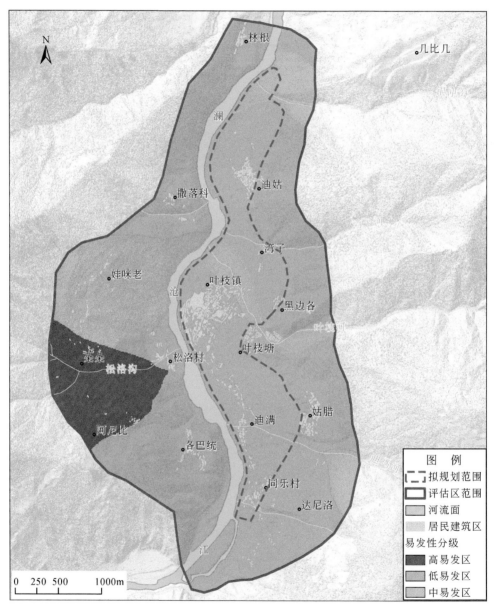

图 11.11　叶枝场镇地质灾害易发性因子图

6. 地质灾害危险性

地质灾害危险性是地质灾害现状表现，包括地质灾害发育密度、频率、强度等，主要表征区域城镇建设可能遭受地质灾害危害的程度。区内已有地质灾害 18 处，崩塌 1 处（小型 1 处），滑坡 12 处（中型 2 处、小型 10 处），泥石流 5 处（大型 1 处、中型 3 处、小型 1 处）。现在灾害中危害程度重大级有 1 处，较大级有 6 处，一般级 12 处；危险性大的灾害点数量 2 处、危险性中等 6 处、危险性小 10 处；区内受崩塌威胁的风险较小，受泥石流威胁的风险中等，受滑坡风险性中等。通过对叶枝场镇地质灾害发育情况分析，将地质灾害危险性等级划分为高、中、低三个等级。评价区地质灾害危险等级主要为低危险区，其次为中危险区，少量高危险区（图 11.12）。

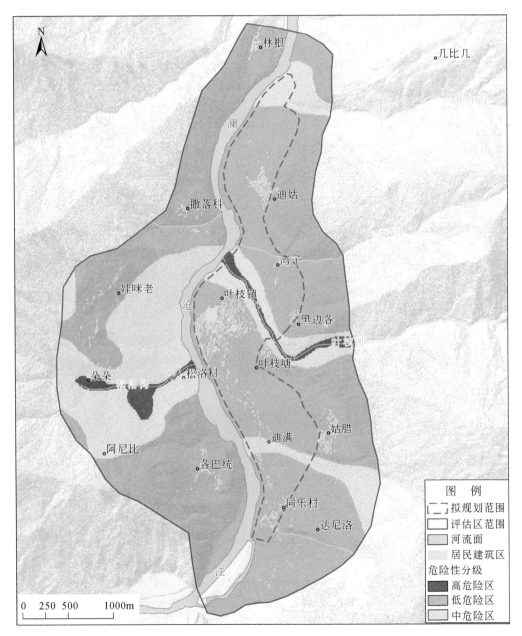

图 11.12　叶枝场镇地质灾害危险性因子图

11.4.2 城镇建设适宜性整体评价

1. 评价准则

（1）根据城镇承载能力等级确定不同等级适宜区的备选区域。适宜城镇空间布局的区域首先应具备承载城镇建设活动的资源环境综合条件，水土资源条件越好，生态环境对一定规模的人口与经济集聚约束性越弱，地质灾害风险的限制性越低，城镇建设适宜程度越高。按照城镇承载能力等级，确定城镇建设适宜区、一般适宜区的备选区域。

（2）确保城镇空间具有一定规模和集中连片布局的条件。对适宜城镇空间布局的备选区域进一步评价地块集中度，地块集中度越高，集中连片性越好，适宜程度越高。

（3）结合基础设施对国土开发的引导和支撑能力。适宜城镇空间布局的区域基础设施应具有一定网络化和干线（或通道）支撑条件。基础设施网络密度和区位优势越高，城镇空间发育和拓展潜力越大，城镇建设适宜程度也越高。

（4）兼顾战略区位因素和优化城镇建设格局。适宜城镇空间布局的还应考虑开发轴带、重要廊道等宏观格局中的门户区位、节点区位等区位条件，并兼顾优化、整合现状城镇建设格局。对于战略区位十分重要的区域，城镇空间适宜程度可给予一定弹性。

2. 指标体系及计算方法

城镇建设适宜性反映国土空间中从事城镇居民生产生活的适宜程度，城镇建设适宜性评价结果一般划分为适宜、基本适宜、适宜性差和不适宜四种类型（表 11.5）。

表 11.5　建设用地适宜性等级划分标准

等级	描述	备注
适宜	地形地质条件好，受限制因子影响小，应优先作为建设用地使用	
基本适宜	地形地质条件一般，受部分限制因子影响，需进行适当的整理才能使用，可作为建设备选用地	
适宜性差	地形地质条件差，受较好限制因子影响，需投入较大的成本进行整治才能使用，除非有特殊需求一般不作为建设用地使用	
不适宜	受强限制性因子影响，不能作为建设用地使用	

采用专家打分法对各评价因子赋值。对于强限制性因子，进行 0 和 1 赋值；对于较强限制性因子，采用专家打分法，对不同限制等级进行赋值（表 11.6）。

采用限制系数法计算建设开发适宜性分值：

$$E = \prod_{j=1}^{m} F_j \cdot \sum_{k=1}^{n} w_k f_k$$

式中，E 为综合适宜性分值；j 为强限制性因子编号；k 为适宜性因子编号；F_j 为第 j 个强限制性因子适宜性分值；f_k 为第 k 个适宜性因子适宜性分值；w_k 为第 k 个适宜性因子的权重；m 为强限制性因子个数；n 为适宜性因子个数。利用 GIS 对数据进行空间分析，并对每个分析图进行叠加。将叠加结果划分四个等级（适宜、基本适宜、适宜性差、不适宜），制作适宜性等级划分图。

表 11.6　叶枝场镇建设用地适宜性评价因子表

因子类型	因子	分类	适宜性分值	权重
强限制性因子	永久基本农田	永久基本农田	0	强限制性因子一票否决
		其他	1	
	生态红线	生态红线区	0	
		其他	1	
	行洪通道	行洪通道	0	
		其他	1	
较强限制性因子	地形坡度	>25°	1	0.23
		15°~25°	2	
		10°~15°	3	
		<10°	4	
	岩土体类型	碎块石堆积层	1	0.08
		砂卵石堆积层	2	
		较坚硬岩层	3	
		坚硬岩层	4	
	水资源条件	不丰富	1	0.1
		一般	2	
		较丰富	3	
		丰富	4	
	活动断裂	<50m	1	0.12
		50~100m	2	
		100~200m	3	
		>200m	4	
	地质灾害易发性	高易发区	1	0.22
		中易发区	2	
		低易发区	3	
		不易发区	4	
	地质灾害危险性	极高危险区	1	0.25
		高危险区	2	
		中危险区	3	
		低危险区	4	

3. 适宜性分区

通过利用 GIS 对数据进行空间分析，并对每个分析图进行叠加。将叠加结果划分四个等级（适宜、基本适宜、适宜性差、不适宜），制作适宜性等级划分图。统计出各类分区面积（表 11.7，图 11.13）。

表 11.7　叶枝场镇建设用地适宜性分区统计表

适宜性级别	适宜	基本适宜	适宜性差	不适宜
面积/km²	1.98	3.41	5.377	3.55
所占比例/%	13.83	23.82	37.56	24.80

适宜+基本适宜=5.39km²

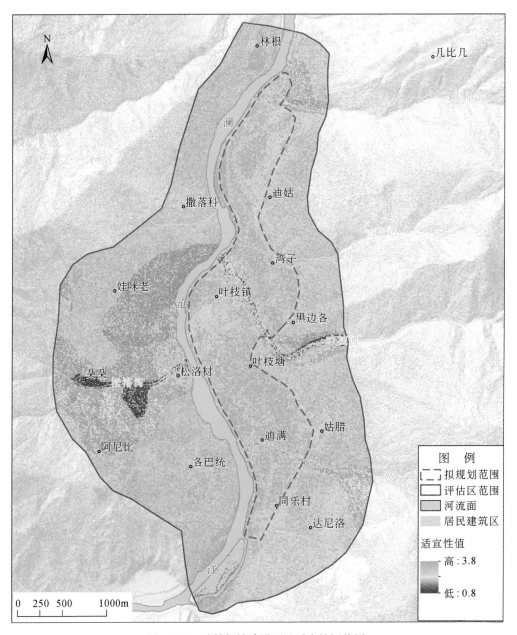

图 11.13　叶枝场镇建设用地适宜性评价图

11.5　工程建设适宜性综合分区评价

综合定性和定量分区结果，对叶枝场镇进行综合适宜性详细分区，分为适宜、基本适宜、适宜性差、不适宜四个大区 33 个亚区（图 11.14，表 11.8）。

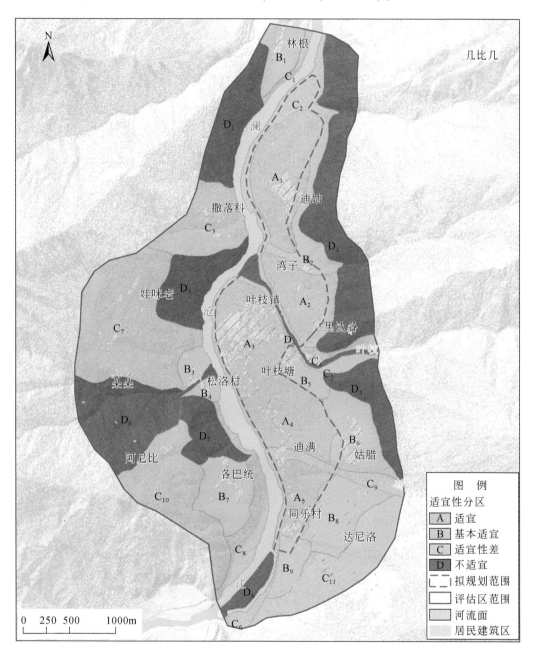

图 11.14　叶枝场镇城镇建设用地适宜性综合分区

表11.8　叶枝场镇城镇建设用地适宜性综合分区统计表

适宜性级别	适宜	基本适宜	适宜性差	不适宜	水域面（不适宜）
面积/km^2	2.787	2.23	4.67	3.776	0.854
所占比例/%	19.47	15.58	32.62	26.37	5.96
地块	$A_1 \sim A_5$	$B_1 \sim B_9$	$C_1 \sim C_{11}$	$D_1 \sim D_8$	E_1

在详细分区的基础上，对各区的建设用地规划提出建议（表11.9）。

表11.9　建设用地适宜性等级划分标准

等级	建设用地规划建议	分布范围
适宜	场地条件平缓、地质条件好、地质灾害危险小区，作为主要建筑区，学校、集聚区、特殊建筑等重要的、对场地要求高的工程建设用地	A_1、A_2、A_3、A_4
基本适宜	地形坡度缓、地质条件较好、地质灾害危险性小区，可作为较重要建筑规划区	A_5、B_1、B_3、B_4、B_6、B_7、B_8
适宜性差	地形地质条件差，受地质灾害威胁，需投入较大的成本进行整治才能使用，除非有特殊需求一般不作为建设用地使用，可作为公园、绿化用地	B_5、C_1、C_2、C_3、C_4、C_6、C_7、C_8、C_9、C_{10}、C_{11}、D_2、D_4、D_5
不适宜	受强限制性因子影响，或者地质灾害发育，危险性大，防治工程难度大。不能作为建设用地使用	C_5、D_1、D_3、D_6、D_7、D_8

11.6　城镇宜建区划

11.6.1　现状条件下宜建区划

基于《资源环境承载能力和国土空间开发适宜性评价指南》（试行）的要求，在前面对叶枝场镇场址区的工程建设做适宜性评价分析，分析区域资源环境禀赋条件，城镇建设的最大合理规模和适宜空间。城镇建设适宜性反映区域空间中从事城镇居民生产生活的适宜程度，城镇建设适宜性评价结果一般划分为宜建区、基本宜建区和不宜建区三种类型。通常地，城镇建设宜建区具备承载城镇建设活动的资源环境综合条件，且地块集中度和综合优势度优良；城镇建设基本宜建区具备一定承载城镇建设活动的资源环境综合条件、但地块集中度和综合优势度一般；而城镇建设不宜建区不具备承载城镇建设活动的资源环境综合条件或地块集中度和综合优势度差。

按照国土空间开发适宜性进行城镇宜建区划（表11.10，图11.15），其中宜建区主要沿澜沧江左岸呈条带状分布，该区从银冲沟堆积扇至同乐村下游侧的Ⅲ级阶地平台及其以下平台区域，除去三条泥石流沟的通道区，总面积为2.97km^2，区域地形平缓，场地稳定，遭受地质灾害危险性小，适宜作为城镇建设的主要区域。

表 11. 10　叶枝场镇城镇建设宜建区划统计表

等级	说明	面积/km²	分布地块
宜建区	工程建设为适宜和基本适宜区，地块集中，场地条件好	2.970	A₁、A₂、A₃、A₄、A₅、B₉
基本宜建区	工程建设为基本适宜和适宜性差区，地形起伏小，边坡问题或地质灾害可防可控	3.059	B₁、B₂、B₃、B₄、B₅、B₆、B₇、B₈、C₁、C₂、C₄、C₅、C₆、C₉
不宜建区	工程建设不适宜区，受强限制性因子影响，或者地质灾害发育，危险性大，防治工程难度大	7.434	C₃、C₇、C₈、C₁₀、C₁₁、D₁、D₂、D₃、D₄、D₅、D₆、D₇、D₈

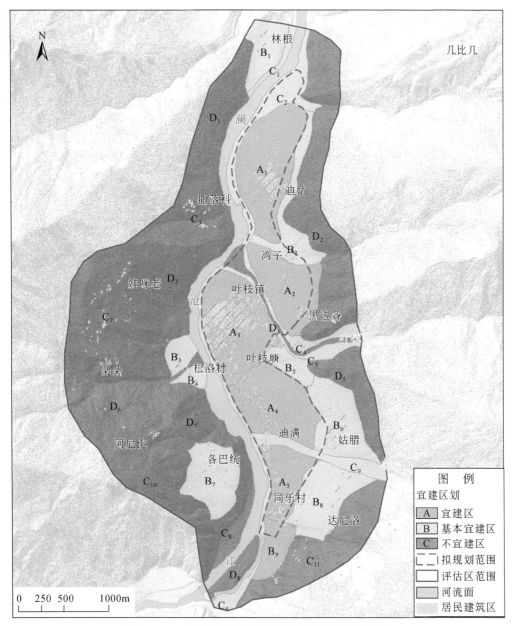

图 11.15　现状条件下叶枝场镇城镇建设宜建区划图

基本宜建区分布在右岸的林根村、松洛村、各巴统和左岸的Ⅳ级阶地平台缓坡区，面积为 3.059km²，该区地形较缓，场地稳定，遭受地质灾害危险性中等，可作为场镇规划的一般区，需要进行工程治理。

不宜建区主要分布在澜沧江两岸陡坡区和叶枝河、松洛沟的泥石流近期堆积区，面积为 8.288km²，该区域包括澜沧江水域面、陡坡地区和地质灾害高危险区三大部分，其中澜沧江河流水域面积为 0.854km²，陡坡区面积为 6.25km²，地形坡度陡，尤其澜沧江右岸局部陡坡大于 50°，区域地质构造复杂，断裂发育，岩体风化严重；地质灾害高危险区面积为 1.184km²，主要分布在叶枝河、松洛沟泥石流流通堆积区，遭受地质灾害危险性大，场地开发难度大，该区域不宜作为城镇建设的主要区域，可作为绿环建设用地。

11.6.2　工程治理后宜建区划

目前叶枝场镇主要受到泥石流灾害影响，其中右岸有松洛沟泥石流，流域物源丰富，泥石流易发，潜在危险大，工程治理后，堆积扇扇区转化为基本宜建区。左岸主要场址区发育四条泥石流，自上游至下游分别为银冲沟、湾子沟、叶枝河和迪马河，叶枝泥石流为易发，危险性大，对四条泥石流采取工程治理，治理后，部分场地适宜性提高，可开展工程治理后的场址区宜建区划（图 11.16）。

治理后宜建区面积为 3.25km²，相比于治理前增加了 0.28km²，主要为治理前的基本宜建区提升为宜建区，增加的区域主要为林根村平台区、湾子沟、叶枝河和迪马河堆积扇沟道两侧区域。该区主要分布在澜沧江左岸叶枝场镇同乐村至银冲沟沟口一带的Ⅰ、Ⅱ、Ⅲ级阶地平台和上游侧右岸的林根村冲积扇一带，该区域地形平缓，坡度为 3°~8°；场地主要为砂卵石堆积层，稳定性较好；工程治理后地质灾害危险性小，受到地质灾害威胁的可能性小。该区域可作为城市规划建设的主要区域，用于重要建筑、重要设施和居民聚居区建设。

基本宜建区面积为 3.859km²，相比于治理前增加了 0.8km²，增加的区域主要为泥石流堆积扇危险区，治理后不适宜区提升为基本适宜区，主要分布在叶枝河和松洛沟堆积扇的危险区。该区主要分布澜沧江左岸银冲沟至湾子沟一带平台后缘、叶枝河下游一带、叶枝塘至同乐村的Ⅳ级阶地平台缓坡一带和松洛村平台区、各巴统斜坡区。该区域地形较缓，坡度为 8°~20°；场地主要为岩土混合斜坡和逆向坡，斜坡稳定；在详细的勘查评估和工程治理后，该区域地质灾害危险性小，该区域可作为城市建设的一般区域，用于一般重要的、附属设施和道路等建设。

不宜建区面积为 7.208km²，包括澜沧江水域面积为 0.854km²，陡坡区面积为 5.5km²，主要分布在澜沧江两岸阶地平台后部陡坡区，该区地形坡度陡，一般大于 25°，部分区域大于 60°，该区域工程建设难度大，遭受和引发地质灾害的可能性大，在详细的勘查评估和工程治理后，可适量开发为景观建筑区、绿化建设区或公园等。

11.6.3　人口容量估算

根据不同土地资源的建设适宜性赋予不同的人口容量，按宜建设用地推算法（集约的

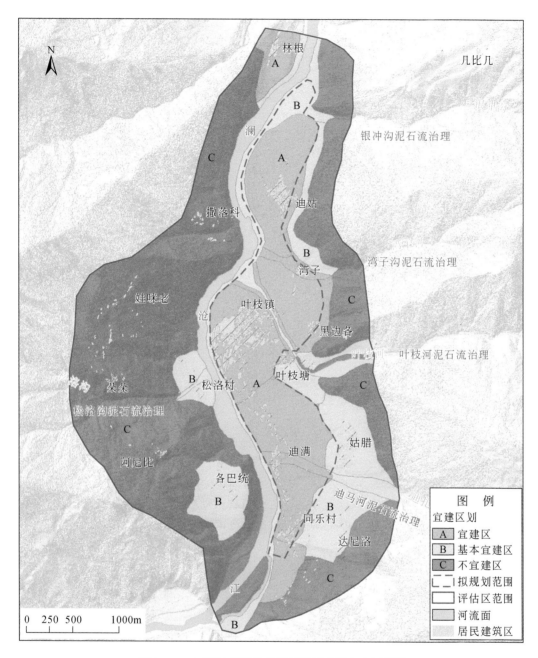

图 11.16　工程治理后叶枝场镇城镇建设宜建区划图

水平）初步计算各类用地的人口容量。根据《城市用地分类与规划建设用地标准》（GB 50137—2011），人均建设用地（居住用地、公共管理与公共服务用地、工业用地、交通设施用地和绿地五大类）按 85.1～105.0m²/人计算，为方便计算，宜建区取中值按 95m²/人计算，基本宜建区取宜建区值的 1.5 倍，即 142.5m²/人计算。初步计算叶枝场镇人口容量约为 52730 人（表 11.11）。

表 11.11　叶枝场镇人口容量计算

宜建分级	宜建区	基本宜建区	不宜建区
面积/m²	2970000	3059000	7434000
人均建设用地/m²	95	95	—
人口容量/人	31263	21467	—

11.7　小　　结

　　根据工程建设适宜性定性评价，按照规范将评价区分为适宜区、基本适宜区和适宜性差区三个等级，适宜区主要为河流两岸阶地或冲击平台，面积为 3.117km²，占总面积的 21.77%；基本适宜区主要为缓坡区，面积为 4.072km²，占总面积的 28.44%；适宜性差区主要为地质灾害危险区和地质条件复杂的陡坡区，面积为 6.273km²，占总面积的 43.82%；澜沧江水域面积为 0.854km²，占总面积的 5.97%。

　　根据对叶枝场镇建设用地资源的综合分析，采用模糊综合评价模型，选取强限制性因子（永久基本农田、生态红线、行洪通道和难以利用土地）和较强限制性因子（活动断裂、地基基础、地形坡度、地质灾害和蓄滞洪区）构建适宜性分区评价指标。根据建设开发适宜性程度对评价因子进行量化分级。综合定性和定量分区结果，对叶枝场镇进行综合适宜性详细分区，分为适宜、基本适宜、适宜性差、不适宜四个大区 33 个亚区，并对每个亚区提出了建设用地初步建议。

　　按照《资源环境承载能力和国土空间开发适宜性评价指南》（试行）的要求进行城镇宜建区划，将场址区分为宜建区、基本宜建区和不宜建区三个等级，其中宜建区面积为 2.97km²、基本宜建区面积为 3.059km²、不宜建区面积为 8.288km²。初步计算叶枝场镇人口容量约 52730 人。对规划区内泥石流灾害进行工程治理后，部分场地适宜性提高，宜建区面积为 3.25km²、基本宜建区面积为 3.859km²、不宜建区面积为 7.208km²。

第 12 章 云南省漾濞县"5·21"地震灾区工程建设适宜性研究

12.1 概 述

2021 年 5 月 21 日 21 时 48 分，云南大理州漾濞县（99.87°E、25.67°N）发生 6.4 级地震，震源深度为 8km（据中国地震台网数据），距离县城直线距离仅有 6km。主震后发生了多次余震，造成了许多地质灾害和房屋破坏，严重威胁震区人民生命财产安全。

目前，漾濞地区地质灾害方面的研究主要集中在遥感解译对地质灾害信息提取、地质灾害易发性评价、危险性分区、特征及形成机理等方面。李文雄（2008）通过地质灾害分布图和各因素图的叠加定量、半定量化确定地质灾害敏感性指标等方法，对漾濞县地质灾害进行易发性分区，将其分为高易发区、中易发区、低易发区和不易发区 4 个区。郑著彬和任静丽（2010）通过"3S"技术的应用，建立了漾濞县的数字高程模型，提取出坡度和坡向等重要的地形因子，发现坡度是漾濞县地质灾害频发的最主要控制因素。郑著彬和任静丽（2010）在对漾濞县地质灾害调查过程中发现，利用遥感技术结合野外考察，可以提取引发泥石流的主要因素并解译出灾害点信息，是一种快速、直观的好方法，并选取了 ETM+741 作为地质灾害解译的最佳波段组合。龙丹（2012）在进行实地地质勘探的基础上结合数据处理、模型计算等手段，对漾濞县地质灾害的发育分布特征进行了研究，发现其中数量最多、危害最大的地质灾害为滑坡。阳瀚（2018）以漾濞县雪山河流域泥石流为研究对象，通过收集、整理文献和实地调查资料，分析了泥石流形成机制、运动特征、活动性和危险性，并对泥石流的发展趋势进行了预测。

一些学者在地震诱发次生地质灾害的研究方面也进行了一些研究。杜军（2010）以"5·12"汶川大地震为例，探讨了技术与信息量法相结合的评价方法原理及其在汶川县地质灾害风险评估中的具体实施过程，并对次生地质灾害危险性及其空间分布进行预测和定位。刘果等（2018）应用 ArcGIS 软件平台，对九寨沟地震震前 472 处和震后新增 272 处地质灾害的分布特征进行统计分析，发现地震对震后新增地质灾害的分布起主要控制作用。李天华和袁永博（2018）以某地震灾区为例，分析了次生地质灾害类型与危害，引入易损性指数并采用层次分析法构建次生地质灾害风险评价模型，对地震重灾区诱发次生地质灾害风险进行评价。闫琦（2017）从经典的多特征分析和视觉显著性分析两方面对地震次生地质灾害遥感信息快速、智能提取进行研究，并提出一种基于震后高分辨率遥感影像的地震次生地质灾害自动提取方法，即基于多特征的层次分析方法。魏永明等（2014）则利用"5·12"汶川大地震震后多期高分辨率航空遥感数据并结合解译标志，分析研究区灾害的分布规律及发展趋势，发现泥石流为研究区今后最主要的灾害类型，其中映秀-汶川段为最主要的发生地段。

2021 年漾濞县"5·21"地震震中分布在漾濞县县城西侧斜坡上，距离县城直线距离为 6km，县城区域属于地震烈度Ⅷ度区。本次研究以震烈度Ⅷ度区为重点，结合城区分布特征、发展规划，综合圈定了重点区开展地质灾害遥感详细解译和地质灾害危险性评价，评价区总面积为 176.8km^2（图 12.1）。重点区主要分布在漾濞江两岸，整体地势北西高、南东低，高程为 1505～2480m。

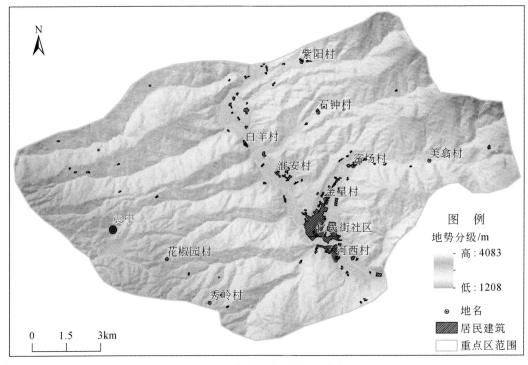

图 12.1　漾濞县城及周边地势图

12.2　漾濞地震灾区地质灾害孕灾条件分析

12.2.1　气象水文

1. 气象

漾濞县地处低纬高原，属亚热带和温带高原季风型气候区。由于冬季受印度北部大陆干暖西风所控制，夏季受印度洋暖湿季风所影响，再加上受高山峡谷和中山山地地形的控制，因而具有夏无酷暑，冬无严寒，干湿分明，垂直差异大的气候特点。据漾濞县气象站资料，年平均气温为 15.7℃，最热月为 7 月，平均气温为 21.5℃，极端最高气温为 37.9℃，最冷月为 1 月，平均气温为 9.0℃，极端最低气温为 0.2℃。苍山气候具明显的垂直分带性，海拔 3500m 以上地区气候寒冷，平均气温在 -5℃ 以下，同期与漾濞盆地相比温差 17℃ 左右，但年温差较小。年平均气温为 16.2℃，6 月最热，日均气温 21.7℃，

1 月最冷，日均气温为 8.8℃。年无霜期为 252 天，年日照为 2045h。

受印度季风气候和太平洋冷空气影响，漾濞县雨量较为充沛，年均降水量为 1032.5mm，最低为 684.3mm、最高为 1380.4mm，5～10 月为雨季，降水量占全年降水量的 76%～96%（图 12.2）。由于地形、风向等因素制约，降雨时空和地域分布不均，山区雨量多于河谷平地区，迎风坡雨量多于背风坡。雨量较充沛，每年平均降水量为 1080mm，最高年降水量为 1456mm，最低年降水量为 650mm，干湿季分明，11 月至次年 5 月为干季，平均降水量为 147.2mm，占全年降水量的 13.6%；6～10 月为雨季，平均年降水量为 940mm，占全年降水量的 86.4%。全年无霜期 249 天，冬春有霜雪，苍山之巅局部终年积雪。坝区极少降雪，最大降雪日为 1983 年 12 月 31 日，坝区积雪厚为 30 多厘米。

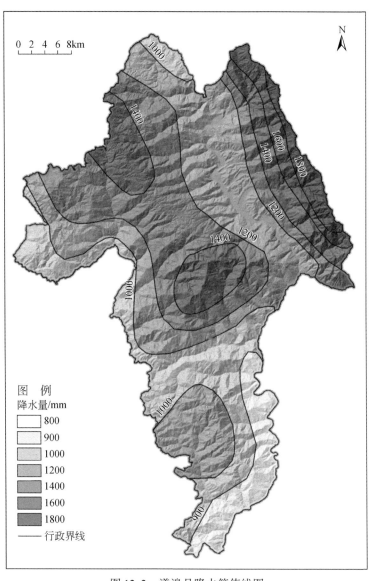

图 12.2　漾濞县降水等值线图

日平均湿度为 40%～85%；多年平均蒸发量为 1600mm。年平均风速为 2.3m/s，大于 17.0m/s 的大风平均年有 57 天，最多达 110 天，瞬间最大风速达 40m/s，局部会造成风灾危害，常年主导风向为东南风(图 12.2，表 12.1)。

表 12.1 漾濞县 2000～2020 年气象主要要素统计表

月份	1	2	3	4	5	6	7	8	9	10	11	12	多年平均
平均降水量/mm	8.4	16.8	60.2	63.9	61.1	62.8	132.5	121.5	65.4	47.9	18	3.4	662.0
最大一日降水量/mm	12.8	19.2	60.7	51.9	47.8	55	47.7	49.1	31.5	64.5	48.1	12.1	—
平均气温/℃	-1.8	-3	2.1	5.3	9.4	12.9	13.6	12.9	11.4	7.1	2.5	-0.6	6.2

2. 水文特征

漾濞县内大小河流 117 条，均属澜沧江流域漾濞江水系。可划分为漾濞江流域、顺濞河流域、吐鲁河流域、鸡街河流域和其他河溪流域。

(1) 漾濞江：县域内长 100km，流经漾江、苍山西、平坡、瓦厂、鸡街五个乡镇，河道平均坡度为 40‰，最大洪流量为 1340m³/s，最小枯流量为 5.7m³/s。

(2) 顺濞河：县域内长 74km，流经富恒、太平、龙潭、顺濞四个乡镇，河道平均坡度为 0.54%，最小枯流量为 4.8m³/s。

(3) 吐鲁河：县域内长 20.5km，流经龙潭、瓦厂两个乡镇，河道平均坡度为 1.46%，最小枯流量为 1.10m³/s。

(4) 鸡街河：县域内长 16.5km，流经龙潭、鸡街两个乡镇，河道平均坡度为 3.03%，最小枯流量为 1.019m³/s。

(5) 其他河溪流域：指不便与上述领域连片计算的两个片区：一是平坡镇内由苍山南坡汇入西洱河的六条山溪和西洱河；二是瓦厂、鸡街两乡内由白竹山东坡汇入漾濞江的八条河溪，两个片区面积为 112.8km²。县内主要河流及水文特征见表 12.2。

据统计，漾濞县土壤侵蚀量为 486.09 万 t/a，水土流失总面积为 727.71km²，其中轻度流失面积为 199.59km²，占 27.42%；中度流失面积为 409.59km²，占 56.28%；强度流失面积为 115.33km²，占 15.85%；极强度流失面积为 3.24km²，占 0.44%。

表 12.2 漾濞县主要河流水文特征

河流名称	径流面积/km²	河流长度/km	平均宽度/m	平均纵坡降/‰	最大平均洪峰流量/(m³/s)	年平均降水量/mm	年平均径流深/mm	备注
漾濞江	861.8	349	—	3.3	1340	1390	683	含境外长度
顺濞河	618.4	128	—	5.4	无观测值	1250	517	含境外长度
吐鲁河流域	122	20.5	—	14.6	无观测值	1000	315	含境外长度
鸡街河	146.8	16.5	—	30.3	无观测值	1000	278	
其他河溪流域	112.8	—	—	—	—	1040	354	除西河的平均流量为 0.129m³/s

12.2.2　地形地貌

漾濞县全境位于横断山系滇西纵谷区，云岭山脉南段。按云南省地形区划，县境中部至北部广大地区属于高山、极高山峡谷区南段的兰坪–云龙高山峡谷小区，南部属于无量山中山峡谷盆地小区的北缘。县内山峦起伏，谷幽坡陡，巍峨的苍山斜卧县境北东部，层峦山雄居县境北部，百竹山、盘龙寺山分布于县境的中部和南部，与苍山、层峦山遥相呼应，山势总趋势是北高南低。县境山地占 98.4%，平坦地面仅 1.6%。最高海拔为 4122m（东北部点苍山马龙峰）、最低海拔为 1174m（南境羊街河与漾濞江交汇点），为县境最低侵蚀基准面。水系发育多呈树枝状或放射状，波涛汹涌的漾濞江奔流在县境的北部、东部群山之中，中部有顺濞河、吐鲁河，南部有鸡街河与山脉相间展现。

漾濞县内地貌特征严格受构造制约，山脉走向与区域构造线近于一致呈北西、北北西向展布，按其成因及组合表现形态、海拔标高和切割深度，将县内地形分为三大成因类型和若干形态类型（图 12.3）。

1. 构造侵蚀地形（Ⅰ）

深切割高中山峡谷地形（I_1）：主要分布于漾濞江东岸，切割深度为 1500~2000m，河谷多呈"V"型发育，两岸边坡陡立，坡度为 50°~70°。

中切割中山陡坡地形（I_2）：主要分布于漾濞江西侧，海拔为 2800~3000m，相对高差为 500~1000m，大部分为泥岩及砂岩组成的陡坡地形，坡度为 30°~45°。大部分河谷呈"V"型或槽形谷，以侵蚀作用为主。

浅切割中山缓坡地形（I_3）：分布在县境西北部和西部广大地区。这些地区山势平缓连绵，山体间距较宽。海拔为 2500~3000m，切割深度为 300~500m，由砂岩及泥岩组成缓坡地形。坡度一般为 20°~30°，地形呈起伏不平的垄岗状，河谷多发育成"U"型浅谷，以侵蚀作用为主。

冰蚀地形（I_4）：主要分布于点苍山顶，海拔大于 3200m 区域，主要形态有冰斗、角峰、刃脊、"U"型谷和悬谷。

2. 构造剥蚀地形（Ⅱ）

构造剥蚀地形主要分布于漾濞顺濞河南部，海拔为 1800~2800m，切割深度为 200~500m，为白垩系、侏罗系的泥岩、砂岩分布，坡度在 20°左右。分水岭呈北北西向展布，河谷多发育成"U"型谷，形成缓坡地形。风化强烈，以剥蚀作用为主。

3. 侵蚀堆积地形（Ⅲ）

侵蚀堆积地形分布在漾濞江、顺濞河、吐鲁河和鸡街河的两岸，由Ⅰ、Ⅱ级阶地组成，由于各时期构造和河流的侵、冲刷作用，分布较零星，但二元结构明显。侵蚀堆积地形俗称为"坝子"。单块面积都很小，多在 1km² 以内，大者有黄庄、平坡、大堡子、石坪等。

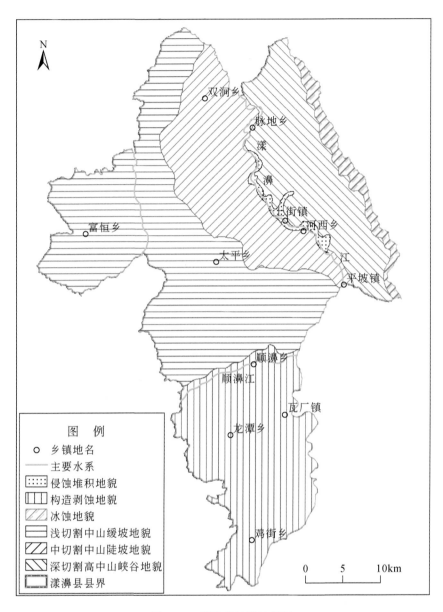

图 12.3　漾濞县地形地貌图

12.2.3　地层岩性

漾濞县地层发育较齐全，苍山群构成基底，古生界至新生界组成盖层，其中缺失震旦系、寒武系、奥陶系、志留系、泥盆系和石炭系。在西北部见少量上二叠统。中生界分布最广，漾濞江右岸的地区均为中生界各系地层。新生界仅在漾濞江、顺濞河、吐鲁河、鸡街河等河谷沿岸等低洼处分布。

12.2.4　地质构造与地震

1. 地质构造

测区地处扬子准地台西部，青藏–滇缅–印度尼西亚巨型"歹"字型构造体系的滇西构造褶皱带。按照《云南省区域地质志》的划分，县区以漾濞江为界，右岸层峦山–白竹山–盘龙寺山的广大区域属于唐古拉–昌都–兰坪–思茅褶皱系的兰坪–思茅褶皱带、云龙–江城褶皱束，左岸，即点苍山区则属于丽江台缘褶皱带中的点苍山–哀牢山褶皱束。县内的构造可划分为北西向构造体系和东西向构造体系，北西向构造体系是漾濞构造的主体，由云龙–太平铺北西向构造带和苍山北西向构造带两个构造带组成。云龙–太平铺北西向构造带呈 330°左右方向展布，在县内几乎包括了漾濞江右岸的所有地区，主要构造形迹有西里复式背斜、小村复式背斜、山祖–左白达断裂、草坪断裂等。苍山北西向构造带局限分布在点苍山区，主要构造形迹有苍山复式背斜、金盏大断裂、大坎坝断裂等。

2. 地震

漾濞县虽横跨两个不同的构造单元，新构造运动强烈。但是由于地质结构比较破碎，地应力容易得到释放，因而震源在县域内的强震很少。但东侧的红河断裂带和北部的乔魏断裂带上的地震经常波及县域内。中华人民共和国成立后，县域内有记录的大于 4.0 级的地震共出现在九个年份，其中 1975 年、1977 年两年出现大于 5.0 级地震，其余年份分别是 1981 年、1983 年、1984 年、1985 年、1986 年、1987 年，震级未超过 4.4 级。

最近的一次地震于 2013 年 4 月 17 日 9 时 45 分发生在洱源县、漾濞县交界（99.8°E、25.9°N）的 5.0 级地震，漾濞县漾江镇、苍山西镇、富恒乡、太平乡等乡镇，县城有强烈震感，经济损失约 8200 万元。

2016 年 2 月 8 日上午 7 时 30 分 53 秒，在云南大理州洱源县发生 4.5 级地震，地震具体位置在 99.59°E、26.08°N，震源深度为 12km，漾濞县距震中为 58.3km。

根据《中国地震动参数区划图》（GB 18306—2015）与云南省地质构造及区域稳定性遥感综合调查报告》，评价区地壳稳定性为不稳定区–次不稳定区（图 12.4）。

12.2.5　水文地质条件

漾濞县域内水文地质条件复杂，地下水的赋存，水理性质、水力特征在地层岩性的基础上，受构造、地貌、气象、水文、植被等诸多因素控制，构造单元控制着地下水类型、含水岩组的分布格局，断裂、褶皱对地下水运移、富集与排泄起到局部控制作用，由于区内地形起伏高低悬殊，气候垂直分带明显，不同高程岩体风化、地形坡度、植被发育等差异突出，相同构造环境、岩性条件下的含水层水文地质特征也有较大区别。其中构造起主导作用，制约或影响地下水的运移和富集，以金盏断裂为界，将县域分为东（北东）、西

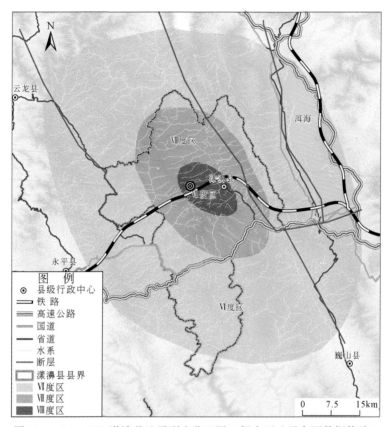

图 12.4　"5·21" 漾濞县地震烈度分区图（据中国地震台网数据修编）

两个不同的水文地质区。

东（北东）部地区：位于金盏断裂以东的点苍山区，出露地层为古生界苍山群变质岩系，构造线和岩层走向均为北西向、北北西向，具有压性、压扭性特征，岩石风化强烈，岩层被断裂切割位移，地貌上为冰川高山地形、构造剥蚀高山峡谷地形。构造裂隙发育，赋存裂隙水，地下水交替迅速，径流途径短，泉水多呈散流状，一般流量为 1～5L/s，最大为 30L/s。

西部地区：包括漾濞江右岸的所有地区和左岸的近江岸地区，占县域面积的 92%。广泛分布中生界碎屑岩，北西向构造和北东向构造的交接复合使本区构造型式多样，储水构造多被切割破坏，构造裂隙发育，裂隙水广布全区，层间裂隙承压水零星赋存。地下水多呈散流和脉状流，多以泉的形式排泄。北西向和北东向断裂交汇处，地下水交替迅速，径流途径短，泉水多呈散流状，一般流量为 0.5～1L/s，最大为 29.6L/s。

漾濞江、顺濞河、吐鲁河、鸡街河沿岸分布有第四系松散岩类，堆积厚度为 0～15m，赋存孔隙水。

1. 地下水类型

根据地下水的赋存形式、水理性质、水力特征及岩性组合关系，县域地下水可分为松散岩类孔隙水、碳酸盐岩类孔隙岩溶水和基岩裂隙水三类。

1）松散岩类孔隙水

松散岩类孔隙水分布于漾濞江、顺濞河、吐鲁河和鸡街河河沿岸。含水层（组）为全新统冲积层（Q_h）。岩性为粉细黏土、砂质黏土、粉质黏土。结构疏松、厚 1.5～25m。地貌上多组成Ⅰ、Ⅱ级阶地，地下水位埋深为 0.4～4.5m，阶地前缘见少量泉水出露，流量小于 1L/s。地下水主要接受大气降水和侧向洪积层地下水的补给。

2）碳酸盐岩类孔隙岩溶水

县域内分布很少，集中分布在富恒乡西部、平坡乡的平村两个地区，含水层（组）为上三叠统三合洞组下段深灰色灰岩和中三叠统灰白色灰岩、白云岩。地下水多以岩溶裂隙泉的形式沿碳酸盐岩与碎屑岩交接处或断裂交汇部位出露，泉水量一般为 0.8～2L/s。

3）基岩裂隙水

根据地层岩性，将县域内划分为碎屑岩裂隙水和变质岩裂隙水两个亚类。

碎屑岩裂隙水：分布在县域漾濞江右岸的广大地区，含水层（组）为古生界二叠系，中生界上三叠统歪古村组、三合洞组上段、麦初箐组，以及侏罗系、白垩系（表12.3）。

表 12.3　漾濞县含水层（组）水文地质要素统计表

层位	主要岩性	厚度 /m	面裂隙率 /%	地下径流模数 /[L/(s·km)]	泉流量 /(L/s)	矿化度 /(g/L)
K_2h	含长石石英砂岩	124	4.51	2.78	0.35	0.20
K_1j^2	泥岩、粉细砂岩	293	6.15	2.68	5.07	0.24
K_1j^1	石英砂岩与泥岩互层	398	4.96	2.13	3.46	0.10
J_3b	泥岩夹粉细砂岩	1234	3.96	2.11	3.06	0.09
J_2h^2	钙质泥岩夹砂岩及泥灰岩	128	5.46	2.88	1.74	0.12
J_2h^1	泥岩粉砂岩夹砂岩	209	4.23	2.08	2.70	0.08
$J_1?y$	粉沙质泥岩夹砂岩	237	2.13	1.14	1.13	0.08
T_3m	含长石石英砂岩、粉砂岩	246	7.62	2.30	8.53	0.50
T_3w	浅变质泥岩、粉砂岩、砂岩夹泥灰岩	182	2.16	2.02	6.10	0.13

变质岩裂隙水：分布在县域内漾濞江左岸的苍山地区，含水层（组）为古生界苍山群片岩、片麻岩、大理岩。面裂隙率为 2.93%～4.28%，地下径流模数为 1.25L/(s·km²)，泉流量为 1.52～8.50L/s，矿化度为 0.04～0.20g/L。由于地处高山，地形切割强烈，地下水交替迅速，径流途径短，泉水多呈散流状。

2. 地下水补给、径流、排泄条件

漾濞县域内地下水补给方式有垂直补给和侧向补给两种，以垂直补给为主，侧向补给为辅；垂直补给方式：大气降雨、降雪后，除部分直接由地面流走，绝大部分沿着岩石孔隙、裂隙等往地下渗透，成为地下水。而后在地下经过错综复杂的曲折径流，分散或汇合于洼地坡立谷河溪两侧、断裂带、透水层与不透水层接触面等有利地段，以泉形式流出地表，源源不断地补给地表水。而侧向补给主要接受大气降水及外围基岩地下水侧向径流的补给。以泉的形式排泄于漾濞江、顺濞河及鸡街河等其支流中，地下水对地质灾害的发育、产生影响较大，多数地方加剧了地质灾害的发生。

12.2.6　人类工程活动

1. 人口聚落分布与民用建筑工程活动

随着经济的发展，村镇人口不断增加，村镇规模不断扩张，在此过程中，由于缺乏合理规划，村镇建设布局具有盲目性，导致了可利用土地容量同规划不相协调，早期的村镇建设缺乏必要的地质灾害危险性评估，很多村镇本就位于地质环境脆弱区或地质灾害危险区，村镇建设对自然地形地貌的改造程度超过其承受能力，引发各类地质灾害。

村镇建设规划的不合理性主要指在地质灾害危险区内发展村镇或村镇建设中功能区布局不合理性，导致人类活动的强度超过环境所能承受的能力。另外规划建设中无排水系统或排水系统不合理，生活污水和雨水随意顺沟排放。排水体系缺乏管理，阻塞现象常见，造成排水不畅，或排水沟渠不做硬化处理，在裂隙节理发育段，造成大量集中入渗，无法正常发挥应有的排水功能。

不合理的建设行为较多，主要表现在村民建房切坡、回填、局部加载等。切（削）坡建房，形成人为临空面，局部岩土体卸荷减阻，应力集中，破坏斜坡原有稳定平衡状态，易诱发牵引式滑坡和加剧堆积层滑坡的运移。松散固体废弃物就地顺坡堆放，在强降水诱发下，易成为泥石流灾害的固体物源和形成堆积层滑坡，进一步演化为滑坡-泥石流灾害链。局部区域由于建筑加载，增加斜坡的下滑力，地基土超载，发生固结、压缩、沉降变形，地基失稳，造成房屋建筑的变形破坏。

2. 农业开发

漾濞县人口众多，随着人口逐年增长，人类对土地资源的需求逐渐增加，特别是山区村民的人均耕地较少，人口土地的承载负担加重，为了扩大种植面积，村民毁林开荒、陡坡垦植现象普遍，而且居住在山区群众的生活用柴、建房用材都是木材，因此，每年开荒毁林和大量消耗的森林资源，导致大面积林地沦为农耕地或荒地，森林植被破坏严重，造成森林资源减少，水土流失逐年加重，自然环境不断恶化，频频引发崩塌、滑坡、泥石流等地质灾害。

3. 水电站建设

漾濞县水电资源较丰富，县域内有大小溪流 117 条，属澜沧江-湄公河水系，其中主要河流有漾濞江、顺濞河、吐路河、金盏河、雪山河、劝桥河、鸡街河等。至目前，全县共已建成雪山河一级电站、雪山河二级电站、向阳电站、漾洱电站、沙坝电站、广益电站等水电站 34 座，总装机容量 38.103 万 kW；有桑不老代燃料电站、六午河二级电气化电站和普坪电站三座在建电站，总装机容量 2.4 万 kW；有绿源电站、顺濞河二级电站、六午河三级电站、顺濞河三级电站和阿比河电站五座待开发电站，总装机容量为 2.52 万 kW。2014 年，全县发电量达 14 亿 kW·h，水电产值达 3.1 亿元。

县域内地质环境条件复杂，水电建设对地质灾害发育、形成和致灾体稳定性影响较大，其次为引水工程、农田灌溉等水利工程。尤其是县域内的部分引水工程采用明沟、沟两壁和沟底大多未进行衬砌，渗水和漏水较严重，对滑坡等地质灾害稳定性影响较大。

4. 矿山开发

矿产资源是漾濞县的优势资源，拥有金、锑、铜、铁、铅、锌、汞、砷、石墨，以及地热和大理石等 30 个矿种。其中储量最多的是大理石和锑矿，锑矿品位最高的达 56.7%。

中华人民共和国成立后矿产资源未规范管理，民、企采矿活动相互混杂，多数民间采矿活动受开采技术、资金等因素制约，民间私挖滥采后产生的地质环境问题未能有效进行防治。现状条件下，由采矿工程活动诱发的矿山地质灾害危害比较突出。

上述人类工程活动一方面促进了当地社会经济发展，提高了人民生活水平；另一方面，极大地改变了区内地质环境条件，致使水土流失加剧、坡体稳定性降低、大量的采矿工程活动对区域地质环境条件影响较大，并引发地表变形，破坏河道冲於平衡等，从而造成河床、水库淤积，岸坡再造、崩、滑、流、地裂缝等地质灾害频发，公路、桥涵、水利工程等设施不能正常运行乃至失效，甚者直接危害人民生命财产安全。

12.3　漾濞地震灾区地质灾害发育分布规律

12.3.1　震前地质灾害遥感解译

采用 2019 年和 2020 年历史影像对漾濞县已有地质灾害进行解译，共解译识别出地质灾害 94 处，其中滑坡 72 处，占解译总数的 76.6%，规模主要以中小型为主，少量大型；其次为泥石流，共解译 19 处，占总数的 20.21%，规模以中小型为主，包括大型 1 处；崩塌最少，仅有 3 处，占总数的 3.19%，规模均为中小型（图 12.5，表 12.4）。

通过收集漾濞县 2020 年灾害点台账数据，截止到地震前的 2021 年 4 月，漾濞县范围内共发育灾害点 274 处，其中滑坡分布最多，共发育 191 处，占比 69.71%；其次为泥石流，共发育 74 处，占比 27.01%；崩塌最少，仅有 9 处，占比 3.28%（表 12.5）。

图 12.5　漾濞县震前遥感解译地质灾害分布图

表 12.4　漾濞县震前地质灾害遥感解译统计表

类型	大型	中型	小型	合计	占比/%
滑坡	2	33	37	72	76.6
崩塌		2	1	3	3.19
泥石流	1	8	10	19	20.21

表 12.5　漾濞县震前已有地质灾害隐患统计表

类型	大型	中型	小型	合计	占比/%
滑坡	2	41	148	191	69.71
崩塌		3	6	9	3.28
泥石流	1	17	56	74	27.01
合计	3	61	210	274	100

漾濞县地质灾害类型以滑坡为主，灾害规模以中小型为主，少量大型。从分布图上来看（图 12.6），滑坡在整个县域内均有分布，其中沿主要河流水系呈带状分布，在漾濞江流域密集分布。崩塌分布较少，主要分布在县域东南侧的漾濞江右岸，区域河流切割，地形较陡。泥石流分散分布于整个县域，其中在漾濞江两侧发育最多，尤其是漾濞江左岸区域。

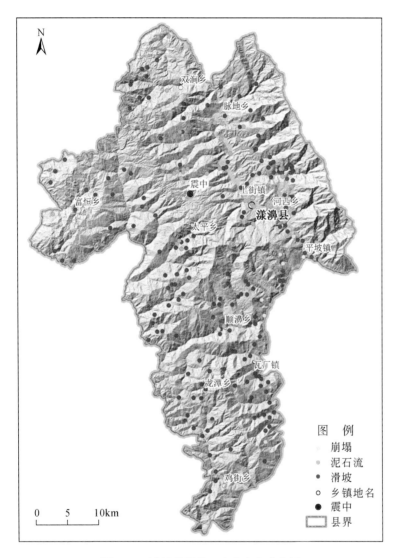

图 12.6　漾濞县震前已有灾害点分布图

12.3.2　震后地质灾害遥感解译

采用 2021 年 5 月 22 日的北京二号和 2021 年 5～10 月的高分一号对漾濞地震灾区地质灾害进行详细解译识别，分析震后地质灾害发育分布特征。共解译地质灾害 117 处，其中已知点 94 处，均为震前解译已有灾害点，新增点 23 处（滑坡 18 处、崩塌 1 处、泥石流 4 处）；震后解译的灾害点中滑坡最多，分布 90 处，占总数的 76.92%，其次为泥石流，共 23 处，占总数的 19.66%，崩塌最少，仅有 4 处，占总数的 3.42%。从灾害规模上来看，主要以中小型为主，少量大型（图 12.7，表 12.6、表 12.7）。

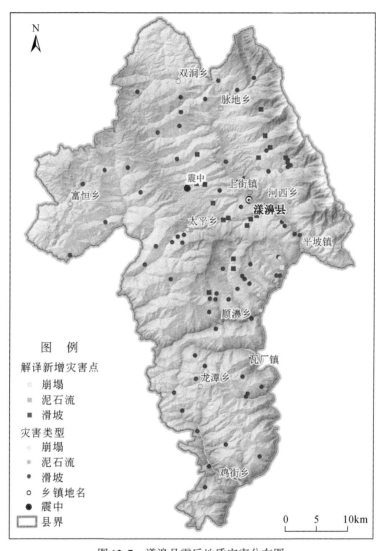

图 12.7　漾濞县震后地质灾害分布图

表 12.6　漾濞地震灾区震后新增灾害统计表

类型	大型	中型	小型	合计	占比/%
滑坡	2	7	9	18	78.26
崩塌	—	—	1	1	4.35
泥石流	—	3	1	4	17.39
合计	2	10	11	23	100

表 12.7　漾濞地震灾区震后地质灾害统计表

类型	大型	中型	小型	合计	占比/%
滑坡	4	40	46	90	76.92
崩塌	—	2	2	4	3.42
泥石流	1	11	11	23	19.66
合计	5	53	59	117	100

通过遥感解译和震后排查，漾濞县震后共发育地质灾害 339 处，相比于震前，新增灾害点 65 处，地质灾害类型主要以滑坡泥石流为主，滑坡发育 246 处，占总数的 72.57%，泥石流 76 处，占总数的 22.42%，崩塌 13 处，占总数的 3.83%，地裂缝 4 处，占总数的 1.18%（表 12.8）。

表 12.8　漾濞县震后排查灾害点统计

类型	大型	中型	小型	合计	占比/%
滑坡	3	46	197	246	72.57
崩塌	—	5	8	13	3.83
泥石流	1	17	58	76	22.42
地裂缝	—	—	4	4	1.18
合计	4	68	267	339	100

从灾害规模上来看，主要以中小型为主，其中小型发育 267 处，占总数的 78.76%，中型 68 处，占总数的 20.06%，大型仅有 4 处，占总数的 1.18%（图 12.8）。

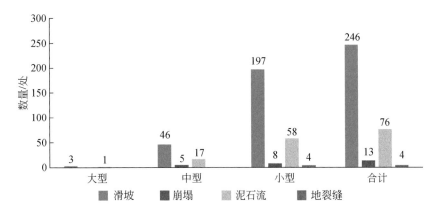

图 12.8　漾濞县震后地质灾害类型和规模统计柱状图

12.4　漾濞地震灾区地质灾害 InSAR 形变监测

2021 年 5 月 21 日云南大理州漾濞县 6.4 级地震发生后，为防止地震诱发次生滑坡灾害，造成更多人员伤亡，救灾应急研究小组迅速收集地震区的欧空局 Sentinel-1 雷达遥感数据，采用 InSAR 技术对数据进行处理，获取了此次地震的同震形变场，并根据 InSAR 监测结果，圈定了七处地震诱发的疑似滑坡隐患，为震后救灾、防治工作提供数据和技术支撑。

12.4.1　漾濞县 SAR 数据及处理

为了获取此次地震的同震形变场，救灾应急小组调查并选取了覆盖漾濞地震发生前后时间间隔最短的两景欧空局 Sentinel-1 SAR 影像进行处理（表 6.5）。数据处理采用瑞士 GAMMA 遥感公司开发的专门用于干涉雷达数据处理的全功能平台 GAMMA 软件（Werner et al.，2000）。采用差分干涉测量技术 D-InSAR 进行数据处理（图 12.9）。利用 NASA 发布的 30m 空间分辨率的 SRTM 数字高程模型来消除 InSAR 干涉图中的地形相位。为了消除 SAR 卫星轨道不准确造成的轨道残余误差，数据处理过程中，同时使用 Sentinel-1 卫星的 POD 精密轨道星历（POD precise orbit ephemerides）数据及比较精确的回归轨道数据（POD restituted orbit）辅助 Sentinel-1 数据的预处理和基线误差改正。基于加权功率谱的自

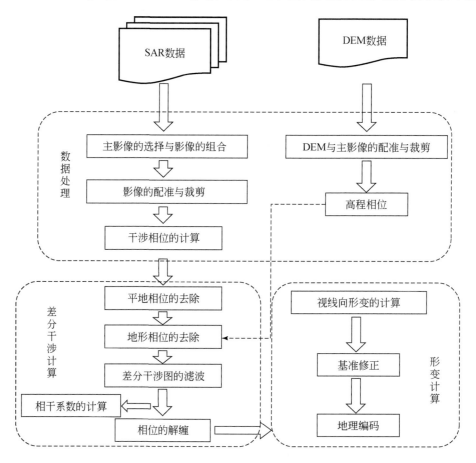

图 12.9　常规差分 InSAR 处理流程图

适应滤波算法用于对干涉图进行滤波（Goldstein and Werner, 1998），以此来消除干涉图中的噪声相位。利用二次多项式拟合去除干涉图中残余的轨道误差（Rosen et al., 1996），相位解缠采用最小费用流算法（Eineder et al., 1998）。为得到精确的形变场，基于大气延迟相位与地形间的相关关系对差分干涉图进行了去除大气影响处理（杨成生等，2012）。最后得到了研究区雷达视线向同震形变场，通过地理编码获取地理坐标系下高精度的同震形变场。

12.4.2　地震同震形变场分析

在对大气延迟、残余基线等误差改正和失相干噪声滤波处理的基础上，我们基于 D-InSAR 技术获取了此次地震的升降轨同震形变结果（图 6.86，图 12.10）。形变结果显示，此次地震造成断裂北东侧的最大隆升约 10cm 以上，西南侧的最大下沉约为 –10cm 以下（雷达视线向），其中两个不同方向的水平位错的过渡带为发震断层所在的位置。两个形变区域间并没有由于地表破裂造成大面积的失相干，说明此次同震形变并未造成严重的地表破裂。同时，升降轨影像的形变场上下盘的地表运动表现为相反的运动趋势，说明同震引起的形变以水平向为主。图 6.86，图 12.10 显示了基于降轨数据获取的漾濞县在 2021 年 5 月 10～22 日 12 天内地面形变特征，充分展示了此次地震的影响范围。

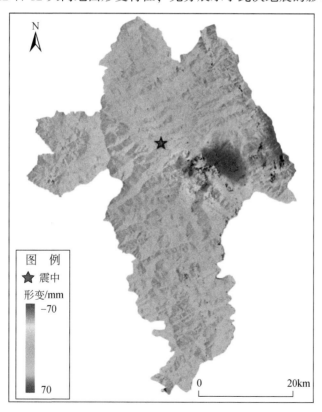

图 12.10　大理州漾濞县地震同震形变 D-InSAR 监测结果（降轨）

12.4.3　地质灾害隐患 InSAR 识别

地震通常会直接诱发崩塌、滑坡、地裂缝等次生地质灾害，本次研究采用了地震前后的卫星雷达数据开展地表形变监测分析，根据同震监测结果，对区域内的地质灾害隐患进行了识别，结合光学卫星影像共圈定 7 处地质灾害隐患点（表 12.9，图 12.11），并进行现场核查，均发现明显的变形迹象，6 处为地质灾害隐患点（崩塌 2 处、滑坡 3 处、地裂缝 1 处），1 处滑坡无直接威胁对象，作为泥石流物源点。其中 2 处为已有地质灾害隐患点，4 处为新增地质灾害隐患点。

表 12.9　InSAR 识别滑坡统计表

编号	经度（°E）	纬度（°N）	地理位置	调查情况
1	99.93997	25.5588	顺濞乡新村村民委员会河底小组	该点为新增地裂缝隐患点，震后坡面发现数条 1～2cm 宽，深 3～5cm 的裂缝，与坡面走向大致相同，主要威胁乡道公路
2	100.0044	25.58261	平坡镇高发村委会罗贺么小组	该点为已知崩塌隐患点，地震加剧了灾害变形，局部有新鲜崩塌堆积体，斜坡上部地面有拉张裂缝，主要威胁分散农户
3	100.0135	25.57671	平坡镇高发村委会罗贺么小组	该点为已知崩塌隐患点，老堆积体明显，地震诱发斜坡中部地面拉裂变形，发育 3 条裂缝，主要威胁分散农户
4	100.083	25.61412	平坡镇平坡村沟头箐小组	该点为新增滑坡隐患点，后缘发育圈椅状拉裂陡坎，滑坡左前缘发生鼓胀，主要威胁 3 户居民
5	99.95774	25.74523	漾濞县漾江镇紫阳村蚂蝗箐小组	该点为新增滑坡隐患点，斜坡中部发育 2 条裂缝，主要威胁 2 户居民
6	99.96066	25.55045	平坡镇高发村羊圈小组	该点为新增滑坡隐患点，分布在沟道左岸，滑坡变形明显，前缘挤压沟道，后缘形成拉裂陡坎，滑坡无直接威胁对象，滑坡为羊厩沟已知泥石流隐患点主要物源，泥石流威胁 3 户 16 人
7	99.98173	25.59236	平坡镇向阳村上罗贺么应山箐	该点为新增滑坡隐患点，斜坡后缘发育 1 条裂缝，主要威胁分散农户和村道

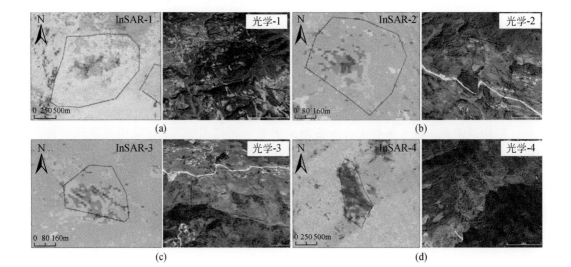

(a)　　　　　　　　　　　　　　(b)

(c)　　　　　　　　　　　　　　(d)

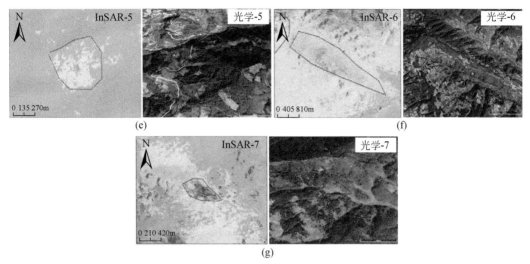

图 12.11　滑坡隐患 InSAR 识别结果与光学影像对比图

12.5　漾濞地震震中区地质灾害易发性评价研究

地质灾害的易发性评价首先要选择一个合适的评价单元,即制图单元。"单元"即地质灾害评价中最小的地表研究对象,其形状可以是规则图形,也可以是不规则多边形。本次采用栅格单元评价法,基于前人的研究经验及研究区的实际情况,本次以 10m×10m 栅格单元为最小评价单元。

地质灾害作为一个庞大而复杂的复合非线性系统,其各个子系统的每个因子都在质量上和数量上有序地表现为一个指标(变量),根据漾濞地震灾区地质灾害发育特点、地质环境条件的内涵以及指标体系的方法学,筛选出具有代表性的指标,并按其各自特征进行组合,构成了漾濞地震灾区地质灾害易发性评价指标体系,需满足能够整体反映出地质灾害易发程度的基本状况并应用于实际评价的要求,并采用信息量法与层次分析法相结合的方法。

12.5.1　因子选取

通过对漾濞县历史灾害数据及其他行业各部门灾害数据的收集分析,结合地质灾害发育分布规律、主控因素分析及野外调查结果,初步确定采用坡度、高程、地层岩性、斜坡结构、距构造距离、距水系距离、距道路距离等七个指标作为地质灾害易发性评价指标(图 12.12)。

通过层次分析法确定各个风险评估因子的权重,对各个评价因子通过专家打分法来判断各个指标的相对重要性,构造判断矩阵,利用层次分析法确定七个因子的权重(表 12.10)。

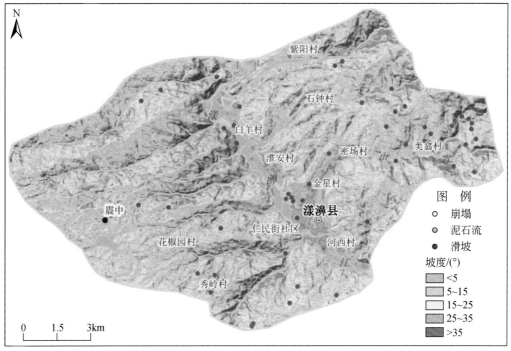

(a) 坡度(B_1)

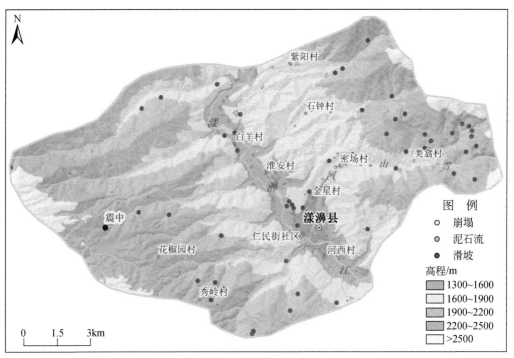

(b) 高程(B_2)

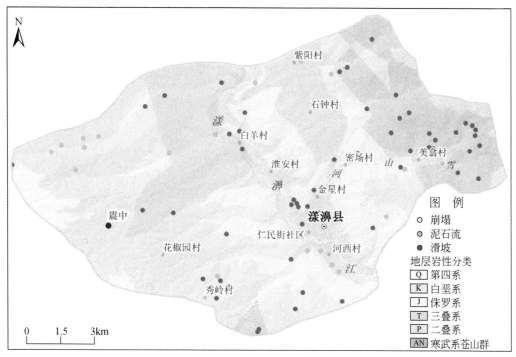

(c) 地层岩性(B₃)

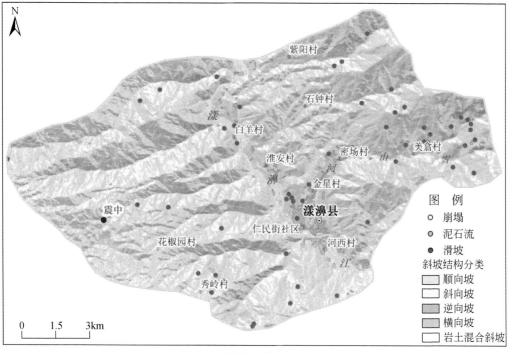

(d) 斜坡结构(B₄)

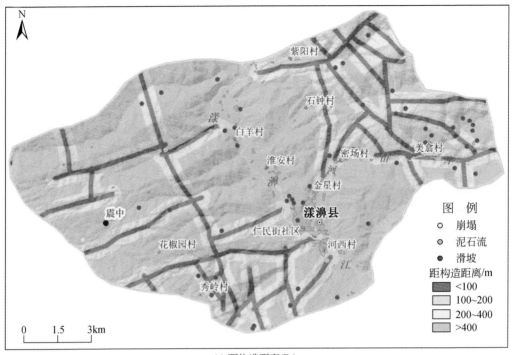

(e) 距构造距离(B_5)

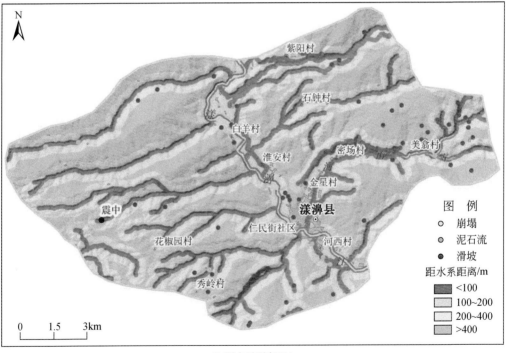

(f) 距水系距离(B_6)

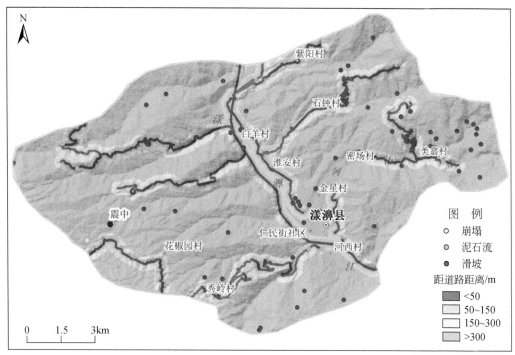

(g) 距道路距离(B₇)

图 12.12　地质灾害易发性评价因子图

表 12.10　构建 A-B 层判断矩阵

	B_1	B_2	B_3	B_4	B_5	B_6	B_7	权重（W_1）
B_1	1	1/2	3	3	1/5	3	5	0.713
B_2	2	1	3	3	1/7	3	2	0.045
B_3	1/3	1/3	1	1/3	1/7	1/2	3	0.576
B_4	1/3	1/3	3	1	1/5	3	2	0.329
B_5	5	7	7	5	1	5	1	0.105
B_6	1/3	1/3	2	1/3	1/5	1	1	0.073
B_7	1/5	1/2	1/3	1/2	1	1	1	0.259

12.5.2　判断矩阵一致性检验

计算出其归一化处理后的特征向量为 $W_1 = [\,0.213,\ 0.145,\ 0.276,\ 0.129,\ 0.105,$

0.073，0.059]，最大实数特征根为 7.2337。

查询表 12.10 可知 7 阶矩阵的平均随机一致性指标为 1.32，因此 CR=[(7.2337−7)/6]/1.32=0.0295<0.1，满足一致性检验，判断矩阵具有很好的判断一致性。

按照上述层次分析法求出坡度、高程、地层岩性、斜坡结构、距构造距离、距水系距离、距道路距离等七个指标的权重值（表 12.11）。

表 12.11　地质灾害易发性评价因子权重统计表

评价指标	坡度	高程	地层岩性	斜坡结构	距构造距离	距水系距离	距道路距离
权重	0.713	0.045	0.576	0.329	0.105	0.073	0.259

根据上述七个评价指标信息量值进行评价因子的加权叠加计算，采用自然间断法（natural break）将叠加计算的值分为三个等级，它们分别对应地质灾害低易发区、中易发区与高易发区三个等级，形成漾濞地震灾区风险评估评价图，结果表明，高易发区面积为 45.3km²，占重点区总面积的 25.62%；中易发区面积为 102.49km²，占重点区总面积的 57.97%；低易发区面积为 29.01km²，占重点区总面积的 16.41%（图 12.13）。

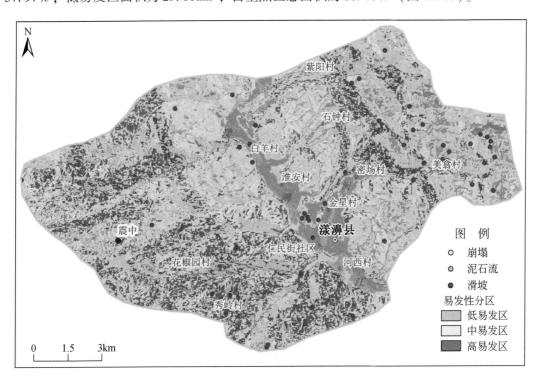

图 12.13　漾濞地震震中区地质灾害易发性分区图

12.6 漾濞地震灾区地质灾害危险性评价

地质灾害危险性是指在某种诱发因素作用下，一定区域内某一时间段发生特定规模和类型地质灾害的可能性。根据收集到的漾濞震区月累积降水量（2016～2020年）等值线图，按照汛期最大的月均降水量分级，分为五级，分别为<110mm、110～120mm、120～130mm、130～140mm、>140mm。分别统计各级范围内的灾害点数及面积，利用信息量计算公式，得到各级的信息量值（表12.12）。

表12.12　地质灾害危险性评价降水因子信息量值

评价因子	序号	因子分级/mm	灾害点数/个	面积/km²	灾害点点密度 X_{ij}	信息量
月累积降水量 （2016～2020年）	1	<110	15	31.6	0.475	0.4023
	2	110～120	11	43.4	0.253	−1.2286
	3	120～130	18	50.1	0.359	−0.3323
	4	130～140	15	30.5	0.492	0.4331
	5	>140	21	21.2	0.991	0.7634

从地质灾害与月均降水量分布关系来看（图12.14、图12.15），地质灾害主要分布在

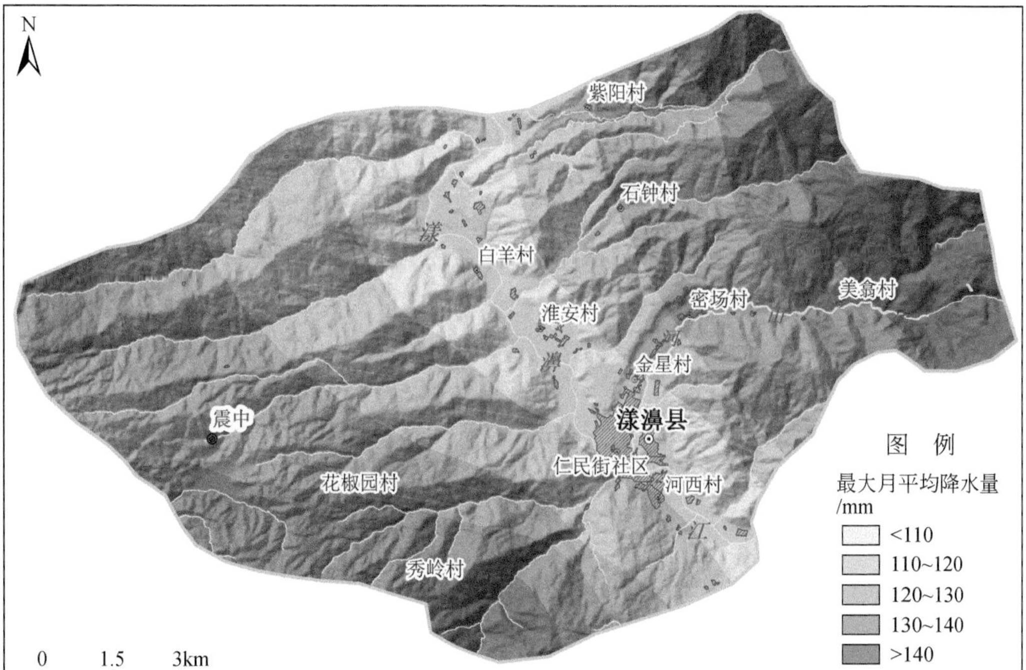

图12.14　汛期最大月均累积降水量分布图（2016～2020年）

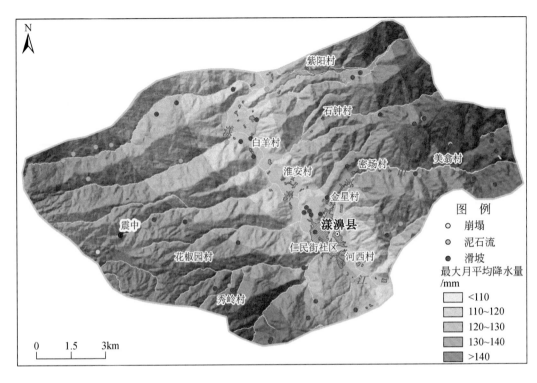

图 12.15　汛期最大月均累积降水量与地质灾害关系分布图

月均降水量 110~155mm 范围，其中大于 140mm 范围内灾害发育数量最多，密度最大。

　　在降水因子图层量化后，将其与前文评价得到的地质灾害综合风险评估进行叠加，采用自然间断法将叠加计算的值分为四个等级。它们分别对应地质灾害低危险区、中危险区与高危险区三个等级，并按《地质灾害风险调查评价技术要求（试行）》上的相应颜色进行区分，形成漾濞地震灾区地质灾害综合危险性评价图，划分为高危险区、中危险区和低危险区，结果表明，地质灾害高危险区主要分布在漾濞江右岸斜坡中部和雪山河流域中部，高风险区面积为 20.28km² ，占全区总面积的 11.47% ，共发育 30 处灾害点，灾害点点密度为 2.62 个/km² ；地质灾害中危险区面积为 105.34km² ，占全区总面积的 59.58% ，共发育 40 处灾害点，灾害点点密度为 0.67 个/km² ；地质灾害低危险区主要为漾濞江平缓阶地及漾濞江两岸斜坡缓坡区，低危险区面积为 51.18km² ，占全区总面积的 28.95% ，共发育 10 处灾害点，灾害点点密度为 0.35 个/km² （表 12.13，图 12.16）。

表 12.13　地质灾害危险性评价结果汇总统计表

地质灾害综合 危险性分级	地质灾害综合危险区基本特征						
	面积 /km²	占比 /%	隐患点类型、数量				灾害点点密度/(个/km²)
			滑坡/处	崩塌/处	泥石流/处	灾害点合计/处	
地质灾害高危险区	20.28	11.47	25	0	5	30	2.62
地质灾害中危险区	105.34	59.58	24	1	15	40	0.67
地质灾害低危险区	51.18	28.95	8	0	2	10	0.35
合计	176.8	100	57	1	22	80	0.8

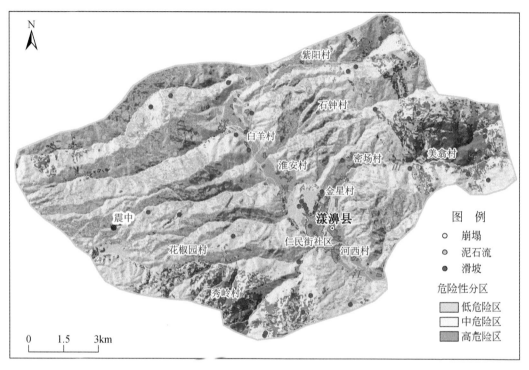

图 12.16　漾濞地震灾区地质灾害综合危险性评价图

12.7　漾濞地震灾区地质环境适宜性评价

根据工程建设适宜性定性评价，将评价区分为适宜区、基本适宜区、适宜性差区和不适宜区四个等级，评价区主要分布在漾濞江两侧（图 12.17、图 12.18），适宜区主要为河流两岸阶地或冲击平台，面积为 5.4km²，占总面积的 3.05%；基本适宜区主要为缓坡区，面积为 7.7km²，占总面积的 4.36%；适宜性差区主要为地质灾害危险区和地质条件复杂的陡坡区，面积为 127.6km²，占总面积的 72.17%；漾濞江水域面积为 5.8km²，占总面积的 3.28%。

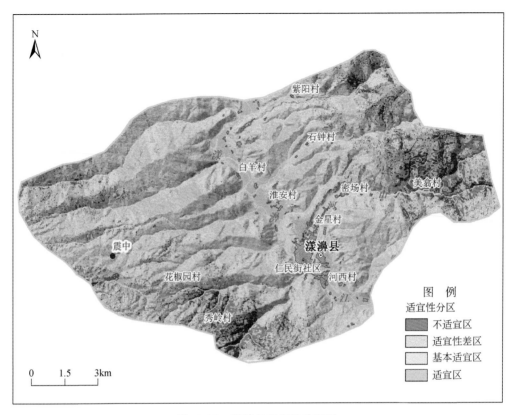

图 12.17　漾濞县适宜性分区图

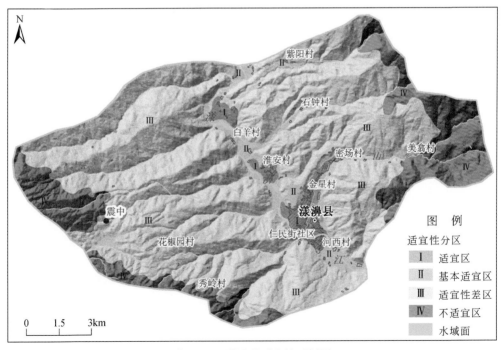

图 12.18　漾濞县适宜性区划图

12.8　小　　结

采用美国 Landsat-8、SPORT5、高分一号、高分二号、北京二号卫星数据等多元多时相遥感数据，开展漾濞县孕灾地质背景、地质灾害及人类工程活动综合解译，运用 InSAR 监测、无人机遥感等方法，开展重点区地质灾害适宜性评价，得出如下结论。

（1）采用 2020 年的震前高分一号卫星数据和 2019 年 SPORT 高分卫星影像数据开展县域震前地质环境、植被及人类工程活动和地质灾害遥感解译，共解译地质灾害 94 处，其中滑坡 72 处、泥石流 19 处、崩塌 3 处。

（2）采用 2021 年 5~9 月的高分一号、高分二号等卫星数据开展了漾濞县震后地质环境、植被及人类工程活动和地质灾害遥感解译，共解译地质灾害 117 处，其中已知点 94 处，均为震前解译已有灾害点，新增点 23 处（滑坡 18 处、崩塌 1 处、泥石流 4 处）。

（3）采用 2021 年 5 月 24 日的北京二号卫星数据对重点区开展震后地质灾害详细解译，共解译地质灾害 46 处，其中新增灾害点 13 处、已有灾害点 33 处。

（4）运用漾濞震区 5 景 Sentinel-1A 卫星影像（2021 年 4 月 4 日到 5 月 22 日 23 点）的 InSAR 数据，发现疑似变形点 8 处；5 月 26~27 日，对地震诱发的 8 处地表变形区域开展现场核查验证，7 处为新增地质灾害，1 处为在册隐患点。其中 4 处（崩塌 1 处、滑坡 3 处）变形明显，共威胁约村民 50 户 204 人和工地 1 处。其余 4 处变形轻微（滑坡 3 处、泥石流 1 处），共威胁 3 户 16 人。

（5）对重点区进行了地质灾害综合危险性评价，划分为高危险区、中危险区和低危险区，高风险区面积为 20.28km²，占全区总面积的 11.47%；中危险区面积为 105.34km²，占全区总面积的 59.58%；低危险区面积为 51.18km²，占全区总面积的 28.95%。

（6）适宜性分区结果表明，适宜区主要为河流两岸阶地或冲击平台，面积为 5.4km²，占总面积的 3.05%；基本适宜区主要为缓坡区，面积为 7.7km²，占总面积的 4.36%；适宜性差区主要为地质灾害危险区和地质条件复杂的陡坡区，面积为 127.6km²，占总面积的 72.17%；漾濞江水域面积为 5.8km²，占总面积的 3.28%。

参 考 文 献

安晓文,俞维贤,李世成,等. 2003. 澜沧江流域地震地质灾害机理研究(以耿马县城为例). 地震研究,(2): 176-182.

白彦波. 2007. 澜沧江苗尾水电站坝肩倾倒变形岩体的质量分类评价及其工程效应分析. 成都:成都理工大学.

柏永岩,宋彦辉,聂德新,等. 2008. 澜沧江结义坡沟泥石流灾害评价. 中国地质灾害与防治学报,(3): 34-37.

包磊,陈春武,潘昆,等. 2016. 模糊综合评判法在滑坡灾害风险评估中的应用. 林业建设,(2):35-38.

鲍杰,李渝生,曹广鹏,等. 2011. 澜沧江某水电站近坝库岸岩体倾倒变形的成因机制. 地质灾害与环境保护,22(3):47-51.

蔡鹤生,唐朝晖. 1998. 地质环境质量综合评价中的敏感因子模型. 地质科技情报,(2):71-75.

曹金亮. 1998. 应用模糊综合评判方法对太原、晋中、阳泉地区地质环境质量评价. 华北地质矿产杂志, (3):268-275.

柴贺军,刘汉超,张倬元. 1995. 1933 年叠溪地震滑坡堵江事件及其环境效应. 地质灾害与环境保护,(1): 7-17.

常祖峰,常昊,臧阳,等. 2016. 维西-乔后断裂新活动特征及其与红河断裂的关系. 地质力学学报,22(3): 517-530.

陈百明. 1996. 土地资源学概论. 北京:中国环境科学出版社.

陈传康. 1983. 城市建设用地综合分析和分等问题. 自然资源,(2):18-25,37.

陈洪凯,鲜学福,唐红梅,等. 2011. 泥石流冲击荷载的时频分析方法及应用. 防灾减灾工程学报,31(3): 255-260.

陈强,聂德新,李树武. 2006. 澜沧江乌弄龙电站坝前崩塌堆积体发育特征及稳定性评价. 山地学报,(1): 95-100.

陈文雄. 2008. 漾濞县地质灾害易发性分区及防治对策研究. 昆明:昆明理工大学.

陈雯,孙伟,段学军,等. 2006. 苏州地域开发适宜性分区. 地理学报,(8):839-846.

陈玺. 2018. SBAS-InSAR 技术在秦州区地表形变监测与滑坡敏感性评价中的应用研究. 兰州:兰州大学.

陈旭丹,孙新利,程金星,等. 2015. 单体滑坡灾害承灾体的有限元模拟与易损性评估. 长江科学院院报, 32(9):69-75.

程晨. 2014. 基于 SBAS 的高山峡谷区慢速滑坡的强度和活动性分级研究. 南京:南京师范大学.

程滔,单新建,董文彤,等. 2008. 利用 InSAR 技术研究黄土地区滑坡分布. 水文地质工程地质,(1): 98-101.

崔云,孔纪名,田述军,等. 2011. 强降雨在山地灾害链成灾演化中的关键控制作用. 山地学报,29(1): 87-94.

戴可人,铁永波,许强,等. 2020. 高山峡谷区滑坡灾害隐患 InSAR 早期识别——以雅砻江中段为例. 雷达学报,9(3):554-568.

邓华灿. 2008. 基于 RS 与 GIS 的低丘缓坡建设用地开发研究. 福建:福建师范大学.

丁建中,陈逸,陈雯. 2008. 基于生态-经济分析的泰州空间开发适宜性分区研究. 地理科学,28(6):

842-848.

杜军. 2010. 基于三维影像数据的震后次生地质灾害风险评估. 北京:中国地质大学.

杜晓晨,陈莉,陈廷芳. 2020. 基于 GIS 的凉山州德昌县滑坡危险性评价. 长江流域资源与环境,29(5): 1206-1215.

段梦乔,赵翠萍,周连庆,等. 2021. 2021 年 5 月 21 日云南漾濞 M_S 6.4 地震序列发震构造. 地球物理学报, 64(9):3111-3125.

樊杰. 2007. 我国主体功能区划的科学基础. 地理学报,62(4):339-350.

范青松,汤翠莲,陈于,等. 2006. GPS 与 InSAR 技术在滑坡监测中的应用研究. 测绘科学,31(5):60-62.

冯文凯,张国强,白慧林,等. 2019. 金沙江"10·11"白格特大型滑坡形成机制及发展趋势初步分析. 工程 地质学报,27(2):415-425.

付延玲,骆祖江,王增辉. 1999. 用聚类分析模糊综合评判评价地质环境质量. 煤田地质与勘探,27(6): 47-50.

傅伯杰. 1991. 土地评价的理论与实践. 北京:中国科学技术出版社.

葛根荣. 2006. 大理至瑞丽铁路的防灾减灾选线原则. 路基工程,(5):46-48.

葛肖虹,马文璞,刘俊来,等. 2009. 对中国大陆构造格架的讨论. 中国地质,36(5):949-965.

郭长宝,雷伟志,张永双,等. 2006. 滇藏铁路滇西北段主要地质灾害类型及发育规律的探讨. 地质力学学 报,(2):228-235.

国家科委国家计委国家经贸委自然灾害综合研究组. 1998. 中国自然灾害区划研究进展. 北京:海洋出 版社.

韩金良,吴树仁,汪华斌. 2007. 地质灾害链. 地学前缘,(6):11-23.

何宝夫,张加桂. 2012. 金沙江鲁地拉电站水库区地质灾害易发性评价. 中国地质灾害与防治学报, 23(2):75-82.

何思明,白秀强,欧阳朝军,等. 2017. 四川省茂县叠溪镇新磨村特大滑坡应急科学调查. 山地学报, 35(4):598-603.

何思明,吴永,李新坡. 2007. 黏性泥石流沟道侵蚀启动机制研究. 见:第九届全国岩土力学数值分析与解 析方法讨论会论文集:165-169.

何英彬,陈佑启,杨鹏,等. 2009. 国外基于 GIS 土地适宜性评价研究进展及展望. 地理科学进展,28(6): 898-904.

胡华. 2010. 功果桥水电站地质灾害危险性研究. 兰州:兰州大学.

胡凯衡,韦方强,洪勇,等. 2006. 泥石流冲击力的野外测量. 岩石力学与工程学报,(S1):2813-2819.

胡卸文,黄润秋,施裕兵,等. 2009. 唐家山滑坡堵江机制及堰塞坝溃坝模式分析. 岩石力学与工程学报, 28(1):181-189.

黄波林,殷跃平,李滨,等. 2021. 库区城镇滑坡涌浪风险评价与减灾研究. 地质学报,95(6):1949-1961.

黄敏儿,南胜,周兴华,等. 2017. 点面结合的无人机倾斜摄影解决方案在应急测绘保障中的应用. 城市勘 测,2:89-92.

黄润秋,许强. 2008. 中国典型灾难性滑坡. 北京:科学出版社:4-37.

黄雅虹,吕悦军,张世民. 2007. 地质灾害危险性评估及相关技术问题评述. 震灾防御技术,(1):83-91.

季灵运,刘传金,徐晶等. 2016. 九寨沟 M_S 6.0 地震的 InSAR 观测及发震构造分析. 地球物理学报, 60(10):4069-4082.

贾永刚,方鸿琪. 1999a. 青岛城市地质环境工程适宜性系统分析. 中国地质大学学报,24(6):648-652.

贾永刚,方鸿琪. 1999b. 青岛城市地质环境信息系统(QUGIS)的设计与实现. 中国地质灾害与防治学报, 10(2):45-52.

贾永刚,刘红军. 1998. 青岛城市地质环境系统稳定性研究. 海岸工程,17(3):28-35.

姜彤,许朋柱. 1996. 自然灾害研究的新趋势——社会易损性分析. 灾害学,(2):5-9.

蒋忠信. 2018. 震后山地地质灾害治理工程勘查设计实用技术. 成都:西南交通大学出版社.

金玺,杨宗喜,张涛. 2015. 俄罗斯地勘工作改革方向分析. 中国矿业,24(1):79-82.

雷玲,周荫清,李景文,等. 2012. PS-InSAR 技术在伯克利山滑坡监测中的应用. 北京航空航天大学学报,38(9):1224-1226.

李斌,李丽娟,李海滨,等. 2011. 1960~2005 年澜沧江流域极端降水变化特征. 地理科学进展,30(3):290-298.

李大虎,丁志峰,吴萍萍,等. 2021. 2021 年 5 月 21 日云南漾濞 $M_S6.4$ 地震震区地壳结构特征与孕震背景. 地球物理学报,64(9):3083-3100.

李俊杰,王秀丽,朱彦鹏,等. 2015. 冲击荷载下带支撑泥石流拦挡坝动力响应试验研究. 振动与冲击,34(18):9.

李明,唐红梅,叶四桥. 2008. 典型地质灾害链式机理研究. 灾害学,(1):1-5.

李瑞,陈廷芳,朱府升,等. 2015. 云南省巧家县地质灾害特征及其形成机理研究. 城市地理,(24):38.

李少娟. 2008. 澜沧江—湄公河河川径流变化对气候及电站驱动的响应. 昆明:云南大学.

李世成,崔建文,乔森,等. 2001. 云南山地地震地质灾害对河流综合开发的影响. 地震研究,(2):140-145.

李天华,袁永博. 2018. 地震重灾区诱发次生地质灾害风险评价研究. 地震工程学报,40(1):111-115.

李玮玮,帅向华,刘钦. 2016. 基于倾斜摄影三维影像的建筑物震害特征分析. 自然灾害学报,25(2):152-158.

李小凡,Peter M J,方晨,等. 2011. 基于 TerraSAR-X 强度图像相关法测量三峡树坪滑坡时空形变. 岩石学报,27(12):3843-3850.

李旭. 2018. 怒江高山峡谷区居民对泥石流灾害的适应性研究. 昆明:云南大学.

李杨,马行东,周鹏,等. 2017. 小型无人机在西部水电地质灾害工程调查中的应用试验——以官地水电站大桥沟泥石流为例. 水电站设计,33(2):59-62.

李怡飞,刘延国,梁丽萍,等. 2021. 青藏高原高山峡谷地貌区地质灾害危险性评价——以雅江县为例. 水土保持研究,28(3):364-370.

梁玉飞,裴向军,崔圣华,等. 2018. 汶川地震诱发黄洞子沟地质灾害链效应及断链措施研究. 灾害学,33(3):201-209.

廖明生,唐婧,王腾,等. 2012. 高分辨率 SAR 数据在三峡库区滑坡监测中的应用. 中国科学:地球科学,42(2):217-229.

刘传正. 2012. 汶川地震区文家沟泥石流成因模式分析. 地质论评,58(4):709-716.

刘果,张友谊,张珊珊,等. 2018. 九寨沟地震前后次生地质灾害分布特征分析. 地质灾害与环境保护,29(3):1-4.

刘汉超,陈明东,等. 1993. 库区环境地质研究. 成都:成都科技大学出版社.

刘平. 2008. 澜沧江流域重要地理要素的空间统计分析. 北京:中国测绘科学研究院.

刘希林. 2000. 区域泥石流风险评价研究. 口然灾害学报,9(1):54-61.

刘希林. 2013. 我国"地质灾害危险性评估技术要求"中的有关问题——以泥石流灾害为例. 中国地质灾害与防治学报,24(2):8-15.

刘筱怡. 2020. 基于多元遥感技术的古滑坡识别与危险性评价研究. 北京:中国地质科学院.

龙丹. 2012. 漾濞县地质灾害特征、成因及防治区划研究. 昆明:昆明理工大学.

龙锋,祁玉萍,易桂喜. 等. 2021. 2021 年 5 月 21 日云南漾濞 $M_S6.4$ 地震序列重新定位与发震构造分析. 地球物理学报,64(8):2631-2646.

卢全中,彭建兵,赵法锁. 2003. 地质灾害风险评估(价)研究综述. 灾害学,(4):60-64.

马寅生,张业成,张春山,等. 2004. 地质灾害风险评价的理论与方法. 地质力学学报,10(1):6-18.

毛汉英,余丹林. 2001. 区域承工力定量研究方法探讨. 地球科学进展,16(4):549-555.

孟庆华. 2011. 秦岭山区地质灾害风险评估方法研究. 北京:中国地质科学院.

明庆忠. 2006. 纵向岭谷北部三江并流区河谷地貌发育及其环境效应研究. 兰州:兰州大学.

潘华利,欧国强,柳金峰. 2009. 泥石流沟道侵蚀初探. 灾害学,(1):39-43.

彭再德,杨凯,王云,等. 1996. 区域环境承载力研究方法初探. 中国环境科学,16(1):6-10.

齐信,唐川,陈州丰,等. 2012. 地质灾害风险评价研究. 自然灾害学报,21(5):8.

任三绍. 2018. 岷江上游高山峡谷区堵江滑坡发育特征与形成机理研究. 北京:中国地质大学(北京).

单新建,马瑾,王长林,等. 2002. 利用星载 D-INSAR 技术获取的地表形变场提取玛尼地震震源断层参数. 中国科学 D 辑:地球科学,32:837-844.

单新建,屈春燕,宋小刚,等. 2009. 汶川 M_S 8.0 级地震 InSAR 同震形变场观测与研究. 地球物理学报,52(2):496-504.

单新建,屈春燕,龚文瑜,等. 2016. 2017 年 8 月 8 日四川九寨沟 6.0 级地震 InSAR 同震形变场及断层滑动分布反演. 地球物理学报,60(12):4527-4536.

沈芳. 2000. 山区地质环境评价与地质灾害危险性区划的 GIS 系统. 成都:成都理工大学.

石菊松,吴树仁,石玲. 2008. 遥感在滑坡灾害研究中的应用进展. 地质论评,54(4):505-515.

宋超. 2008. 采空塌陷风险评价方法研究. 北京:中国地质科学院.

宋强辉,刘东升,吴越,等. 2008. 地质灾害风险评估学科基本术语的理解与探讨. 地下空间与工程学报,4(6):6.

苏杭. 2019. 澜沧江班达水电站下坝址岸坡岩体风化卸荷特征及卸荷机理研究. 成都:成都理工大学.

苏鹏程,韦方强. 2014. 澜沧江流域滑坡泥石流空间分布与危险性分区. 资源科学,36(2):273-281.

孙广忠. 1993. 十年来我国工程地质科学成就与展望. 水文地质工程地质,(1):9-12.

谭艺渊. 2011. 城市灾害风险评估及管理对策探讨——以上海市为例. 北京城市学院学报,102(2):9-14.

唐川,朱静. 1999. 澜沧江中下游滑坡泥石流分布规律与危险区划. 地理学报,(201):84-92.

唐亚明,张茂省,李政国,等. 2015. 国内外地质灾害风险管理对比及评述. 西北地质,48(2):238-246.

陶时雨. 2016. 云南省怒江峡谷区泸水段区域地壳稳定性与地震次生地质灾害预测研究. 昆明:昆明理工大学.

童庆禧,孟庆岩,杨杭. 2018. 遥感技术发展历程与未来展望. 城市与减灾,(6):2-11.

屠泓为,汪荣江,刁法启,等. 2016. 运用 SDM 方法研究 2001 年昆仑山口西 M_S 8.1 地震破裂分布:GPS 和 InSAR 联合反演的结果. 地球物理学报,59(6):2103-2112.

万石云,李华宏,胡娟. 2013. 云南省滑坡泥石流灾害危险区划. 灾害学,28(2):60-64.

万永革,沈正康,王敏,等. 2008. 根据 GPS 和 InSAR 数据反演 2001 年昆仑山口西地震同震破裂分布. 地球物理学报,51(4):1074-1084.

汪发武. 2019. 地震诱发的高速远程滑坡过程中土结构破坏和土粒子破碎引起的两种不同的液化机理. 工程地质学报,27(1):98-107.

王东甫,刘正坤. 2016. 倾斜摄影测量在山洪灾害调查中的应用. 南方能源建设,3:154-157.

王东坡,瞿华南,沈伟,等. 2021. 考虑坝后淤积的泥石流冲击拦挡坝动力响应研究. 工程科学与技术,53(2):9.

王东坡,张小梅. 2020. 泥石流冲击弧形拦挡坝动力响应研究. 岩土力学,41:3851-3861.

王飞. 2018. 澜沧江小湾水库库岸崩滑危险性评价与风险评估. 昆明:云南大学.

王桂杰,谢谟文,邱骋. 2010. D-InSAR 技术在大范围滑坡监测中的应用. 岩土力学,31(4):1337-1344.

王桂林,张永兴,文海家,等. 2003. 大河坝古滑坡复活变形特征及成因分析. 土木建筑与环境工程, 25(5):1-4.

王家柱,任光明,葛华. 2019. 金沙江上游某特大型滑坡发育特征及堵江机制. 长江科学院院报,36(2): 46-51,57.

王俭,孙铁珩,李培军,等. 2005. 环境承载力研究进展. 应用生态学报,(4):768-772.

王洁,李渝生,鲍杰,等. 2010. 澜沧江上游某水电站坝肩岩体倾倒变形的成因控制条件研究. 地质灾害与 环境保护,21(4):45-48.

王峻才,卢坤林,朱大勇. 2017. 基于室内模型试验的滑坡碎屑流堆积分布规律研究. 工程地质学报, 25(6):1509-1517.

王昆,张恒,黄德凡. 2013. 某水电站导流洞高边坡变形失稳模式及稳定性研究. 云南水力发电,29(4): 56-59.

王立朝,温铭生,冯振,等. 2019. 中国西藏金沙江白格滑坡灾害研究. 中国地质灾害与防治学报, 30(1):1-9.

王绍俊,刘云华,单新建,等. 2021. 2021 年云南漾濞 M_S 6.4 地震同震地表形变与断层滑动分布. 地震地 质,43(3):692-705.

王帅永,唐川,何敬,等. 2016. 无人机在强震区地质灾害精细调查中的应用研究. 工程地质学报,24(4): 713-719.

王思敬. 1996. 中国城市发展中的地质环境问题. 第四纪研究,(2):115-122.

王思敬. 1997. 论人类工程活动与地质环境的相互作用及其环境效应. 地质灾害与环境保护,8(1):19-26.

王涛,吴树仁,石菊松. 2009. 国际滑坡风险评估与管理指南研究综述. 地质通报,28(8):1006-1019.

王秀丽,郑国足. 2013. 新型带弹簧支撑抗冲击研究及其在泥石流拦挡坝中的应用. 中国安全科学学报, 23(2):3-9.

王秀丽,胡志明,崔晓燕. 2014. 泥石流巨石冲击下的钢构格栅坝动力响应分析. 中国地质灾害与防治学 报,25(4):30-36.

王秀丽,关彬林,李俊杰. 2015a. 泥石流块石冲击下新型钢管混凝土桩林坝"品"单元动力响应分析. 中国 地质灾害与防治学报. 26(2):69-75.

王秀丽,吕志刚,李俊杰,等. 2015b. 新型泥石流拦挡坝的抗冲击性. 兰州:兰州理工大学学报,41(4): 135-138.

王秀丽,高芳芳,张嘉懿,等. 2016. 具有自复位功能的泥石流拦挡坝抗冲击性能. 建筑科学与工程学报. 33(3):50-57.

王研. 2016. 云南省德钦县一中河泥石流形成机制和防治对策. 北京:中国地质大学(北京).

王勇智. 2008. 固液两相泥石流运动计算力学. 重庆:重庆交通大学.

王哲,易发成,陈廷方. 2012. 基于模糊综合评判的绵阳市地质灾害易发性评价. 科技导报,30(31):53-60.

王志荣. 2005. 红层软岩滑坡基本特征. 洁净煤技术,(2):75-78.

王治华. 2005. 中国滑坡遥感. 国土资源遥感,63(1):1-7.

王中根,夏军. 1999. 区域生态环境承载力的量化方法研究. 长江职工大学学报,(4):9-12.

魏亚刚. 2016. 澜沧江中上游河流阶地序列及其与构造抬升的关系. 大连:辽宁师范大学.

魏永明,魏显虎,陈玉. 2014. 岷江流域映秀—茂县段地震次生地质灾害分布规律及发展趋势分析. 国土资 源遥感,26(4):179-186.

魏云杰,褚宏亮,庄茂国,等. 2016. 四川省峨眉山市王山-抓口寺滑坡成因机理研究. 工程地质学报, 24(3):477-483.

魏云杰,邵海,朱赛楠,等. 2017. 新疆伊宁县皮里青河滑坡成灾机理分析. 中国地质灾害与防治学报,

28(4):22-26.

吴树仁,石菊松,张春山,等. 2009. 地质灾害风险评估技术指南初论. 地质通报,28(8):11.

吴玮莹,王晓青,邓飞. 2017. 基于高分卫星遥感影像的地震应急滑坡编目与分布特征探讨——以 2017 年 8 月 8 日九寨沟 7.0 级地震为例. 震灾防御技术,12(4):815-825.

吴现兴,魏青军,余中元. 2010. 新疆温宿县环境地质特征与地质灾害. 干旱区研究,27(2):284-289.

吴越,刘东升,张小飞,等. 2012. 滑坡灾害易损性定量评估模型应用与比较. 地下空间与工程学报,8(5):916-921.

向喜琼,黄润秋. 2000. 地质灾害风险评价与风险管理. 地质灾害与环境保护,11(1):4,38-41.

项良俊. 2014. 金沙水电站坝区流域肖家沟泥石流的三维流场数值模拟及风险评价. 长春:吉林大学.

项伟,柳景华,贾海梁,等. 2016. 长江某水电站坝基剪切带发育规律与抗滑稳定研究. 工程地质学报,24(5):788-797.

谢全敏. 2005. 滑坡灾害风险评估的系统分析. 岩土力学,26(1):71-74.

谢应齐,黄华秋,赵华柱. 1994. 云南干旱灾害初步研究. 云南大学学报(自然科学版),16:69-73.

谢正团,郭富赟,孟兴民,等. 2016. 天水市北山王家半坡滑坡形成机制. 兰州大学学报(自然科学版),52(1):31-36.

徐继维,张茂省,范文. 2015. 地质灾害风险评估综述. 灾害学,30(4):5.

徐善初,张世林,陈建平. 2013. 模糊层次评价法在隧道地质灾害评估中的应用. 地下空间与工程学报,9(4):8.

徐为,胡瑞林,吴菲,等. 2010. 浅谈我国的地质灾害风险评估. 中国地质灾害与防治学报,21(4):4.

许才军,林敦灵,温扬茂. 2010. 利用 InSAR 数据的汶川地震形变场提取及分析. 武汉大学学报,35(10):1138-1142.

许冲,田颖颖,马思远,等. 2018. 1920 年海原 8.5 级地震高烈度区滑坡编录与分布规律. 工程地质学报,26(5):1188-1195.

许冲,徐锡伟,吴熙彦,等. 2013. 2008 年汶川地震滑坡详细编目及其空间分布规律分析. 工程地质学报,21(1):25-44.

许建华,张雪华,王晓青,等. 2017. 无人机倾斜摄影技术在地震烈度评估中的应用——以九寨沟 7.0 级地震为例. 中国地震,33(4):655-662.

许强. 2020. 对滑坡监测预警相关问题的认识与思考. 工程地质学报,28(2):360-374.

许强,郑光,李为乐,等. 2018. 2018 年 10 月和 11 月金沙江白格两次滑坡堵塞堵江事件分析研究. 工程地质学报,26(6):1534-1551.

薛强,祖彪. 2007. 地质灾害风险评价研究. 山西建筑,33(24):94-95.

闫金凯. 2010. 滑坡微型桩防治技术大型物理模型试验研究. 西安:长安大学.

闫金凯,殷跃平. 2018. 滑坡防治小口径组合桩群大型物理模拟试验研究. 全国岩土工程师论坛.

闫金凯,殷跃平,门玉明,等. 2011. 滑坡微型桩群桩加固工程模型试验研究. 土木工程学报,44(4):120-128.

闫满存,王光谦. 2007. 基于 GIS 的澜沧江下游区滑坡灾害危险性分析. 地理科学,(3):365-370

闫琦. 2017. 基于高分辨率遥感影像的典型地震次生地质灾害快速智能提取研究. 北京:中国科学院大学(中国科学院遥感与数字地球研究所).

阳瀚. 2018. 云南省漾濞县雪山河泥石流灾害形成机制及危险性分析. 北京:中国地质大学(北京).

杨成生,张勤,曲菲霏,等. 2012. 基于相位回归性分析的 SAR 差分干涉图大气延迟改正研究. 上海国土资源,33(3):11-15.

杨九元,温扬茂,许才军. 2021. 2021 年 5 月 21 日云南漾濞 $M_S6.4$ 地震:一次破裂在隐伏断层上的潜走滑事件. 地球物理学报,64(9):3101-3110.

杨黎. 2008. 基于遥感判释的滑坡泥石流空间分布与成因初探. 昆明:昆明理工大学.

杨萌. 2020. 基于 InSAR 与光学遥感的高山峡谷区滑坡隐患识别研究与应用. 石家庄:河北地质大学.

杨添天,马永正,唐金荣,等. 2018. 美国地质调查局国际合作的演变历程及启示. 中国矿业,27(S1):
　　13-16.

杨燕,杜甘霖,曹起铜. 2017. 无人机航测技术在地质灾害应急测绘中的研究与应用——以 9·28 丽水山体
　　滑坡应急测绘为例. 测绘通报,增刊:119-122.

杨宗喜,唐金荣,施俊法. 2016. 欧洲地质调查工作的发展方向及启示. 中国矿业,25(4):10-15.

叶四桥,陈洪凯,唐红梅. 2010. 落石冲击力计算方法的比较研究. 水文地质工程地质,37(2):59-64.

易树健. 2018. 川藏铁路跨板块结合带区段基于 GIS 的工程地质分区研究. 成都:成都理工大学.

殷跃平. 2008. 汶川八级地震地质灾害研究. 工程地质学报,(4):433-444.

殷跃平,张颖. 1996. 全国地质灾害趋势预测及预测图编制. 第四纪研究,(2):123-130.

殷跃平,王文沛,张楠,等. 2017. 强震区高位滑坡远程灾害特征研究——以四川茂县新磨滑坡为例. 中国
　　地质,44(5):827-841.

曾裕平,许强,胡莹,等. 2006. 东部某土质古滑坡形成机制及防治措施. 铁道建筑,(5):52-54.

张伯祉. 1988. 西安市区地质环境质量综合评价. 陕西师范大学学报(自然科学版),(4):51-57.

张佳佳,高波,刘建康,等. 2021. 基于 SBAS-InSAR 技术的川藏铁路澜沧江段滑坡隐患早期识别. 现代地
　　质,35(1):64-73.

张家明. 2020. 含软弱夹层岩质边坡稳定性研究现状及发展趋势. 工程地质学报,28(3):626-638.

张茂省,唐亚明. 2008. 地质灾害风险调查的方法与实践. 地质通报,(8):1205-1216.

张楠. 2018. 舟曲三眼峪沟泥石流灾害形成机理及综合防治研究. 武汉:中国地质大学.

张人权,靳孟贵. 1995. 略论地质环境系统. 地球科学(中国地质大学学报),(4):373-377.

张人权,梁杏,靳孟贵,等. 2018. 水文地质学基础. 北京:地质出版社.

张文国,杨志峰. 2002. 基于指标体系的地下水环境承载力评价. 环境科学学报,(4):541-544.

张毅. 2018. 基于 InSAR 技术的地表变形监测与滑坡早期识别研究. 兰州:兰州大学.

张永双,卿三惠,郭长宝,等. 2006. 虎跳峡冷都复杂斜坡体的基本特征及稳定性初步分析. 全国工程地质
　　学术年会暨城市地质环境与工程研讨会.

张永双,刘筱怡,姚鑫. 2020. 基于 InSAR 技术的古滑坡复活早期识别方法研究——以大渡河流域为例. 水
　　利学报,51(5):545-555.

赵超英,张勤,朱武. 2012. 采用 TerraSAR-X 数据监测西安地裂缝形变. 武汉大学学报,37(1):81-85.

赵克勤. 1996. 集对论——一种新的不确定性理论、方法与应用. 系统工程,14(1):18-23,72.

赵克勤. 2000. 集对分析及其初步应用. 杭州:浙江科学技术出版社,114-190.

赵永辉. 2016. 澜沧江古水水电站争岗巨型滑坡形成机理及演化过程研究. 成都:成都理工大学.

郑著彬. 2010. 遥感技术在漾濞县泥石流灾害解译中的应用研究. 江西理工大学学报,31(3):25-27.

郑著彬,任静丽. 2010. DEM 地形分析在山区地质灾害研究中的应用——以云南省漾濞县为例. 云南地理
　　环境研究,22(2):19-22.

钟祥浩,余大富,郑霖,等. 2000. 山地学概论与中国山地研究. 成都:四川科学技术出版社.

周爱国,周建伟,梁和成. 2008. 地质环境评价. 武汉:中国地质大学出版社.

周家文,陈明亮,李海波,等. 2019. 水动力型滑坡形成运动机理与防控减灾技术. 工程地质学报,27(5):
　　1131-1145.

朱进守,邓辉,苑泉,等. 2018. 藏东高山峡谷地带地质灾害危险性评价——以西藏贡觉县为例. 地质与资
　　源,27(3):272-278.

朱静,唐川. 2012. 遥感技术在我国滑坡研究中的应用综述. 遥感技术与应用,27(3):458-464.

朱良峰,吴信才,殷坤龙,等. 2004. 基于信息量模型的中国滑坡灾害风险区划研究. 地球科学与环境学报,26(3):5.

朱双生,张敏,彭中枢. 2009. 土地调查中现状、权属、条件的全方位普查. 科技风,(11):39.

卓宝熙. 2002. 工程地质遥感判译与应用. 北京:中国铁道出版社.

Anon O. 1989. Webster's, Encyclopedic Unabriged Dictionary of the English Language. New York:Gramecybooks.

Armanini A. 1997. On the dynamic impact of debris flows, recent developments on debris flows. Berlin:Lecture Notes in Earth Sciences,64.

Bagnard I M,Hooper A. 2008. Inversion of surface deformation data for rapid estimates of source parameters and uncertainties: a bayesian approach. Geochemistry, Geophysics, Geosystems, https://doi. org/10. 1029/2018GC007585.

Berardino P,Fornaro G,Lanari R,et al. 2002. A new algorithm for surface deformation monitoring based on small baseline differential SAR interferograms. Geoscience and Remote Sensing, IEEE Transactions on,40(11):2375-2383.

Bianchini S, Herrera G, Mateos R M, et al. 2013. Landslide activity maps generation by means of persistent scatterer interferometry. Remote Sensing,5(12):6198-6222.

Bonano M,Manunta M,Pepe A,et al. 2013. From previous C-Band to new X-Band SAR systems:assessment of the DInSAR mapping improvement for deformation time-series retrieval in urban areas. Geoscience & Remote Sensing IEEE Transactions on,51(4):1973-1984.

Carrara A, Merenda L. 1976. Landslide inventory in northern Calabria, southern Italy. Geological Society of America Bulletin,87(8):1153-1162.

Cascini L. 2005. Landslide hazard and risk zoning for urban planning and development. In:Oldrich Hungr R F (ed). Landslide Risk Management. Rotterdam:A A Balkema:199-235.

Chiou M C,Wang Y,Hutter K. 2005. Influence of obstacles on rapid granular flows. Acta Mechanica,175:105-122.

Choi C E,Ng C W W,Song D,et al. 2014. Flume investigation of landslide debris-resisting baffles. Canadian Geotechnical Journal,51(5):540-553.

Corominas J,Moya O. 2008. A review of assessing landslide frequency for hazard zoning purposes. Engineering Ccology,102:193-213.

Dai F C, Lee C F, Ngai Y Y. 2002. Landslide risk assessment and management:an overview. Engineering Geology,64(1):65-87.

Debellagilo M,Kaab A. 2011. Sub-pixel precision image matching for measuring surface displacements on mass movements using normalized cross-correlation. Remote Sensing of Environment,115:130-142.

Dewitte O,Jasselette J C,Cornet Y,et al. 2008. Tracking landslide displacements by multi-temporal DTMs:a combined aerial stereophotogrammetric and LIDAR approach in western Belgium. Engineering Geology,99(1-2):11-22.

Eineder M,Hubig M,Milcke B. 1998. Unwrapping large interferograms using the minimum cost flow algorithm. In: Proceedings of the IEEE International Geoscience & Remote Sensing Symposium, Seattle, WA, USA,6-10 July 1998.

Eisbacher G H. 1980. Cliff collapse and rock avalanches (sturstroms) in the Mackenzie Mountains,northwestern Canada:reply. Canadian Geotechnical Journal,17:149-151.

Fan X M,Tang C X,Van Westen,et al. 2012. Simulating dam-breachscenarios of the Tangjiashan landslide dam induced by the Wenchuan earthquake. Nat Hazards Earth Syst Sci,12:3031-3044.

Fan X M,Xu Q,Scaringi G,et al. 2017. Failure Mechanism and Kinematics of the Deadly June 24th 2017Xinmo Landslide,Maoxian,Sichuan,China. Landslides,14(6):2129-2146.

Faug T,Caccamo P,Chanut B. 2011. Equation for the force experienced by a wall overflowed by a granular avalanche:experimental verification. Physical Review, E, Statistical, Nonlinear, and Soft Matter Physics, 84(5):051301.

Favier L,Daudon D,Donzé F-V,et al. 2009. Predicting the drag coefficient of a granular flow using the discrete element method. Journal of Statistical Mechanics:Theory and Experiment,(6):P06012.

Fell R,Ho K K S,Lacasse S,et al. 2005. A framework for landslide risk assessment and management. In:Hungr O,et al(eds). Landslide Risk Management. London:Taylor and Francis,3-26.

Feng W K,Zhang G Q,Bai H L,et al. 2019. A preliminary analysis of the formation mechanism and development tendency of the huge Baige landslide in Jinsha River on October 11,2018. Journal of Engineering Geology, 27(2):415-425.

Ferretti A, Prati C, Rocca F L. 1999. Permanent scatterers in SAR interferometry. In: Remote Sensing. International Society for Optics and Photonics,139-145.

Ferretti A, Prati C, Rocca F L. 2000. Nonlinear subsidence rate estimation using permanent scatterers in differential SAR interferometry. IEEE Transactions on Geoscience and Remote Sensing,38(5):2202-2212.

Ferretti A, Prati C, Rocca F L. 2001. Permanent scatterers in SAR interferometry. IEEE Transactions on Geoscience and Remote Sensing,39(1):8-20.

Fruneau B,Achache J,Delacourt C. 1996. Observation and modelling of the Saint-Etienne-de-Tinee landslide using SAR interferometry. Tectonophysics,265(3):181-190.

Galloway D L, Hudnut K W, Ingebritsen S E, et al. 1998. Detection of aquifer system compaction and land subsidence using interferometric synthetic aperture radar, Antelope Valley, Mojave Desert, California. Water Resources Research,34(10):2573-2585.

Ge X H,Ma W P,Liu J L,et al. 2009. A discussion on thetectonic framework of Chinese mainland. Geology in China,36(5):949-965.

Geertsema M, Clague J J, Schwab J W. 2006. An overview of recent large catastrophic landslides in northern British Columbia,Canada. Engineering Geology,83(1-3):120-143.

Goldstein R M,Werner C L. 1998. Radar interferogram filtering for geophysical applications. Geophysics Resource Letter,25:4035-4038.

Graham L C. 1974. Synthetic interferometer radar for topographic mapping. Proceedings of the IEEE,62(6): 763-768.

Gray J M N T,Tai Y C,Noelle S. 2003. Shock waves,dead zones and particle-free regions in rapid granular free-surface flows. Journal of Fluid Mechanics,491:161-182.

Gupta P,Anbalagan R. 1997. Slope stability of Tehri Dam Reservoir Area,India,using landslide hazard zonation (LHZ)mapping. Quarterly Journal of Engineering Geology and Hydrogeology,30(1):27-36.

Guzzetti F,Mondini A C,Cardinali M,et al. 2012. Landslide inventory maps:new tools for an old problem. Earth-Science Reviews,112(1-2):42-66.

Hilley G E,Burgmann R,Ferretti A,et al. 2004. Dynamics of slow-moving landslides from permanent scatterer analysis. Science,304(5679):1952-1955.

Hsu Kenneth J. 1975. Catastrophic debris streams (Strurzstroms) generated by rockfalls. Geological Society of America Bulletin,86(1):129-140.

Huang R Q,Xu Q. 2008. Catastrophic Landslides in China. Bingjing:Science Press,4-37.

Hubl J,Holzinger G. 2003. Kleinmassstabliche Modellversuche zur Wirkung von Murbrechern,WLS. Report 50, Band 3,Universität für Bodenkultur,Wien.

Hungr O,Morgenstern N R. 1984. Experiments on the flow behaviour of granular materials at high velocity in an open channel. Geotechnique,34(3):405-413.

Hungr O,Morgan G C,Kellerhals R. 1984. Quantitative analysis of debris torrent hazards for design of remedial measures. Can Geotech J,21:663-677.

Hungr O,Corominas J,Eberhardt E. 2005. Estimating landslide motion mechanisms,travel distance and velocity. In:Hungr O,et al(eds). Landslide Risk Management. London:Taylor and Francis,99-128.

Hákonardóttir K M,Hogg A J,Jóhannesson T,et al. 2003. A laboratory study of the retarding effects of braking mounds on snow avalanches. Journal of Glaciology,49(165):191-200.

Intrieri E,Raspini F,Fumagalli A,et al. 2018. The Maoxian landslide as seen from space:detecting precursors of failure with Sentinel-1 data. Landslides,15(1):123-133.

Kent P E. 1966. The transport mechanism in catastrophic rock falls. Journal of Geology,74(1):79-83.

Kim M I,Kwak J H. 2020. Assessment of building vulnerability with varying distances from outlet considering impact force of debris flow and building resistance. Water,12:2021.

Kiseleva,Mikhailov V,Smolyaninova E,et al. 2014. PS-InSAR monitoring of landslide activity in the Black Sea Coast of the Caucasus. Procedia Technology,16:404-413.

Lanari R,Fornaro G,Riccio D,et al. 1996. Generation of digital elevation models by using SIR-C/X-SAR multifrequency two-pass interferometry:the Etna case study. IEEE Transactions on Geoscience and Remote Sensing,34(5):1097-1114.

Lanari R,Mora O,Manunta M,et al. 2004. A small-baseline approach for investigating deformations on full-resolution differential SAR interferograms. IEEE Transactions on Geoscience and Remote Sensing,42(7):1377-1386.

Leng Y Q,Peng J B,Wang Q Y,et al. 2018. A fluidized landslide occurred in the Loess Plateau:a study loess landslide in South Jingyang tableland. Eng Geol,236:129-136.

Li X P,He S M,Luo Y,et al. 2012. Simulation of the sliding process of Donghekou landslide triggered by the Wenchuan earthquake using a distinct elementmethod. Environmental Earth Sciences,65(4):1049-1054.

Lin J,Ross S. 2004. Stress triggering in thrust and subduction earthquakes,and stress interaction between the Southern San Andreas and nearby thrust and strike-slip faults. Journal of Geophysical Research,109:B02303.

Liu P,Li Z,Hoey T,et al. 2013. Using advanced InSAR time series techniques to monitor landslide movements in Badong of the Three Gorges region, China. International Journal of Applied Earth Observation and Geoinformation,21:253-264.

Lohman R B,Simons M. 2005. Some thoughts on the use of InSAR data to constrain models of surface deformation:noise structure and data down-sampling. Geochemistry Geophysics Geosystems,6:Q01006.

Lu P,Catani F,Casagli N,et al. 2009. Hotspot analysis of permanent scatters(PS) for slow-moving landslides detection. International Journal of Remote Sensing,33(2):466-489.

Lu P,Casagli N,Catani F,et al. 2012. Persistent scatterers interferometry hotspot and cluster analysis(PSI-HCA) for detection of extremely slow-moving landslides. International Journal of Remote Sensing,33(2):466-489.

Lu Z,Patrick M,Fielding E J,et al. 2003. Lava volume from the 1997 eruption of Okmok volcano, Alaska, estimated from spaceborne and airborne interferometric synthetic aperture radar. IEEE Transactions on Geoscience and Remote Sensing,41(6):1428-1436.

Massonnet D, Feigl K L. 1998. Radar interferometry and its application to changes in the Earth's surface. Reviews of Geophysics, 36(4): 441-500.

Massonnet D, Rossi M, Carmona C, et al. 1993. The displacement field of the Landers earthquake mapped by radar interferometry. Nature, 364(6433): 138-142.

Massonnet D, Briole P, Arnaud A. 1995. Deflation of Mount Etna monitored by spaceborne radar interferometry. Nature, 375(6532): 567-570.

Mondini A C, Guzzetti F, Reichenbach P, et al. 2011. Semi-automatic recognition and mapping of rainfall induced shallow landslides using optical satellite images. Remote Sensing of Environment, 115(7): 1743-1757.

Motagh M, Bahroudi A, Haghighi M H, et al. 2015. The 18 August 2014 M_W6.2 Mormori, Iran, earthquake: a thin-skinned faulting in the Zagros Mountain inferred from InSAR measurements. Seismological Research Letters, 86(3): 775-782.

Murakami M, Tobita M, Fujiwara S, et al. 1996. Coseismic crustal deformations of 1994 Northridge, Califomia, earthquake detected by interferometric JERS 1 synthetic aperture radar. Joumal of Geophysical Research: Solid Earth, 101(B4): 8605-8614.

Ng C W W, Choi C E, Kwan J S H, et al. 2014. Effects of baffle transverse blockage on landslide debris impedance. Procedia Earth and Planetary Science, 9: 3-13.

Ng C W W, Choi C E, Song D, et al. 2015. Physical modeling of baffles influence on landslide debris mobility. Landslides, 12(1): 1-18.

Notti D, Davalillo J C, Herrera G, et al. 2010. Assessment of the performance of X-band satellite radar data for landslide mapping and monitoring: upper Tena Valley case study. Nature Hazards and Earth System Sciences, 10: 1865-1875.

Pathak K R, Suzuki K, KadotaA, et al. 2003. Experiment on initiation mechanism of debris flow: collapse of natural dam in a steep slope channel. Proceedings of Hydraulic Engineering, 47: 577-582.

Pereira J M C, Duckstein L. 1993. A multiple criteria decision making approach to GIS-based land suitability evaluation. International Journal of Geographical Information, 7(5): 407-424.

Perotto-Baldiviezo H L, Thurow T L, Smith C T, et al. 2004. GIS-based spatial analysis and modeling for landslide hazardassess-mentin steep lands, southern Honduras. Agriculture, Ecosystems & Environment, 103(1): 165-176.

Pinar A, Honkura Y, Kuge K. 2001. Seismic activity triggered by the 1999 Izmit earthquake and its implications for the assessment of future seismic risk. Geophysical Journal International, 146(1): F1-F7.

Qu C Y, Zhang G H, Shan X J, et al. 2013. Co-seismic deformation derived from analyses of C and L Band SAR data and fault slip inversion of the Yushu M_S6.1 earthquake, China in 2010. Tectonophysics, 584: 119-128.

Roberds W. 2005. Estimating temporal and spatial variability and vulnerability. In: The International Conference on Landslide Risk Management. Vancouver: A A Balkema.

Rosen P A, Hensley S, Zebker H A, et al. 1996. Surface deformation and coherence measurements of Kilauea Volcano, Hawaii, from SIR-C Radar interferometry. Journal Geophysics Resource Planets, 101: 23109-23125.

Rott H, Scheuchl B, Siegel A, et al. 1999. Monitoring very slow slope movements by means of SAR interferometry: a case study from a mass waste above a reservoir in the Otztal Alps, Austria. Geophysical Research Letters, 26(11): 1629-1632.

Samsonov S V, Nicolas d'Oreye. 2017. Multidimensional small baseline subset (MSBAS) for two-dimensional deformation analysis: case study Mexico City, Canadian. Journal of Remote Sensing, doc: 10. 1080/07038992. 2017. 1344926.

Sandwell D T, Sichoix L. 2000. Topographic phase recovery from stacked ERS interferometry and a low-resolution digital elevation model. Journal of Geophysical Research Solid Earth,105(B12):28211-28222.

Sassa K. 1988. Geotechnical model for the motion of landslides. Proceedings of the 5th International Symposium on Landslides C, Lausanne,Switzerland,37-55.

Scambos T A,Dutkiewicz M J,Wilson J C,et al. 1992. Application of image cross-correlation to the measurement of glacier velocity using satellite image data. Remote Sensing of Environment,42(3):177-186.

Scheidegger A E. 1973. On the prediction of the reach and velocity of catastrophic landslides. Rock Mechanics, 11-40.

Scholz C H. 1990. The Mechanics of Earthquakes and Faulting. New York:Cambridge University Press.

Siming H E,Bai X Q,Ouyang C J,et al. 2017. On the survey of giant landslide at Xinmo Village of Diexi Town, Maoxian Country,Sichuan Province,China. Mountain Research,(4):598-603.

Smith K. 1996. Environmental Hazards:Assessing Risk and Reducing Disaster. London:Routledge:12-38.

Store R,Kangas J. 2001. Integrating spatial multi-criteria evaluation and expert knowledge for GIS-based habitat suitabilitymodeling. Landscape and Urban Planning,55(2):79-93.

Stumpf A,Malet J P,Allemand P,et al. 2015. Ground-based multi-view photogrammetry for the monitoring of landslide deformation and erosion. Geomorphology,231:130-145.

Su P C,Wei F Q. 2014. Landslides and debris flow hazards and danger zonation along the Lancang River. Resources Science,36(2):273-281.

Takahashi T. 1978. Mechanical characteristics of debris flow. Journal of Hydraulic Engineering,104(8): 1153-1169.

Takahashi T. 1987. High velocity flow in steep erodible channels. Proceedings 22nd Congress of IAHR Lausanne, Switzerland,Tech Session A,42-53.

Tang H,Yong R,EzEldin M A M. 2016. Stability analysis of stratified rock slopes with spatially variable strength parameters:the case of Qianjiangping landslide. Bulletin of Engineering Geology and the Environment,76(3), 839-853.

Tanyas H,Lombardo L G. 2020. Completeness index for earthquake-induced landslide inventories. Engineering Geology,264(C):105331.

Tesauro M,Berardino P,Lanari R,et al. 2000. Urban subsidence inside the city of Napoli(Italy). Obserued by satellite radar interferometry Grophysical Research Letters,27(13):1961-1964.

Teufelsbaucr H,Wang Y,Chiou M C,et al. 2009. Flow-obstacle interaction in rapid granular avalanches:DEM simulation and comparison with experiment. Granular Matter,11(4):209-220.

Toda S J,Ross S,Keith R D,et al. 2005. Forecasting the evolution of seismicity in Southern California:animations built on earthquake stress transfer. Journal of Geophysical Research,110:B05S16.

Turner D,Lucieer A,de Jong S M,et al. 2015. Time series analysis of landslide dynamics using an unmanned aerial vehicle(UAV). Remote Sensing,7(2):1736-1757.

Uromeihy A,Mahdavifar M R. 2000. Landslide hazard zonation of the Khorshrostamarea,Iran. Bulletin of Engineering Geology and the Environment,58(3):207-213.

Usai S. 2003. A least squares database approach for SAR interferometry data. IEEE Transactions on Geoscience and Remote Sensing,41:753-760.

Valentino R,Barla G,Montrasio L,et al. 2008. Experimental analysis and micromechanical modelling of dry granular flow and impacts in laboratory flume tests. Rock Mechanics and Rock Engineering,41(1):153-177.

Wang F W. 2019. Liquefactions caused by structure collapse and grain crushing of soils in rapid and long runout landslides triggered by earthquakes. Journal of Engineering Geology,27(1):98-107.

Wang G L, Zhang Y X, Wen H J, et al. 2003. Characteristics and genesis analysis of revived deformation of Daheba ancient landslide. Journal of Civil, Architectural and Environ mental Engineering, 25(5) :1-4.

Wang G L, Xie M, Chai X, et al. 2013. D-InSAR-based landslide location and monitoring at Wudongde hydropower reservoir in China. Environmental Earth Sciences, 69(8) :2763-2777.

Wang J Z, Ren G M, Ge H. 2019. Development characteristics and river-blocking mechanism of a mega-landslide in the upper reach of Jinsha River. Journal of Yangtze River Scientific Research Institute, 36(2) :46-51,57.

Wang L C, Wen M S, Feng Z, et al. 2019. Researches on the Baige landslide at Jinshajiang River, Tibet, China. Chinese Journal of Geological Hazard and Control, 30(1) :1-9.

Wang R J, Parolai S, Zschau J. , et al. 2013. The 2011 M_W9. 0 Tohoku earthquake: Comparison of GPS and strong-motion data. Bulletin of the Seismological Society of America, 103:1336-1346.

Wang W, Yin Y, Li D, et al. 2020. Numerical simulation study of the load sharing of an arched micropile group in the Tizicao high-position landslide, China. IOP Conference Series Earth and Environmental Science, 570:062001.

Wei Y J, Chu H L, Zhuang M G, et al. 2016. Formation mechanism of Wangshan-Zhuakoushi landslide in Emei City, Sichuan Province. Journal of Engineering Geology, 24(3) :477-483.

Wei Y J, Shao H, Zhu S N, et al. 2017. Analysis of formation mechanism of Piliqinghe landslide in Yining County, Xinjiang Province. Chinese Journal of Geological Hazard and Control, 28(4) :22-26.

Werner C, Wegmuller U, Strozzi T, et al. 2000. A. Gamma SAR and interferometric processing software. In: Proceedings of the Ers-Envisat Symposium, Gothenburg, Sweden.

Werner C, Wegmuller U, Strozzi T, et al. 2003. Interferometric point target analysis for deformation mapping. In: IEEE International Geoscience & Remote Sensing Symposium.

Wessel P, Luis J, Uieda L, et al. 2019. The generic mapping tools version 6. Geochemistry, Geophysics, Geosystems, https://doi. org/10. 1029/2019GC008515.

Xiang W, Liu J H, Jia H L, et al. 2016. Development mechanism of shear zones and stability of dam foundation of a hydropower station located in Yangtze River. Journal of Engineering Geology, 24(5) :788-797.

Xie Z T, Guo F Y, Meng X M. 2016. Formation mechanism of Wangjia Banpo landslide in Beishan of the Tianshui City. Journal of Lanzhou University, 52(1) :31-36.

Xu Q. 2020. Understanding the landslide monitoring and early warning: consideration to practical issues. Journal of Engineering Geology, 28(2) :360-374.

Xu Q, Zheng G, Li W L, et al. 2018. Study on successive landslide damming events of Jinsha River in Baige Village on Octorber 11 and November 3. Journal of Engineering Geology, 26(6) :1534-1551.

Yang C S, Han B Q, Zhao C Y. et al. 2019. Co- and post-seismic deformation mechanisms of the M_W6. 3 Iran Earthquake (2017) revealed by Sentinel-1 InSAR observations. Remote Sensing, 11(4) :418.

Yin Y, Zheng W, Liu Y, et al. 2010. Integration of GPS with InSAR to monitoring of the Jiaju landslide in Sichuan, China. Landslides, 7(3) :359-365.

Yin Y, Cheng Y, Liang J, et al. 2015. Heavy-rainfall-induced catastrophic rockslide-debris flow at Sanxicun, Dujiangyan, after the Wenchuan M_S8. 0 earthquake. Landslides, 13(1) :9-23.

Yin Y, Huang B, Wang W, et al. 2016. Reservoir-induced landslides and risk control in Three Gorges Project on Yangtze River, China. Journal of Rock Mechanics and Geotechnical Engineering, 8(5) :577-595.

Yin Y, Wang W, Zhang N, et al. 2017. The June Maoxian landslide: geological disaster in an earthquake area after the Wenchuan M_S8. 0 earthquake. Science China: Technological Sciences, 60(11) :1762-1766.

Yin Y, Huang B, Zhang Q, et al. 2020. Research on recently occurred reservoir-induced Kamenziwan rockslide in

Three Gorges Reservoir, China. Landslides, doi:10. 1007/s10346-020-01394-7.

Yu C, Li Z, Penna N T, et al. 2018. Generic atmospheric correction model for Interferometric synthetic aperture radar observations. Journal of Geophysical Research:Solid Earth, 123(10):9202-9222.

Zeng Y P, Xu Q, Hu Y, et al. 2006. Formation mechanism and prevention measures of an ancient soil landslide in the eastern part of China. Railway Engineering, (5):52-54.

Zhang J M. 2020. State of art and trends of rock slope stability with soft interlayer. Journal of Engineering Geology, 28(3):626-638.

Zhang Y, Liu X, Yao X. 2020. InSAR-based method for early recognition of ancient landslide reactivation in Dadu River, China. Journal of Hydraulic Engineering, 51(5):545-555.

Zheng Y, Hu Y C, Liu Y S, et al. 2005. Spatial analysis and optimal allocation of land resources based on land suitabilityevaluation in Shandong Province. Transactions of the Chinese Society of Agricultural Engineering, 21(2):60-65.

Zhou J W, Chen M L, Li H B, et al. 2019. Formation and movement mechanisms of water-induced landslides and hazard prevention and mitigation techologies. Journal of Engineering Geology, 27(5):1131-1145.

Zhuang J, Cui P, Peng J, et al. 2013. Initiation process of debris flows on different slopes due to surface flow and trigger-specific strategies for mitigating post-earthquake in old Beichuan County, China. Environmental Earth Sciences, 68(5):1391-1403.